Die Geschichte des wissenschaftlichen Denkens

Karen Gloy

Die Geschichte des wissenschaftlichen Denkens

Verständnis der Natur

© Verlag C. H. Beck oHG, München 1995
Lizenzausgabe für KOMET Verlag GmbH, Köln
www.komet-verlag.de
Gesamtherstellung: KOMET Verlag GmbH, Köln
ISBN 3-89836-511-5

Inhalt

EINLEITUNG

Gegenwärtiger Umbruch im Naturverstehen

1. Beschreibung und Analyse der gegenwärtigen Situation

Die Diskussion über die Natur erlebt gegenwärtig Hochkonjunktur. Begriffe wie Umwelt und Umweltbewegung, Ökologie und Ökologiekrise, schonender Umgang mit der Natur, Achtung und Respekt vor dem natürlichen Leben sind ebenso zu Standardvokabeln geworden wie Begriffe vom szientifischen Paradigma, vom mathematisch-naturwissenschaftlichen, technischen bzw. technologischen Weltbild, von der Herrschaft und Macht über die Natur. Vor Jahrzehnten noch unbekannt, sind sie aus dem aktuellen Sprachrepertoire nicht mehr wegzudenken und lassen bereits das ganze Spektrum der zumeist vehement und kontrovers geführten Diskussion erahnen. Es geht dabei zunächst und vor allem um ethische Probleme unseres Umgangs mit der Natur, um die Frage, ob wir unbegrenzt und ungehemmt Eingriffe in die Natur vornehmen dürfen, ob wir berechtigt sind, sie unseren Plänen und Entwürfen zu unterwerfen, sie zu manipulieren und zu dirigieren, oder ob wir uns selbstgezogene Grenzen aufzuerlegen und diese zu respektieren haben oder vielleicht sogar auf jegliche Eingriffe in die Natur verzichten sollen. Da hinter den verschiedenen ethisch-praktischen Verhaltensweisen unterschiedliche theoretische Naturauffassungen – verschiedene Bilder von der Natur – stehen, von denen die einen diese, die anderen jene Verhaltensweise fördern bzw. hemmen, gehören beide Probleme, das ethische und das theoretische, unumgänglich zusammen. Theoretisches Naturverständnis und ethisches Naturverhalten bilden einen Problemkomplex, von dem sie nur unterschiedliche Aspekte darstellen.

In der gegenwärtigen Diskussion geht es um eine Grundkontroverse der Naturauffassung und des damit zusammenhängenden Umgangs mit der Natur: Es geht um die organisch-lebensweltliche Naturauffassung im Gegensatz zur mathematisch-naturwissenschaftlich-technischen bzw. technologischen. Zweifelsohne macht es einen Unterschied, ob wir die Natur organologisch, eventuell sogar zoomorphistisch oder anthropomorphistisch als lebendigen Organismus und uns selbst als integrativen Teil desselben verstehen, der in die lebendigen Bezüge und Wechselwirkungen eingebettet ist und folglich einen schonenden, partnerschaftlichen Umgang mit der Natur verlangt, welcher in Analogie zu zwischenmenschlichen Beziehungen gedacht wird, oder ob die Natur gemäß dem naturwissenschaftlich-technischen Verständnis uns gegenübersteht, Objekt eines beschreibenden, analysierenden und sezierenden Subjekts ist, das sich rationale Entwürfe und Konstruktionspläne von der Natur macht, diese der Natur aufoktroyiert und nur das als wissenschaftliches Objekt akzeptiert, was diesen Entwürfen entspricht. Die Kontroverse setzte relativ plötzlich und vehement in den Siebzigerjahren ein. Das zunehmende Unbehagen über die negativen Begleiterscheinungen der modernen Naturwissenschaft, Technik und Industrialisierung mit ihren immer weitergehenderen Eingriffen in die Natur, der Ausbeutung der natürlichen Ressourcen, der Zerstörung der natürlichen Lebensräume, kurzum, das zunehmende Unbehagen über die fortschreitende Umweltdeformation und -verwüstung führte in der westlichen Welt – in Westeuropa und Amerika –, aber auch in Teilen Ostasiens, etwa in Japan, zu einem radikalen Umdenken und veränderten Verhalten. Es zeigte sich immer deutlicher, dass die Errungenschaften der modernen Naturwissenschaft und Technik nicht nur zum Segen der Menschheit gereichen, wie Optimisten und Opportunisten zu allen Zeiten glauben, sondern auch zum Verhängnis und zur Katastrophe der Menschheit werden können. Die zunehmende Verschmutzung der Gewässer durch Chemikalien aus der chemischen Industrie mit der Folge massiven Fischsterbens, die Luftverunreinigung durch Abgase der Autos und Hochöfen mit der Folge des Waldsterbens, die Reduktion der Ozonschicht durch die Abrodung riesiger Urwälder in Brasilien, die desaströsen Folgen der Atomwirtschaft mit ihren ungelösten Problemen der Deponierung und Beseitigung von radioaktivem Giftmüll – all dies und vieles andere mehr ist sichtbarer Ausdruck des Dilemmas, in das uns eine ungebremste Wissenschafts- und Technikentwicklung gebracht hat. »Raubbau an der Natur« oder »die Natur als Steinbruch« sind zu Schlagworten geworden. Hinzu kommt, dass die zunehmende Bürokratisierung und Technisierung eine Entfremdung des Menschen von sich, seiner gesellschaftlichen Umwelt und der Natur bewirkt hat.

Waren diese Auswirkungen bisher vernachlässigt oder bewusst zurückgedrängt worden, so gewannen sie plötzlich an Durchschlagskraft und führten zu einer veränderten Haltung gegenüber der Umwelt, deren Ergebnis nicht nur die Etablierung einer neuen Wissenschaft, der Ökologie, war, sondern auch die Etablierung einer neuen Ethik, der Ökoethik. Was vor wenigen Jahrzehnten wissenschaftstheoretisch und ethisch noch außerhalb jedes Vorstellungsvermögens lag, ist Aktualität geworden. Zudem schlug sich die intellektuelle Kritik an dem mathematisch-naturwissenschaftlichen, technologischen Weltbild und seinem Monopolisierungsanspruch in der Entstehung einer breiten Umweltbewegung nieder, in der Gründung neuer, umweltfreundlicher Parteien, in der Schaffung neuer Ministerien und Ressorts, in der Erlassung von Gesetzen und Verordnungen staatlicherseits. Was der Studentenbewegung in den Sechzigerjahren politisch nicht gelang, nämlich die Etablierung einer eigenen Partei, ist den *Grünen* gelungen. Nur wenige Jahre kritischer Reflexion haben ausgereicht, eine Bewusstseins- und Einstellungsänderung zu erzeugen und, wo diese nicht mitvollzogen wird, zumindest ein Problembewusstsein herzustellen.

Dieser Umstand ist zunächst schlicht zu konstatieren. Die Ursachen und Motive dieser innerhalb weniger Jahre erfolgten Geisteswandlung aufzudecken, dürfte schwierig sein. Für gewöhnlich wird die Massierung der gesundheits- und lebensschädigenden Auswirkungen der modernen Naturwissenschaft und Technik angegeben, die zur Entstehung und Zunahme von Zivilisationskrankheiten geführt hat. Hinzu kommt, dass sich in den letzten Jahrzehnten eine Reihe spektakulärer Unfälle in der chemischen Industrie, in Atomkraftwerken, in der Schifffahrt ereignet hat, die das länder- und generationenübergreifende Ausmaß dieser Katastrophen deutlich werden ließ. Zudem hat die rasante Entwicklung der Gentechnologie nicht nur den Menschheitstraum vom Homunkulus, der in Goethes *Faust* beschworen wird, in greifbare Nähe gerückt, sondern auch die Eingriffe in den Chromosomenhaushalt von Pflanzen, Tieren und Menschen zum Alptraum werden lassen. Die gelungene Züchtung der »Tomoffel« im Pflanzenreich, die halb Tomate, halb Kartoffel ist, oder der »Schiege« im Tierreich, die halb Ziege, halb Schaf ist, stellen eindrucksvolle Beispiele hierfür dar, die nicht selten als Monster empfunden werden. Und die Möglichkeit künstlicher Befruchtung und Genmanipulation greift in herrschende Moralvorstellungen ein. Außerdem hat die sich rasant ausbreitende Technisierung mittels Computer, Roboter und Mikrochips das Arbeitsleben innerhalb eines Jahrzehnts radikal verändert.

Um die Rasanz und den Beschleunigungseffekt dieser wissenschaftlichen und technologischen Entwicklung zu verdeutlichen, hat man den Vergleich der letzten Jahre mit der gesamten Menschheitsgeschichte und ihren Erfindungen angestellt. Fasst man die Menschheitsgeschichte seit der Erfindung der Steinwerkzeuge vor etwa 500 000 Jahren in einem Tag zusammen, dann liegt die Erfindung der Eisenaxt ungefähr in den letzten zehn Minuten dieses Tages, die Erfindung der Dampfmaschine in der letzten halben Minute. Danach setzt eine derartig stürmische Entwicklung von technischen Produkten ein, dass die Erde innerhalb der letzten Sekunden blitzartig umgewühlt und umgekrempelt wird.[1]

Mögen nun aber auch der rapide, ständig sich beschleunigende Fortschritt wissenschaftlicher Entdeckungen und technologischer Innovationen mit den nicht nur positiven, sondern auch negativen Folgen oder der Bewusstseinsumschwung des Menschen vom einstigen »Herrn über die Natur« in Wissenschaft und Technik zu einem »abhängigen Rädchen« in einem mehr und mehr sich verselbstständigenden Wissenschafts- und Technologieprozess mit dem Gefühl der Ohnmacht gegenüber der einmal eingeleiteten Entwicklung plausible Motive für die Einstellungsänderung sein, so erklären sie doch in Wahrheit nicht das plötzliche Zustande-kommen des Umbruchs. Überblickt man die Menschheitsgeschichte und ihre mehr oder weniger massiven Eingriffe in die Natur, so wird man fest-stellen, dass es immer wieder Zeiten gab, in denen solche Eingriffe be-klagt, kritisiert und verurteilt wurden, und zwar mit ganz ähnlichen Argu-menten wie in der Gegenwart. Schon im Altertum führte die Abholzung des Mittelmeerraumes und die daraus resultierende Verkarstung der Böden, die eine Steppenvegetation anstelle der lichten Hochwälder nach sich zog, zu einem Lamento der antiken Schriftsteller. Nicht weniger wurde die Verunstaltung der Natur durch die gewaltigen Steinbrüche ge-tadelt, die für den Bau von Kultstätten, Tempeln und Palästen benötigt wurden. Der in der Antike einsetzende Bergbau, der zu Beginn des Mit-telalters reaktiviert wurde und seine Blüte im ausgehenden Mittelalter sowie in der beginnenden Neuzeit hatte und mit einer Umleitung und Kanalisation von Bächen und Flüssen verbunden war, ebenso mit einer Abholzung der Wälder, die als Brennmaterial für die Schmelzöfen benö-tigt wurden, hat immer wieder sowohl in Form rationaler Argumente wie in Form abschreckender Bilder zu Kritik geführt, indem beispielsweise das Eindringen in die Erde mit Eingriffen in die Eingeweide der lebendi-gen Natur verglichen und als Überschreitung der Sittlichkeit und des An-standes bemängelt wurde.

Ob innerhalb einer Agrarkultur oder einer Industriegesellschaft, die Eingriffe in die natürlichen Lebensräume und die Inanspruchnahme der Umwelt sind nicht prinzipiell, allenfalls graduell verschieden. Mit den Fä-higkeiten ändert sich auch das Bewusstsein. Die Agrarkulturen verhielten sich nur aus unserer heutigen Sicht umweltfreundlicher, weil ihre Macht gegenüber der Natur geringer war als unsere. Für die damalige Zeit und das damalige Bewusstsein aber war diese Macht nicht weniger gravierend als die heutige. Infolgedessen haben sich auch die Einwände und Argu-mente gegen solche Eingriffe nicht wesentlich verändert, sie sind durch die Geschichte hindurch dieselben geblieben. So finden wir *mutatis mu-tandis* alle Gründe, die heute gegen die Deformation und Zerstörung der Natur vorgetragen werden, in der Geschichte präfiguriert.

Der Bewusstseins- und Einstellungswandel in den letzten zwei bis zweieinhalb Jahrzehnten dürfte eher zyklisch nach der Wellentheorie mit dem Obsiegen einmal dieser, einmal jener Haltung zu erklären sein, wo-nach sich gewisse Zeiten optimistisch, progressiv und aktiv geben, andere pessimistisch, resignierend, kultur- und zivilisationskritisch, bestimmt durch Endzeit- und Untergangserwartungen, durch chiliastische Vorstel-lungen und Katastrophentheorien. Zu den Letzteren zählt zweifellos die Gegenwart. Nach einer Zeit ungehemmten Wirtschaftswachstums und unbegrenzter technologischer und industrieller Expansion nach dem Zweiten Weltkrieg, die gekennzeichnet war durch Optimismus und Fortschrittsglauben und die negativen Auswirkungen übersehen ließ, folgten immer wieder Zeiten der Stagnation und Rezession. Eine nicht unwesentliche Rolle für die Entstehung der bedrückenden, ja beängstigenden Situation spielte in den Zeiten des kalten Krieges zwischen Ost und West die maßlose Aufrüstung, insbesondere die Ausstattung der Kampfmittel mit atomaren Bestandteilen, die seit dem Abwurf der ersten Atombombe über Hiroshima die Vision einer menschheitsvernichtenden Katastrophe heraufbeschworen haben und seitdem wie ein Damoklesschwert über unserem »atomaren« Zeitalter lasten. Die um sich greifende Wissenschaftsmüdigkeit und -verdrossenheit, die Suche nach alternativen Lebens- und Denkmöglichkeiten, der allgemeine Wissenschafts- und Technikpessimismus, der mit einem Kultur- und Zivilisationspessimismus einhergeht, sind Krankheitssymptome und Verfallserscheinungen, die auf eine Krisensituation deuten und wie im natürlichen Leben und Wechsel zwischen Gesundheit und Krankheit auf einen positiven, heilen Zustand folgen. Da der wissenschaftstechnische Fortschritt und die Akkumulation von instrumentellem Wissen und von Mittelüberlegenheit nicht ebenso die praktischen Fragen nach dem Warum und Wozu dieses Fortschritts, insbesondere die Orientierungsfrage nach dem Sinn dieses Lebens, beantwortet haben, zeigen sich hier die Leere und das Defizit der naturwissenschaftlich-technischen Ausrichtung, die zu der gegenwärtigen Depravation geführt haben.

Die Reaktionen auf diese Situation sind höchst unterschiedlicher, zumeist kontroverser Art. Als Antipoden stehen sich gegenüber die Devise des Weitermachens um jeden Preis und die Devise des Ausstiegs, der Ab- und Umkehr, des Eskapismus. Der ersten Maxime folgen zumeist Wissenschaftler, Techniker und Technologen, Konstrukteure und Ingenieure sowie alle, die von der Industrie profitieren. Da sich der einmal eingeleitete Wissenschafts- und Technikprozess nicht ohne weiteres rückgängig machen lässt, zumal er durch Sachzwänge bestimmt wird, die über persönlichen Interessen und Wünschen stehen; da sich technische Einfälle und Innovationen spontan einstellen und die Entdecker- und Bastlerfreude sich nicht mindern lässt; da zudem gesetzliche Verbote und Anordnungen die Forschung nur behindern, aber nicht verhindern können und lediglich die Wirkung hätten, die im Labor stattfindende Forschung nicht an die Öffentlichkeit dringen zu lassen, steht die Gruppe der genannten Personen auf dem Standpunkt, dass um jeden Preis weiterzumachen sei und dass alles, was machbar ist, auch erlaubt sei.

Dem konfrontiert ist der Aussteigertyp. Zu ihm gehören zumeist junge Menschen, die sich in die vorgefundene Welt nicht einfügen wollen und können, die sich die eingespielten Regeln und institutionalisierten Rollen nicht aufoktroyieren lassen wollen, sondern nach alternativen Konzepten Ausschau halten. Indem sie das als Last empfundene Erbe abwerfen, begeben sie sich in eine Ursprünglichkeit, die nicht selten in einer frei gewählten Primitivität, einem neuen Barbarentum und anarchischen Zustand endet. Solche urwüchsigen und zugleich entbehrungsreichen alternativen Lebensformen werden sowohl außerhalb der Gesellschaft an deren Peripherie wie auch innerhalb derselben in Nischen geführt. So findet man junge Leute, die in die relativ unberührten Gebiete Norwegens auswandern, um dort mit primitiven Mitteln Ackerbau zu betreiben, mit dem Pflug in der Hand das Land zu bestellen, in Holzhütten zu wohnen, mit selbstgefertigtem Besteck zu essen und auf diese Weise eine naturverbundene Existenz zu führen; oder die an die fernen Strände Goas und der Südsee auswandern, um dort Robinson Crusoe gleich zu leben. Oft auch wird diese alternative Lebensform von Sekten absorbiert oder geht mit Gruppen eine Verbindung ein, die fernöstliche Lebensweisheit, transzendentale Meditation und Yoga propagieren und ein antiwestliches, antizivilisatorisches Leben führen. Die Gruppen um Maharishi Mahesch Yogi und Bhagwan sind Beispiele hierfür. Auch die Hippiebewegung der Sechzigerjahre, die eine Bewegung der »Blumenkinder« war, hat hier ihren Ursprung, nicht weniger die gegenwärtige Bewegung der »Grünen«.

Eine Mittelposition zwischen diesen beiden Extremen nehmen die meisten der heutigen kritischen Bürger ein, indem sie die Vorteile und positiven Errungenschaften der modernen Naturwissenschaft und Technik nutzen, die Nachteile und Schäden jedoch soweit wie möglich zurückdrängen, wenn nicht gar vermeiden wollen. Sie möchten auf die Annehmlichkeiten der modernen Technik und Industrie nicht verzichten, etwa auf bequemes Wohnen, auf Heizung, Stromversorgung zur Beleuchtung und zum Kochen, auf die Erzeugung und Verteilung von Nahrungsmitteln, auf die Entlastung von schwerer körperlicher Arbeit durch Maschinen und Roboter, auf tausenderlei Dinge des alltäglichen und nicht-alltäglichen Lebens, die zur Humanisierung der Lebenswelt beitragen. Aber sie sind nicht bereit, die Schäden für Leib und Seele zu akzeptieren, die sich als Folge der naturwissenschaftlich-technischen Haltung einstellen; vielmehr sollen diese in Grenzen gehalten und nach Möglichkeit unterbunden oder kompensiert werden. Wie dies aber zu geschehen habe, bleibt unklar; denn die Humanisierung auf der einen Seite, die Befreiung von der ständigen Sorge ums Überleben, von dem Kampf um die Befriedigung der vitalsten Bedürfnisse, ist auf der anderen Seite mit einer Inhumanisierung verbunden, mit einer Entfremdung des Menschen von sich und seiner natürlichen Umwelt. Durch die zunehmende Arbeitsteilung und Technisierung verliert der Mensch nicht nur den Überblick über das Ganze und empfindet sich nur noch als ein Rädchen im Getriebe, das nicht mehr das natürliche Erfolgserlebnis einer durchgeführten und gelungenen Arbeit hat, er gerät auch zunehmend in Distanz zur Natur und zu allem Natürlichen.

Diese dritte, sich in der Vermittlerrolle sehende Einstellung versucht im Grunde, Unvereinbares zu vereinen. Denn der einmal initiierte Wissenschafts- und Technikprozess mit seinen Folgen lässt sich nicht rückgängig machen. Er untersteht immanenten Sachzwängen, die von der Art sind, dass sie zwar einerseits durch Entwicklung und Bereitstellung neuer Technologien zur Lösung von Problemen beitragen, andererseits aber neue Probleme schaffen.

Zwei Beispiele mögen dies illustrieren. Die moderne Medizin und Hygiene hat zu einer beachtlichen Verlängerung der Lebenserwartung von 40 Jahren noch vor einem Jahrhundert zu 1991 75 Jahren geführt, deren Folge eine Überbevölkerung und ein dramatischer Anstieg der Alterspyramide ist. Außerdem hat die Steigerung von Ernteerträgen, insbesondere von Getreide, dazu beigetragen, die immens wachsenden Populationen am Leben zu erhalten, andererseits dafür gesorgt, dass durch das rapide Wachstum der Bevölkerung die Hungersnöte und das Massensterben noch nie so groß waren wie heute. Eine Umverteilung der Lebensgüter von den reichen Industrieländern auf die armen Entwicklungsländer brächte, so zynisch dies klingen mag, noch größere Überbevölkerungsprobleme und noch katastrophalere Verteilungs- und Arbeitskämpfe mit sich. Ist das Gleichgewicht einmal gestört, so kann es nicht wieder ins rechte Lot gebracht werden. Dem Menschen eine gottgleiche Stellung zuschreiben zu wollen und ihn eine ausgleichende Gerechtigkeit üben zu lassen, wäre vermessen.

Ein zweites Beispiel ist die Züchtung von Getreide mit großen Ähren zur besseren Versorgung der Bevölkerung. Größere Erträge aufgrund größerer Ähren gehen auf eine bessere Düngung des Bodens zurück, die aber zugleich auch eine Überdüngung des Bodens bedeutet. Da große Ähren oft die Halme brechen lassen, züchtete man Getreidesorten mit kurzen Halmen. Da die Ähren so dem feuchten Boden näherrückten, wurden sie oft von Pilzen befallen, was den Einsatz von Schädlingsbekämpfungsmitteln nach sich zog, die ihrerseits die Böden noch weiter vergifteten. Das Beispiel zeigt, dass jeder Erfolg mit neuen Problemen behaftet ist, deren Korrektur wieder neue Probleme aufwirft. In diesem Falle hängt das Getreidefeld am Tropf der Chemie.

Nicht einmal eine Regulierung des weltweiten Forschungsprozesses ist möglich, und wo sie geschieht, erfolgt sie von außen und ist ephemer und vermag die Richtung nicht grundsätzlich zu ändern. Wie wenig Verträge über einen Atomstopp oder gesetzliche Beschränkungen und Verbote der Genmanipulation, der künstlichen Befruchtung und des Austrags von Embryonen in Leihmüttern die Forschung und Praxis behindern, ist bekannt. Denn entweder finden sich gesetzliche und vertragliche Lücken oder die Forschung sucht nach Ausweichmöglichkeiten, die durch neue Gesetze erst wieder eingeholt werden müssen. Dieses allenthalben zu be-

obachtende Dilemma ist Ausdruck der Diskrepanz zwischen den Sachzwängen der naturwissenschaftlich-technischen Forschung und den von
außen kommenden ethischen Regulatoren, die nicht in diesem Naturverständnis selbst liegen, sondern aus dessen Rationalität herausfallen und
ihre Legitimation aus außerwissenschaftlichen Quellen beziehen, wie der
Ethik des Christentums, dem Humanitätsideal der Aufklärung, den heutigen Menschenrechten oder auch den Horrorvisionen der Science-
Fiction-Literatur und Katastrophentheorien. Sie machen gegenüber dem
in sich geschlossenen und immanenten Gesetzen folgenden Forschungsprozess nicht selten den Eindruck subjektiver Überzeugungen und Glau-
bensbekenntnisse. Da sie keinen genuinen Bezug zum herrschenden Paradigma haben, sondern sich aus anderen Vorstellungen speisen, können
sie auch nur Anspruch auf subjektive Parteinahme für diese oder jene Interessen erheben, die sich allenfalls durch Plausibilitätserwägungen,
Gruppeninteressen und Parteienbildungen in einen mehrheitsfähigen
Konsens überführen lassen. Aufgrund ihrer Ambivalenz ist die angebliche Vermittlungsposition wenig geeignet, die Sachlage aufzuklären.
Deutlicher offenbaren die beiden Extrempositionen das Naturverständnis, von dem sie leben, samt seinen ethischen Implikationen.

In der gegenwärtigen sprachanalytischen Philosophie[2] wird die These
vertreten, dass ein bestimmter Vorstellungsrahmen, der sich sprachlich
artikulieren lässt, mit einem bestimmten Wertesystem verbunden ist. Das
Rahmenwerk enthält Anreize für bestimmte Handlungen, wie es andererseits Hemmschwellen für andere Verhaltensweisen aufbaut. Es enthält
einen Kodex erlaubter und gebotener Handlungen, gerade noch gedulde-
ter wie auch verbotener und untersagter, die einem alternativen oder riva-
lisierenden Rahmenwerk angehören. Deskriptive und normative Aussagen gehen Hand in Hand. Die deskriptiven Aussagen über die Welt sind
stets ethisch befrachtet. Allerdings bleiben die Normen zumeist verborgen und unbewusst; sie werden stillschweigend mit der Beschreibung akzeptiert und wirken als unsichtbare Gebote und Verbote. Ins Bewusstsein
treten sie erst, wenn sich eine Alternative oder ein Widerspruch zu ihnen
auftut oder wenn die Veränderung des Vorstellungs- und Begriffsrahmens
eine Veränderung der ethischen Implikationen verlangt. Nahm man früher wie selbstverständlich eine Unterscheidung zwischen Seins- und Sol-
lensaussagen, zwischen Deskriptionen und Normen an, so wird hier die
These ihrer Einheit vertreten, so dass aufgrund des wechselseitigen Ent-
haltenseins ein Verweis der einen auf die anderen möglich ist. Kurzum,
ein bestimmter Vorstellungs- und Begriffsrahmen enthält Hinweise auf
die mit ihm verknüpften Werte, umgekehrt geben bestimmte Verhaltensweisen und Verhaltensmuster Aufschluss über bestimmte dahinterstehende Schemata. Dies gilt auch für das Naturverständnis und die mit ihm
verbundenen ethischen Implikationen. In den genannten beiden Extrem-

positionen, die sich heute gegenüberstehen und bekämpfen, ist dieses Naturverständnis ein je verschiedenes.

Hinter jener Position, in der sich eine Aussteigermentalität, eine Abwendung von dem bisher dominierenden naturwissenschaftlich-technischen bzw. technologischen Paradigma bekundet, wird das Bild einer Natur sichtbar, das diese als organisches Ganzes, als lebendigen Organismus vorstellt. Jeder Teil steht mit jedem anderen in Wechselbeziehung, beeinflusst ihn und erfährt von ihm eine Beeinflussung. Alles hängt mit allem zusammen; interaktive Prozesse überziehen das Ganze. In diesem Naturbild dokumentiert sich eine holistische Ansicht, die das Ganze nicht aus isolierten Teilen zusammensetzt, d. h. zusammenstückt, sondern in dem Ganzen die lebendige Einheit der Teile erblickt. Diese organizistische Vorstellung bildet auch die Leitidee der neuen Wissenschaft, der Ökologie. Sie versteht die Natur als Ökosystem, in dem jedes Teilstück der ökologischen Gemeinschaft eine bestimmte Nische besetzt und in einem dynamischen Verhältnis zu seiner Umgebung steht. Die Natur ist eine integrative Einheit aller Teile, Strukturen und Funktionen.

Diese Vorstellung kennzeichnet auch die Beziehung Mensch-Natur. Der Mensch versteht sich als Glied der Natur; er ist in ihre Prozesse integriert, die nicht er beherrscht, sondern die ihn beherrschen. Daraus resultiert die ethische Verpflichtung, sich in das Gesamtgefüge einzuordnen, es nicht zu stören oder gar zu zerstören, sondern seine latenten Intentionen zu fördern und zu entwickeln. Der so gesehene Mensch ist auf Hege und Pflege der Natur bedacht, auf ihren Erhalt und ihr Wachstum. Sein Verhältnis zur Natur ist ein partnerschaftliches[3] in Analogie zu zwischenmenschlichen Beziehungen, nicht ein distanziertes, feindseliges, beherrschendes oder gar tyrannisches. Er nimmt mit allen seinen leiblich-seelisch-geistigen Kräften am Wechselspiel der Natur teil, nicht nur mit seinen kognitiven und voluntativen. Mit der Fülle seiner Regungen, Empfindungen, Ahnungen, Gefühle ist er in das Ganze der Natur einbezogen. Sein Verhältnis zur Natur bestimmt sich als ein sympathetisches, d. h. mitfühlendes, mitempfindendes, mitleidendes und mitgehendes. Es ist gleicherweise passiv wie aktiv, wobei der sonst übliche Gegensatz entfällt. In demselben Maße, in dem sich der Mensch rezeptiv, hinnehmend, registrierend verhält, verhält er sich auch aktiv, spontan, mitbewegend. Wollte man ein Pendant zu diesem »epistemischen« Verhältnis zur Natur in der bildenden Kunst angeben, so müsste man es in der Mimesis sehen, der Nachahmung und Nachbildung der Natur. Die traditionelle Vorstellung, die das beschriebene Verhältnis des Menschen zur Natur zum Ausdruck bringt, ist die Figur des Lesens im Buch der Natur *(legere in libro naturae)*. Die Natur wird mit einem Buch verglichen, das man Seite um Seite umblättern und studieren kann, wobei es auf ein einfühlendes Naturverständnis und insofern auch auf ein Einsfühlen mit der Natur ankommt.

Das hier skizzierte Naturverständnis pflegen wir als lebensweltliches zu charakterisieren und den entsprechenden Umgang mit der Natur als lebensweltlichen. Genauer besehen sind innerhalb seiner verschiedene Stufen denkbar. Zu unterscheiden sind ein simples organisches Naturverständnis (schwache These), das die Natur als Organismus nimmt, unbestimmt, welcher Art, und das Verhältnis des Menschen zur Umwelt als eines zur Mitwelt deutet; ein anthropomorphes Naturverständnis, das die Natur als Menschen (Mutter, Frau, Jungfrau) interpretiert (starke These) und vom anderen Menschen ein partnerschaftliches, freundschaftliches Verhältnis erwartet, und ein personifiziertes Naturverständnis (stärkste These), bei dem die Natur als juristische Person mit Rechtsansprüchen auftritt, der gegenüber der Mensch wie im Rechtsverkehr Verpflichtungen und Verantwortung hat.

Ihm steht das wissenschaftlich-technische bzw. technologische Naturverständnis mit seinen ethischen Implikationen gegenüber. Der entscheidende Unterschied zu dem vorangehenden Naturbild besteht darin, dass die Natur hier nicht mehr als lebendige, organische Einheit und Ganzheit auftritt und der Mensch als Teil des Ganzen, sondern dass sie auf der Basis einer Subjekt-Objekt-Spaltung dem Menschen als Anderes, Fremdes, Differentes gegenübertritt. Die Natur wird für den Menschen zum Objekt im Sinne des lateinischen Wortes *obicere*, das soviel bedeutet wie: »sich gegenüber aufstellen«, »hinstellen«, »vor sich hinsetzen«, oder im Sinne des deutschen Wortes »Gegenstand«, das das »Entgegenstehende« meint. Der Bruch zwischen Mensch und Natur, das Herausfallen des Menschen aus der ursprünglichen Einheit und Ganzheit und die damit verbundene Konfrontation und Objektivation ist vollzogen. Mit der Aufhebung der holistischen Vorstellungsweise, die nicht allein die Natur als Objekt betrifft, sondern auch die Zugangsweise des Subjekts zur Natur, gewinnen spezielle Fähigkeiten des Menschen Bedeutung, vorab die intellektuellen und voluntativen, mittels deren er plant und ausführt, reguliert und manipuliert, isoliert und begreift, analysiert und synthetisiert. Die entscheidende Rolle spielt der diskursive, analytisch-synthetische Verstand, der die Natur dadurch zu beherrschen sucht, dass er sie in Teile zerlegt und aus solchen wieder zusammensetzt.

Die Natur, die aufgehört hat, als lebendige, organische Einheit zu existieren, tritt jetzt als Stückwerk aus Teilen auf. An ihr interessiert nur noch, was sich den sezierenden und selektierenden Operationen des Verstandes unterwerfen, kurzum, was sich begreifen lässt. Die Devise für den Geist lautet: Konstruktion der Natur, wobei diese unterschiedliche Grade aufweisen kann. Sie kann sich auf eine rein intellektuelle Konstruktion der Natur beschränken gemäß der Maxime, dass wir nur das wirklich verstehen, was wir im Prinzip herzustellen vermögen, z. B. im geistigen Nachvollzug; sie kann aber auch bis zur realen Konstruktion der Natur gehen, wobei die Natur dann als künstliches Produkt des Menschen auftritt – Symbol ist die Maschine im Gegensatz zum Organismus. Jedes Objekt im wissenschaftlich-technologischen Sinne ist in dieser Weise ein artifizieller, künstlich hergerichteter oder hergestellter Gegenstand. Wollte man ein Pendant zu diesem konstruierenden, produzierenden Verfahren in der Kunst nennen, so müsste man auf die kreativen, schöpferischen Fähigkeiten des Menschen verweisen, die den Künstler zum *alter deus* erheben, zum zweiten Gott. Dieses Verhältnis des Menschen zur Natur ist es auch, das seinen Herrschafts- und Machtanspruch über diese legitimiert und seine Verfügungsgewalt erklärt. Die praktischen Eingriffe in die Natur, die Regulierung, Manipulation bis hin zur Ausbeutung, sind nur die fortgeführte Konsequenz des erkenntnistheoretischen Verhaltens der Konstruktion und Objektivation. Richtet sich im Falle des organizistischen Naturverständnisses das Ich nach der Natur, so im Falle der wissenschaftlichen Ausdeutung die Natur (Objekt) nach dem Ich (Subjekt); sie ist nur insofern und insoweit für dieses relevant, wie sie dessen Bedingungen entspricht.

Diese beiden konträren theoretischen Naturkonzepte mit ihren latenten ethischen Implikationen stehen sich in der aktuellen Diskussion scharf und unversöhnlich gegenüber. Im Grunde ist diese Kontroverse nicht neu. Sie durchzieht die abendländische Geistes- und Kulturgeschichte seit frühester Zeit in verschiedenen Varianten, die jedoch bei analytischer Durchdringung dasselbe Grundverhältnis zeigen. Folglich sollen diese Alternativen in der Naturauffassung zum Leitfaden der folgenden Untersuchung dienen. Sie sollen in ihrer Entwicklung und in ihren Wandlungen nachgezeichnet werden. Über das historische Interesse hinaus, das den Voraussetzungen und Entstehungsbedingungen, den Motiven für die Wandlung und den Niedergang der Paradigmen gilt, wird das systematische Interesse eine Rolle spielen, da es letztlich auch in den historischen Ausgestaltungen um den exemplarischen Gehalt geht. Auf diese Weise verknüpft die Analyse historische und systematische Methode miteinander.

Den Ursprung sowohl des lebensweltlichen wie des szientifischen Paradigmas bildet das noch undifferenzierte magisch-mythische Naturverständnis der präphilosophisch-präwissenschaftlichen Zeit, das daher zum Ausgangspunkt der Untersuchung dienen soll. Auf seiner Basis ist im ersten Band die Geschichte des szientifischen Naturverständnisses zu verfolgen, angefangen von der ersten systematischen Konzeption in der griechischen Philosophie, in Platons *Timaios*, über Aristoteles' Theorie, den Platonismus und Aristotelismus des Mittelalters bis hin zu den Konzepten der beginnenden Neuzeit und ihren Auswirkungen in der Gegenwart. In diesem historischen Abriss werden drei Stationen sichtbar werden, die einen fortschreitenden, immer radikaleren Konstruktivismus in Bezug auf die Natur erkennen lassen. Das erste Stadium, repräsentiert durch Platons

Philosophie, beschränkt sich auf einen intellektuellen Konstruktivismus, der lediglich der rationalen Erkennbarkeit und Verständigung über die Natur dient. Das zweite Stadium, wie es das Mittelalter charakterisiert und nur vor dem Hintergrund der christlichen Gedankenwelt, insbesondere des alttestamentarischen Schöpfungsmythos, verständlich ist, betrachtet die Natur als Konstruktion und Artefakt Gottes – als göttliches Kunstprodukt. Das dritte Stadium, das die Neuzeit und auf ihrer Basis die Gegenwart kennzeichnet, radikalisiert den Gedanken des Konstruktivismus und Operationalismus dahingehend, dass menschliche Kunstprodukte in Konkurrenz zu Naturprodukten treten und diese zu ersetzen trachten. Die Natur wird hier nicht mehr nur als göttliches, sondern als menschliches Konstrukt betrachtet.

Im zweiten Band soll die Darstellung der Geschichte des lebensweltlichen Naturverständnisses folgen. Zu zeigen ist hier ebenfalls eine Reihe von Varianten, angefangen von den Naturvorstellungen der Renaissance mit ihrer Wiederaufnahme und Weiterführung antiken Gedankengutes sowohl in der neuplatonischen Naturmagie wie im aristotelischen Vitalismus, über Leibniz' begriffliche Konzeption der Natur in Form eines Monadensystems, die idealistischen und romantischen Versionen, die mit Vernunft, Gefühl und ästhetischer Anschauung operieren, bis hin zu den holistischen, vitalistischen und ökologischen Konzepten des 20. Jahrhunderts. So verschiedenartig diese Naturauffassungen auf den ersten Blick sein mögen, sie stimmen in der ganzheitlichen, organizistischen Grundauffassung überein.

Den ersten Band könnte man auch unter das Thema »Entstehung der Naturwissenschaft« stellen, den zweiten unter das Thema »Entstehung und Entwicklung der Naturphilosophie«, da nach gängiger Ansicht »Naturwissenschaft« auf eine Partikularerklärung der Natur hinausläuft, »Naturphilosophie« den Gesamtaspekt im Auge hat. Die Trennung in zwei Disziplinen erfolgte erst in der Renaissance, während bis dahin das mathematisch-naturwissenschaftliche Verständnis noch mit dem organologischen kompatibel war, wenngleich gewisse Spannungen nicht ausblieben.

Allerdings ist zu fragen, ob sich das szientifische und das organologische Paradigma wirklich als zwei unversöhnliche Gegensätze gegenüberstehen müssen, wie dies heute der Fall ist, oder ob dies nur auf die Differenz von Verstand und Gefühl zurückgeht. Weder der Ursprung noch das anvisierte Ziel der geschichtlichen Entwicklung belegen derartiges. Auch das szientifische Paradigma lebt vom Systemgedanken, und dieser schließt die Vorstellung von Ganzheit ein. System ist oft mit Gliederbau und Organismus identifiziert worden. Außerdem gehen Kunst und Natur Hand in Hand, indem vollendete Kunst Natur ist. Könnte nicht durch vollendete Technik und Künstlichkeit auch wieder Natur und Natürlichkeit erreicht werden?

2. Begriffsklärungen

a) Zum Begriff »Naturverständnis«

Vor Aufnahme der Untersuchung sind einige Klärungen vorzunehmen. Der Ausdruck »Naturverständnis« soll im allgemeinsten und weitesten, damit auch vagesten und unbestimmtesten Sinne verstanden werden und synonym sein mit Begriffen wie »Naturvorstellung«, »Naturkonzeption«, »Naturdeutung«, »Naturbetrachtung«, »Naturauffassung« u. ä. Er soll als Oberbegriff dienen, unter den allererst spezifische Arten des Naturverstehens fallen: auf der einen Seite das lebensweltliche, ausgedrückt vorzüglich durch Begriffe wie »Naturbild«, »Naturanschauung«, »Naturerfahrung«, »Naturerlebnis« u. ä., auf der anderen Seite das naturwissenschaftliche mit den bevorzugten Termini »Naturtheorie«, »Naturerkenntnis«, »Naturerklärung«, »Naturbegriff« u. ä.

Nicht selten wird der Ausdruck »Naturverständnis« wegen seiner Herkunft von »Verstand« und »verstehen« exklusiv auf das naturwissenschaftliche Weltbild angewandt und dann mit ihm die Summe naturwissenschaftlicher Erkenntnisse und Erklärungen bezeichnet. Da aber nicht nur Wissenschaftler, sondern auch Laien sich dieses Ausdrucks bedienen, soll er in der folgenden Untersuchung im Allgemeinsten, den spezifisch wissenschaftlichen Kontext übergreifenden Sinne gebraucht werden als generelle Vorstellung, die sowohl rationale Argumente, Urteile wie auch Bilder, Analogien u. ä. umfasst und zudem Orientierungen für den praktischen Umgang mit der Natur bietet.

b) Zum Begriff »Wandel des Naturverständnisses«

Es ist vom Wandel des Naturverständnisses die Rede; der Untersuchungsgegenstand wird in die Abfolge typischer Stationen der Naturdeutung sowohl im lebensweltlichen wie im naturwissenschaftlichen Sinne gesetzt. Methodologisch gesehen gehört die These vom Wandel der Naturdeutung einer Geschichtsepoche an, die von der Entwicklung und Veränderung, ja von radikalen Umbrüchen im Bewusstsein überzeugt ist. Es ist die Epoche des historischen Bewusstseins, die im Historismus ihren prägnantesten Ausdruck gefunden hat.

Die These vom Wandel der Naturvorstellung kann nicht bedenkenlos auch auf jede andere Epoche ausgedehnt werden. Das Mittelalter z. B. kennt kein Geschichtsbewusstsein im modernen Sinne, folglich auch keine Epochenschwelle und damit auch keinen Umbruch im Denken. Was den Bereich der Natur betrifft, so kennt es nur das einmalige Ereignis der Schöpfung, in der die Welt geschaffen wurde und seither bis zum Ende aller Zeiten in der einmal erzeugten Weise existiert. Und was den Bereich der Gnade betrifft, so kennt es nur eine einzige signifikante Epochenschwelle, die Inkarnation Christi, mit der das Göttliche in das Irdische einbricht. Die Zeiten, die es unleugbar vor diesem Ereignis gab, und ebenso die, die auf es folgen, werden im Hinblick auf diesen Einschnitt interpretiert, die vorangehenden als solche der Hinführung, welche die Wende prophetisch antizipieren, die folgenden als solche der Erfüllung und Realisation der Wende, welche aus der Spannung zwischen der Einleitung der Erlösungstat durch Christus und der noch nicht vollkommenen Realisation des Gottesreiches resultieren. Wandlungen oder gar Umbrüche, die dennoch vorzukommen scheinen, werden uminterpretiert zu Zeichen und Vordeutungen des Jüngsten Gerichts und der vollen Realisation des Gottesstaates. Diese Art der Geschichtsdeutung ist unter dem Namen »Typologese«[4] bekannt; zu präferieren wäre aber der Begriff »Typogenese«, da es sich um die Entstehung eines Typus im Denken handelt.

Was insbesondere den Leitbegriff unserer Untersuchung, die Natur, betrifft, so wird sie als Manifestation und Erscheinungsweise Gottes betrachtet, die so, wie sie vorliegt, unveränderlich ist und keinen Wandel in der Interpretation gestattet. Der schon erwähnte christliche Topos vom Lesen im Buch der Natur *(legere in libro naturae)* deutet darauf, dass die Betrachtung und das Studium der Natur zugleich ein Studium Gottes ist. Wie das moderne Geschichtsverständnis die Geschichtsdeutung des Mittelalters im Kontext historischer Wandlungen und Umgestaltungen als eine Möglichkeit unter anderen nimmt, so versucht die mittelalterliche Auffassung, die Wandlungen umzudeuten, abzumildern in nur scheinbare, nicht-essentielle und als Signa des einmaligen, signifikanten Ereignisses zu interpretieren.

Beide Auffassungen, sowohl die gegenwärtige relativistische wie die mittelalterliche universalistische, erheben Anspruch auf Absolutheit. Beide sind aber weder beweisbar noch widerlegbar und ebenso wenig vermittelbar. Da jede Interpretation aus einer bestimmten Geschichtssituation mit bestimmten Prämissen erfolgt, kann auch die unsere ihre Gegenwartsgebundenheit nicht leugnen. Sie argumentiert vom Standpunkt des historischen bzw. historistischen Bewusstseins, bleibt sich aber bewusst, dass der behauptete Relativismus selbst relativ ist, beschränkt auf die Gegenwart, und nicht durchgängig historisch applikabel ist, sondern Grenzen der Anwendung hat. In allen Überlegungen sind daher die Bedingungen festzuhalten, unter denen eine solche Methode möglich und sinnvoll ist auch in der Anwendung auf Zeitalter mit alternativem Geschichtsbewusstsein, z. B. indem man das andersgeartete historische Bewusstsein bei der Analyse in Rechnung stellt und sich der Relativität und Begrenztheit seiner eigenen Ansicht bewusst bleibt. Denn es wäre nicht ausgeschlossen, dass wieder einmal eine Epoche aufträte, die den Wandel von Vorstellungen und Denkschemata und so auch den Wandel der Naturausdeutung nicht akzeptierte.

c) Zum Begriff »Natur«

Eine Untersuchung, die Natur und ihre diversen Interpretationen zum Thema hat, muss zunächst eine Klärung und Präzisierung ihres Gegenstands vornehmen, sowohl in Form einer äußeren Abgrenzung wie in Form einer inneren Distinktion, zumal der Naturbegriff, wie wir ihn heute im Alltag, in der Wissenschaft und in der Philosophie verwenden, schillernd und vieldeutig ist.

Zum einen kennen wir den Begriff aus der Opposition zu einer Reihe anderer Begriffe, z. B. aus der Gegenüberstellung: Natur – Geist, Natur – Vernunft, Natur – Kunst, Natur – Technik usw. In Abhebung von diesen Kontrastbegriffen ist mit Natur die Gesamtheit der Gegenstände gemeint, die wir vorfinden und die ohne menschlichen Willen und ohne menschliches Zutun von sich aus existieren, erzeugt werden oder entstehen und sich erhalten, während es sich bei den Opposita um Produkte der menschlichen Ratio, Planung und Ausführung handelt, um künstliche oder künstlerische Produkte.

Zum anderen gebrauchen wir den Begriff »Natur« in zwei verschiedenen Bedeutungen, die man unter Verwendung einer kantischen Distinktion als »Natur in formaler Bedeutung« und »Natur in materieller Bedeutung«[5] voneinander abheben kann. Unter der Ersteren verstehen wir das Wesen der Dinge, die typischen Merkmale und Eigenschaften derselben, das Charakteristische, kurzum, den Gesamtkomplex notwendiger Konstituentien. In diesem Sinne fragen wir nach der Natur des Wassers, des Feuers, der Luft oder irgendeiner chemischen Substanz und sagen, dass es in der Natur der Sache liege, sich so oder so zu verhalten. Deutlich wird diese Identität von Natur und Charaktermerkmalen insbesondere, wenn wir die Natur eines Menschen z. B. als jähzornig, leicht erregbar oder ruhig und sanft beschreiben. Wir meinen dann mit der Natur dieses Menschen seinen Charakter und sagen, er habe diese oder jene Natur. – Unter der Natur in materieller Bedeutung dagegen ist der Inbegriff der sinnlich wahrnehmbaren Gegenstände zu verstehen, allerdings ausschließlich der natürlichen.

Beide Bedeutungen stehen nicht isoliert nebeneinander, sondern in wechselseitiger Abhängigkeit, derart dass die Natur in formaler Bedeutung das Wesen der materiellen Natur ausdrückt, also ihren unverwechselbaren Merkmalskomplex, während die Natur in materieller Bedeutung als Inbegriff der Sinnengegenstände die Realisierung der formalen Natur ist. Begriffstheoretisch liegt hier das Verhältnis von Begriff und Gegenstand des Begriffs vor oder, gesetzestheoretisch ausgedrückt, das Verhältnis von Gesetz und Fall oder, in moderner klassenlogischer Terminologie, das Verhältnis von Klassenmerkmal und Elementen der Klasse. Mit der formalen Natur wird eine inhaltliche Begriffsbestimmung vorgenommen, mit der materiellen Natur eine Umfangsbestimmung, die Reichweite und Ausmaß der begrifflichen Anwendung festlegt. Während mit »Natur in formaler Bedeutung« und »Natur in materieller Bedeutung« schlechthin allgemeine Begriffe benannt sind, lässt sich ihre Beziehung untereinander noch weiter differenzieren. Es gibt so viele formale Naturen, wie es verschiedene Gegenstandsklassen bzw. Gegenstandsbereiche ontologisch oder nominalistisch-konventionalistisch gibt. Jede Gegenstandsklasse hat ihre eigene Natur, wie auch umgekehrt eine bestimmte Natur nur auf eine ganz bestimmte Gegenstandsklasse zutrifft.[6]

Auch die Unterscheidung von *natura naturans* und *natura naturata*, von hervorbringender und hervorgebrachter Natur, die erstmals im Zuge der arabisch-lateinischen Übersetzung aristotelischer Texte[7] durch Michael Scotus († 1235) auftritt und dort für das Verhältnis von Natur- und Kunstprodukten verwendet wird, deren erstere sich selbst erzeugen, deren letztere erzeugt werden, und die in christlicher Sicht auf das Verhältnis Gott – Natur übertragen wird, gehört in diesen Kontext; denn mit der *natura naturata* ist die Gesamtheit der geschöpflichen Welt gemeint, mit der *natura naturans* die Ursache derselben, die mit Gott identifiziert wird.

Die hier herausgearbeiteten Grundunterscheidungen sind Erbe einer langen geistesgeschichtlichen Tradition. Sie reichen bis in die Antike zurück. Schon bei Aristoteles findet sich eine Sammlung diverser Bedeutungen von Natur – die erste systematische in der europäischen Geschichte. Bekanntlich beginnt Aristoteles seine Erörterungen häufig mit der stereotypen Formel: »Auf vielfache Art wird gesagt« *(pollachôs légetai)*. Vor der analytischen Behandlung eines Gegenstands stellt er dessen wesentliche Bedeutungen zusammen, wie sie im alltäglichen und philosophischen Sprachgebrauch seiner Zeit üblich waren oder aus der ihm vorausgehenden Tradition stammten, insbesondere der ionischen Naturphilosophie. Exemplarisch hierfür ist das 5. *Metaphysik*-Buch, das die wichtigsten Begriffe der griechischen Sprache zusammenstellt und analysiert. Im 4. Kapitel findet sich eine Begriffsanalyse der Natur *(phýsis)*. Dass die Zusammenstellung der diversen Bedeutungen nicht ganz zufällig ist, sondern gewissen Auswahlkriterien folgt, die der aristotelischen Philosophie angehören, ist unverkennbar, allerdings auch nicht überraschend, da jede philosophiegeschichtliche Darstellung aus der Perspektive des betreffenden Philosophen erfolgt. Der doxographische Bericht des Aristoteles lässt die vorsokratische, ionische Auseinandersetzung mit der Natur bereits unter dem aristotelischen *phýsis*-Begriff erscheinen, indem er die Bedeutungsstränge und -tendenzen herauskristallisiert, die in die aristotelische *phýsis*-Philosophie einmünden, aber in dieser Schärfe und Präzision in der Frühzeit noch nicht vorhanden waren. Wie Aristoteles einerseits an seine Vorgänger anknüpft, so hat er andererseits die nachfolgende Tradition maßgeblich beeinflusst, nicht nur direkt über den Aristotelismus, sondern auch indirekt über verschiedene andere Strömungen, so dass sich aufgrund seines Einflusses die fundamentalen Distinktionen des Naturbegriffs durch die Geschichte hindurch bis heute erhalten haben.

Im 5. *Metaphysik*-Buch, 4. Kapitel, stellt Aristoteles in einem ersten Ansatz[8] ohne erkennbare Systematik und Ordnung sechs verschiedene Bedeutungen von Natur zusammen:

1. Natur als Werden der wachsenden Dinge *(hē tōn phÿoménō génesis)*,[9]
2. Natur als das, woraus als Erstem das Wachsende wächst, d. h. als immanenter Wachstumsgrund *(ex hou pheytai prôtou to phyómenon enypárchontos)*,[10]
3. Natur als das, wovon die erste Bewegung bei jedem natürlichen Ding ausgeht *(hóthen hē kínēsis hē prôtē)*,[11] d. h. als Quelle der für die natürlichen Dinge charakteristischen Prozessualität,
4. Natur als das, woraus als Erstem ohne Umgestaltung und Veränderung aus eigenem Vermögen die nicht-natürlichen Dinge bestehen *(ex hou prôtou ē éstin ē gígnetai ti tōn mē phýsei óntōn, arythmístou óntos kai ametablētou ek tēs dynámeōs tēs heautoú)*,[12] d. h. als Stoff *(hÿlē)*, z. B. als das Erz der Bildsäule oder der ehernen Geräte, das Holz der hölzernen Gegenstände, aber auch als die Elemente *(stoicheía)* der natürlichen Dinge, wie Feuer, Luft, Wasser, Erde, die sich ebenfalls nicht aus eigenem Vermögen umgestalten und verändern,
5. Natur als Wesen *(ousía)* der natürlichen Dinge, und zwar im Sinne der Zusammensetzung *(sýnthesis)*, der Form *(eídos)* oder der Gestalt *(morphḗ)*, die zugleich Zweck *(télos)* des Werdens ist,
6. Natur im übertragenen Sinne als Wesen überhaupt *(ousía)* einschließlich desjenigen der künstlichen Gegenstände.[13]

Der zweite Ansatz,[14] der eigentlich eine Zusammenfassung des ersten ist, versucht eine Ordnung und Systematik in diese Aufzählung zu bringen, wobei der zentrale Aspekt die Natur als substanzbegründende Form oder Wesen ist. Die Zusammenfassung läuft auf die vier bekannten Funktionen von Formursache *(causa formalis)*, Materialursache *(causa materialis)*, Zweckursache *(causa finalis)* und Wirkursache *(causa efficiens)* hinaus. Zum einen ist die Form das den Stoff Bestimmende, das mit diesem zusammen als dem Materialgrund die konkreten Gegenstände ergibt. Zum anderen fungiert sie als Telos, Ende und Vollendung des auf sie gerichteten Bewegungs- und Wachstumsprozesses; und zum dritten ist sie in den natürlichen Dingen Ursprung und Prinzip der Bewegung und bestimmt damit auch die Bewegung selbst als eingebettet zwischen Ursprung und Ende. Alle daher mit der Form in irgendeiner Weise zusammenhängenden Momente werden in einem abgeleiteten Sinne ebenfalls Natur genannt. Das gilt nicht nur für den Stoff, aus dem das Seiende – das natürliche wie das nicht-natürliche – besteht und der zur Aufnahme der Wesensform qualifiziert ist, sondern ebenso für das Bewegungsprinzip, das Ursache der Bewegung ist und im natürlich Seienden von der anzustrebenden Form her bestimmt wird, wie auch für das Ziel des gerichteten Bewegungs- und Wachstumsprozesses und schließlich für diesen selbst, indem er die Realisation der Form anstrebt. So ordnen sich die diversen Bedeutungen um den Zentralbegriff der Form bzw. des Wesens der Natur.

Auffällig ist die Relevanz des Prozessbegriffs. Weder die bestimmende Form noch der bestimmbare Stoff würde Natur genannt werden dürfen, noch das aus beiden zusammengesetzte Konkretum ein natürliches Ding, ein »von Natur aus Seiendes« *(phýsei on)*,[15] wenn keine Beziehung auf den Bewegungs- und Wachstumsbegriff bestünde. Natürliche Dinge als natürliche sind dadurch bestimmt, dass sie das Prinzip der Bewegung und Ruhe in sich selbst tragen und sich eben dadurch von allen anderen unterscheiden.[16] Als Natur wird das Prinzip der Bewegung der natürlichen Dinge angesprochen, das den Dingen entweder dem Vermögen oder der Wirklichkeit nach zukommt.[17] Bewegung ist hier in einem weiten Sinne zu verstehen, der nicht allein Ortsbewegung, sondern auch quantitative Zu- und Abnahme, qualitative Veränderung, Entstehen und Vergehen, mithin Wachstum und Schwund umfasst.[18] Zum Zweck, natürliche Dinge von künstlichen abzuheben, führt Aristoteles an der zweiten relevanten Stelle seiner Auseinandersetzung mit dem *phýsis*-Begriff, in *Physik* II, 1,[19] aus, dass die Ersteren das Prinzip der Bewegung in sich tragen, die Letzteren, die Artefakte, hingegen nicht.[20] Als Beispiel für ein künstliches Produkt im Unterschied zu einem Naturprodukt nennt er des Öfteren das Haus, dessen Entstehungsprinzip nicht in diesem selber, sondern im Baumeister und seiner Idee liegt.

Dieser fundamentale Unterschied zwischen natürlichen und künstlichen Gegenständen ist konstitutiv für alle aristotelischen Naturbegriffe; ohne die Komponente der Selbstbewegung, des Werdens, des Entstehens und Vergehens, wäre keiner von ihnen verständlich. Dieses Merkmal ist aber nicht nur konstitutiv für den aristotelischen Naturbegriff, sondern für den Naturbegriff überhaupt seit seinem Ursprung und hat sich durch alle Zeiten hindurch bis heute bewahrt. Der griechische Begriff *phýsis*, der eine Substantivierung des Verbalstammes *phy-* ist, ebenso die in diesen Kontext gehörenden verbalen Ableitungen wie *phýein, phýesthai, phýnai* (wachsen lassen, entstehen, geworden sein) gehen auf die indogermanische Wurzel *bhu* (altindisch *bhuti*) zurück, die den Vorgang des Keimens, Wachsens, Zeugens und Gebärens bezeichnet, vorzüglich den des pflanzlichen Werdens. Diese ursprünglich verbale Kraft des Werdens hat das Substantiv *phýsis* nie verloren. Sie begegnet auch in seinem Nachfolgebegriff, dem lateinischen Substantiv *natura*, das sich von dem Verb *nasci* = »geboren werden«, »erzeugt werden« ableitet.

Die frühesten uns überlieferten Stellen bei Homer (8. Jh. v. Chr.) und Hesiod (8. Jh. v. Chr.), an denen der griechische Begriff *phýsis* auftritt, lassen die Beziehung zum Pflanzlichen noch deutlich erkennen.[21] In der *Odyssee* X, 303 berichtet Odysseus wie er auf dem Weg zu Kirke dem Gott Hermes begegnet, der ihm zum Schutz gegen Kirkes Zauberei das Wunderkraut *mõly* gibt und ihm dessen Aussehen und Wirkung erklärt – die milchweißen Blüten, die schwarzen Wurzeln: »Und er zeigte mir seine [des Krautes] Natur« *(kai moi phýsin autoú édeixe).* Hier ist nicht allein der Bezug zum Pflanzlichen offenkundig, sondern mit ihm auch das Gewordensein des Aussehens, der Gestalt,[22] sowie darüber hinaus die Wirkungsweise des Aussehens. Die Gestalt wird hier nicht als vorgegeben betrachtet, sondern noch ganz im Sinne des magischen Vorstellens in ihrer Auswirkung gesehen, die in der Abwehr böser Kräfte und in der Anziehung guter besteht. Diese mit der Form verbundene magische Vorstellungsweise hat sich bis weit in die klassische griechische Philosophie hinein, bis zu Platon (427–347 v. Chr.) und Aristoteles (384–322 v. Chr.), bewahrt und kehrt dort in der Weise wieder, dass nicht nur die Eigenschaften *dynámeis* (Fähigkeiten, Vermögen, Kräfte) genannt werden, sondern auch die Form Ursache *(aitía)* genannt wird (vgl. *causa formalis* = Formursache), die durch ihre Anwesenheit das Sosein der Dinge, deren Beschaffenheit, bewirkt. Auch im heutigen deutschen Sprachgebrauch benutzen wir noch die Wendung, dass etwas so oder so beschaffen, z. B. schön ist »kraft« oder »aufgrund« des Zukommens der Schönheit. So zeichnen sich schon an der frühesten Stelle die beiden Grundbedeutungen von Form ab: *erstens* als Telos (Ziel) des Werdens und *zweitens* als Ursache des Werdens (Wirkung). Eingespannt zwischen Wirken und Gewirktwerden steht die Form in einem dynamischen Kontext.

Wie die Analyse der Homer-Stelle zeigt und wie andere Stellen aus der Frühzeit bestätigen, weist der *phýsis*-Begriff im Frühgriechischen zwei markante Züge auf, von denen der eine das Werden, Wachsen, Gedeihen bezeichnet, der andere das Aussehen, die Gestalt, Form, Beschaffenheit, Qualität, das Merkmal, den Zustand usw. Die dritte relevante Bedeutung in der Geschichte dieses Begriffs, nämlich die der »Gesamtheit der natürlichen Gegenstände«, ist die späteste und erst, wenngleich auf vorangehenden Ansätzen, im Kontext der aristotelischen Philosophie entwickelt worden. Allerdings hat sich diese materielle Bedeutung zusammen mit der formalen in der Geschichte durchgesetzt, wobei aber beide auf dem Hintergrund des organischen Werdens zu sehen sind. Wenn die ionischen Naturphilosophen ihre Schriften seit dem letzten Viertel des 5. Jahrhunderts als »Über die Natur« *(perí phýseõs)*[23] zu betiteln pflegten, dann sind damit Abhandlungen nicht über die materielle, sondern ausschließlich über die formale Natur, das Wesen der Dinge, gemeint.

Eine Präzisierung und schärfere Konturierung erfuhr der *phýsis*-Begriff in seiner weiteren Entwicklung einerseits durch die Hippokratiker, andererseits durch die Sophisten, und zwar in dreierlei Sinne: *erstens* im normativen, *zweitens* im wertsetzenden (axiologischen) und *drittens* im Sinne einer Unterscheidung von Natur *(phýsis)* und Gesetz *(nómos)*, von Natur und Setzung *(thésis)*, von Natur und künstlicher Herstellung *(téchnē)*, von Natur und Geist *(nous)*. Für Hippokrates (ca. 460–ca. 377 v. Chr.) und seine Anhänger wurde *phýsis* in der Bedeutung der formalen Natur zum Normalzustand, d. h. zur normalen Beschaffenheit eines erzeugten und entwickelten Wesens, die zugleich den Maßstab und die Richtschnur zur Beurteilung von Gesundheit und Krankheit abgab. Naturgemäß *(katá phýsin)* leben bedeutete, seinem genuinen Wesen gemäß leben. Ein entscheidendes Verdienst der hippokratischen Medizin ist die Anwendung des *phýsis*-Begriffs speziell auf den Menschen und die Festlegung seines Normalzustands, der sich in der organischen Selbstentfaltung herausbildet und bei der Selbstwiederherstellung immer wieder angestrebt wird.

Mit der normativen Komponente, wie sie im Normalzustand vorliegt, verbindet sich leicht eine axiologische, also wertende, die das Natürliche für das Wertvolle und Anzustrebende hält. Diese Ergänzung und Bereicherung des *phýsis*-Begriffs ist ein Resultat der Sophistik. Bedeutsam wurde sie in der ebenfalls auf die Sophistik zurückgehenden Unterscheidung von Natur und Gesetz *(nómos)* bzw. Setzung *(thésis)*, künstlicher Herstellung *(téchnē)*, Vorsatz *(proaíresis)* usw., kurzum, von Natürlichem und Künstlichem. Während alles Natürliche eine Wertschätzung erfährt, unterliegt alles Künstliche, bestehe es in Gesetz, menschlicher Satzung, Artefakt oder Technik, einer Geringschätzung. Das Gesetz *(nómos)*, für Pindar (ca. 500 v. Chr.) der König,[24] wird für den Sophisten Hippias (ca. 400 v. Chr.) zum Tyrannen.[25] Diese Bewertung von Natürlichem und Künstlichem kommt überall zum Tragen, wo die *phýsis-thésis*-Antithese ausgetragen wird, sowohl auf sprachanalytischem Gebiet, wo es um die Frage geht, ob die Wörter *(onómata)* das naturhafte Wesen der Dinge ausdrücken oder auf Konvention und damit auf Vortäuschung und Schein beruhen, oder im ethischen Bereich, wo es um die Kontroverse zwischen Naturrecht, d. h. dem Recht des Stärkeren, und gesetzlichem Recht, dem Recht des Schwächeren, geht.

Ihren Höhepunkt erreicht diese Kontroverse bei Platon und Aristoteles. Während Aristoteles im Anschluss an die Sophistik eher das Natürliche betont und für das Wertvolle hält und das Artifizielle für das Sekundäre, verhält es sich bei Platon genau umgekehrt, indem für ihn das Gesetz *(nómos)* und das damit Verwandte, die Vernunft *(nous)*, die Setzung *(thésis)* und die künstliche Herstellung *(téchnē)*, einen Primat vor dem Natürlichen haben. Bei ihm werden Vernunft, Gesetz, Technik usw. gegen Natur ausgespielt. Pointiert könnte man die Differenz zwischen Platon und Aristoteles dahingehend formulieren, dass bei Aristoteles die Kunst die Natur nachahmt, bei Platon die Natur die Kunst *(téchnē)*, letzteres in dem Sinne, dass sich die Natur nur aufgrund rationaler Setzungen und im Nachvollzug der göttlichen *téchnē* erschließt.[26]

Im Rahmen der hier herauskristallisierten Grundbedeutungen von Natur, zum einen als externes Oppositum zu Kunst, Technik, zu allem vom Menschen Gesetzten, zum anderen, gemäß der internen Auffächerung, als formales Wesen und materielle Gesamtheit der natürlichen Gegenstände, wird sich auch die vorliegende Untersuchung halten, zumal sich diese Unterscheidungen durch die gesamte Tradition durchgehalten haben. Wenn hier von Natur und ihren Ausdeutungen die Rede ist, so ist damit der Inbegriff der natürlichen Gegenstände gemeint, für die ein anderer Name »Kosmos« oder »Welt« ist, die in einem bestimmten »Wesen«, d. h. einem bestimmten Merkmalskomplex, ihren gemeinsamen Ausdruck haben. Die Interpretation dieses Wesens macht allerdings die verschiedenen Naturdeutungen aus, von denen die eine, die lebensweltliche, das Wesen in einem sehr weiten Sinne unter Einbezug alles Qualitativen und Quantitativen, Sinn- und Bedeutungshaften fasst, die andere, die naturwissenschaftliche, das Wesen auf exakt und präzise angebbare Formen reduziert, auf mathematische und logische Strukturen.

ERSTER TEIL

Magisch-mythisches Naturverständnis

1. Zugang zum magisch-mythischen Naturverständnis

Eines der menschheitsgeschichtlich und kulturhistorisch frühesten Naturverständnisse ist das magisch-mythische. Statt von »Naturverständnis« im strikten Sinne unter Verwendung kognitiver Kategorien sollte besser und genauer von »Naturerleben«, »Naturgefühl«, »Naturempfindung« oder »Naturgespür« gesprochen werden, sollten richtiger emotionale, triebhafte Ausdrucks- und Beschreibungsmittel verwendet werden. Denn seine Basis ist die präkognitive, auf Gefühlen, Empfindungen, Affekten, Trieben, Wünschen und Begierden basierende Naturvorstellung. Seine Auffassungsweise ist weder das bloße Denken noch das bloße Anschauen, sondern der gesamtheitliche leiblich-seelisch-geistige Lebensvollzug.

Dem heutigen Menschen liegt das magisch-mythische Weltbild nicht nur historisch fern, es entzieht sich auch weitgehend seinem wissenschaftlich-technischen Verständnis. Dies mag der Grund dafür sein, warum es heute zumeist pejorativ beurteilt und als bloße Zauberei, Schein- und Trugkunst, abergläubisches Verhalten, Geheimritual, niedere Religionsform oder Religionssurrogat abgetan wird. Man verweist es in das Reich der Einbildung, des Fabulösen, Nebelhaften oder gar in den Bereich des Unbewussten; man sieht in ihm nichts als Unbeweisbares und Unüberprüfbares, das, verglichen mit der Wissenschaft und ihren Erfordernissen: Beweis, Begründung, Rechtfertigung, Argumentation einschließlich Rationalität, Objektivität, Exaktheit usw., sich allen diesen Kriterien entzieht. Da es sich nicht mit der präzisen Begrifflichkeit der Wissenschaftssprache fassen lässt, die vor allem mit Quantitätsbegriffen, monokausalen Vorstellungen und Relationssystemen operiert, wird es in die Sphäre des subjektiven Gefühls- und Affektlebens verwiesen, das objektiv, d. h. intersubjektiv nicht nachprüfbar ist. In einer wissenschaftlich »entzauberten« Welt kann die »Zauberei«, wie Hegel in seinen *Vorlesungen über die Philosophie der Religion*[1] die Naturmagie nennt, nur einen negativen Stellenwert haben und auf Unverständnis stoßen.

Gleichwohl ist auch uns Heutigen ein Zugang zu Magie, Mythos und Naturreligion nicht gänzlich verschlossen. Magisch-mythische Vorstellungen und Verhaltensweisen haben sich bis in unsere Zeit hinein erhalten, teils in ihrer ursprünglichen Eigenart als nicht ausrottbare Lebensformen, teils in verkappter Form, die durch alle Zivilisationserscheinungen immer wieder durchbrechen. Zum einen bestimmen magische Vorstellungen und Praktiken auch im ausgehenden 20. Jahrhundert noch den Alltag von Naturvölkern, z. B. der Indios im Amazonasgebiet, der Ureinwohner von Neuguinea oder mancher Stämme in Zentralafrika.[2] Schamanismus und Okkultismus, Trance und Zauberei sind dort allgegenwärtig und formen eine intakte magisch-mythische Lebenswelt. Zum anderen haben sich selbst in unserer von Wissenschaft und Technik überformten Zivilisation Relikte magisch-mythischen Naturverhaltens erhalten, besonders in ländlichen Gebieten, in abgelegenen Bergtälern, einsamen Waldgegenden, Marsch- und Moorgebieten, in denen die Naturverbundenheit der Bewohner, das Miterleben und Mitgehen mit natürlichen Prozessen wie Geburt und Tod, Wachstum und Schwund sowie das Bewusstsein der Gefahren und Bedrohungen durch die Natur weit ausgeprägter sind als in städtischen Gebieten, in denen der Kontakt mit der Natur verdrängt ist. Vorstellungen von Trollen, Alben, Erdgnomen, Waldgeistern, Nymphen, sogar von Hexen und Teufeln bestimmen teilweise noch heute das Leben und Denken der Bauern, Holzfäller, Marsch- und Moorbewohner. Fetische, Beschwörungen, Flüche, Sprüche, Talismane sind hier – freilich auch anderswo – nicht unbekannt. Aus der auf Sensation bedachten Presse hört man gelegentlich von Teufelsbeschwörungen und Exorzitien, von Wunderheilungen, oft als Scharlatanerie abgetan, wobei Zauberformeln, Handauflegen, Holzschlagen, aber auch Örtlichkeiten und Zeiten, wie Kreuzwege, Moore, Vollmondnächte, eine Rolle spielen. Selbst von Fällen, in denen ein Bauer oder eine Bäuerin die Kühe des Nachbarn durch schwarze Magie verhext haben soll, wird berichtet.

Wenngleich kulturregional ein Land-Stadt-Gefälle besteht, sind auch der Stadtbevölkerung magische Vorstellungen und Praktiken nicht gänzlich abhanden gekommen. Wer hätte nicht schon, wenn ihm eine Katze über den Weg lief, Glück oder Pech daraus geschlossen gemäß dem Spruch: »Von rechts nach links, 'was Flink's, von links nach rechts, 'was Schlecht's« und dreimal auf die Erde gespuckt, um Unheil abzuwenden; wer hätte nicht schon, wenn er das Haus verließ und wegen einer vergessenen Sache umkehren musste, sich dreimal hingesetzt, um das mit der Rückkehr verbundene Unheil abzuwehren; und wer hätte nicht schon den Tod eines nahen Menschen vorausgesehen, wenn nachts ein Kauz schreit. Das Tragen von Talismanen, Amuletten und Maskottchen, ursprünglich zum Schutz gegen böse Geister und als Heilsbringer gedacht, ist bis heute üblich, selbst in total säkularisierter, profaner Form bei Tennisspielern, Fußballmannschaften usw. Nicht zuletzt beruft sich die Innung der Astrologen, Wahrsager, Zukunftsdeuter, Hand- und Kartenleser auf das magische Naturverständnis.

Allerorts treffen wir in unserem kulturellen Leben auf Relikte magischer Naturvorstellung. Wie sehr Himmelsrichtungen und örtliche Begebenheiten eine Rolle spielen, zeigt die Tatsache, dass Kirchen nach Osten gebaut werden zum Sonnenaufgang hin, Tote nach Osten bestattet werden, Täuflinge gegen Westen gehalten werden, um den Teufel, die Nacht, das Dunkel – alles Symbole des Sonnenuntergangs – abzuhalten. Handelt es sich hier eher um sporadische Überbleibsel einer längst vergangenen Vorstellungswelt, so hat sich Magisch-Mythisches in großem Umfang in den kulturellen Institutionen wie der Religion und Kirche bis in unsere Zeit erhalten. Es begegnet hier teils unterschwellig als artfremder Bestandteil, der umgeprägt und überformt wurde, teils als ursprüngliches Fundament religiöser Praxis, so in Kult und Ritus, Zeremonie, Gebet, Opfer, Weihe, Sakrament usw. Auf diese Weise sind viele ursprünglich heidnischen Bräuche, wie Fastnachtsumzüge, Pferdeprozessionen, Wassertaufe, Totentanz, die auf magische Praktiken, wie Winteraustreibung, Frühlingseinzug, d. h. Vegetations- und Fruchtbarkeitsriten, zurückgehen, christianisiert worden.

Rolf Sprandel[3] hat eine Reihe von Beispielen für solche Transformationen aufgezeigt, sah sich doch die christliche Religion im Mittelalter vor zwei Aufgaben gestellt: Zum einen musste sie den christlichen Monotheismus nach außen gegen die heidnische Naturmagie durchsetzen, zum anderen nach innen gegen naturmagische Vorstellungen der biblischen Grundtexte verteidigen, deren Zeugnisse von der Verführung durch die Schlange und dem Apfel im Paradies bis zu den Wunderheilungen Christi reichen. Zumindest die erste Aufgabe löste sie dadurch, dass sie ihre Symbole an die Stelle der alten, heidnischen setzte. So wurde z. B. die heidnische Verehrung eines Brunnens dadurch christlich legitimiert, dass man erzählte, in dem Brunnen habe eine Schlange oder ein Drachen das Wasser vergiftet, bis ein Heiliger das Tier getötet und dadurch das Wasser genießbar gemacht habe,[4] oder dass man verkündete, ein Heiliger habe mit dem Wasser Heiden getauft und so das Wasser gereinigt.[5] Das Holz heidnischer heiliger Bäume wurde zum Bau christlicher Kirchen und Altäre verwendet, heidnische Wallfahrtsorte wurden zu christlichen umfunktioniert, dadurch dass man eine Kirche anstelle des heidnischen Heiligtums errichtete.[6] Insbesondere die katholische Kirche ist voll solcher Übernahmen und Transformationen, sei es in Heiligen- und Marienverehrung, Verehrung von Schutzpatronen, Wallfahrten, Wunderheilungen u. ä. Und sie musste dies, wenn sie an den ursprünglichen Volksglauben anschließen und Breitenwirkung erzielen wollte.

Tiefer aber reichen die religiösen Praktiken: Gebet, Anrufung, Hymnus, Lied, Zeremonie, Sakrament (Sühne-, Dank-, Bitt-, Gaben-, Reinigungsopfer) in den magischen Bereich hinab, indem rituelle und kultische Vollzüge nichts anderes als Fortsetzungen magischer Handlungen sind. Man scheut sich wohl nicht nur deshalb, ihre magisch-mythischen Ursprünge zuzugeben, weil sich die christliche Religion stets von der heidnischen Naturmagie abgesetzt hat, sondern auch, weil sie eine monotheistische Hochreligion ist, die die magischen Elemente der Primitivreligionen spiritualisiert und sublimiert hat. Religionsgeschichtlich aber ist die Zentrallehre des Christentums, der Opfertod Gottes, nichts anderes als ein uraltes magisch-mythisches Motiv, das sich auch in den eleusinischen Mysterien, im thrakischen Dionysoskult, im ägyptischen Osiriskult und im phönizischen Adoniskult findet: Es ist das Motiv vom Verlust der ursprünglichen Einheit und von der Rückkehr der Vielheit in den Urgrund, das sich in dem Elementargedanken des »Stirb und Werde« ausdrückt. Als die spanischen Missionare mit den aztekischen Opferbräuchen bekannt wurden, sahen sie darin eine Verspottung des christlichen Mysteriums,[7] da nicht der Inhalt, nur die Form eine andere war als im Christentum und diese für Blasphemie gehalten wurde. Von naturmagischen Vorstellungen unterscheidet sich die christliche Religion allenfalls durch ihre größere Spiritualität.

Man könnte sogar so weit gehen und sagen, dass der religiöse Glaube, der als Macht beschrieben wird, Berge zu versetzen, Tote zum Leben zu erwecken usw., eine Variante des magischen *Mana* sei, jener Zauberkraft, die von R. H. Codrington[8] in seinem Werk über die Melanesier als Kernbegriff des primitiven magisch-mythischen Denkens und Erlebens herausgearbeitet und teils als geistige Kraft *(spiritual power, supernatural power)*, teils als numinose Substanz im animistischen Sinne beschrieben wird.

Eine zweite nicht zu unterschätzende Quelle magisch-mythischer Vorstellungen in heutiger Zeit ist die Kunst, sowohl die bildende in Malerei, Plastik, Architektur wie auch die dichtende in Drama, Tragödie und Gedichten wie auch die musikalisch-rhythmische in Oper und Tanz.

Dabei sind nicht nur die Inhalte magisch-mythischer Herkunft wie die griechischen Mythen in den antiken Dramen oder deren moderne Neuauflagen oder die germanische Mythologie in den Opern Richard Wagners, auch nicht nur die Formen, Symbole und Anspielungen wie in der Malerei und Dramaturgie, besonders im Expressionismus und Symbolismus – man denke an die naturmagischen Vorstellungen in Georg Büchners Bühnenstück *Woyzeck*, in dem der Antiheld für magische Natureinflüsse offen ist, Stimmen hört und einen Sinn für das Übersinnliche entwickelt –, vielmehr haben die einzelnen Kunstgattungen einen magischen Ursprung. So ist das griechische Drama, wie sein Name *drôomenon* (Handlung, Tat) verrät, der sich vom griechischen *drâan* (handeln, vollbringen) herleitet, aus Vegetationsriten und -rhythmen entstanden. Es gehört in den Umkreis kultischer Handlungen; in ihm wird der Vorgang des Blühens und Verwelkens und Wiederauflebens nicht nur mimisch nachvollzogen, d. h. mittelbar in Bewegungen und Bildern ausgedrückt, sondern unmittelbar vollzogen; denn der Ritus ist die Weise, in der der magisch-mythische Mensch in der Natur agiert und reagiert. Das Drama ist ein wirkliches, weil durch und durch wirksames Geschehen. Nicht anders verhält es sich mit dem Tanz, der ursprünglich ritueller Art ist. Tempeltänze, sei es zur Erfreuung und Beschwichtigung der Götter, sei es zur Abwehr des Bösen, Schlangentänze, die die Bewegungen der Schlangen nachahmen und die Schlangengötter zu beschwören versuchen, bacchantisch-dionysische Taumel und Orgien, die in der Ekstase die Sprengung der Individuation und das Einswerden mit dem Gott zu erreichen versuchen, zeigen diesen Ursprung besonders deutlich.

Selbst dort, wo man die Magie am wenigsten erwartet, in Wissenschaft und Philosophie, deren objektive Begrifflichkeit und kausales Erklärungsmuster die Naturmagie auszuschließen scheinen, ist sie nicht unbekannt. So drängt sich neben der Schulmedizin, die einseitig auf dem kausalen Erklärungsprinzip und der damit zusammenhängenden Apparatetechnik basiert, mehr und mehr die Alternativmedizin hervor, wie sie in Homöopathie, Naturheilkunde, Kräutermedizin vorliegt und an magische Vorstellungen wie die Wirkung von Kräutern, magnetische Kräfte, Energieströme usw. anknüpft, oder wie sie in Akupunktur, autogenem Training, Hypnose, Trance, Yoga aus der asiatischen Medizin und Meditationstechnik übernommen wurde und auf Ganzheitsvorstellungen, auf der Einheit von Leib und Seele und der Beeinflussung des einen durch das andere, beruht. Eine Fortsetzung hat sie in der heutigen Ganzheitsmedizin gefunden.[9] Die Psychologie und besonders die Parapsychologie erforschen diese magischen Phänomene wissenschaftlich. Durch Sigmund Freud (1856–1939), Alfred Adler (1870–1937), Carl Gustav Jung (1875–1961) und ihre Schulen ist die Traum- und Märchendeutung zum Gegenstand wissenschaftlicher Forschung geworden, in denen Urerlebnisse, sogenannte Archetypen der Menschheit, zum Ausdruck kommen.

Erinnert sei auch daran, dass Astronomie und Chemie gleichen Ursprung mit der Astrologie und Alchimie haben oder sogar aus ihnen hervorgegangen sind. Kurt Hübner spricht davon, dass »die Naturwissenschaften und die Magie [...] Töchter desselben Stammes«[10] sind. Sie sind Ausdruck eines gemeinsamen Herrschaftswillens über die Natur. Und selbst die Philosophie, die Ausgangspunkt und Grundlage der Wissenschaften bildet, ist ursprünglich in Griechenland aus magisch-mythischen Traditionen erwachsen und ihnen in Inhalt und Form noch lange Zeit verhaftet geblieben. Vor allem die platonische Philosophie zeugt davon, dass die Ideen noch nicht als rein logische Prädikate gedacht werden, sondern in mythischer Denkweise als substantielle Wesenheiten, numinose Seiendheiten, die durch ihre reale Anwesenheit die Dinge konstituieren. Kraft ihrer Anwesenheit machen sie die Dinge zu dem, was sie sind, und treten als dieselben in allen differenten Gegenständen auf. Der Kraftbegriff – eigentlich ein magischer Begriff – konnte niemals gänzlich eliminiert werden und lebt nicht nur in der mittelalterlichen Scholastik als *vis externa* und *vis interna* (äußere und innere Kraft) weiter, sondern selbst noch in der Physik Newtons als Gravitationskraft, als Äther in der Philosophie Kants, besonders im Opus postumum, und als Wärmestoff, Phlogiston oder Brennstoff bis in die Chemie der Neuzeit hinein.

So treten allenthalben unter der Oberfläche der modernen Zivilisation, Wissenschaft und Technik magisch-mythische Elemente hervor oder erweisen sich als deren teils verschüttete, teils offenliegende Grundlage.

Für das Fortleben magisch-mythischer Vorstellungs- und Verhaltensweisen bis in unsere Zeit hinein werden unterschiedliche Gründe genannt. Die psychoanalytische Deutung, vertreten von Freud und Jung, sieht in diesen Motiven Urerlebnisse und Urbilder der Menschheit, die in die Tiefe des Seelenlebens hinabreichen und immer wieder hervorbrechen. Während Freud,[11] ausgehend von der Ödipussage und dem darin geschilderten Vatermord und Beischlaf mit der Mutter, in diesem Komplex Grundmuster des Trieblebens, insbesondere der Libido, zu entdecken glaubt, hat Jung diese These verallgemeinert und auf das Seelenleben überhaupt ausgedehnt. Gewisse Motive wie das der Weltentstehung, des bösen Tieres (Drachen, Schlange), von dem die Welt durch einen Erretter erlöst wird, der Auf- und Niederfahrt zum Licht und zur Finsternis kommen in allen Kulturmythen, Märchen, Sagen, Religionen und der Kunst vor und erweisen sich damit als allgemein menschlich. Werden sie ins Unbewusste abgedrängt, so brechen sie in Tag- und Nachtträumen als natürliche Formen »seelischer Entlastung« hervor oder bei größeren Störungen als psychische Krankheiten. Neben dem individuellen Unbewussten unterscheidet Jung[12] das kollektive Unbewusste, das sich um so stärker bemerkbar macht, je mehr es vom bewussten Leben verdrängt wird.

Eine andere Erklärung liefert die soziologische Deutung, wie sie in der zweiten Hälfte des 19. Jahrhunderts aufkam und vorwiegend von Oxforder und Cambridger Gelehrten, wie W. R. Smith,[13] J. G. Frazer,[14] J. E. Harrison,[15] F. M. Cornford,[16] G. Murray[17] und B. Malinowski,[18] vertreten wurde. Sie sieht in den magisch-mythischen Vorstellungen und Verhaltensweisen Grundformen des Daseins und der Lebensgestaltung, die weniger von theoretischer als vielmehr von praktischer Relevanz sind und die, stilisiert zu festen Regeln, zu Ritualen, Sitten und Gebräuchen, sowohl das private wie das öffentliche Leben in Familie, Staat und Beruf bestimmen und die gesellschaftliche Ordnung, das Zusammenleben und den Umgang mit den Mitmenschen und der Natur prägen.

Die Deutung operiert mit dem entwicklungsgeschichtlichen Gedanken, dass sich die heutigen Formen des Umgangs miteinander und mit der Natur aus ursprünglichen, ritualisierten Verhaltensweisen entwickelt haben, deren Sinn auch bei Veränderung der äußeren Form derselbe geblieben ist. Das Festhalten des Inhalts trotz Wandlung der äußeren Form lässt sich besonders deutlich am Opfermahl beobachten. Während im Opfer der primitiven Gesellschaft das heilige Stammtier eines Clans, auf das sich die Mitglieder desselben zurückführen, geschlachtet und anschließend gemeinsam verspeist wird, damit die magische Kraft des Tieres auf alle Mitglieder übergehe und in ihnen fortlebe, hat die nachfolgende Entwicklung diese Zeremonie des Opfers sublimiert und vergeistigt. An die Stelle des Opfertieres sind mit zunehmender Erstarkung des Selbstbewusstseins des Menschen menschenähnliche Götter getreten, letztlich der Gott, der nur noch symbolisch geopfert wird und dessen Fleisch und Blut in Form von Oblate und Wein verzehrt wird, um den Zusammenhalt der Glaubensgemeinschaft zu stärken. Gemeinsame Festmahle bei Geburt, Hochzeit und Begräbnis sind bis heute üblich und dienen zur Stärkung des Solidaritätsgefühls einer Familie oder Gemeinschaft, auch wenn sie ihres ursprünglichen Sinnes mehr und mehr verlustig gehen.

Die Grundthese der soziologischen Interpretation ist die, dass sich die Menschheit aus einer primitiven, rohen Stufe, dem Zeitalter der Magie, das weitgehend rituell geprägt war, heraufgearbeitet habe zu Mythos, Religion und Wissenschaft, aber so, dass in aller Fortentwicklung die Ursprünge sichtbar geblieben sind.

Eine dritte Erklärung bietet die philosophische, die Ernst Cassirer und, im Anschluss an ihn, Kurt Hübner gegeben hat. Cassirer spricht von einer »Philosophie der Mythologie«,[19] Hübner von einer »philosophisch-systematischen Betrachtung« und vom »philosophisch Bedeutsamen«.[20] Grundlage der Interpretation bildet hier ebenfalls die Entwicklungsthese, nach der das Magisch-Mythische einer ursprünglichen Schicht der Menschheit, dem Trieb-, Affekt- und Wunschleben, der Gefühls- und Empfindungswelt, angehört, die relativ undifferenziert ist und aus der sich durch Differenzierung, Präzisierung und Isolierung in Form einer »logischen *Genese*«[21] die späteren exakten Anschauungs- und Begriffsformen der Wissenschaft entwickelt haben, wie sie sich beispielsweise in Kants Erkenntnistheorie finden. Während die magisch-mythische Welt noch ein Defizit an logischen Distinktionen aufweist, z. B. die modale Ununterschiedenheit von Möglichkeit und Wirklichkeit – Möglichkeitsvorstellungen wie Traum und Phantasie, Schatten und Spiegelbilder, Namen und Zeichen gelten in ihr als Realitäten und als Sachen selbst –, ebenso die quantitative Ununterschiedenheit von Ganzem und Teil – der Teil steht *pars pro toto* –, desgleichen die logisch-mathematische Ununterschiedenheit des Relations- und Funktionsbegriffs von Ursache und Wirkung – Kausalität meint hier noch magische Kraft und Einflussnahme –, hat die weitere Entwicklung zur Herausbildung des exakten Begriffssystems der Wissenschaft geführt, in dem die Schlacken mythischen Denkens und Empfindens abgeworfen sind. Mythische Erkenntnisstrukturen verhalten sich zu wissenschaftlichen wie die einer niederen Objektivationsstufe zu einer höheren. Sie sind nicht prinzipiell von den wissenschaftlichen verschieden, nur graduell. Hinter den Bildern und sinnlichen Gegebenheiten kommen Begriffe zum Vorschein, die durch den Prozess logischer Analyse mehr und mehr herauskristallisiert werden. Magisch-mythisches und wissenschaftliches Denken stellen nicht zwei verschiedene Erkenntnisstämme, sondern einen einzigen dar, der sich zunehmend differenziert und präzisiert. Würde man nun vermuten, dass mit dem ersten Erscheinen der wissenschaftlichen Welt die Traum- und Zauberwelt des Mythos schwinde, so ist dem mitnichten so. Tatsächlich lassen sich die einzelnen Stufen der logischen Genese des wissenschaftlichen Naturbegriffs nicht immer scharf trennen.

»Ja, auch die Welt unserer unmittelbaren Erfahrung – jene Welt, in der wir alle, sofern wir außerhalb der Sphäre bewusster, kritisch-wissenschaftlicher Reflexion stehen, beständig leben und sind – enthält eine Fülle von Zügen, die sich, vom Standpunkt eben dieser Reflexion, nur als mythisch bezeichnen lassen ... Und so zeigt sich überall bis in die Gestaltung unserer Wahrnehmungswelt hinein, also bis in jenes Gebiet, das wir vom naiven Standpunkt aus als die eigentliche ‚Wirklichkeit' zu bezeichnen pflegen, dieses eigentümliche Fortleben mythischer Grund- und Urmotive.«[22]

Alle diese Erklärungen stimmen darin überein, dass sie den magisch-mythischen Komplex nicht als ein abstrakt theoretisches, sondern als ein konkretes Phänomen nehmen, das realiter in die Lebenswelt hineinragt, deren Grundlage bildet und deren Ausgestaltung prägt. Andere mögliche und auch versuchte Mythosdeutungen wie die rein theoretische oder ästhetische, etwa die allegorische, euhemeristische, symbolistische usw., die im Mythos nichts anderes als eine allegorische oder symbolische Darstellung, nicht aber einen realen Vollzug mit eigener Wahrheit und Wirklichkeit sehen, vermögen das Fortleben des Mythos nicht zu erklären. Der Mythos als schöner Schein und Spiel, in dem sich Unverbindlichkeit, spielerische Freiheit und Leichtigkeit mischen, mag zwar als Motiv in die Kunst eingehen, mag vielleicht selbst dort eine eigene immanente Wahrheit entfalten, erweist sich aber als ungeeignet, eine Realität zu erklären, die bis in die Gegenwart hineinwirkt.

2. Verhältnis von Magie und Mythos

Bisher wurde relativ undifferenziert vom magisch-mythischen Naturverständnis gesprochen und so getan, als ob Magie und Mythos zusammengehörten. Sind beide identisch oder verschieden, in welchem Verhältnis stehen sie zueinander?

Die meisten Forscher gehen davon aus, dass die magische Weltansicht kulturhistorisch eine frühere, primitivere Stufe darstelle als die Mythologie, die auf ihr basiere.[23] Der Unterschied ist weniger im Inhalt als in der Form zu suchen. Zwar lassen sich auch im Entwicklungsprozess von der Magie zum Mythos inhaltliche Wandlungen konstatieren, die in zunehmender Sublimierung und Ausdifferenzierung, vor allem in zunehmender Individualisierung und Personalisierung, bestehen. Während das magische Weltbild das All überall mit Naturgeistern, Dämonen und numinosen Wesen belebt, in jedem Rauschen eines Baumes, in jedem Wehen und Brausen der Luft, in jedem Sprudeln einer Quelle, in jedem Flimmern des Lichtes Elementargeister (Erd-, Feld-, Wald-, Baum-, Wasser- und Windgeister) erblickt, die aufgrund ihrer Unbestimmtheit nichts als »Augenblicksgötter«[24] sind und offensichtlich nur momentane Gefühlsregungen oder empfindungsmäßige Reaktionen ausdrücken, führt der Weg mit zunehmender Emanzipation des Ich zu individuellen, personalen Göttern, die mit charakteristischen Merkmalen ausgestattet sind und mit Eigennamen angerufen werden.

Eine ähnliche Entwicklung lässt sich innerhalb der griechischen Mythologie beobachten. Die ursprünglich chthonische, dunkle, matriarchalisch bestimmte Welt der Erdgötter weicht der hellen, lichten, patriarchalisch bestimmten, anthropomorphen Welt der Olympier, die idealisierte Menschen mit spezifisch menschlichen Eigenschaften, Zügen und Handlungen verkörpern. Auch wenn die vorolympischen Götter, Gaia und Uranos, gegenüber den olympischen bereits geschlechtsspezifische Merkmale aufweisen (Gaia gibt ihrem Sohn Kronos eine Sichel, um die Genitalien des Uranus abzuschneiden), tragen sie doch bei weitem nicht jene ausgeprägten personalen Züge wie die späteren Olympier. Auch in der weiteren Entwicklung der griechischen Mythologie lässt sich ein Übergang von Natur- zu Kulturmythen feststellen, dadurch dass mit der Erfindung neuer Werkzeuge und Handwerke auch neue Götter erfunden werden, wie Asklepios, der Gott der Medizin, Athene, die Göttin der Ölgewinnung, oder Hephaistos, der Gott des Feuers und der Schmiede.

Das eigentlich Unterscheidende im Verhältnis Magie-Mythos ist jedoch nicht der Inhalt, sondern die Form. Während die magische Welt ein reines Aktionssystem ist, demzufolge das All von Kräften, Mächten und Wesen durchwirkt ist, die zu Aktionen und Reaktionen herausfordern, gehört der Mythos der Vorstellungswelt, dem Bereich der Bilder, sinnlichen Anschauungen und Phantasien an. Kann man die magische Welt der Sphäre des Trieb-, Affekt-, Gefühls-, Wunsch- und Willenlebens zuordnen, so den Mythos der Sphäre des deskriptiven Wortes, wie es in Bericht, Kunde, Sage und Märchen zum Ausdruck kommt. Grob gesagt stehen sich Magie und Mythos wie Praxis und Theorie, konkrete Lebenswirklichkeit und theoretische Betrachtung oder ästhetische Anschauung gegenüber.

Die Magie ist eine Technik der Naturbeeinflussung, -manipulation und -gestaltung. Sie basiert auf der Ansicht, dass das All mit Kräften erfüllt ist, die sich in einzelnen ausgezeichneten Individuen, in Zauberern, Schamanen, Hexen, Geisterbeschwörern usw., konzentrieren und diese befähigen, unterstützt durch magische Mittel wie Fetische, Zauberformeln und Zaubertränke, die Kräfte des Alls zu beeinflussen, sei es zum Guten oder zum Bösen. Noch heute zeigt sich in den Termini »Einfluss«, »Beeinflussung«, »zuziehen« (z. B. sich eine Krankheit zuziehen), »herbeiziehen«, dass ihnen ursprünglich ein dynamisches Naturbild zugrunde liegt, das von Kräfteströmen bestimmt ist, die dahin und dorthin geleitet und umgeleitet werden können. Die Formen solcher Einflussnahme auf die Natur sind Kult, Ritus und Zeremonie; diese sind Tätigkeiten und Vollzüge. Das Medium der Magie ist Handlung.

Demgegenüber stellt der Mythos eine schon distanziertere Form der Wirklichkeitserfahrung dar, die nicht mehr handelnd in die Natur eingreift, sondern nur noch darstellt. Der Mythos bedient sich dazu des Wortes, und zwar des darstellenden, mittels dessen eine Vergegenwärtigung oder Wiedervergegenwärtigung von Ereignissen und Zuständen in Göttergeschichten angestrebt wird. Mit der Entbindung von den Fesseln der Handlung geht die Gewinnung einer größeren Freiheit, Leichtigkeit und Unverbindlichkeit einher, die dem Mythos nicht selten das Ansehen eines rein ästhetischen Spiels, eines schönen Scheins gibt.

Gleichwohl ist der Ursprung des Mythos in der magischen Welt unverkennbar; denn auch die Göttergeschichten und mythischen Berichte von der Weltentstehung, vom Nabel der Welt, von der Vertreibung des Winters und der Wiederkehr des Frühlings usw., bleiben an bestimmte Orte und Zeiten gebunden, an und in denen bestimmte Götter kultisch verehrt und bestimmte Handlungen rituell vollzogen werden.

Deutlich zeigt sich die Herkunft des Mythos aus der Magie an Funktion und Gebrauch der Sprache. Hatte ursprünglich das Wort magische Kraft, war mit der Anrufung eines Namens die Herbeiziehung, ja Herbeizwingung des angerufenen Wesens verbunden,[25] wie sich dies bis heute bei Eigennamen erhalten hat, die als Teil der Persönlichkeit gelten und daher nur bei großer Vertrautheit ausgesprochen werden, so reduziert sich das Wort im Mythos auf eine bloß darstellende Funktion, die die Welt nicht hervorbringt, sondern vergegenwärtigt. Wenn im Alten Testament Gott die Welt durch sein Wort erschafft: »Gott sprach, und es ward«, so bekundet sich darin noch eine typisch magische Auffassung des Wortes, in der die Einheit von Ursache und Wirkung gedacht wird.

Zwar behält auch in der weiteren Entwicklung die Sprache etwas von ihrer originären Kraft und Wirkungsmächtigkeit bei – durch das gesprochene Wort kann man jemanden beeinflussen, überreden, motivieren, aufwiegeln, beschwichtigen –, auf dem Standpunkt der mythischen Erzählung aber hat das Wort nur noch deskriptive und repristinierende Kraft. Der mythische Bericht ist Abbildung oder Nachahmung der Handlung durch das Wort, nicht mehr realer Vollzug. Ganz ähnlich verhält es sich mit dem Drama, das ursprünglich in Aktionen und Agitationen bestand und zur reinen Imitation wird.

Auf der Grundlage der kultursoziologischen These von Smith[26] lässt sich die Entwicklung von der Magie zum Mythos dahingehend charakterisieren, dass der Mythos im Ritus wurzelt.[27] Was im Mythos geglaubter Bericht oder Erzählung, mittelbare Darstellung durch das Wort ist, ist in der magischen Welteinstellung unmittelbarer Vollzug des Menschen, der an seine Triebe, Affekte und Wünsche gebunden ist.[28]

Da sich die magische Vorstellungswelt weitgehend aus dem Inhalt der uns zugänglichen Mythen erschließt, weil der Inhalt des Mythos – abgesehen von gewissen internen Wandlungen – im Wesentlichen derselbe geblieben ist wie im magischen Weltbild, und da es uns im folgenden primär auf den Inhalt des frühen Naturverständnisses ankommt, erst sekundär auf die Form und die Explikationsmittel, kann der Terminus »magisch-mythisches Naturverständnis« beibehalten werden, sofern nicht detailliertere Untersuchungen eine Präzisierung verlangen.

3. Charakteristik des magisch-mythischen Weltbildes

Im Folgenden soll versucht werden, das magisch-mythische Welt-(Natur-) bild unter einer Reihe von Aspekten genauer zu fassen, als Dynamismus, Animismus bzw. Spiritualismus (Hylozoismus), Organizität, Antagonismus, Sympathetik und Einheit von Theorie und Praxis.

a) Dynamismus

Die erste These lautet: Das magische Naturverständnis, wie es sich verbal im Mythos widerspiegelt, ist ein Dynamismus. Das All wird durchwaltet und durchherrscht gedacht von Kräften, Mächten, Tendenzen, Bestrebungen und Einflüssen, die sich wie in einem Stromsystem hierhin und dorthin ergießen. Sie können sich in einzelnen ausgezeichneten Personen, Zauberern, Schamanen, Häuptlingen, Kriegern, aber auch in einzelnen Objekten wie Talismanen, Fetischen und Zaubermitteln konzentrieren, welche aufgrund dieser Kräfteballung die Kräfteströme zu manipulieren und zu dirigieren vermögen. Teile dieser Kräfteströme können von ihrem Zentrum abgelöst und auf andere Personen übertragen werden, Zaubermittel mit ihren besonderen Kräftekonzentrationen können den Besitzer wechseln und auf diesen auch die mit ihnen verbundene Macht transferieren. Das Ganze ist ein in sich bewegtes, strömendes System, das man wegen seines Flusscharakters auch durch »Fluidität«[29] charakterisiert oder als »Emanismus«[30] bezeichnet hat. Noch heute spricht man vor allem im psychologischen Bereich von Einflüssen, z. B. von Umwelteinflüssen oder vom Einfluss einer Person auf eine andere, wobei, wenn auch in abgeschwächtem Sinne, die Meinung besteht, es gäbe Kräfteströme zwischen Menschen untereinander und zwischen Menschen und ihrer Umgebung.

Nirgends findet sich dieses Kräftesystem in seinem Wogen und Wallen poetischer ausgedrückt als in Goethes *Faust*, wo Faust beim Anblick des Zeichens des Makrokosmos aus Nostradamus' geheimnisvollem Buch in die Worte ausbricht:

> »Wie alles sich zum Ganzen webt,
> Eins in dem andern wirkt und lebt!
> Wie Himmelskräfte auf und nieder steigen
> und sich die goldnen Eimer reichen!
> Mit segenduftenden Schwingen
> Vom Himmel durch die Erde dringen,
> Harmonisch all das All durchklingen!
> Welch Schauspiel! Aber ach! Ein Schauspiel nur!
> Wo fass' ich dich, unendliche Natur?«[31]

Wollen wir dieser dynamisch-kinetischen Vorstellungsweise nähertreten, so kann dies nur in Absetzung von unserem heutigen wissenschaftlichen Naturverständnis geschehen, wie es maßgeblich durch den Cartesianismus geprägt worden ist. Wir stellen uns die Natur, zumindest populärwissenschaftlich,[32] als ein System aus Substanzen mit Akzidenzien vor, die in einseitig oder wechselseitig kausalen Beziehungen zueinander stehen. Dem fluktuierenden Weltbild der magisch-mythischen Zeit steht heute eine statisch substantielle Auffassung gegenüber, in der die Objekte als selbstständige, konstante Träger von Eigenschaften – sowohl von notwendigen wie von kontingenten – angesehen werden, die kraft einer Interaktion mit anderen Substanzen ihre Akzidenzien ändern. Die Beziehung der Substanzen aufeinander ist eine nachträgliche auf der Basis ursprünglicher Selbstständigkeit. Substanz- und Kausalkategorie machen die wesentlichen Bestimmungen dieses Weltbildes aus. Das Substanz-Akzidens-Modell ist freilich keine Erfindung Descartes', sondern weist über Descartes hinaus auf Aristoteles, der es in seiner *Metaphysik* und *Kategorienschrift* zum grundlegenden Schema erhob. Die *ousía* (Substanz) gilt Aristoteles als erste und fundamentale Kategorie, an die sich Qualität, Quantität, Relation, Handlung, Leiden, Wann, Wo, Lage, Zustand als zweite oder folgende Kategorien anschließen.

Platon ist dieses Modell noch weitgehend unbekannt, wie ein Blick auf seine Gegenstandstheorie im *Phaidon*, einem Dialog aus der mittleren Phase, zeigt. Hier denkt sich Platon den Gegenstand nicht aus einer konstanten, durablen Substanz und inkonstanten, variablen Akzidenzien bestehend, sondern konstituiert aus einem Aggregat konstanter *dynámeis* (Kräfte), die den Gegenstand aufgrund ihrer Präsenz überhaupt erst zu dem machen, was er ist. Das, was wir heute Eigenschaft nennen, Kälte, Hitze, Schönheit, Güte usw., wird von Platon *dýnamis* (Kraft) genannt und verrät damit Anklänge an ein magisch-mythisches Weltbild. Die *dynámeis*, die den Status von Ideen haben, von unentstandenen, unveränderlichen und unvergänglichen Wesenheiten, können bei Inkompatibilität, d. h. bei Zusammentreffen zweier oder mehrerer unvereinbarer *dynámeis*, etwa des heißen Feuers und des kalten Schnees, nur fortgehen, ihren Ort ändern, nicht aber untergehen. Ändern sie ihren Ort, so hat das den Untergang der durch sie konstituierten Gegenstände zur Folge. So schmilzt bei Herannahen des heißen Feuers der Schnee, d. h. die den Schnee bestimmende Kälte flieht. Da die Präsenz der *dynámeis* einzeln oder zusammen einen Gegenstand bestimmt, gibt sie ihm auch seinen Namen (z. B. das Heiße, das Kalte).

Die Redeweise, dass einem Gegenstand eine bestimmte Qualität, z. B. Schönheit oder Güte, zukommt, weil diese in ihm wirksam ist und ihn beherrscht, hat sich bis heute erhalten. Wir nennen einen Gegenstand schön »kraft« der Schönheit oder »aufgrund« des Zukommens der Schönheit und drücken durch diese Präpositionen die Wirkungsmächtigkeit der vorherrschenden Eigenschaft aus. Auch die antike Aitiologie (Ursachenlehre), die die vier Ursachen von *causa formalis, materialis, efficiens* und *finalis* (Form-, Material-, Wirk- und Zweckursache) unterscheidet, hat die ursprüngliche Vorstellung von verursachenden Kräften bewahrt. Denn wenn die Form ausdrücklich *causa*, verursachendes Prinzip, genannt wird, bedeutet das, dass sie nicht nur neutral als Prädikat aufgefasst, sondern in ihrer formgebenden, formverursachenden, prägenden Funktion genommen wird. So finden sich nicht nur speziell in Platons Philosophie, sondern generell im kritisch wissenschaftlichen Denken der Antike eine Vielzahl von Relikten des magisch-mythischen Naturverständnisses. Gegenüber dem sich mehr und mehr durchsetzenden substantiellen, statischen Modell, das von starren, ja erstarrten Entitäten ausgeht und diese nachträglich in Beziehung und in Bewegung setzt, nimmt das magisch-mythische Modell einen ursprünglichen Fluss der Kräfte und ein primäres Aufeinanderangelegtsein an. Noch heute gibt der Terminus »Wirklichkeit« Aufschluss darüber, dass hier ein Gewirktes und Wirkendes, kurzum, ein in sich Wirksames vorliegt. Die Wirklichkeit setzt sich ab von der »Realität«, die sich von lateinisch *res* = »Ding«, »Sache« ableitet und im eigentlichen Sinne tote Sachheit meint.

Wie die Fluidität und Bewegtheit des magisch-mythischen Dynamismus nur *via negationis*, d. h. durch Negation des statischen Substanzmodells, angegangen werden kann, so lässt sich auch der magische Kraftbegriff nur im Ausgang von unserem heutigen wissenschaftlichen Kraftbegriff näher bestimmen. In der newtonischen Physik wird Kraft definiert als Masse mal Beschleunigung. Sie gilt als Resultante aus zwei Faktoren, nämlich aus Masse und Beschleunigung, deren Verständnis ihrerseits eine Definition verlangt. Der nebulöse Massebegriff, der soviel wie Raumerfüllung, Dichte innerhalb eines Volumens bedeutet, lässt sich präzisieren als Materiemenge, die durch einen Wägvorgang festgestellt werden kann. Und Beschleunigung ist die Zunahme der Geschwindigkeit, drückt also ein Verhältnis des Weges zur Zeit aus. Aber auch die in diesen Definitionen verwendeten Begriffe müssen wieder definiert werden, etwa die beim Wägvorgang beteiligte Gravitationskraft oder die in der Geschwindigkeitsdefinition verwendeten Raum-Zeit-Verhältnisse. Verfolgt man den hier zur Festlegung einer bestimmten physikalischen Größe wie der Kraft eingeschlagenen Weg weiter, so wird man bemerken, dass sich die wissenschaftliche Definition als Angabe formaler Kriterien versteht, wobei das real Seiende immer mehr zurückgedrängt wird. Die Kraft erweist sich ähnlich wie die anderen physikalischen Begriffe als reiner Funktions- und Relationsbegriff, für dessen Relata wieder dasselbe gilt, dass sie Funktions- und Relationsbegriffe sind. So stülpt die Wissenschaft quasi ein formales Netzwerk über das Seiende, durch das sie dasselbe einzufangen sucht.

Deutlich zeigt sich dies an der kantischen Kraftdefinition. Nach der *Kritik der reinen Vernunft*[33] gehört Kraft zu den sogenannten Prädikabilien, d. h. den abgeleiteten reinen Kategorien. Kant führt aus, dass der Kraftbegriff »unter die verschiedenen Arten von Einheit nach Begriffen des Verstandes« fällt, und zwar unter die Relationskategorien. Kraft ist die »Causalität einer Substanz«,[34] »diese Causalität führt auf den Begriff der Handlung, diese auf den Begriff der Kraft und dadurch auf den Begriff der Substanz«.[35] Dergestalt unter den Begriff der Substanz und Kausalität subsumiert, definiert Kant Kraft in einer längeren Anmerkung der kleinen Schrift *Über den Gebrauch teleologischer Prinzipien in der Philosophie* nicht als »das, was den Grund der Wirklichkeit der Accidenzen enthält (das ist die Substanz), sondern … blos [als] das *Verhältniß* der Substanz zu den Accidenzen, so *fern* sie den Grund ihrer Wirklichkeit enthält«.[36] Kraft wird hier auf das rein formale Verhältnis zwischen der Substanz und ihren Akzidenzien reduziert, während sich der Grund der Wirksamkeit in die Substanz zurückzieht. Wie sehr der Kraftbegriff bei Kant ein formaler ist, der gleichwohl zur Erfassung der Wirklichkeit dient, zeigt sich nicht zuletzt daran, dass die »dynamischen« Kategorien, zu denen er gehört, im Gegensatz zu den »mathematischen« keine reinen apriorischen Begriffe sind, was bedeutet, dass sie auf Empirisches bezogen sind und als heuristische, regulative Prinzipien der Wirklichkeit fungieren.

Die Entwicklung gerade des Kraftbegriffs zeigt, wie schwer die Ablösung der formalen Bestimmungen vom realen Gehalt ist. Bis weit in die

Neuzeit hinein bleibt der Kraftbegriff an ein reales Substrat gebunden, tritt als Wärmestoff, Äther, als elektrische oder magnetische Materie auf.[37]

Dasjenige aber, von dem in diesem Abstraktionsprozess abgesehen wird, die Wirklichkeit bzw. Realität, ist gerade das, was im magisch-mythischen Weltbild allein interessiert und dominiert, nämlich der magische Kraftbegriff. Er bezeichnet die Wirklichkeit als Wirksamkeit. Sein Verständnis ist kein formales, sondern ein inhaltliches, sachhaltiges, was dazu führt, dass der Kraftbegriff oft zum Kraftstoff verdinglicht oder substantiviert wird. Das *Manitu* der Algonkinstämme Nordamerikas wird als ein solcher mysteriöser Kraftstoff aufgefasst, der sich überall manifestieren und überall eindringen kann, der z. B. durch Ritzen und künstliche Schnitte der Haut in den Körper gelangen kann.[38] Und während wir heute einen Krankheits- oder Gesundheitszustand als einen Komplex von Symptomen betrachten, die in wechselseitiger Beziehung stehen und auf empirischen Bedingungen basieren, gelten sie im magisch-mythischen Verständnis als Dämonen, die vom Körper Besitz ergreifen, ihn aber auch wieder verlassen oder ausgetrieben werden können. Krankheit in diesem Sinne ist eine Art Fremdkörper. Alle Kräfte sind im magischen Verständnis real Seiendes.

b) Animismus

Der Dynamismus des magisch-mythischen Weltbildes ist ein Dynamismus *sui generis*: ein Animismus bzw. Spiritualismus – auch der Name »Hylozoismus« wird zur näheren Charakterisierung gebraucht. Er basiert auf der These von der Allbeseeltheit und Allbelebtheit der Natur. Denn bei dem in Betracht kommenden Kräftesystem handelt es sich nicht um rein physikalische Kräfte, denen psychisch-geistige Kräfte, Fähigkeiten und Vermögen gegenüberstehen. Überhaupt ist die Unterscheidung und Konfrontation von Physikalismus und Psychologismus sowie allen damit zusammenhängenden Faktoren, etwa die Gegenüberstellung von Materie und Geist, Körper und Seele, Naturpotenz und geistiger Potenz, Materiellem und Ideellem usw., dem magisch-mythischen Weltbild noch fremd. Es steht noch vor jeder Differenzierung in Physisches und Psychisches. Für den Hylozoismus des magisch-mythischen Verständnisses ist die Materie durchgehend beseelt und – da die Seele Lebensprinzip ist – durchgehend belebt. Nicht nur besondere Subjekte, wie Menschen, Tiere und eventuell Pflanzen, sind beseelt und belebt, sondern ausnahmslos alle Subjekte – wir würden heute sagen »alle Objekte« –: Steine, Metalle, die vier Elemente: Erde, Wasser, Luft und Feuer usw. Die Erde ist Gaia, der Himmel Uranos, das Meer Poseidon, die Quellen und Flüsse werden beherrscht von Nymphen und Flussgöttern, im Brausen der Luft zeigt sich Boreas, im Blitz Zeus, einsame Waldgegenden sind das Gebiet des Pan,

44

und dort, wo diese Götter nicht ausreichen, tritt eine Unzahl von Elementargeistern, Naturdämonen und Momentangöttern[39] auf, die Feld und Flur, Busch und Wald, Berge und Täler bewohnen. »Alles ist voll von Göttern« *(pánta plḗrē theõn eínai)*, heißt es bei Thales.[40]

So falsch es ist, von unbelebter, toter Materie und rein mechanisch wirkenden physikalischen Kräften auszugehen und diese nachträglich zu spiritualisieren oder zu »begeistern«, d. h. mit Geistern zu versehen, ebenso falsch ist es, von rein psychisch-geistigen Kräften und Vermögen auszugehen und diese nachträglich zu substantialisieren und zu verdinglichen. Auch der Dämon, der das Ich erwählt und beherrscht, sowie alle Geister und Götter, die seelische Vermögen und Triebe ausdrücken, stellen keine nachträglichen Extrapolationen dar, die durch Substantialisierung zustande kommen, sondern sind ursprüngliche Einheiten von Psychischem und Physischem. Wo Hass und Streit in der Seele nisten, herrscht Eris, wo Liebe die Seele erfüllt, herrscht Aphrodite, wo Machtstreben vorhanden ist, übt Zeus seine Herrschaft aus. Die Seele ist Schauplatz und Tummelstätte realer Mächte und Wesen. Gefühle des Glücks, der Trauer, Stimmungen der Freude, der Melancholie, geistige Zustände der Einsicht und Verblendung stellen die reale Gegenwart numinoser Mächte dar. So kennt das magisch-mythische Weltverständnis noch nicht die uns heute geläufige Trennung und Gegenüberstellung von Physischem und Psychischem, Sein und Sinn, die in Beziehung zueinander zu setzen erst die Aufgabe wäre. Noch herrscht eine ungeschiedene Einheit.

Eine Fortsetzung hat diese animistische These von der Allbeseeltheit und Allbelebtheit in der Moderne bei Albert Schweitzer gefunden. Er vertritt eine anticartesianische Position, nämlich nicht die: »Ich denke, also bin ich«, sondern die: »Ich lebe, also bin ich«. In Schweitzers Werk *Kultur und Ethik* heißt es: »Ich bin Leben, das leben will, inmitten von Leben, das leben will.«[41] Alles ist lebendig und fordert daher Respekt und Anerkennung seines Seins. Eine auf dieser Ansicht basierende Ethik muss es als ihre höchste sittliche Aufgabe ansehen, Leben zu erhalten und zu fördern, während die umgekehrte Tendenz der Hemmung oder gar Vernichtung von Leben als unsittlich und böse gilt.[42] Freilich gerät eine durchgängig auf Leben abgestellte Ethik in Antinomien; denn zum einen nimmt jedes Leben physisch einen bestimmten Platz ein, den es anderem Leben streitig macht. Es gerät daher zwangsläufig mit diesem in der Behauptung seines Platzes in Konflikt. Zum anderen erhält sich Leben durch die Verzehrung von anderem Leben: Menschen und Tiere ernähren sich von anderen Tieren und Pflanzen, Pflanzen hinwiederum von Wasser, Luft und Sonne. Kein Hase nimmt Rücksicht auf das Gras, das er frisst, keine Blume Rücksicht auf das Erdreich, aus dem sie sich speist. Zum dritten wären Experimente mit Lebewesen – sowohl Tier- wie Pflanzenversuche – von vornherein verdammenswert ohne Abwägung der Argumente, die für die Erhaltung anderen, z. B. menschlichen, Lebens sprechen. So groß die Suggestivkraft einer solchen Ethik gegenwärtig auch sein mag, so sehr sie einen Anreiz zum Überdenken und zur Neuformulierung des Verhältnisses zwischen Mensch und Natur bietet, so gering ist ihre rationale Überzeugungskraft.

Obwohl die Grundannahme der magisch-mythischen Naturansicht das Alleben ist, heißt dies nicht notwendig, dass es damit auch schon individualisiert und personalisiert sein müsste. Leben ist nicht an die individuelle Person gebunden. Vielmehr zeigt die historische Rekonstruktion des Mythos, dass eine Entwicklung von apersonalen psychisch-physischen Kräften zum Anthropomorphismus über Stufen und Grade stattgefunden hat, die sich freilich nicht immer scharf trennen lassen. Mindestens vier Stufen sind voneinander abzuheben:

1. Die primitivste magische Stufe kennt nur unpersönliche Kräfte: Elementargeister, Naturdämonen, Augenblicksgötter, die häufig nur spontane Stimmungs- und Gefühlsträger sind und nicht weniger Erde, Wasser, Luft und Feuer wie Wald und Feld, Berge und Seen bevölkern. Sie führen oft nicht einmal Eigennamen, sondern werden generell als Nymphen, Waldgeister, Unholde, Alben, Bergdämonen bezeichnet.

2. Eine schon entwickeltere Stufe bildet der zoomorphe, phylomorphe und metallomorphe Animismus, der die Kräfte in bestimmten Tieren, Pflanzen und Metallen zentriert. Den sogenannten Heilpflanzen spricht er wundertätige Kräfte zu; Steine und Metalle wie Gold, Silber, Aquamarin, Granat, Türkis werden mit besonderen Fähigkeiten begabt; in den Tieren verehrt er diese oder jene Kraft, im Falken die Schnelligkeit, im Löwen die Stärke, in der Gazelle die Leichtigkeit. Besonders die ägyptische Mythologie ist voll solcher Tiergötter. Eine Zwischenstufe zwischen zoomorphen und anthropomorphen Göttern bilden jene halb tier-, halb menschengestaltigen Götter, wie wir sie ebenfalls aus der ägyptischen Mythologie, aber auch aus der altorientalischen kennen.

3. Die Individualisierung und Personalisierung ist erreicht in der anthropomorphen Götterwelt der griechischen Mythologie. Bei den Olympiern handelt es sich um idealisierte Menschengestalten mit je spezifischen Eigenarten und Charaktermerkmalen. Wie mit dem Übergang von Natur- zu Kulturmythen eine zunehmende Individualisierung und Personalisierung einhergeht, so ist auch mit der Ausformung der unpersönlichen Kräfte zu den persönlichen Göttergestalten eine Ausformung der hierarchischen Ordnungsverhältnisse verbunden, die das menschliche Gemeinschaftsleben widerspiegeln.

4. Als letzte und höchste Stufe wäre die schon nicht mehr personale, sondern transpersonale Stufe des reinen Geistes zu nennen, wie sie in den Hochreligionen vorkommt. Wie sehr aber auch hier der Geist auf anthropomorphe Vorstellungen bezogen bleibt, zeigt zum einen die Trias

»Vater – Sohn – Heiliger Geist« und zum anderen der Schöpfungsmythos des *Alten Testaments*, demzufolge Gott den Menschen nach seinem Eben-bild erschuf – eine These, die freilich in der Bibelexegese zu mannig-fachen Streitereien über die wörtliche oder nicht wörtliche Ausdeutung geführt hat.

c) *Organizität*

Wurde die magische Welt bisher generell als Dynamismus und speziell als Animismus charakterisiert, so ist sie jetzt noch genauer als Organismus zu bestimmen; denn das mit der Allbeseelung einhergehende Leben, das sich in der Wirksamkeit der Kräfte darstellt, ist an den Organismus und seine Organizität gebunden. Leben und Organizität stehen in enger Verbin-dung, mag auch dahingestellt sein, ob Leben durch Organizität definiert wird oder Organizität durch Leben. Ist der Organismus als System der mannigfaltigen Kräfte Bedingung des Lebens oder das Leben Bedingung des organischen Systems oder fällt beides zusammen, so dass das Leben nichts anderes als das organische System und sein Funktionieren ist?

Die Kennzeichnung des animistischen Kräftesystems als Organismus soll ausdrücken, dass es sich nicht um ein Durcheinander von Kräften handelt, sondern um ein geordnetes und geregeltes Ganzes, dessen Teile trotz aller Heterogenität und Kontrarietät einem gemeinsamen Zweck dienen, eben dem Leben und seinen Äußerungen, wobei offen bleiben mag, ob das Leben in der Erhaltung des Ganzen und seiner Teile, der In-dividuen, Arten und Gattungen, besteht – soweit sich solche unterschei-den lassen – oder in der Veränderung und fortschreitenden Entwicklung. Die Anwendung des Ordnungsbegriffs soll keineswegs den Pluralismus und Antagonismus der Kräfte ausschließen, vielmehr anzeigen, dass ihre Koexistenz und ihr Miteinander letztlich der Verwirklichung eines ein-heitlichen Ziels, nämlich des Lebens, dient.

Gleichwohl ist die Anwendung des Organismusbegriffs auf das animis-tische Kräftegefüge nicht unproblematisch, da es sich beim Organismus-begriff um einen wohldefinierten Begriff der Wissenschaftssprache han-delt, der in den exakten Wissenschaften eine exakte Artikulation erfahren hat. Eine solche findet sich z. B. im Architektonikkapitel von Kants *Kri-tik der reinen Vernunft*.[43] Dort grenzt Kant das »System« oder, was dasselbe ist, den »Gliederbau«, wie er pflanzlichen und tierischen Organismen zu-grunde liegt, von einer »Aggregation« ab. Während es sich bei der Letzte-ren um eine bloße Anhäufung *(coacervatio)* handelt, handelt es sich bei dem Ersteren um ein nicht willkürliches, sondern planmäßig gegliedertes Ganzes *(articulatio)*, dem ein Entwurf von der Form des Ganzen voraus-geht, der Umfang, Stellung und Verhältnis der Teile zueinander be-stimmt. Die mannigfachen Teile sind auf einen gemeinsamen Zweck, ein gemeinsames Ziel, eine gemeinsame Absicht – Telos genannt – hin arrangiert, so dass das organische Ganze auch ein teleologisches Ganzes genannt werden kann. Jeder Teil ist um des anderen und um des Ganzen willen und das Ganze um der Teile willen da, so dass alles wechselseitig als Mittel und Zweck fungiert. Wird daher ein Teil gesetzt, so werden auch alle Übrigen und das Ganze gesetzt, und wird ein Teil aufgehoben, so auch alle anderen.

Das harmonische Zusammenwirken aller Teile setzt ihre Vielheit und Differenz voraus, da der Harmoniebegriff nur in Bezug auf Ungleichartiges Sinn macht, das zur harmonischen Zusammenstimmung gebracht werden muss, nicht in Bezug auf Gleichartiges, das sich bereits im Zusammenklang befindet. System-, Harmonie- und Organismusbegriff sind in gewisser Weise synonyme Begriffe, sofern sie allesamt die Vereinigung einer Mannigfaltigkeit von Teilen zur Einheit des Ganzen nach einem apriorischen Plan bezeichnen.

Die Vorstellung eines organischen Ganzen versucht man sich am menschlichen Handwerk, vor allem am Kunsthandwerk und an der Kunst selbst, verständlich zu machen. Denn hier geht stets ein Plan oder Entwurf der Ausführung voran und leitet diese, etwa das Arrangement der Teile. Nicht selten wird daher eine Maschine mit einem Organismus verglichen. Beliebt für diesen Vergleich ist die Uhr. Entsprechend dieser Metaphorik wird die Natur so beschrieben, als ob analog dem menschlichen Handwerker, z. B. dem Uhrmacher, ein göttlicher Handwerker oder Künstler die Naturprodukte nach einem vorgängigen Plan erschaffen habe. Allerdings fungiert der Organismusgedanke in der Naturerklärung nur als regulatives Prinzip und vermag daher auch nur eine Als-ob-Philosophie zu begründen.

Die Übertragung dieses wohldefinierten, präzisen Begriffs auf die magisch-mythische Welt bereitet nicht unerhebliche Schwierigkeiten, da das magisch-mythische Naturverständnis noch vor jeder exakten, präzisen Begrifflichkeit liegt. Es kennt weder die begriffliche Distinktion von Teil und Ganzem noch auch die begriffliche Bestimmung des Verhältnisses der Teile untereinander und ihrer Funktionsweise. Dies soll anhand mehrerer Fälle gezeigt werden, zunächst im Hinblick auf das Teil-Ganzes-Verhältnis, sodann im Hinblick auf die Funktionsweise der Teile.

Teil-Ganzes-Verhältnis

1. Es ist eine allgemein akzeptierte und vielfach belegte These, dass im magisch-mythischen Naturverstehen der Teil für das Ganze eintritt. So bedeutet eine Handvoll Erde das ganze Feld, ein reifes Korn steht für die gesamte Ernte, der Ölbaum Athenes auf der Akropolis bezeichnet alle Olivenwälder Griechenlands.

Wohlgemerkt handelt es sich bei dieser *pars-pro-toto*-Vorstellung nicht um ein bloßes Repräsentationsverhältnis. Nicht gemeint ist, dass ein Element oder ein Teil stellvertretend für das Ganze steht. Und auch ist nicht gemeint, dass es sich um eine symbolische Darstellung des Ganzen durch den Teil handelt, dergestalt dass die Bedeutung des Ganzen im Teil zentriert, wie es der Terminus *symbállein* = »zusammennehmen«, »zusammenwerfen«, »zusammenballen« anzeigt, so dass auch umgekehrt der Teil auf das Ganze zurückverweist, auf es ausstrahlt. Alle Beschreibungen, die in irgendeiner Weise Relationen zwischen Relata in Anspruch nehmen, sind zu verwerfen. Gemeint ist vielmehr im Partizipationsbegriff des magisch-mythischen Denkens, dass der Teil das Ganze *ist*.

Verdeutlichen kann man sich dies am besten an der Einteilung einer roten Fläche, bei der sich die Röte identisch in jedem Teil erhält. Auch hier ist das Ganze, die rote Farbe, in jedem einzelnen Teil ganz gegenwärtig.

Nun handelt es sich allerdings im hier beschriebenen Falle nicht um eine Qualität, sondern um eine Quantität. Während unser wissenschaftliches Denken sehr wohl unter der Quantitätskategorie die Differenz von größer und kleiner, mehr und weniger, Ganzem und Teil, Vielheit bzw. Allheit und Einheit kennt, entfällt diese Differenz im magisch-mythischen Vorstellen, da dieses auf der durchgängigen Relativität beruht. »Ein Erdklumpen enthält das ganze Feld, weil er das Wesen des Feldes in sich hat und deshalb zu einer Fläche ausgebreitet werden kann«, heißt es bei V. Grønbech.[44]

Wie schwer der Übergang von der primitiven Logik zur wissenschaftlichen Logik ist, zeigt sich noch in der Philosophie Platons. In der Einleitung des *Parmenides* diskutiert Platon das Partizipationsverhältnis *(méthexis)* der realen Dinge an den Ideen, d. h. strukturell des Vielen an dem Einen-Ganzen, und erwägt u. a. ein solches, nach dem die Ideen als Dinge bzw. Dinganaloga aufgefasst werden, womit sich der Unterschied zwischen Sinnen- und Ideenwelt nivelliert. Hier tritt die Frage auf, ob die vielen Dinge so an der einen Idee teilhaben, dass jedem von ihnen ein Stückchen der einen ganzen Idee zukommt, gleich wie jedem von vielen Menschen, die unter einem gemeinsamen Zeltdach stehen, ein Stückchen davon zukommt, oder ob die eine ganze Idee als eine ganze in jedem der Teile ist und so von sich selbst verschieden ist. Stellt sich im ersten Falle als Konsequenz die Teilung und Zersplitterung der einen ganzen Idee ein, so im zweiten die Selbstdiremption und Selbstdifferenzierung der einen ganzen Idee. Das magisch-mythische Naturverstehen kennt diese Schwierigkeiten nicht, da ihm die präzise Differenz von Teil und Ganzem fehlt.

2. Dasselbe eigentümliche Ineinandergehen von Teil und Ganzem lässt sich nicht nur unter quantitativem Aspekt beobachten, sondern auch unter qualitativem, d. h. dort, wo Ganzes und Teil nach unserem wissenschaftlichen Verständnis nicht durch bloße Größen unterschieden sind, sondern auch durch qualitative Differenzen. Es ist bekannt, dass im ma-

gisch-mythischen Vorstellungshorizont Feinde, wenn sie eines Teils ihres Gegners, etwa des Kleides oder der Speise, teilhaftig werden, damit Macht über diese gewinnen. Das Festnageln eines Kleides oder das Ausräuchern des in eine Kartoffel eingeschlossenen Speichels, wie Frazer[45] von einzelnen Indianerstämmen berichtet, bedeutet die Besiegung des Feindes selbst, die Herrschaft über ihn. Aus diesem Grunde ist es im magisch-mythischen Vorstellungshorizont auch wichtig, abgeschnittene Haare, Nägel und Exkremente eines Menschen zu vergraben, damit sie nicht in die Hände eines feindlichen Zauberers fallen, der damit Macht über den Betreffenden selbst erlangen würde. Der sympathetisch-magische Zusammenhang zwischen Differenten wie Teil und Ganzem ist der Grund dafür, dass selbst bei räumlicher und zeitlicher Trennung, wie in diesem Falle der physischen Abtrennung eines Teils vom Körper, beide zusammengehören und den Wirkungszusammenhang nicht aufheben. Wer daher einen Teil trifft, mag er auch noch so different sein und in einem noch so äußerlichen Verhältnis zum Ganzen stehen, trifft damit auch das Ganze.

3. Besonders auffällig ist die Ununterschiedenheit von Teil und Ganzem in modaler Hinsicht. Gemeint ist damit, dass das, was das wissenschaftliche Denken als Möglichkeit und Wirklichkeit, Idealität und Realität unterscheidet, im magisch-mythischen Vorstellen zusammenfällt. Unter den ideellen Vorstellungen, die nach unserem heutigen Verständnis den Modus der Möglichkeit haben, sind Träume, Halluzinationen, Phantasien, Phantasmagorien zu verstehen, nicht weniger Schattenbilder, Namen, Worte, kurzum alles, was einen Transzendenz- und Verweisungscharakter auf etwas hat, was eine Bedeutungsdimension aufweist, was etwas anderes – zeichentheoretisch oder semantisch ausgedrückt – anzeigt, bedeutet, meint, darstellt. Das magisch-mythische Vorstellen kennt diese Differenz zwischen bloß Vorgestelltem und Realem nicht. Träume werden für reale Erlebnisse genommen; sie sind Anzeichen für zukünftige, gegenwärtige oder vergangene Ereignisse unheil- und gefahrvoller oder günstiger Art. Hierauf basiert die Traumdeutung. Wie Lucien Lévy-Bruhl[46] in einer reichhaltigen Materialiensammlung gezeigt hat, ist das Leben vieler Naturvölker bis ins einzelne hinein von Traumvorstellungen bestimmt. Traum und Wirklichkeit gehen ineinander über, ihre Grenzen verfließen. Sowenig wie es feste Grenzen zwischen Traum und Wirklichkeit gibt, sowenig gibt es für das magisch-mythische Vorstellen auch eine Grenze zwischen dem Reich der Toten, dem Schattenreich, und dem Reich der Lebendigen.

Wie der Schatten nicht nur Abbild der Person ist, sondern diese selbst in ihrer Realität, so ist auch das Bild oder der Eigenname nicht nur Zeichen mit Darstellungsfunktion, sondern die dargestellte, bezeichnete oder angerufene Person selbst. Mit der Anrufung eines Gottes, mit der Beschwörung oder Verfluchung einer Person wird diese selbst herbeigezogen. Die magische Kraft des Namens bewirkt, dass das genannte Wesen mit dem Aussprechen oder Ausrufen des Namens selbst präsent ist. Wie das Bild nicht nur eine Sache darstellt, sondern diese bereits ist, wie eine rituelle Handlung nicht nur Imitation, sondern bereits Transsubstantiation ist, so bezeichnen und bedeuten auch Namen und Worte nicht nur, sondern sind und wirken. Die Unterscheidung von Sinn und Sein entfällt. Hierauf basiert nicht nur der Bildzauber, sondern auch der Namens- und Wortzauber. Im Namen, im Bild, im Fußstapfen erscheint der ganze Mensch. Name, Bild, Schatten usw. gelten als *alter ego*.

Wenn in vielen Religionen das Zölibat als sittliches Gebot gilt, so ist damit nicht nur reale Abstinenz gemeint, sondern bereits Reinhaltung in Gedanken und Vorstellungen. Dahinter steht die typisch magisch-mythische Vorstellungsweise, dass schon ein unkeuscher Gedanke ein realer Verstoß gegen das Gebot ist, da auf dieser Stufe des Denkens Vorstellung und Wirklichkeit eins sind.

Zusammenhang und Funktionsweise der Teile
1. Sowenig das magisch-mythische Vorstellen die scharfe Trennung von Teil und Ganzem kennt, sowenig kennt es auch die exakte Bestimmung des Zusammenhangs der Teile und ihrer Funktionsweise. Beides hängt miteinander zusammen; denn wo die Unterscheidung der Teile untereinander sowie der Teile vom Ganzen fehlt, besteht auch keine Nötigung, ihren Zusammenhang miteinander und mit dem Ganzen zu erklären. Besonders deutlich zeigt sich dies am Fehlen eines Grundbegriffs unseres wissenschaftlichen Denkens, nämlich der Kausalität. Dieser Tatbestand verwundert um so mehr, als die Magie oft als eine primitive Technik der Weltbeeinflussung, der wirkenden Tätigkeit, und somit der Kausalität beschrieben wird. Es handelt sich jedoch um eine Kausalität anderer Art als die wissenschaftliche. Da die letztere ein Relationsbegriff ist, der auf der Unterscheidung zweier Relata basiert, die in einem zeitlichen Verhältnis von Vorgängigkeit und Folge stehen und als *antecedens* und *consequens* auftreten, entfällt mit der mangelnden Differenzierung der Teile auch ein solcher Kausalbegriff.

Die magisch-mythische Kausalität, wie Cassirer[47] sie beschreibt, stellt sich anders dar. Wenn ein verwundeter Krieger statt der ihm zugefügten Wunde den Pfeil, der ihn verwundet hat, mit Salbe bestreicht oder diesen an einen kühlen Ort stellt, um sich so Heilung und Linderung zu verschaffen, so wird klar, dass hier Verursachendes und Verursachtes nicht hinreichend voneinander unterschieden werden, weder in ihrer zeitlichen Abfolge noch in ihrer kausalen Beziehung. Verursachender Pfeil und verursachte Wunde sind nicht zwei unterschiedene, getrennte Entitäten, die gleichwohl in einer Beziehung zueinander stehen, sondern fallen zusammen in einer ungeschiedenen Einheit, so dass hier eines für das andere steht.

2. Kontiguität bezeichnet in unserem wissenschaftlichen Denken seit David Hume und, noch früher, seit Aristoteles den räumlichen oder zeitlichen Zusammenhang von Teilen, demzufolge die Teile im Raum nebeneinander, in der Zeit nacheinander angeordnet sind. Stehen die Ersteren in Verhältnissen von rechts und links, oben und unten, vorn und hinten, so die Letzteren im Verhältnis von früher und später. Mit der Ununterschiedenheit der Teile im magisch-mythischen Vorstellen entfallen diese lokalen und temporalen Bestimmungen. Das Ineinanderfließen der in unserem wissenschaftlichen Weltbild wohlunterschiedenen räumlichen und zeitlichen Teile bewirkt im magisch-mythischen Weltbild räumliche Distanzlosigkeit und zeitliche Simultaneität. So ist es nicht verwunderlich, dass hier der Zusammenhang der Teile und der darauf beruhende magische Einfluss selbst über eine räumliche und zeitliche Trennung sowie über eine physische Abspaltung hinweg bestehen bleibt. Ein Beispiel dafür sind die schon erwähnten abgeschnittenen Haare oder Nägel eines Menschen oder die Reste einer Speise, die vergraben werden müssen, damit sie nicht in die Einflusssphäre eines feindlichen Zauberers geraten und eine schädigende Wirkung auf die Person ausüben. Wie könnte eine Einflussnahme des Teils auf das Ganze über eine räumliche Distanz hinweg erfolgen, wenn nicht die räumlich-zeitliche Ununterschiedenheit der Teile und ihr sympathetischer Zusammenhang gedacht würde?

3. Eine wichtige Kategorie des magisch-mythischen Denkens ist der Analogiebegriff, auf dem nicht zuletzt der sogenannte Analogiezauber beruht. Analogie bedeutet auf dieser primitiven Stufe notwendig etwas anderes als auf der Stufe des wissenschaftlichen Denkens. Auf der Letzteren besagt sie Ähnlichkeit zwischen zwei Dingen. Im Unterschied zu identischen Dingen, bei denen die Merkmalskomplexe vollständig zusammenfallen, stimmen ähnliche Dinge nur in einem Teil ihrer Merkmale überein, während sie in einem anderen unterschieden sind. Der wissenschaftliche Ähnlichkeitsbegriff setzt folglich die Unterschiedenheit der Gegenstände trotz ihrer Übereinstimmung voraus, genauer gesagt, die teilweise Differenz bei teilweiser Identität. Anders hingegen der magisch-mythische Analogiebegriff. Wegen der Nichtunterscheidung der Teile läuft er auf Identität hinaus. Wenn ein Schamane, der Regen herbeizaubern soll, eine Pfeife raucht, aus der Rauch aufsteigt, so ist dies nicht nur ein Mittel zu dem Zweck, den ersehnten Regen herbeizuziehen, auch nicht nur ein Analogon oder Sinnbild für die sich zusammenballenden und Regen spendenden Wolken, sondern der Rauch ist unmittelbar und sinnlich greifbar die ersehnte Sache selbst, die Regenwolke. Ähnlich hat Cassirer[48] auf der Basis des umfangreichen Materials von W. Mannhardt[49] den Brauch des sogenannten »Brautlagers auf dem Ackerfelde« beschrieben und gedeutet. Dieser Fertilitätsritus ist nicht nur ein Analo-

gon, eine mimische Darstellung der Befruchtung der Erde, des Wachsens und Gedeihens der Pflanzen, sondern ist der Zeugungsakt selbst.

Die Tatsache, dass das magisch-mythische Weltbild die uns bekannten und vertrauten begrifflichen Distinktionen nicht kennt, bedeutet nicht, dass in ihm alles unterschiedslos zusammenfiele oder ein chaotisches, unentwirrbares Gewühl ausmachte. Der Terminus »*Konkreszenz*«, den Cassirer[50] zur Bezeichnung dieses eigentümlichen Ineinander von Teilen anführt, bedeutet nicht Koinzidenz, Zusammenfall von Gegensätzen im unterschiedslosen Einerlei, ebenso wenig Indifferenz, wenn darunter Ununterscheidbarkeit verstanden wird, noch auch Chaos noch auch Identität im Sinne von Uniformität. Denn sehr wohl vermag das magisch-mythische Vorstellen zwischen verschiedenen Teilen und Bereichen zu differenzieren und zwischen ihnen Ordnungen herzustellen. Es kennt sowohl die Vielheit und Verschiedenheit der Kräfte wie auch hierarchische Verhältnisse mit Über- und Unterordnungen, Neben- und Gleichordnungen.

Schon auf der untersten, elementarsten Stufe der magischen Auffassung zeigt sich die Tendenz zur Gliederung, zur Aussonderung bestimmter Kräftefelder, zur Abgrenzung dieser oder jener dämonischer Gewalten und ihrer Zugehörigkeit zu bestimmten Klassen, wie im Totemismus deutlich wird. Allerdings muss man zugeben, dass im Laufe der Entwicklung der Ausbau der Gliederung zunehmend subtiler wird, so dass uns auf der Stufe des griechischen Mythos eine wohlausgearbeitete Hierarchie der Götterwelt entgegentritt. Die Macht- und Herrschaftssphäre zerlegt sich in die helle, obere Welt der Olympier, in die dunkle, unterirdische des Tartaros und in die mittlere des Okeanos, den Herrschaftsbereich Poseidons. Alle diese Bereiche kennen wieder Gliederungen mit Ober-, Unter- und Nebengöttern, mit Vater- und Muttergöttern sowie ihren Abkömmlingen, wie sie sich bereits aus der Genealogie ergeben. Die Kompetenzbereiche der einzelnen Gottheiten sind unantastbar und heilig und ziehen bei Übertretung Rache, Strafe und Kampf nach sich.

Wenn also Konkreszenz nicht Koinzidenz und auch nicht Indifferenz oder Chaos oder Identität bedeuten kann, so muss sie, wie schon der Wortsinn andeutet, Zusammenwachsen bzw. Zusammengewachsensein diverser Teile zum Ganzen und im Ganzen, ursprünglich inniger Zusammenhang der Teile trotz ihrer Differenz besagen. Da freilich auch das wissenschaftliche Denken mit dem Zusammenhang differenter Teile operiert, lässt sich das, was im magisch-mythischen Vorstellen gemeint ist, nur *via negativa* vom wissenschaftlichen Denken aus bestimmen.

Das Spezifische des wissenschaftlichen Denkens als eines diskursiven besteht darin, dass es, um das Ganze in den Griff zu bekommen, dasselbe zunächst in seine Teile zerlegen und anschließend aus diesen wieder zusammensetzen muss. Diese nachträgliche Verknüpfung der zunächst separierten Teile zum Ganzen kann nicht mehr auf der Ebene der Teile erfolgen, sondern nur von einer höheren Warte aus durch ideelle Verknüpfungsgesetze, die ihrerseits nur wieder von noch höheren zusammengefasst werden können usf. Die Nachträglichkeit der Verknüpfung bringt die Unterscheidung von Seins- und Begriffsebene und innerhalb der Letzteren von Stufen, von Unter- und Oberbegriffen, mit sich. Das Ganze wird zu einem abstrakt Allgemeinen, dem die Teile als das Besondere stufenweise subordiniert oder subsumiert werden. Für das wissenschaftliche Denken löst sich das Teil-Ganzes-Verhältnis in ein Subordinations- und Subsumptionsverhältnis des Besonderen bzw. Individuellen unter das Allgemeine auf.

Anders im magisch-mythischen Vorstellen, das diese Sonderung in Metastufen nicht kennt, weil es die sekundäre begriffliche Verbindung primär Getrennter nicht kennt. In ihm fallen alle Stufen in einer einzigen zusammen; denn die Teile sind noch nicht scharf gegeneinander abgegrenzt und geschieden, sondern stehen in einem ursprünglichen Zusammenhang miteinander und mit dem Ganzen. Der Unterschied lässt sich am leichtesten durch einen Vergleich mit der von Kant herausgearbeiteten Differenz von Begriff und Anschauung einsichtig machen, hat doch Kant selbst lange Zeit erwogen, die Anschauung, wie sie in Raum und Zeit vorliegt, als mythische Erkenntnis zu klassifizieren. Während bei der begrifflichen Ausdeutung des Verhältnisses von Teil und Ganzem die Teile *unter* dem Ganzen (Allgemeinen) stehen, sind sie bei der anschaulichen Ausdeutung *im* Ganzen enthalten. Raum- und Zeitanschauung setzen sich nicht nachträglich aus Teilräumen und Teilzeiten zusammen. Diese können vielmehr nur in ihnen enthalten gedacht werden. Kant sagt in der *Kritik der reinen Vernunft*:

> »Nun muß man zwar einen jeden Begriff als eine Vorstellung denken, die in einer unendlichen Menge von verschiedenen möglichen Vorstellungen (als ihr gemeinschaftliches Merkmal) enthalten ist, mithin diese *unter sich* enthält; aber kein Begriff als ein solcher kann so gedacht werden, als ob er eine unendliche Menge von Vorstellungen *in sich* enthielte. Gleichwohl wird der Raum so gedacht (denn alle Theile des Raumes ins unendliche sind zugleich). Also ist die ursprüngliche Vorstellung vom Raume *Anschauung* a priori und nicht *Begriff*.«[51]

Folglich kehren auch die Gesamteigenschaften des Raumes und der Zeit in allen ihren Teilen wieder, so dass jeder Teil mit jedem anderen und mit dem Ganzen absolut gleichartig ist. Diese Homogenität ist auch der Grund für die Relativität des Raumes und der Zeit. Denn lassen sich die Teile nicht definitiv voneinander abheben, so ist jeder, so klein oder so groß er auch sein mag, gleichzeitig Teil und Ganzes.

Die an der sinnlichen Anschauung, an Raum und Zeit, beobachteten Verhältnisse lassen sich *mutatis mutandis* auf die magisch-mythische Anschauung anwenden, wobei nur zu beachten ist, dass es sich bei Raum und Zeit um spezifische Totalitäten handelt, beim magisch-mythischen Ganzen um eine umfassende Totalität, die in jedem ihrer Teile wiederkehrt, jedoch, wenn die Teile auch nur relativ voneinander unterschieden sein sollen, dies nur kann, wenn sie in jedem Teil in besonderer Stufung, Abschattung, Nuancierung auftritt. Um sich solche Stufungs- oder Abschattungsverhältnisse zu vergegenwärtigen, denke man an Leibniz' Monadologie oder Hegels Relationssystem aus der *Wissenschaft der Logik*. Wie in jeder Monade das Gesamtmonadensystem präsent ist, jedoch in verschiedenem Grade der Bewusstheit, so ist auch in Hegels Relationssystem in jedem Relat auf jeder Reflexionsstufe die gesamte Relation präsent, jedoch in verschiedenem Explikationsgrad und verschiedener Bedeutung. Jeder der das Ganze konstituierenden Teile enthält selbst das Ganze, jedes die Relation konstituierende Relat enthält selbst die ganze Relation.

Was hier auf begrifflich spekulativer Ebene expliziert wird, gilt entsprechend auch für das magisch-mythische Verhältnis von Teil und Ganzem. In jedem Teil »steckt« das Ganze, aber so, dass das gesamte Kräftesystem in jedem Teil in eigentümlicher Modifikation, sei es besonderer Konzentration oder besonderer Ausformung, auftritt. Es bildet die gemeinsame Grundlage aller Teile, die selbst dann noch, wenn nach unserem wissenschaftlichen Verständnis die Teile räumlich-zeitlich auseinander treten oder kausal oder *per analogiam* zu unterscheiden sind, den Wirkungszusammenhang und die Einflussnahme der Teile untereinander und auf das Ganze garantiert, wie die Beispiele von abgetrennten Körperteilen oder erbeuteten Kleidungsstücken zeigen, die in der Hand eines feindlichen Stammes ihre magische Macht über die betreffende Person bewahren.

Auf der magisch-mythischen Vorstellung von der Implikation des Ganzen einschließlich der Gegensätze in den Teilen beruht auch die Homöopathie und Allopathie, bei der dem Kranken zur Heilung Mittel verabreicht werden, die im gesunden Körper entweder dem Krankheitsbild ähnliche oder entgegengesetzte Symptome hervorrufen und auf der Beeinflussung des Gleichen durch Gleiches oder durch Ungleiches basieren.

Aufgrund dieses eigentümlichen Verhältnisses der Teile zum Ganzen, das die Unterscheidung von Allgemeinem und Besonderem, von Ideellem und Reellem, von Begrifflichem und Konkretem nicht kennt, hat Hübner die Teile »*Individuen mit Allgemeinheitsbedeutung*«[52] genannt, Individuen deswegen, weil sie mit Eigennamen angerufen werden und weil es sich um konkrete Substanzen und nicht um Allgemeinbegriffe handelt. Gleichwohl haben sie eine Allgemeinbedeutung analog den Allgemeinbegriffen, so dass überall, wo solche Substanzen auftreten, dasselbe Individuum gegenwärtig ist.[53] Die Grundlage hierfür dürften Cassirers Ausführungen gegeben haben, indem er das »konkrete« Denken des Mythos als »eigenartige Konkretion«,[54] als Zusammenwachsenlassen des Vielfältigen und Vielartigen, beschreibt. K. Th. Preuß[55] zitierend, sagt Cassirer:

> »Es ist, als wenn das einzelne Objekt gar nicht für sich gesondert betrachtet werden kann, sobald es das magische Interesse erregt, sondern stets die Zugehörigkeit zu anderen Objekten in sich trägt, mit denen es identifiziert wird, so daß die äußere Erscheinung nur eine Art Umhüllung, eine Maske bildet.«[56]

Indem das, was im magisch-mythischen Sinne sich »berührt« – mag diese Berührung ein räumliches oder zeitliches Beieinander oder irgendeine noch so entfernte Ähnlichkeit oder Zugehörigkeit zu derselben Klasse sein –, zu einem Ganzen zusammenwächst und aufhört, in isolierter Vielheit zu bestehen, erscheint das Ganze in seiner vollen mythisch-substantiellen Wesenheit im Teil. Statt von »Individuen mit Allgemeinheitsbedeutung« (Hübner) zu sprechen oder von »konkret-bildhaften Einzelheiten« oder einer »substantiellen Einheit des Wesens« (Cassirer),[57] ist die Ausdrucksweise vom Ganzen vorzuziehen, das in den Teilen unter verschiedenen Aspekten und Facetten auftritt, da auf diese Weise die untergründige Einheit und der durchgängige Wirkungszusammenhang, der die Teile verbindet, deutlicher hervortritt. Das Ganze ist in jedem Teil, und dieser ist seine je besondere Manifestation.

d) Antagonismus

Im vorangehenden Abschnitt wurde das animistische Kräftesystem des magisch-mythischen Naturverständnisses als lebendiger Organismus beschrieben, bei dem sich die Teile trotz aller Heterogenität harmonisch zum Ganzen fügen und der Realisation eines gemeinsamen Zwecks, nämlich des Lebens, dienen. Eine solche Beschreibung ist nur möglich, wenn sie durch die Idee einer umfassenden Einheit angeleitet wird, zu der sich die mannigfachen Teile widerspruchslos fügen. Denn ein organisches Ganzes ist ein konsistentes und kohärentes, d. h. ein in sich widerspruchsloses und überall zusammenhängendes Ganzes. Nicht zuletzt basiert ja die These von der Genese des Wissenschaftssystems aus dem magisch-mythischen System auf der Annahme, dass das Wissenschaftssystem, das einen klaren logisch rationalen Aufbau besitzt und als Axiomen- oder Deduktionssystem mit einem einzigen höchsten Prinzip auftritt, seinen Grund in einem prälogischen mythischen System hat, wie es der lebendige Organismus des magisch-mythischen Weltbildes ist.

Dem steht die These entgegen, dass das Kräftesystem des magisch-mythischen Weltbildes lediglich einen Komplex heterogener, oft sogar antagonistischer Kräfte ausmache, die in ihrer Vielheit und Diversität unverbunden nebeneinander stünden ohne Einheit. Pluralität, Differenz, Antithetik, Antinomie seien die Kennzeichen dieses Weltbildes, das kein geschlossenes, vielmehr ein offenes mit locker aneinandergefügten Bildern sei. Es sei von keiner durchgängigen Logik und Rationalität beherrscht, es lasse die Widersprüche des Lebens und der Wirklichkeit unversöhnt stehen. Der Mythos – so ist hier die Meinung – habe ein tieferes Verständnis und eine größere Sensibilität für die Komplexität und Widersprüchlichkeit der Lebenswirklichkeit entwickelt als das wissenschaftliche Denken. Für die psychologische Ausdeutung des Mythos ist die Fülle von Dämonen, numinosen Wesen und Göttern Extrapolation und Spiegelbild der menschlichen Seele mit ihren gegenstrebigen Tendenzen, Objektivation der vielfältigen, auch tragischen und unversöhnlichen Lebenssituationen, ebenso wie umgekehrt die menschliche Seele Tummelplatz verschiedenartiger, gerade auch widerstreitender und unvereinbarer Kräfte des Universums ist. Hübner sieht im Mythos»ein offenes und unverhülltes Bekenntnis zum Alogischen einer Wirklichkeit, die sich ‚logischer Vernunft' nicht ergibt«.[58] Als Spiegelbild der Wirklichkeit ist für ihn der Mythos genauso widerspruchsvoll wie diese.[59]

Während die organologische Beschreibung auf einen Monotheismus abzielt, bekennt sich die pluralistisch-antagonistische zu einem Polytheismus.[60] Schließen sich beide Thesen nicht aus, und wenn nicht, wie sind sie miteinander kompatibel?

Hier ist zu bedenken, dass die magisch-mythische Vorstellungsweise jeder exakten, scharfen Begrifflichkeit, wie sie für die Wissenschaftssprache symptomatisch ist, vorausliegt. Aus demselben Grunde ist auch die Anwendung von Korrelata und Opposita wie Einheit und Vielheit, Identität und Differenz, Ganzes und Teil, Harmonie und Divergenz usw. nur *mutatis mutandis* statthaft, wie der *pars-pro-toto*-Gedanke zeigte. Wenn für das wissenschaftliche Denken die umfassende Einheit und Ganzheit immer nur Resultat der Verbindung der Teile sein kann, gestaltpsychologisch ausgedrückt, Übersummation, mithin eine neue resultierende Gestaltqualität, wie dies an der Synthese sichtbar wird, die nicht allein eine Verbindung von These und Antithese ist, sondern ein grundsätzlich neues Moment, das als Ausgangspunkt eines neuen Dreischritts, als neue These, fungieren kann, besteht für das magisch-mythische Vorstellen die umfassende Einheit und Ganzheit in nichts anderem als der Pluralität und Polarität, im Antagonismus der Teile. Für die Logik des analytisch-wissenschaftlichen Denkens »resultiert« die Einheit des Ganzen aus den diversen Teilen, für die primitive Logik des magisch-mythischen Denkens »besteht« die Einheit in der Zweiheit. Die Einheit ist nichts anderes als die Zweiheit, das Ganze lebt nur als Widerspruch.

Zur Explikation dieses eigentümlichen Verhältnisses der Zweiheit zur Einheit verwendet die magisch-mythische Vorstellungsweise eine Reihe von Bildern.

1. Die fernöstliche Mythologie benutzt die Symbole von Yin und Yang, die einen Fundamentalgegensatz verkörpern, der allerdings in unterschiedlicher Weise ausgelegt werden kann, nicht nur als maskulines und feminines Prinzip, sondern auch als Aktives und Passives, als Hell und Dunkel, Tag und Nacht usw. Wiewohl zwei und voneinander verschieden, ja gegensätzlich, verschlingen sich diese beiden Prinzipien doch so miteinander zur Einheit und in der Einheit, dass nicht nur eines aus dem anderen hervorgeht und wieder in dasselbe übergeht, sondern beide auch aus der Ganzheit hervorwachsen und wieder in diese zurückgehen. Darüber hinaus ist jedes im anderen enthalten, was durch einen Punkt angedeutet wird. Die hier beschriebene Bewegung des Übergangs ineinander, die zugleich ein Übergang vom Ganzen zu den Teilen und von diesen zurück zum Ganzen ist, stellt ein dynamisches Bild für die Urteilung der Einheit dar.

2. Die Naturmagie der Renaissance kennt demgegenüber ein statisches Bild der Zwei-Einheit. Es verwendet ein androgynes Zwitterwesen, aus dem zwei Menschen verschiedenen Geschlechts hervorwachsen. Goethe sieht den Sachverhalt im zweigliedrigen Blatt des *Ginkgo Biloba* vergegenwärtigt, dessen Anblick ihn zu dem gleichnamigen Gedicht veranlasste. Sein mittlerer Vers lautet:

> »Ist es *ein* lebendig Wesen,
> Das sich in sich selbst getrennt?
> Sind es zwei, die sich erlesen,
> Daß man sie als *eines* kennt?«[61]

Eine Reihe von Weltentstehungsmythen beschreibt den Hervorgang der Welt entweder wie die germanische Mythologie aus einem Weltenbaum, der Esche, die sich in Äste und Wurzeln verzweigt, oder wie die indische Mythologie aus einem Weltenei, das Dotter und Eiweiß als Zweiheit enthält. Die griechische Mythologie kennt den Hervorgang der Vielheit aus dem Chaos durch Differenzierung. Chaos bezeichnet ursprünglich den gähnenden, klaffenden Schlund, der offensichtlich ein Bild für Indifferenz und Unartikuliertheit ist und aus dem wie beim Atmen und Hauchen oder beim Sprechen die Gestalten erst hervorgehen.

3. Während unter Punkt 2 Bilder der Gabelung, Verästelung, Differenzierung aufgeführt wurden, die ein Ausdruck für das Hervorgehen der Zweiheit aus der Einheit sind, gibt es umgekehrt auch ein Gegenbild, das die Entstehung der Einheit aus der Zweiheit ausdrückt. Die Mythologie bedient sich hierzu der soziologischen Trias von Vater, Mutter und Kind,

des Urbildes der Familie, das in fast allen Mythen gebräuchlich ist. Die griechische Mythologie identifiziert Vater- und Muttergottheit mit Uranos und Gaia, deren Verbindung verschiedene Kinder entstammen. Die »Mutter« Erde wird hier als jenes Prinzip gesehen, das im Regen und Tau den männlichen Samen aufnimmt und im Wachsen der Pflanzen, Bäume und Sträucher Früchte hervortreibt. Der »Vater« Himmel gilt als Zeugungsprinzip.[62] Die Vorstellung von der mütterlichen Erde und dem väterlichen Himmel als dem Stammelternpaar aller Abkömmlinge ist nicht nur der griechischen Mythologie, sondern gleicherweise der nordischen, vedischen, ägyptischen und altorientalischen eigentümlich.[63]

Bei den hier verwendeten Bildern zur Beschreibung der signifikanten magisch-mythischen Einheit, die zugleich Zweiheit, und der Zweiheit, die zugleich Einheit ist, handelt es sich insgesamt um Vorstellungen aus dem organischen Bereich. Dies trifft nicht nur für das Bild vom Ineinanderübergehen der Opposita Yin und Yang durch Verdünnung und Verdichtung zu, wie sie sich u. a. an den Lebensvorgängen des Ein- und Ausatmens, der Systole und Diastole, beobachten lassen, sondern auch für das Bild der Verzweigung und Verästelung, des Auseinandertretens der Gegensätze, der zunehmenden Spezifikation – Phänomene, die aus allen organischen Wachstumsprozessen bekannt sind –, und es gilt auch noch für das Bild der Vereinigung und Aufhebung der Gegensätze in einer neuen Einheit, der Kopulations- und Zeugungsprozesse zugrunde liegen. Die beiden letzteren Bilder stellen einander komplettierende Anschauungen dar, die im ersten – dem zweifellos vollkommensten und geglücktesten Ausdruck der Zwei-Einheit – zusammengefasst sind.

Wenn auch zumeist der Fundamentalgegensatz, aus dem sich alle anderen Gegensätze herleiten, auf zwei verschiedene Prinzipien verteilt wird, und zwar zumeist auf maskulines und feminines Prinzip, so gibt es doch auch Fälle, in denen der Fundamentalgegensatz innerhalb eines und desselben Prinzips auftritt. Ein solcher liegt vor bei der Natur. In westlichen wie nicht-westlichen Mythen gilt die Natur – ursprünglich das Werden – als weiblich. Das griechische *phýsis*, das lateinische *natura*, das deutsche »Natur«, das französische *nature* sind feminine Substantive. Häufig tritt Natur personifiziert auf, sei es als Mutter Natur, als Frau Natur, als Herrin, große Göttin, Dame, Kaiserin Natur usw. Näher betrachtet begegnet sie in zweierlei Gestalt: zum einen in positiver als wohltuende, lebensspendende und erhaltende Macht, als Ernährerin und Erhalterin, als segensreiche Mutter, zum anderen in negativer als verheerende, verwüstende, wilde, unberechenbare und ungezügelte Macht, als gesetzlose, unbändige Kraft, nicht selten dargestellt als Hexe oder weiblicher Dämon und identifiziert mit dem Bösen schlechthin. Beide Ausformungen beruhen auf menschlichen Erfahrungen mit der Natur, begegnet diese doch einmal im Wachstum und Gedeihen der Lebewesen als

Lebensspenderin und Erhalterin, zum anderen bei Überschwemmungen, Erdbeben, in Trocken- und Dürrezeiten als entfesselte, aufbrausende und vernichtende Gewalt. Auch zwei andere konträre Möglichkeiten werden mit der Natur in Verbindung gebracht: die Natur als Jungfrau oder keusches Weib und als Hure. Von ihnen drückt die eine Unberührtheit und sich selbst überlassenes Wachsen und Reifen aus,[64] die andere Verderben und Untergang. Beide sind im ursprünglichen Begriff der Natur, dem Werden, angelegt, hat doch dieses stets zwei Seiten, den Übergang vom Nichts zum Sein und umgekehrt den vom Sein zum Nichts.

Eine ganz ähnliche Verbindung von Entstehen und Vergehen symbolisiert im Indischen der Shiva Nataraja – hier eine männliche Gestalt –, der Herr der Schöpfung und zugleich Herr des Weltuntergangs ist. So zahlreich die Formen seiner Darstellung in der hinduistischen Kunst sind, er verbindet Züge der Zerstörung und Vernichtung mit Zügen des Gebens und Beschwichtigens. In zweien seiner vier Hände hält er Symbole des Untergangs, Dreizack und Trommel, mit den beiden anderen drückt er Stabilität, Wiederkehr des Gleichen und Harmonie aus, indem er mit der einen auf den ihn umgebenden Feuerkranz weist und die andere nach innen wendet.

Wenn die großen Bewegungen der letzten Jahrzehnte, die Umweltbewegung der Sechzigerjahre in den USA, die etwas später einsetzende in Europa, deren Anliegen die Wiederherstellung intakter Lebensräume ist, die New-Age-Bewegung der späten Achtzigerjahre, die in einer Remythologisierung und einem Synkretismus aus fernöstlicher und westlicher Weisheit und Praxis besteht, und schließlich die Frauenbewegung, die Ausschau hält nach Alternativen zur »patriarchalischen«, verwissenschaftlichten, technisierten westlichen Kultur, immer wieder auf die ursprünglich heile Natur, die intakten, sich selbst regenerierenden Lebenssysteme verweisen und mit dieser Natur die Weiblichkeit verbinden und Anknüpfungspunkte oder gar ihre Ideale in der archaischen Natur erblicken,[65] dann ist dies nur die eine Seite der Medaille, die der ursprünglich magisch-mythische Mensch bezüglich der Natur empfand. Denn neben den segensreichen, heilbringenden, regenerierenden und reproduzierenden Kräften der Natur war ihm ebenso wohl die zerstörerische und vernichtende Macht derselben bekannt. Gerade das Bewusstsein der Gefahren und Bedrohungen seitens der entfesselten Natur führte zur Entwicklung der magischen Praktiken als einem Mittel der Einflussnahme, sei es im Sinne der Abwendung oder Abschwächung von Bedrohungen, sei es im Sinne der Anziehung positiver Kräfte. Die »Weiblichkeit der Natur«, die »Organizität der Natur«, wie die leitenden Metaphern heißen, nur im Zusammenhang mit dem Positiven zu sehen und der Wissenschaft und Technik, der modernen Zivilisation, vor allem dem mechanistischen Weltbild als dem ausschließlich Negativen entgegenzustellen, wie dies der Grundtenor vieler moderner Bücher ist,[66] ist eine zu einseitige Interpretation der für das ursprüngliche magisch-mythische Denken ambivalenten Verhältnisse.

e) Sympathetik

Im Horizont der bisherigen Kennzeichnung des magisch-mythischen Weltbildes als Organismus bei gleichzeitigem Festhalten am Antagonismus der Kräfte muss auch das Verhältnis des Menschen zur Umwelt gesehen werden. Zum einen ist zu beachten, dass die magisch-mythische Weltsicht die Unterscheidung und schroffe Gegenüberstellung von objektiver Natur und subjektivem Geist noch nicht kennt, wie sie eine spätere Geisteshaltung entwickelt und in den Antithesen von Natur und Geist, Natur und Vernunft, Natur und Kultur, Natur und Zivilisation usw. zum Ausdruck gebracht hat. Die Natur ist für das Lebensgefühl des magisch-mythischen Zeitalters noch nicht das Andere, Fremde, dem Menschen Gegenüberstehende; Natur und Menschenwelt bilden noch eine ungeschiedene Einheit, was sich nicht zuletzt darin dokumentiert, dass es dieselben Götter sind, die in der Natur walten, z. B. Zeus im Blitz und Donner, wie auch in der Menschenwelt.

Zum anderen ist der Mensch Teil der umfassenden Natur, Glied des natürlichen Organismus und als solches in alle Lebensvorgänge integriert und dem Wechselspiel der Kräfte ausgesetzt. Er nimmt an allen ihren Bewegungen und Bestrebungen teil, und zwar mit der Gesamtheit seiner leiblich-seelisch-geistigen Kräfte. Er ist mit seinem Körper nicht weniger beteiligt als mit seiner Seele und seinem Geist. Seine leiblichen Regungen, sein Trieb-, Affekt- und Gefühlsleben, seine Empfindungen, Ahnungen, Träume und Phantasien sind nicht weniger integriert als seine kognitiven Fähigkeiten: Wahrnehmen, Denken, Urteilen, Planen, Stellungnehmen, Wollen usw. Die Dynamik des Lebensgefühls, von dem Magie und Mythos beherrscht werden, ist weder ein bloßes Körpererlebnis noch bloße Sinneserregung noch bloß abstraktes Denken, sondern ein umfassender, ganzheitlicher Lebensvollzug. Aus eben diesem Grunde verhält sich der Mensch gegenüber der Natur auch nicht nur passiv, der Natur ehrfürchtig hingegeben, sie kontemplativ beschauend, sondern ebenso aktiv, indem er seinen Platz innerhalb des Gesamtgefüges einnimmt und diesen gegen andrängende und vernichtende Kräfte verteidigt. Hierzu ist er emotional auf die ihn umgebende Natur bezogen, nimmt Stellung in Gefühlsregungen wie Liebe, Hass, Furcht, Hoffnung, Freude, Leid, Angst, Schrecken usw. Sein Verhalten ist ein Geben und Nehmen, ein Agieren und Reagieren, aber so, dass im ganzen das Gleichgewicht der Kräfte erhalten bleibt bzw. sich immer wieder herstellt.

Dieses Mitgehen und Mitwirken bezeichnet man als »sympathetisches« Verhältnis des Menschen zur Natur. *Páschein* hat im Griechischen die Bedeutung von »leiden«, »erleiden«, »bewegt werden«, *sympáschein* meint das Mitleiden, das hier aber ebenso ein Mithandeln ist und daher in aktiver wie passiver Form auftritt. Auf dem Mitgehen des Menschen mit der Natur, das ermöglicht wird durch das Ineinanderfließen der Kräfte, basiert auch die »sympathetische Magie«, die die Einflussnahme auf entfernteste Teile garantiert, selbst wenn sie räumlich, zeitlich und physisch abgetrennt sind.

f) Einheit von Theorie und Praxis

Die das magisch-mythische Naturverständnis explizierenden Anschauungen, Bilder, Zeichen und Riten, kurzum, der gesamte Bezugsrahmen, hat nicht nur theoretische, sondern auch praktische Relevanz. Er impliziert, ob bewusst oder unbewusst, ethische Normen, die als Gebote oder Verbote, Anreize oder Hemmschwellen fungieren. Die deskriptiven Aussagen über die Natur sind ethisch befrachtet und wirken als Direktiven oder sogar als Diktate. Es ist wichtig, sich die normative Tragweite solcher Deskriptionen über die Natur klarzumachen.

Natürlich kann sich der Bezugsrahmen im Laufe der Zeit ändern. Kulturelle Wandlungen, wie immer sie bedingt sein mögen, ob klimatisch, ethnisch oder ökonomisch, ziehen eine Verschiebung und Neuorientierung des Bezugsrahmens nach sich. Veränderte Bedürfnisse und Interessen, veränderte Lebenssinne und Wünsche, wie sie die Erfindung neuer Produkte, Produktionsmittel und Produktionsmethoden mit sich bringt, verlangen andere Normen, als sie im etablierten Bezugsrahmen verankert sind. Dies soll anhand dreier Kulturstufen gezeigt werden: *erstens* anhand der primitivsten Stufe der Menschheit, dem Sammler- und Jägertum, das mit Unsesshaftigkeit und Nomadendasein verbunden ist, *zweitens* anhand der Stufe der Landwirtschaft, die Ackerbau, Pflanzen- und Viehzucht betreibt und im Laufe der Entwicklung zu Sesshaftigkeit führt, *drittens* anhand der merkantilen, kommerziellen Stufe, die auf Handel und Massenproduktion abstellt.

Besonders deutlich wird der Wertekonflikt in Zeiten des Umbruchs beim Übergang von einer Kulturstufe zur anderen. An solchen Nahtstellen lassen sich daher auch die Argumente für oder wider eine Innovation mit besonderer Klarheit studieren.

1. Als zur Zeit der Entdeckung und Eroberung der Neuen Welt die europäischen Konquistadores, Siedler und Missionare auf die amerikanische Urbevölkerung trafen, begegneten sie hier zum Teil Kulturen, die einer relativ frühen Entwicklungsphase angehörten: dem Sammler- und Jägertum. Als Jäger und Fischer, wenngleich mit Konzessionen an die moderne Zivilisation, leben noch heute die Eskimos und einige Indianerstämme Nordwestamerikas, als sogenannte »wilde« Indianer die Stämme in den tropischen Gebieten Südamerikas. So begegneten sich hier nicht

nur verschiedene Kulturen, europäische und indianische, sondern auch verschiedene Kulturstufen, von denen die Indianer – abgesehen von den Hochkulturen der Azteken und Mayas – eine relativ frühe Entwicklungsstufe, das Sammler- und Jägertum, repräsentierten, die Europäer eine fortgeschrittenere, die Ackerbau, Pflanzen- und Viehzucht sowie kommerziellen Handel kannte.

Dass es zu Spannungen und Auseinandersetzungen kam, war nur allzu verständlich, da die Indianerstämme über Jahrhunderte hinweg ein intaktes animistisches Glaubenssystem mit bestimmten ethischen Normen beibehalten hatten, das das Verhältnis des einzelnen wie der Gruppe zur Natur regelte. Berühmt geworden ist die Rede Smohallas, eines Angehörigen eines Indianerstammes aus dem Columbiabecken, die der Einstellung der Indianer gegenüber den Forderungen der Europäer beredten Ausdruck gibt:

»Ihr verlangt von mir, daß ich den Boden pflüge! Soll ich ein Messer nehmen und die Brust meiner Mutter zerfleischen? Dann wird sie mich, wenn ich sterbe, nicht an ihren Busen nehmen, daß ich ausruhe. Ihr verlangt von mir, daß ich nach Steinen grabe! Soll ich unter meiner Mutter Haut nach ihren Knochen graben? Dann kann ich, wenn ich sterbe, nicht in ihren Leib zurückkehren, um wiedergeboren zu werden. Ihr verlangt von mir, daß ich das Gras schneide und Heu mache und es verkaufe, um reich zu werden wie weiße Männer! Aber wie kann ich es wagen, meiner Mutter Haare abzuschneiden?«[67][68]

Den Hintergrund für das Verständnis dieser Zurückweisung bildet die animistisch-spiritualistische Vorstellung von der Erde als lebensspendender und lebenserhaltender Mutter. Die Erde wird mit einem lebendigen Wesen nicht nur verglichen, sondern identifiziert; denn nach dem magisch-mythischen Verständnis handelt es sich nicht bloß um einen äußeren Vergleich oder eine Analogie, sondern um eine tatsächliche Identifikation. Die Erdoberfläche wird der Haut und dem Fleisch gleichgesetzt, Gras und andere Pflanzen den Haaren, die Steine unter der Erde den Knochen.

Solche und ähnliche Identifizierungen sind auch aus anderen Kulturbereichen bekannt. Die nordische Mythologie erklärt die Weltentstehung aus dem Riesen Ymir: Die Erde wird aus Ymirs Fleisch geschaffen, das Meer aus seinem Blut, die Berge aus seinen Knochen, die Bäume aus seinen Haaren, das Himmelsdach aus seinem Schädel. Nach dem vedischen Schöpfungsmythos wird der Mensch Purusha von den Göttern geopfert, um aus seinen Körperteilen die Vielheit der Welt hervorgehen zu lassen: die lebenden Wesen, die Tiere, die Sonne, den Mond und die Luft. Der

Taoismus vergleicht im *T'ai-p'ing ching*, einer seiner fundamentalen Schriften, die Erde mit der Mutter, die ihre Kinder stillt. Die natürlichen, offenen Quellen seien daher zu nutzen, wie es die Menschen vergangener Zeiten taten, die sich in Tälern ansiedelten, wo sie natürliche Quellen fanden. Der Griff nach verborgenem Quellwasser und Steinen hingegen verletze das Blut und die Knochen der Erde und erzeuge Krankheiten.[69] Die griechische Mythologie identifiziert das Wassersystem der Erde mit pflanzlichen und tierischen Säfte- und Blutbahnen.[70] Bis heute hat sich der Ausdruck »Wasseradern« zur Bezeichnung unterirdischer Flussläufe und Gerinnsel erhalten, der die Analogie zum menschlichen oder tierischen Adernsystem anzeigt.

Bewahrt haben sich solche Anspielungen und Vergleiche insbesondere in der Dichtung. Wenngleich dort die Metaphorik primär poetischen Zwecken dient, so spiegelt sie doch ein archaisches Erbe wider. Wenn Seneca die Organisation der Erde mit dem Plan unseres Leibes vergleicht, die Wasseradern mit Venen und Arterien, die verschiedenen Flüssigkeiten mit Blut, Schleim, Speichel und Tränen, die verschiedenen Metalle und Steine mit Knochen und Knorpel, dann sind hier alte animistische Vorstellungen wirksam.

> »Oft sammelt sich eine tauähnliche, dünne und zerstreute Flüssigkeit, die von vielen Punkten an einem zusammenläuft (die Wassersucher nennen sie Schweiß, weil eine Art von Tropfen entweder durch Druck an einem Ort ausgepreßt oder durch Hitze hervorgelockt wird).«[71]
> »Wie also in unserem Körper, wenn eine Ader angeschlagen ist, das Blut so lange fließt, bis es ganz ausgelaufen ist, sich der Riß in der Ader zusammengezogen hat und den Blutstrom unterbindet oder eine andere Ursache das Blut zurückdämmt, so ergießt sich in der Erde, wenn ihre Adern reißen und offen sind, ein Bach oder ein Fluß.«[72]

Und wie der menschliche Körper sein Leben durch Ein- und Ausatmen erhält, so erhält auch die Erde ihr Wachstum durch ihren täglichen Hauch.

> »Es ist klar, daß die Erde nicht ohne Luft ist, wobei ich nicht nur die Luft meine, die sie zusammenhält und ihre Teile verbindet, wie sie auch in Steinen und leblosen Körpern ist, sondern ich meine jene lebenspendende, lebendige und alles nährende Luft. Besäße sie diese nicht, wie könnte sie in so viele Bäume und Pflanzen, die von nichts anderem existieren, Lebensluft einfließen? Wie könnte sie die verschiedenen Wurzeln, die bald so, bald anders in sie einge-

senkt sind, hegen, da sie sie zum Teil nur an der Oberfläche aufgenommen hat, zum Teil tiefer gehend, hätte sie nicht so viel Lebensluft, die so vieles und verschiedenes erzeugt und durch die Aufnahme ihres Nährstoffes emporwachsen läßt? ... Doch dieser ganze Himmel, den der feurige Äther, der höchste Teil der Welt, einschließt, alle die unzähligen Sterne dort, die ganze Schar der Himmelskörper und, um andere zu übergehen, unsere Sonne, die so nahe bei uns ihre Bahn zieht und deren Umfang mehr als doppelt so groß ist als der unserer ganzen Erde: Dies alles zieht Nahrung aus der Erde, verteilt sie unter sich und wird natürlich nur durch den Hauch der Erde erhalten. Dies ist ihre Nahrung und Weide.«[73]

Vor diesem Hintergrund einer Identifikation der Erde mit dem Mutterleib, genereller, der Natur mit einem lebendigen Organismus, der das Denken und die Lebensweise vieler Naturvölker bestimmt, wird verständlich, dass Menschen dieser Kulturstufe alle Ansinnen einer anderen Stufe, etwa der Agrarstufe, als unsittliche Anmaßung zurückweisen müssen. Jeder Eingriff in den lebendigen Organismus, wie das Pflügen der Erde, das Mähen des Grases, das Schürfen und Graben nach Metallen, stellt eine Zudringlichkeit und Vergewaltigung dar, die die natürliche Ordnung verletzt und daher als Frevel geahndet werden muss. Das Verhältnis des Menschen zur Natur wird auf dieser primitiven naturmagischen Stufe als eine zwischenmenschliche Beziehung, als ein Ich-Du-Verhältnis gesehen, das partnerschaftlichen Umgang verlangt und zu Achtung und Respekt vor der Natur und vor allem Kreatürlichen nötigt.

Allerdings resultieren aus diesem organizistischen Weltbild bei konsequentem Durchdenken Schwierigkeiten, die der Grund dafür sind, dass dieses Weltbild und seine ethischen Implikationen immer nur partiell oder graduell realisiert werden. So gelten in allen animistischen Frühkulturen nur bestimmte Tiere für heilig und unantastbar, während andere gejagt und verzehrt werden dürfen, weil sie für das Überleben notwendig sind. Allerdings erfolgen Jagd und Fang ebenso wie Verzehr nach strengen Ritualen und Zeremonien, die oft wichtiger sind als die Erlegung der Beute. Wollte man auf Fleischverzehr gänzlich verzichten, weil man in den Tierseelen menschliche Seelen aus früherem Leben wähnt oder weil man vor der Tierseele wegen ihrer Zugehörigkeit zur Allseele gleichen Respekt hat wie vor der Menschenseele, und sich nur noch vegetarisch ernähren, so stellte sich hier dasselbe Problem, da auch Pflanzen für beseelt gelten, nicht weniger als das Wasser aus den Flüssen und Seen, das man trinkt, oder die Luft, die man atmet. Das organizistische Weltbild der Allbeseelung und Allbelebtheit kann also nicht soweit gehen, dass es die Ernährung und den Lebenserhalt der Individuen und Arten in Frage stellt. Folglich werden bei einer Reihe von Kreaturen Eingriffe soweit erlaubt, wie sie dem Überleben dienen. Eine Massenvernichtung von Tieren jedoch oder eine Anhäufung von Nahrungsmitteln durch »Übersammlung« in Analogie zur »Überproduktion« scheidet aus. Gespeicherte Vorräte dienen lediglich zur Überbrückung kargerer Jahreszeiten.

2. Mit der Entwicklung einer neuen Kulturstufe musste sich auch der Bezugsrahmen und die mit ihm verknüpfte Werteordnung ändern. Die Stufe der Agrarwirtschaft mit ihrer regelmäßigen Feldbestellung, ihrer Saat- und Viehzucht sowie ihrer Herstellung landwirtschaftlicher Geräte musste gewisse Eingriffe in die Natur tolerieren und legitimieren, um die Lebensgrundlage dieser Gesellschaft zu erhalten. Vom heutigen Standpunkt erscheinen diese Eingriffe moderat, was allerdings eine relative Beurteilung ist. Der Anschein der Gemäßigtheit hängt einmal damit zusammen, dass die Macht und die Mittel einer Agrargesellschaft gegenüber der Natur sehr viel beschränkter waren als die heutigen und damit auch die Schäden an der Natur weniger gravierend als heute. Zweifellos zog die Urbarmachung des Bodens, die damit einhergehende Abrodung der Wälder, die Überweidung des Jungholzes durch das Hausvieh beträchtliche Schäden nach sich. So geht die Verkarstung und Verödung des Mittelmeerraumes auf die Agrarkultur der Antike zurück.[74] Aber die Schäden und Verwüstungen zogen sich über sehr viel längere Zeiträume hin als etwa heute die Abrodung der Urwälder Brasiliens und wurden zum Teil wieder aufgefangen durch Neuaufforstung, intensivere Feldbewirtschaftung, Landgewinnung aus dem Meer u. ä.

Das Maßvolle der Eingriffe in die Natur hängt zum anderen auch damit zusammen, dass die bäuerliche Kultur in weiten Bereichen auf Hege und Pflege angewiesen ist, auf die sorgsame Aufzucht des Jungviehs, auf die Kultivierung des Bodens, auf das Hacken der Pflanzen, hängt doch von deren Gedeih auch das Wohlergehen des Menschen ab. Die Förderung der Naturprodukte dient nicht zuletzt der Förderung der menschlichen Lebensgüter. Aus diesem Grunde bleibt die Einheit des Menschen mit der Natur und Umwelt gewahrt. Nie zielen die Eingriffe auf die Zerstörung der Natur, da dies einer Selbstzerstörung des Menschen gleichkäme. Man hat in den agrarischen Hochkulturen stets den Sinn für das ökologische Gleichgewicht bewundert. Geschehen Eingriffe in die Natur wie beim Pflügen, Säen und Ernten, so sind sie stets von Riten und Zeremonien begleitet, wie der Weihung der Erde, Gebeten und Dankopfern für die Ernte. Auch die landwirtschaftlichen Arbeitsgeräte werden in die kultischen Handlungen und Weihen mit einbezogen. Die Eweer bringen noch heute bei der jährlichen Jamsernte allen Werkzeugen wie Axt, Hobel, Säge und Schelle Opfer dar.[75] Hinter dieser Einheit von Technik und Magie steht die Überzeugung, dass die Geräte quasi der verlängerte Arm des Menschen sind, so dass sich die menschliche Lebens- und Arbeitskraft auf magische Weise auf die Gerätschaften überträgt und in ihnen fortsetzt.

3. Der erhebliche graduelle Unterschied der Eingriffe in die Natur auf der Stufe der Agrarwirtschaft und auf der des merkantilen, kommerziellen Zeitalters wird sichtbar bei Eintritt des Letzteren. Dies soll an einem Beispiel demonstriert werden, und zwar am kommerziellen Bergbau,[76] der schon in der Antike eine Rolle spielte, jedoch nach dem Untergang Roms und während des gesamten Mittelalters brach lag und erst im ausgehenden Mittelalter und zu Beginn der Renaissance wiederbelebt und in größerem Umfang betrieben wurde. Schon die römischen Dichter und Schriftsteller diskutierten das Für und Wider des Bergbaus, wobei die organologische Metapher von der Mutter Erde bzw., allgemeiner, von der Natur als lebendem Wesen und die damit verbundenen normativen Handlungshemmungen leitend waren.

Ovid (43 v. Chr.–18 n. Chr.) beschreibt in den *Metamorphosen* die Dekadenz der verschiedenen Zeitalter, den Abstieg des Menschen vom goldenen zum silbernen und weiter zum ehernen bis hinab zum eisernen Zeitalter, und begründet diesen mit dem zunehmenden Verfallen an das Böse, mit den Eingriffen des Menschen in die Mutter Erde, indem er in ihren Eingeweiden nach Gold und Eisen wühle.

»Nicht nur Saaten verlangte der Mensch von dem üppigen Boden,
Nahrung, die zu gewähren er schuldete, nein, in der Erde
Tiefen drang man, die Schätze zu graben, Lockmittel des Bösen,
Die sie im Innern verwahrte, zunächst bei den stygischen Schatten.«[77]

Auch bei Seneca (um 4 v. Chr.–65 n. Chr.) steht in den *Naturales Quaestiones* das Bild von der organischen Natur im Hintergrund, wenn er seine Bedenken gegen den Bergbau artikuliert.

»Schon vor Philippos von Makedonien gab es Menschen, die dem Geld in die tiefsten Schlupfwinkel nachkrochen und sich, obwohl sie aufrecht und frei atmen konnten, in die Höhlen hinabließen, wo man Tag und Nacht nicht mehr unterscheiden konnte. Was war Großes zu erhoffen, dass sie das Licht hinter sich ließen? Welche Not war so groß, daß sie den Menschen, der zu den Sternen hinaufsieht, hinabbog und vergrub und in den tiefsten Grund der Erde senkte, um Gold herauszuwühlen, das man mit der gleichen Gefahr besitzt, wie man es gewinnt? Dazu hat er Minen gegraben, kroch um die kotige und Ungewisse Beute und vergaß das Tageslicht und die schöne Natur, von der er sich abwandte. Ist also einem Toten die Erde so schwer wie denen, über die Habgier die Riesenlast ganzer Landstriche warf, denen sie den Himmel raubte und die sie tief unten vergrub, wo jenes unheilvolle Gift steckt? Sie wagten, dort hinab zu steigen, wo sie eine unverständliche Ordnung der Dinge, den Anblick hängender Erdmassen erlebten und Winde, die im dunklen, leeren Raum wehen, dazu schauerliche Quellen von Wasser, das für kein Geschöpf fließt, und eine andere, ewige Nacht. Und dann, nach solchem Unternehmen, fürchten sie noch das Totenreich!«[78]

Und auch Plinius der Ältere (23–79 n. Chr.) warnt in der *Naturalis historia*[79] ausdrücklich vor dem Eindringen in die Erde und dem Schürfen in der Tiefe, wobei er das Bild der Mutter Erde als unserer heiligen Ahne bemüht. Obwohl dies lediglich eine Metapher ist, beweist sie ihre handlungshemmende Kraft. Denn was die Erde dem Blick der Menschen entzieht, will sie nicht gestört und durch menschliche Habgier geplündert sehen. Ihr Wille heischt Respekt. Zudem führt der Abbau von Gold und Eisen nur zu Habgier, Raub, Krieg, Mord und Gewalttätigkeiten. Die Gewinnung und Verwendung von Eisen sollte nur auf friedliche und nützliche, nicht schädliche Zwecke bezogen bleiben, wie auf den Gebrauch landwirtschaftlicher Geräte.

Als im 15. Jahrhundert in den Gegenden von Sachsen, Böhmen und dem Harz die Bergbauindustrie einen rapiden Aufschwung nahm und in ebenso rasantem Tempo die Rodung von Wäldern nach sich zog, deren Holz zum Schmelzen der Erze benötigt wurde, wie auch die Umleitung und Kanalisation von Bächen und Flüssen, tauchte die Diskussion um den Bergbau erneut auf, wobei die antiken Bedenken reaktualisiert wurden. Paulus Niavis berichtet in seinem Werk *Iudicium Iovis oder Das Gericht der Götter über den Bergbau* von einer allegorischen Vision eines alten Lichtenstädter Einsiedlers, der, nachdem er sich verirrt hatte, das Gericht Jupiters sah, vor dem ein Bergmann der Misshandlung und des Muttermordes angeklagt wird. Zu Rechten Jupiters sitzt Frau »Erde«, in ein zerfetztes Gewand gehüllt, mit verletztem Haupt und vielfach durchbohrtem Leib, vertreten durch den redegewandten, glattzüngigen Merkur. Nacheinander treten als Zeugen verschiedene Naturgottheiten auf. Bacchus klagt, dass durch den Bergbau die Weingärten zerstört würden, die Weinstöcke herausgerissen und ins Feuer geworfen und der ihm geheiligte Ort durch Schächte verunstaltet würde. Ceres gibt an, dass ihre Felder und der Ackerbau vernachlässigt oder verlassen würden aus Sucht nach Gold und Silber, Zinn und Blei. Minerva klagt, dass die Menschen statt der leuchtenden Schätze der Weisheit nach schnödem irdischem

Glanz Ausschau hielten, Pluto, dass die Schläge der Bergleute wie Donner durch die Tiefen der Erde dröhnten, so dass er ob dieser Gewalttätigkeit und Rücksichtslosigkeit sein eigenes Reich nicht mehr sicher bewohnen könne. Ebenso klagt die Najade, dass durch das Graben der Stollen die unterirdischen Gewässer abgelenkt würden und ihre Quellen versiegten, Charon, dass das Wasser des Flusses, über den er die Toten ins Jenseits brächte, so abgenommen habe, dass er nicht mehr imstande sei, mit seinem Boot den Acheron zu befahren, und die Faune protestieren, dass die Köhler ganze Wälder niederlegten, um Heizmaterial zum Schmelzen der Erze zu gewinnen.[80]

Abgesehen davon, dass hier die moderne Umweltdiskussion antizipiert wird, zeigt die Erzählung, wie sehr sich die Metaphorik von der Mutter Erde und die daran gebundenen Wertvorstellungen bewahrt haben. Noch einmal wird hier die ganze Macht des ursprünglich magisch-mythischen Bildes mit seinen Handlungshemmungen beschworen, deren Übertretung in Form von Eingriffen und Zudringlichkeiten mit Schuld und Verletzung der geltenden Werteordnung verbunden ist.

Als eine veränderte Gesellschaft den Bergbau und die Metallgewinnung in immer größerem Maße für ihre merkantilen Zwecke benötigte, mussten die moralischen Hemmungen und Schranken fallen, die an die organologische Metaphorik und das anthropomorphe Bild von der Mutter Erde gebunden waren. Es musste der Weg für neue, zeitgemäße Wertvorstellungen geebnet werden. Dies geschah durch die Abtrennung des begrifflichen Bezugsrahmens vom normativen.

Es war Georg Agricola (1494–1555), der diese Aufgabe in seiner Abhandlung *De re metallica* (1556) unternahm, der ersten modernen Schrift über den Bergbau. Noch einmal ließ er die seit der Antike bekannten Einwände gegen den Bergbau Revue passieren, allerdings in der Absicht, sie zu entkräften und durch die Trennung von deskriptivem und normativem Bezugsrahmen den Weg für neue Wertvorstellungen freizumachen. Eröffnet wird die Reihe mit dem schon von Plinius her bekannten Argument, das das Bild von der wohltätigen, freigiebigen Mutter Erde heraufbeschwört.

> »Die Erde verbirgt nicht und entzieht auch nicht den Augen diejenigen Dinge, die dem Menschengeschlechte nützlich und nötig sind, sondern wie eine wohltätige und gütige Mutter spendet sie mit größter Freigebigkeit von sich aus und bringt Kräuter, Hülsenfrüchte, Feld- und Obstfrüchte vor Augen und ans Tageslicht. Dagegen hat sie die Dinge, die man graben muß, in die Tiefe gestoßen, und darum dürfen diese nicht herausgewühlt werden.«[81]

Es folgen dann Argumente, in denen ökologische Bedenken anklingen.

»Durch das Schürfen nach Erz werden die Felder verwüstet; deshalb ist einst in Italien durch ein Gesetz dafür gesorgt worden, daß niemand um der Erze willen die Erde aufgrabe und jene überaus fruchtbaren Gefilde und die Wein- und Obstbaumpflanzungen verderbe. Wälder und Haine werden umgehauen; denn man bedarf zahlloser Hölzer für die Gebäude und das Gezeug sowie, um die Erze zu schmelzen. Durch das Niederlegen der Wälder und Haine aber werden die Vögel und andren Tiere ausgerottet, von denen sehr viele den Menschen als feine und angenehme Speise dienen. Die Erze werden gewaschen; durch dieses Waschen aber werden, weil es die Bäche und Flüsse vergiftet, die Fische entweder aus ihnen vertrieben oder getötet. Da also die Einwohner der betreffenden Landschaften infolge der Verwüstung der Felder, Wälder, Haine, Bäche und Flüsse in große Verlegenheit kommen, wie sie die Dinge, die sie zum Leben brauchen, sich verschaffen sollen, und da sie wegen des Mangels an Holz größere Kosten zum Bau ihrer Häuser aufwenden müssen, so ist es vor aller Augen klar, daß bei dem Schürfen mehr Schaden entsteht, als in den Erzen, die durch den Bergbau gewonnen werden, Nutzen liegt.«[82]

Gegen das Argument, man solle auf die Gewinnung der Metalle aus dem Innern der Erde verzichten, weil sie im Verborgenen eingeschlossen seien, verweist Agricola auf den Fischfang, der ebenfalls aus den Tiefen der Gewässer die Fische heraufhole.[83] Dem Verbot, in den Tiefen der Erde nach Metallen zu schürfen, statt sich mit den Früchten der Oberfläche zufriedenzugeben, stellt Agricola das Gebot der Kultur, des Fortschritts, der Vernunft entgegen. Die Natur habe dem Menschen die Erde gegeben, damit er sie bebaue und nutze. Zum Fischfang, zur Jagd, zum Pflügen, zum Scheren und Schlachten der Tiere, zum Schneiden, Kochen, Nähen und vielem anderen mehr benötige man metallene Geräte.

»Denn wenn die Metalle nicht wären, so würden die Menschen das abscheulichste und elendeste Leben unter wilden Tieren führen; sie würden zu den Eicheln und dem Waldobst zurückkehren, würden Kräuter und Wurzeln herausziehen und essen, würden mit den Nägeln Höhlen graben, in denen sie nachts lägen, würden tagsüber in den Wäldern und Feldern nach Sitte der wilden Tiere umherschweifen.«[84]

Dies aber wäre dem Menschen und der Vernunft, dem kostbarsten aller Geschenke der Natur, unwürdig.

Den ökologischen Einwänden stellt Agricola Plausibilitäts-, Flexibilitäts- und Utilitätserwägungen entgegen, kurzum, opportunistische Argumente. Auf den Einwand, dass wegen des Bergbaus die Wälder in großem Maße abgeholzt würden, erwidert Agricola, dass die meisten Bergwerke in öden, unfruchtbaren Gegenden oder in abgelegenen, dunklen Tälern lägen. Wo in fruchtbaren Gegenden Bäume umgehauen würden, könnten neue Anpflanzungen angelegt werden, deren Erträge die Bewohner entschädigten. Was an einer Stelle an Pflanzen- und Tierarten vernichtet würde, ließe sich an anderer wieder aufbauen. Und wie sich auf der einen Seite durch die Abrodung der Wälder der Holzpreis verteuere, so würde auf der anderen Seite der Verlust durch den Verkauf der Erze wieder wettgemacht.[85]

Der Einwand, dass die Gewinnung von Metallen Habsucht, Grausamkeit und Gewalt zur Folge habe, wird mit dem Hinweis entkräftet, dass der Grund für diese Übel nicht in den Metallen, sondern in den Charakteren der Menschen und ihren Verhaltensweisen läge.[86]

Die Argumente Agricolas dokumentieren in eindrücklicher Weise, wie ursprüngliche Verurteilung Billigung weicht, sobald erst einmal die positiven Aspekte einer Sache – hier des Bergbaus – entdeckt worden sind und veränderte Bedürfnisse und Interessen einer Gesellschaft neue Begriffsrahmen und neue Wertvorstellungen fordern.

Die Nachwirkungen des magisch-mythischen Naturverständnisses sind bis heute spürbar. Bilder von der beseelten Natur, von der Natur als lebendigem Organismus – modern »Ökosystem« genannt – tauchen immer dann oder vorzugsweise dann auf, wenn sich die Gesellschaft in einer Krise und Umbruchsituation befindet, die noch größere und verheerendere Ausgriffe auf die Natur als die schon erfolgten erwarten lässt. Als vor einigen Jahrzehnten die Protestbewegung gegen die Ausbeutung der Natur durch die moderne Wissenschaft und Technik begann, als nicht nur Wissenschafts-, Kultur- und Zivilisationskritiker vor den desaströsen Folgen einer ganz auf Beherrschung und Ausbeutung angelegten wissenschaftlich-technischen Einstellung warnten, sondern auch in weiten Bevölkerungskreisen sich das Bewusstsein der zerstörerischen Eingriffe in die Natur durchsetzte, tauchten all jene Bilder und Metaphern von der organischen Natur und den damit verbundenen ethischen Vorstellungen wieder auf, die seit der Antike bekannt sind. Die in der heutigen Ökologiedebatte verwendeten Argumente sind im Prinzip dieselben, die schon die antiken Schriftsteller und später Paulus Niavis, Agrippa von Nettesheim (1486–1535) und Georg Agricola verwendeten.

Gewarnt wird auch heute vor allzu radikalen Eingriffen in die Natur, da diese mit der Zerstörung der Natur die Zerstörung der Lebensgrundlagen des Menschen, der ein Teil dieser Natur ist, mit sich bringen. Der Hinweis auf das ökologische Gleichgewicht, das mit der Umweltzerstörung verletzt würde, ist nichts anderes als der Hinweis auf die Harmonie und Ausgeglichenheit des organischen Ganzen, das im magisch-mythischen Weltbild vor Augen gestellt wird. Gefordert wird unter Zugrundelegung des Bezugsrahmens vom lebendigen Organismus die Respektierung der Natur und die Verwirklichung eines partnerschaftlichen Umgangs mit ihr, nicht viel anders, als es das magisch-mythische Naturverständnis verlangt.

Allerdings stellt sich im Blick auf die Geschichte und das wiederholte Auftreten der Metaphorik mit ihrer normativen Kraft auf verschiedenen Kultur- und Zivilisationsstufen die Frage, wann die Eingriffe des Menschen tatsächlich so gravierend sind, dass sie untragbar werden. Denn bei jedem Übergang zu einer neuen Kultur- bzw. Zivilisationsstufe, bei jeder radikalen Änderung zeigt sich dieselbe Problematik, und auch in Zukunft ist ein Ende immer noch radikalerer und gravierenderer Eingriffe nicht abzusehen, was ein Indiz dafür ist, dass die Destruktion der Natur doch wohl nur relativ ist und der Grad der Sensibilität und Entrüstung der Gesellschaft von ihren jeweiligen revitalisierenden Möglichkeiten bzw. deren Unfähigkeit abhängt. Die Frage, wann die Eingriffe definitiv unerträglich werden und auf das Leben des Menschen zurückschlagen und die Reaktualisierung des Bildes von der organischen Natur erzwingen, ist niemals endgültig zu beantworten.

Zweiter Teil

Antikes Naturverständnis

1. Umschwung vom magisch-mythischen Naturverständnis zum philosophisch-wissenschaftlichen

Das heute in der westlichen Welt dominierende wissenschaftlich-technische Naturverständnis unterscheidet sich wesentlich vom magisch-mythischen Naturerleben, wie es bei Naturvölkern und als Relikt in der modernen Zivilisation anzutreffen ist. Es ist das Produkt des abendländischen Denkens, auch wenn es heute längst nicht mehr auf das Abendland beschränkt ist, sondern einen globalen Siegeszug angetreten und besonders in diesem Jahrhundert auch die östlichen Kulturbereiche erobert hat, die bislang ihre eigenen Denktraditionen zu bewahren vermochten. Seinen Ursprung hat dieses Denken im 6. vorchristlichen Jahrhundert bei den Griechen, und zwar bei den Kolonialgriechen Kleinasiens, die den Küstenstreifen des östlichen Mittelmeeres besiedelten, das alte Ionien, dessen wirtschaftliche und geistige Metropole Milet war. Bedingt, zumindest mitbedingt durch die Konzentration des Erfahrungswissens jener Zeit, das teils durch wagemutige Seeleute, teils durch unternehmungslustige Kaufleute, teils durch fremde Landsknechte und Sklaven in Milet zusammengetragen war, erfolgte in jenem Jahrhundert ein geistiger Umschwung, der als »griechische Aufklärung« in die Geschichte eingegangen ist.

Damals wie heute meint Aufklärung die Loslösung von althergebrachten Lebens- und Denkgewohnheiten, die Befreiung von Verhaltensnormen, die als Zwang empfunden werden, sowie den Versuch, sich auf eigene Füße zu stellen, nach neuen Wegen und Lösungen Ausschau zu halten. Aufklärung meint stets geistige Erneuerung, Abwurf tradierter Fesseln, Befreiung und Verselbstständigung im Denken und Handeln. Allerdings geschah diese »Revolution im Denken« nicht ad hoc. Keineswegs bedeutet das Ende des magisch-mythischen Zeitalters den Anfang der philosophisch-wissenschaftlichen Ära. Schon Werner Jäger hat betont, dass »der Beginn der wissenschaftlichen Philosophie ... weder mit dem Anfang des rationalen noch mit dem Ende des mythischen Denkens zusammen[fällt]«.[1] Der Weg vom Mythos zum Logos, wie ein bekannter Buchtitel Wilhelm Nestles[2] lautet, ist ein langwieriger und schwieriger Prozess, und noch lange zeigt sich selbst bis in die Philosophie eines Platon und Aristoteles hinein das philosophisch-wissenschaftliche Denken mit mythischen Elementen vermischt.

Was sich in jener Umbruchzeit ereignete, lässt sich am einfachsten als Vertrauensverlust kennzeichnen. Dem bis dahin fraglos gültigen und allgemein akzeptierten magisch-mythischen Weltbild wurde der Glaube entzogen. Hatte der Mensch bislang naiv und unkritisch – eben selbstverständlich – in magisch-mythischen Vorstellungen gelebt, so wurde nun deren Sinn- und Wahrheitsgehalt nicht länger verstanden. Der Mythos degradierte zur bloßen Erzählung, zu Sage, Märchen, Fabel, denen keinerlei Verbindlichkeit mehr zukam. Die im Mythos dargestellte Welt wurde nur noch als Scheinwelt empfunden, die allenfalls für dichterische Zwecke genutzt werden konnte. Mit der kritischen Einstellung verbanden sich zunehmend pejorative Merkmale, die sich bis heute erhalten haben, wie Lug und Trug, Täuschung, Phantasterei, Groteske, logische Widersprüchlichkeit, Unwirklichkeit und Amoralität.

An die Stelle des alten Paradigmas trat ein neues, das nach neuen Wahrheits- und Ausweisbarkeitskriterien suchen musste und diese in Argumentationszusammenhängen, in Begründungs- und Beweisstrategien fand. Das »Rechenschaft geben« *(lógon didónai)* über eine Sache, wie es Platon im *Phaidon*[3] von der Philosophie verlangt und wie es forensischen Ursprungs ist, wird zur generellen Methode erhoben. Das faktisch Vorfindliche muss auf Gründe reduziert werden, um aus diesen verständlich gemacht werden zu können, gegebenenfalls sind die Gründe weiter zu reduzieren auf andere Gründe bzw. aus solchen zu rechtfertigen und so beliebig fort; denn nur das, was in allgemeinverständlichen und intersubjektiv nachvollziehbaren, kommunikablen Argumentationsgängen legitimierbar ist, gilt als sicher und wahr. Das philosophische Denken, das zugleich die Grundlage des wissenschaftlichen Denkens bildet, ist mithin ein begründendes, beweisendes, rechtfertigendes Denken; es legitimiert Geltungsansprüche durch diskursive Argumentation.

Allerdings wird man einwenden – und dies nicht zu Unrecht –, dass auch das magisch-mythische Vorstellen die Angabe von Gründen und die Rückführung des sinnlich Gegebenen auf übersinnliche numinose Kräfte und Mächte, auf Dämonen und Götter kenne. Nicht weniger gelte auch für dieses Denken und Handeln die Allgemeinverständlichkeit und -verbindlichkeit, die semantische Intersubjektivität und intersubjektive Kommunikabilität sowie die normative Kraft. Denn für den Menschen des magisch-mythischen Weltbildes ist dieses genauso verständlich und verbindlich wie für den philosophisch-wissenschaftlichen Menschen das wissenschaftliche Weltbild. Man kann daher zu Recht mit Jäger[4] fragen, worin eigentlich der Unterschied« bestehe zwischen einer philosophisch-wissenschaftlichen Aussage, wie sie Thales (ca. 625–545 v. Chr.) – dem ersten Philosophen und Wissenschaftler nach Aristoteles' und Theophrasts Angaben – zugeschrieben wird, wonach das Wasser der Urgrund aller Dinge sei,[5] und der mythologisch-dichterischen eines Homer, wonach Okeanos der Ursprung und Tethys die Mutter sei.[6] Auf den ersten Blick lässt sich weder eine inhaltliche noch eine formale Differenz erkennen. Und ob die Entstehung morgendlicher Winde auf die Verbindung von Astraios, einem Sterndämon, und Eos, der Morgenröte, zurückgeht, da sich die Winde beim Verblassen der Sterne und beim Auftauchen der Morgenröte erheben, oder auf bestimmte planetarische und geophysische Konstellationen, ist so unterschiedlich nicht.[7] Es gibt Versuche, die Differenz zu rechtfertigen, sei es durch den Hinweis auf die übersinnlichen numinosen Wesen, Dämonen und personalen Götter, die mit Eigennamen angerufen werden – im Gegensatz zu den schlichten, neutralen Tatsachenaussagen der Wissenschaft –, sei es durch den Hinweis auf die Verwendung fabulöser, märchenhafter, ja grotesker Bilder wie derjenigen vom Riesen Typhoeus für den Ätna oder von der hundertarmigen Hydra für die Lernäischen Sümpfe, oder sei es durch den Hinweis auf die Veränderung der Fragerichtung, die im magisch-mythischen Denken am Ursprung und an der Herkunft des Seienden orientiert ist, im philosophisch-wissenschaftlichen am beharrlichen Grund. Handelt es sich bei der Ersteren um eine kosmologische Frage nach dem Woher, so bei der Letzteren um eine ontologische Frage nach dem Was und Worin.[8]

Doch alle diese Versuche scheitern, da sie das Wesentliche des Unterschieds nicht zu erfassen vermögen. Denn der Verzicht auf die persönliche Anrufung und Nennung der dämonischen und göttlichen Wesen oder der Verzicht auf die phantastischen, monströsen Ungeheuer ergibt noch nicht das wissenschaftliche Weltbild. Und was die Fragestellung bezüglich der Ursprungs- und Prinzipiendimension betrifft, so begegnet sie sowohl im Mythos wie im Logos. Hesiods Genealogie der dunklen Mächte: Tartaros, Nacht, Schlaf, Traum, Tod, Moiren usw. beantwortet sowohl die Herkunftsfrage wie auch diejenige nach der Verwandtschaft und Ähnlichkeit, dadurch dass sich die genannten Mächte als graduelle Abstufungen und Abschattungen eines und desselben Elements, des Dunklen, Schattenhaften, verstehen. Nicht anders gehen in der philosophisch-wissenschaftlichen Aitiologie (Lehre von den Ursachen) kosmologische Fragen mit ontologischen einher, so wenn Platon im *Phaidon* in triadischer Form danach fragt, »woraus ein jedes entsteht, wohinein es vergeht und worin es besteht«,[9] oder wenn Aristoteles in seiner *Metaphysik* den Bericht über die ionischen Naturphilosophen mit den Worten eröffnet:

»Woraus alles Seiende ist und woraus es als Erstem entsteht und worein es als Letztem untergeht, indem das Wesen bestehen bleibt und nur die Eigenschaften wechseln, dies, sagen sie [die ionischen Naturphilosophen], ist Element und Prinzip des Seienden.«[10]

Mythos und Logos sind offensichtlich enger miteinander verwandt, als es das moderne Bewusstsein zugeben möchte. Dies bestätigt einmal mehr die logisch- bzw. strukturell-genetische These Cassirers,[11] dass das philosophisch-wissenschaftliche Denken sich graduell und stufenweise aus dem magisch-mythischen Vorstellen entwickelt habe, so dass dieses sein Vorstadium bilde. Dies erklärt auch, dass sich weniger die Typik und Schematik des Denkens, der Stamm der Kategorien, verändert hat – denn die Vorstellungen von Einheit und Vielheit, Identität und Differenz, Quantität, Qualität, Relation usw. sind für beide Weltbilder maßgebend und haben sich relativ konstant in der Geschichte durchgehalten – als vielmehr die Art und Weise des Zugangs zur Wirklichkeit. Im wissenschaftlichen Denken besteht diese einerseits in der Exaktheit und Präzision der Vorstellungen sowie in der Klarheit und Deutlichkeit der Abgrenzungen nach außen und innen, welche zum Methodenideal der Wissenschaften avanciert sind, andererseits in der vorrangigen Orientierung an Quantitäten sowie in der Tendenz zur Reduktion aller Qualitäten auf Zählbares, Messbares, Wägbares, da dies allein einer exakten und präzisen Bestimmung zugänglich ist. Leitmodell und Orientierungsgrundlage bilden in Zukunft die mathematischen Disziplinen: Geometrie, Arithmetik, Analytik und Proportionslehre, während der organische und lebensweltliche Bereich mehr und mehr in den Hintergrund gedrängt wird. Und zum dritten hängt damit auch die für das philosophisch-wissenschaftliche Denken typische Systematisierungstendenz zusammen, die den Versuch darstellt, die Wirklichkeit in ein logisch konsistentes und kohärentes System einzufangen.

Der Verfolg dieser Methode führt zur Auflösung der Wirklichkeit in scharf umrissene, abgegrenzte, isolierte Instanzen, die als Relata eines Relationsgefüges genommen werden. Das wissenschaftliche Denken ist ein Denken in Relationen und Funktionszusammenhängen und stellt sich selbst in Übereinstimmung mit solchen als ein analytisch-synthetisches dar. Dieses Denken bringt es mit sich, dass die Relationen gegenüber den Relata an Gewicht gewinnen und zu festen, allgemeingültigen Regeln werden, in die wie in Gleichungen die Relata als Variable eingefügt werden. Das Relationsgefüge wird so zu einem Netzwerk, das der Wirklichkeit übergestülpt wird.

Während das magisch-mythische Vorstellen noch durch die undifferenzierte Einheit von Wirklichkeit und theoretischem System, von Reellem und Ideellem, von Besonderheit und Allgemeinheit charakterisiert ist und die Wirklichkeit als Individuelles mit Allgemeinheitsbedeutung oder als Generelles in konkretisierter Gestalt auffasst, vollzieht sich zunehmend eine Ablösung des allgemein Strukturellen vom konkret Materiellen. Mit der Entwicklung der exakten Begriffssprache geht die Scheidung von Allgemeinem und Individuellem Hand in Hand. Deutlich zeigt sich dies am Begriff der Veränderung. Trat dieser im magisch-mythischen Weltbild als individuelle Metamorphose der Dinge auf, so wird daraus im philosophisch-wissenschaftlichen Verständnis eine feststehende, allgemeingültige Regel mit austauschbaren Variablen.

Die Entstehung des neuen Paradigmas ist verbunden mit dem Erwachen des Selbstbewusstseins des Menschen sowie mit der Entwicklung des Bewusstseins seiner Freiheit und Autonomie. Ob dies eine Folge des neuen Paradigmas ist oder dessen Bedingung oder ob beides in interdependentem Zusammenhang steht, bleibt dahingestellt. Was uns heute als positives Resultat erscheint, ist allerdings die Kehrseite einer negativen Erfahrung, nämlich des Verlustes der ursprünglichen, vertrauten, heimischen Welt. Solange der Mensch in das magisch-mythische Denken eingebunden war, war er diesem Weltbild in naiver, unreflektierter Selbstvergessenheit hingegeben und in demselben aufgegangen. Die Infragestellung desselben bedeutet eine bewusste und selbstverschuldete Entfremdung. Wie diese auf der einen Seite mit dem Verlust des Heimischen, Bergenden verbunden ist, so auf der anderen mit der Erfahrung einer Unheimlichkeit, in der sich der Mensch ganz auf sich gestellt sieht und sein eigenes Selbst entdeckt. Der aus der gültigen Ordnung Herausgefallene oder Ausgestoßene erfährt durch diese Sonderung eine ihm bisher unbekannte, unheimliche Selbstständigkeit, auf deren Grunde sich das Selbstbewusstsein bildet. Helmut Kuhn hat die Herkunft und Genese des Selbstbewusstseins aus dem Schuldbewusstsein erklärt und sogar »von einer Geburt des Selbstbewusstseins aus dem Gewissen«[12] gesprochen. Diese Vorgänge lassen sich anhand der griechischen Tragödie und Lyrik deutlich verfolgen.

Das neue philosophisch-wissenschaftliche Paradigma ist vom alten magisch-mythischen durch drei grundlegende Innovationen unterschieden:

1. Basierte das magisch-mythische Naturbild auf der Vorstellung eines lebendigen Organismus, von dem der Mensch ein Teil war, dessen Lebensvollzüge er mitvollzog, sowohl aktiv wie passiv, sowohl in spontanen wie rezeptiven, prospektiven wie respektiven Akten, aber immer so, dass das organische Ganze in seinem Gleichgewicht erhalten blieb, so beruht das neue Naturbild auf dem Verlust dieser ursprünglichen Lebenseinheit, auf der Abspaltung des Einzelnen vom Ganzen und auf der Konfrontation beider. Hier liegt der Ursprung der Subjekt-Objekt-Spaltung, welche die gesamte weitere Bewusstseinsgeschichte durchzieht. Subjekt und Objekt, Ich und Natur stehen sich von nun an als Opponenten gegenüber, deren Beziehung und Verbindung eine Vielzahl von Problemen aufwirft.

2. Das Herausfallen des einzelnen Organismus (Subjekts) aus dem Gesamtorganismus und die Objektivation der Natur werden auf Seiten des Subjekts begleitet durch die Insistenz auf den objektivierenden, distanzierenden Vermögen des Menschen im Unterschied zu den auf undifferenzierte Einheit angelegten. Bei den Ersteren handelt es sich um die sogenannten höheren Vermögen, die intellektuellen Fähigkeiten, welche die Rationalität des Menschen ausmachen, bei den Letzteren um die sogenannten niederen Vermögen, die sensitiven und emotionalen. Die Kapri-

zierung auf die intellektuellen Fähigkeiten bringt nicht nur eine Aufwertung dieser und eine Abwertung der übrigen Lebensvollzüge wie Hoffen, Fürchten, Lieben, Leiden, Tun usw. mit sich, in die jene ursprünglich integriert waren, sondern auch eine Trennung beider. Intellekt und Gefühl stehen sich fortan gegenüber. Hier ist im Übrigen auch der Ursprung der Trennung von Theorie und Praxis im Subjekt zu suchen, sofern man unter Theorie den auf den intellektuellen Kräften basierenden Systementwurf versteht und unter Praxis die lebensbezogenen Handlungen, den praktischen Umgang mit der Natur.[13]

3. Entsprechend der Scheidung der subjektiven Vermögen in Natur*erkenntnis* (Natur*verstehen*, Natur*begreifen*, Natur*wissenschaft*) und Natur*erleben* (Natur*empfinden*, Natur*gefühl*) vollzieht sich auch auf Seiten des Objekts eine Scheidung der ursprünglich lebendigen, undifferenzierten Natureinheit in verschiedene Schichten. Diese Trennung läuft auf den Unterschied von Strukturellem und Materiellem, Allgemeinem und Individuellem, Ideellem und Reellem hinaus. Im Übrigen nimmt von hier die Differenz der Natur in formaler und materieller Bedeutung ihren Ausgang, die Kant explizit auf diese Begriffe gebracht hat. Natur zerfällt in eine formale und materielle Komponente, in einen *Begriff* von ihr, der in einem Theoriesystem artikuliert wird, und in die *reale Gegebenheit*, auf die das Theoriesystem applikabel ist. In dieser Unterscheidung liegt der Ursprung der theoretischen Naturbetrachtung, die sich einseitig auf den formalen Aspekt der Natur bezieht. Philosophie und Wissenschaft befassen sich fortan ausschließlich mit der Theorie von der Natur und versuchen, in dieser die allgemeinen formalen Gesetze und Regeln aufzustellen, deren Anwendung auf die Empirie zu einer sekundären Aufgabe wird.

Das Interesse am Theoriesystem gilt seiner Gestalt, in moderner Terminologie ausgedrückt: Es gilt systemtheoretischen Erwägungen. Überblickt man die Geschichte der Systemtheorie, so zeichnen sich drei prinzipielle Stadien ab:

Für das erste ist das Natursystem ein geschlossenes System, ein Ganzes aus Teilen. Als Leitbegriffe fungieren Einheit und Vielheit, Identität und Differenz, Ganzes und Teil. Da das System ausnahmslos alle Elemente impliziert und keines draußen lässt, das es nötigte, über sich hinauszugehen und sich zu verändern, tritt das System als statisches auf, das im Gleichgewichtszustand verharrt. Beispiele für diese Naturkonzeption finden sich in der antiken griechischen Philosophie, insbesondere bei Platon und Aristoteles.

Das zweite Stadium thematisiert das Natursystem als offenes System, das in Interaktionen mit seiner Umgebung steht, Einflüssen durch diese ausgesetzt ist, aber auch umgekehrt Impulse auf die Umwelt ausübt. Die ursprüngliche Einheit und Ganzheit ist verloren gegangen, zumindest in den Hintergrund getreten; das System erhebt keinen Totalitäts- und Absolutheitsanspruch mehr. Ein solcher bleibt allenfalls als Aufgabe und Idee bestehen, als heuristisches Prinzip. Das Ganze hat sich aufgelöst in Teilsysteme und Teilaspekte der Welt, die untereinander kooperieren, aber auch konkurrieren, so dass hier, wollte man eine Leitidee angeben, der Differenzgedanke dominiert und über dem Identitäts- und Einheitsbegriff steht. Charakteristisch für dieses Stadium ist die neuzeitliche mathematische Naturwissenschaft mit ihrem offenen, unendlichen, monokausalen Weltbild. Das dritte Stadium, das gegenwärtig unter den Systemtheoretikern diskutiert wird, betrachtet die Natur als autopoietisches, d. h. selbstorganisierendes, selbstreferentielles System, das sich in ständiger Auseinandersetzung mit seiner Umwelt unter Einbeziehung von dessen Elementen regeneriert, reorganisiert und reproduziert. Die permanente Wiederherstellung des Gleichgewichtszustands, die sich als Fließgleichgewicht dokumentiert, ist nicht mehr auf ein statisches, sondern auf ein dynamisches Modell bezogen, das ausschließlich die Verwendung von Bewegungs- und Veränderungsbegriffen zulässt, mögen diese nun in Entwicklungs-, Evolutions- oder Rhythmusbegriffen bestehen oder in Vorstellungen von Paradigmensubstitution mit und ohne Fortschritt.

2. Platons Theorie der Natur

a) Wirkungsgeschichte des Timaios

Platon hat seine Auffassung von der Natur im *Timaios* niedergelegt,[14] einem Werk, das zumeist in die Spätzeit datiert wird, wenngleich gewisse Stellen,[15] die nur die statische Auffassung der Ideen, nicht die dialektische kennen, an die Früh- oder mittlere Zeit erinnern. Die im *Timaios* entwickelte Naturtheorie ist von maßgeblichem Einfluss auf die nachfolgende Geschichte der Naturwissenschaften gewesen, hat doch Platon hier nicht nur das erste wissenschaftliche Konzept der Natur entworfen, sondern mit ihm auch den Grundstein für alle künftigen wissenschaftlichen Theorien bis heute hin gelegt, selbst wenn sich die Einzelergebnisse radikal geändert haben. Mit der Grundlegung seiner Theorie darf Platon zu Recht als Vater und Begründer der Naturwissenschaften, sogar der mathematischen, gelten.

Die Bedeutung des *Timaios* zeigt sich daran, dass er lange Zeit, bis in das Mittelalter und die Renaissance hinein, als Platons Hauptwerk galt und folglich eine Vielzahl von Kommentaren und Interpretationen wie auch von Kritiken evozierte. Vor allem als astronomisches Werk zog er Interesse auf sich, aber auch mit einer Reihe von Spezialtheorien, desgleichen mit seiner mathematischen Methode. In der (nicht vollständigen) Übersetzung und Kommentierung durch Chalcidius (ca. 400 n. Chr.) überdauerte er die dunkle Periode der Völkerwanderung und gelangte in dieser Form an das Mittelalter. In der weitgehend platonisch bestimmten Frühscholastik bis zum 13. Jahrhundert standen besonders Adélard von Bath (ca. 1090–ca. 1160), Wilhelm von Conches († 1145) und Hugo von St. Victor (1096–1141) unter seinem Einfluss, und selbst in der Hochscholastik mit ihrer Aristoteles-Blüte gab es eine Reihe von Theologen, die mit Platons *Timaios* und den darin entwickelten Theorien von der Materie, den Elementen und den Polyedern vertraut waren, so Roger Bacon (ca. 1214–1294).

Seine eigentliche Wiedergeburt erlebte das Werk allerdings erst im 15. Jahrhundert zur Zeit der Renaissance. Besonders die von den Medicis in Florenz geförderte platonische Akademie war es, deren Mitglieder, Anhänger und Gäste, wie Francesco Patrizi (1529–1597), Marsilio Ficino (1433–1499) und Giovanni Pico della Mirandola (1463–1494), sich um die verstärkte Wiederbelebung platonischen Gedankengutes und in diesem Zuge auch der Naturtheorie des *Timaios* bemühten. Allerdings ging die wissenschaftliche Naturauffassung Platons hier eine Verbindung mit kosmologischen Spekulationen und magisch-kabbalistischen Vorstellungen ein und führte zur Ausbildung der neuplatonischen Naturmagie der Renaissance. Aber selbst die Väter der neuzeitlichen Naturwissenschaft, Johannes Kepler (1571–1630), Galileo Galilei (1564–1642) u. a., standen mehr, als man gewöhnlich meint, unter dem Einfluss des platonischen *Timaios*. Kepler verband in seiner Schrift *Mysterium cosmographicum* von 1596 die Planetentheorie mit der Polyedertheorie und in seiner Schrift *Harmonices mundi* von 1619 dieselbe mit der musikalischen Harmonielehre. Von den fünf platonischen Polyedern machte er in seiner Kosmographie einen recht merkwürdigen Gebrauch, indem er zwischen je zwei Planetensphären einen von ihnen in ungeheuer großen Dimensionen einfügte, um die verschiedenen Entfernungen der Planetensphären zu erklären.[16] Auch andere Physiker wie Pierre Gassendi (1592–1655), Ralph Cudworth (1617–1688), Haupt der Cambridger Platoniker, Andre Marie Ampère (1775–1836) – um nur einige zu nennen – wurden teils bewusst, teils weniger bewusst von Theorien aus dem *Timaios* beeinflusst, vor allem von der Theorie der regelmäßigen Polyeder und den darin verwendeten Dreieckskonstruktionen, deren Anordnung man nicht nur in etlichen empirischen Beispielen wie den hexagonal gestalteten Honigwaben eines Bienenstocks oder den hexagonalen Eiskristallen wiederfindet, sondern nach deren Vorbild auch die molekulare Struktur der Mineralkristalle in der Kristallographie erklärt wird. Ein Zweig der modernen Chemie, die Stereochemie, ist nicht grundlos mit Platons Polyedertheorie verglichen worden.

Zu erwähnen ist, dass gerade in unserem Jahrhundert der *Timaios* durch eine Reihe bedeutender Physiker wie Werner Heisenberg (1901–1976) und Carl Friedrich von Weizsäcker (* 1912), aber auch durch eine

Reihe Wissenschaftstheoretiker wie Klaus Michael Meyer-Abich (* 1936) eine erneute Zuwendung und Würdigung erfahren hat. So hat Heisenberg[17] auf die beiden seiner Meinung nach wesentlichen Momente der antiken Naturkonzeption aufmerksam gemacht, zum einen auf die Überzeugung der Atomisten vom Aufbau der Materie aus kleinsten Bestandteilen – Atomen oder Elementen –, zum anderen auf die Überzeugung der Pythagoreer von der sinngebenden Kraft mathematischer Strukturen, die sich beide in Platons *Timaios* wiederfinden.

Überblickt man die Wirkungsgeschichte des *Timaios*, so hat er sowohl mit generellen Vorstellungen, wie der Theorie der Mathematizität der Natur, der Theorie der rationalen Beherrschung der Natur, der Theorie des Konstruktivismus, wie auch mit speziellen, etwa der Vorstellung von idealen Kreisbahnen, der Theorie der regelmäßigen stereometrischen Polyeder und der zweidimensionalen Dreiecke, der Elemententheorie und, nicht zu vergessen, dem Schöpfungsmythos, weitergewirkt.

Im Folgenden soll Platons Theorie der Natur unter fünf Aspekten expliziert werden: *erstens* dem einer Differenz von formaler und materialer Natur, *zweitens* dem eines Systems, *drittens* dem der Rationalität (Vernünftigkeit), *viertens* dem der Mathematizität und *fünftens* dem der Applikation des formalen Systems auf die materiale Natur und dem in diesem Kontext entwickelten Gedanken der Abweichung vom Paradigma.

b) Differenz zwischen formaler und materialer Natur: Ideenkosmos und Welt des Werdens

Platons Naturauffassung basiert auf der grundsätzlichen Unterscheidung einer sinnlich wahrnehmbaren, sichtbaren, hörbaren, betastbaren Natur und einer formalen, ideellen, die nur den intellektuellen Vermögen, der Vernunft *(nous)* und dem Verstand *(diánoia)*, zugänglich ist. Statt von »Natur« spricht Platon im *Timaios* von »Kosmos«,[18] metaphorisch von »Uranos«[19] oder auch von »Gott« *(theós)*,[20] indem er im letzten Falle einen sichtbaren, werdenden Gott und einen unsichtbaren, intelligiblen, immer seienden Gott voneinander unterscheidet. Mit diesen Termini wird auf das Universum abgehoben noch vor jeder Differenzierung in die eigentlichen Naturgegenstände und die Kunstprodukte als Werke des Menschen. Die Distinktion in wahrnehmbare und intelligible Natur versteht sich vor dem Hintergrund der platonischen Fundamentaldifferenz von Werde-Welt und Ideenkosmos, von entstehendem, vergehendem und wandelbarem Seienden, wie es der Wahrnehmung zugänglich ist, und unentstandenem, unvergänglichem, unwandelbarem, ewigem Sein, wie es sich nur dem Nous erschließt. Diese aus Platons Hauptdialogen – der *Politeia*, dem *Phaidon*, dem *Phaidros* und dem *Symposion* – bekannte Theorie wird am Anfang des *Timaios*[21] rekapituliert, so dass der *Timaios* als Fortsetzung der früheren Lehre betrachtet werden kann, in bestimmter

Hinsicht auch als Ausbau, insofern nicht mehr wie früher das Einzelseiende im Mittelpunkt steht, sondern das Gesamtseiende, das Universum. Die Unterscheidung von sinnlich-materiellem und intelligibel-ideellem Kosmos impliziert keineswegs zwingend eine räumliche Trennung *(chōrismós)*, wie sie Platon von Aristoteles unterstellt und nahezu von der gesamten Tradition – hierin dem aristotelischen Missverständnis folgend – nachgesprochen worden ist. Obwohl damit auf eine latente Gefahr der platonischen Theorie aufmerksam gemacht wird, war sich Platon derselben durchaus bewusst, wie die wiederholte Erörterung dieser Schwierigkeit in verschiedenen Dialogen zeigt, etwa der *Politeia* und dem *Parmenides*. Bei dieser Schwierigkeit handelt es sich um den *regressus ad infinitum* (Unendlichkeitsproblematik) – auch als »dritter Mensch« *(trítos ánthrōpos)* bekannt. Nimmt man an, dass es außer den Sinnendingen an sich seiende Ideen gibt, an denen jene nach einem Urbild-Abbild-Verhältnis partizipieren, so gilt, dass nicht nur die Sinnendinge den Ideen ähnlich sind, sondern auch umgekehrt die Ideen den Sinnendingen, so dass ein neues Vorbild verlangt wird, an dem beide gemäß der Ähnlichkeitsbeziehung partizipieren, und für den Fall, dass auch dieses als an sich seiend gedacht wird ebenso wie das an ihm Teilhabende, wird ein drittes und viertes Vorbild erforderlich und so *in infinitum*.

Auch im *Timaios* wird das Argument aufgegriffen und im Kontext der Kosmologie erörtert. Die Annahme eines an sich bestehenden Ideenkosmos neben dem an sich bestehenden sinnlich wahrnehmbaren Kosmos führt hier nicht nur zu der Schwierigkeit des infiniten Regresses, sondern darüber hinaus zu der Absurdität mehrerer Universa. Denn wenn zwei Universa statt des einen vorhanden wären, bedürften sie der Vermittlung in einem neuen allumfassenden Universum, dem eigentlichen, und würde auch dieses als an sich seiend angesetzt werden gegenüber den beiden anderen, so bedürfte es des erneuten Ansatzes eines höherstufigen Universums und so ins Unendliche fort. Dass Platon bei einem so ausgeprägten Bewusstsein für die Schwierigkeiten dieses Ansatzes im *Timaios* denselben blindlings erlegen sein sollte, steht kaum zu vermuten. Bei rechtem Verständnis seiner Theorie haben die Ideen kein An-sich-Sein, da dies zu einer unnötigen Weltverdoppelung führte, sondern ein ausschließliches Sein relativ zur Sinnenwelt. Ihr Sinn und ihre Funktion bestehen darin, Bedingungen und Bestimmungsgründe des sinnlich wahrnehmbaren Seienden zu sein; sie sind allein funktional zu interpretieren.

Der scheinbare Widerspruch, der aus dem logischen Paradigmenstatus der Ideen und ihrem gleichzeitigen Nicht-an-sich-Sein, d. h. ihrer Immanenz in der Welt, resultiert, lässt sich leicht auflösen, sofern man zwischen logischem Dependenzverhältnis und methodologischer Zugangsweise unterscheidet. Bekanntlich ist das, was der Sache nach *(phýsei on)* das Erste ist, d. h. das, was Bedingung und Grund von etwas ist, für uns *(pros hēmãs)* auf dem Wege des Kennenlernens und Bewusstwerdens das Letzte, hingegen das, was für uns das Erste ist, nämlich die Sinnenwelt, der Sache nach das Letzte und Bedingte. Zwar beginnt, wie es auch bei Kant[22] heißt, alle unsere Erkenntnis mit der Erfahrung, jedoch stammt sie darum nicht alle aus der Erfahrung. Es gibt eine Vielzahl von Einsichten, wie die logischen und mathematischen, die erst relativ spät im Laufe der menschlichen Entwicklung zu Bewusstsein gelangen, obwohl sie von Anfang an als Bedingungen der Möglichkeit der Erfahrung zugrunde liegen, vorausgesetzt, man vertritt eine aprioristische Erkenntnislehre (Epistemologie). So ist es denn auch denkbar, dass der platonische Strukturkosmos methodisch aus dem faktisch vorliegenden Kosmos durch Abstraktion gewonnen wird, dass er jedoch nicht wie in der empiristischen Induktionstheorie den Status eines empirisch Abhängigen, einer Erfahrungserkenntnis hat, sondern die logische Bedingung des realen Kosmos darstellt, ohne die dieser nicht verständlich wäre. Die logische Priorität des Ideenkosmos und die Dependenz des realen Kosmos von ihm erzwingen keineswegs den ontologischen Status eines An-sich-Seins des Ersteren.

Mit der Abhebung eines intelligiblen ideellen Kosmos von einem sinnlichen realen Kosmos ist Platon zum Begründer der theoretischen Naturwissenschaft geworden. Die Isolierbarkeit des Theoriekonzepts von den realen Verhältnissen und seine rein theoretische Behandlung bei Akzeptanz seiner notwendigen Applikation auf die Realverhältnisse bedeutet einen Schritt über das magisch-mythische Naturverständnis hinaus mit seiner ursprünglich undifferenzierten Einheit von Theorie und Praxis. Mit dieser Unterscheidung von reiner und angewandter Theorie hat Platon den Grundstein für die nachfolgende theoretische Beschäftigung mit der Natur gelegt. Die Ablösung ist eine nicht zu unterschätzende Leistung. Ebenso kommt Platon das Verdienst zu, in Auseinandersetzung mit dem Pythagoreismus eine reine Mathematik (Geometrie) entwickelt zu haben, während sie bei den Pythagoreern noch an das Sinnliche gebunden war. Die von Platon vollzogene Differenzierung von Theorie und Realität dokumentiert sich nicht zuletzt sprachlich in dem zweifachen Gebrauch von *phýsis*, der sich in seinen Werken abzuzeichnen beginnt und dann die gesamte weitere Geistesgeschichte durchzieht. *Phýsis* meint einmal das intelligible Wesen einer Sache, ihre formale Natur, den Gesamtkomplex ihrer konstitutiven ideellen Merkmale, und zum anderen die Sache selbst, sowohl das konkrete Einzelding wie die Gesamtheit konkreter Einzeldinge, sofern sie ohne unser Zutun entstanden sind.

Die Natur verstehen, Wissenschaft von der Natur betreiben, heißt fortan, ihre formalen Bedingungen und Gesetze verstehen, denen sie untersteht. Wie aber ist das Problem zu lösen, dass wir in eine immer schon existierende Welt hineingeboren werden, in dieser die Strukturen immer schon realisiert finden und gleichwohl dieselben als Bedingungen der Möglichkeit der Welt in einer stets nachfolgenden Erkenntnis herauszukristallisieren haben? Zur Lösung dieser Aufgabe erfindet Platon den Schöpfungsmythos und entwickelt anhand seiner ein poietisches (»technisches«) Verstehensmodell, das den Erkenntnisvorgang am künstlerischen Schaffensprozess orientiert. Wie ein Künstler *(technítēs)* oder Handwerker *(dēmiourgós)* im Blick auf eine vorgegebene archetypische Idee, z. B. die Idee des Stuhls, das vorfindliche Material formt und auf diese Weise die Idee realisiert, so hat der göttliche Demiurg bei der Welterschaffung im Blick auf den Ideenkosmos und nach dessen Vorbild die Materie gestaltet. Der Nachvollzug dieses ursprünglichen Schöpfungsvollzugs – und sei es nur im rekonstruierenden Denken – ermöglicht dem Menschen Einsicht in die Aufbau- und Konstruktionsgesetze der Natur. Dahinter steht die Überzeugung, dass wir nur das wirklich einzusehen und zu begreifen vermögen, was wir selbst produzieren und reproduzieren können. Erkenntnis wird hier in Analogie zum künstlerischen Schaffensprozess als eine Art Handlung interpretiert.

Dass der platonische Schöpfungsmythos im Gegensatz zum alttestamentlichen Schöpfungsbericht, der aufgrund seiner Glaubensüberzeugung eine wirkliche Geschaffenheit der Welt durch Gott annimmt, lediglich uneigentliche Rede ist, geht aus mehreren Gründen hervor:

1. Der griechischen Ontologie mit ihrer Annahme eines immerwährenden, ewigen Seins liegt der christliche Gedanke einer Geschöpflichkeit der Welt prinzipiell fern. Die Welt ist das, was sie ist, immer, unentstanden und unvergänglich. Die Ewigkeit verbietet den Genesisgedanken im christlichen Sinne.

2. Eine wirkliche Orientierung des Erkenntnisprozesses am künstlerischen Schaffensprozess, der seinerseits die Erkenntnis von Ideen voraussetzt, wäre zirkulär und käme einer *petitio principii* gleich, bei der das, was allererst erklärt werden soll – hier die Erkenntnis –, bereits in die Erklärung einginge. Aus diesem Grunde bedeutet die Orientierung der Erkenntnis an der Kunst auch keine wirkliche Aufwertung der Letzteren innerhalb Platons Seins- und Erkenntnishierarchie; denn die wahrhafte Erkenntnis, die stets Ideenerkenntnis ist, bleibt der Kunst vorgeordnet, welche, orientiert an der vergänglichen und veränderlichen Welt, einen mimetischen, d. h. nachahmenden Prozess darstellt.[23]

Demnach hat der Mythos keine andere Funktion, als in temporaler, sukzessiver, d. h. genetischer Form die an sich atemporalen, ewigen Gesetze des Kosmos nachzukonstruieren. Indem das *phýsei on*, das von Natur aus Seiende, mit dem *téchnē on*, dem künstlerischen Produkt, verglichen, überhaupt der sinnlich wahrnehmbare Kosmos als Artefakt eines göttlichen Artifex aufgefasst wird, wird es möglich, auf diese Weise Einblick in die Konstitutionsgesetze der Natur zu erlangen.

Mit dieser technischen Naturauffassung und konstruktivistischen Erkenntnistheorie ist Platon zum Begründer einer weitreichenden Tradition geworden, die sich unter verschiedenen Namen und in verschiedenen Ausgestaltungen von der Antike bis in die Moderne zieht und deren gemeinsames Merkmal die hermeneutische Produktions- und Konstruktionsmetaphorik ist. Laktanz (ca. 300 n. Chr.) wird sagen:»Wer, wenn nicht der Künstler, kennt sein Werk«,[24] und bei Cusanus heißt es, dass zwischen den Werken Gottes und Gott dasselbe Maßverhältnis besteht wie zwischen den Werken unseres Geistes und dem Geist selbst und dass unser Geist als Abbild des göttlichen Geistes sich diesem annähert und »schaut« *(videt)* – d. h. hier: rekonstruiert –, was Gott »macht« *(facet)* – d. h. konstruiert –,[25] und bei Kant findet sich die Auffassung vertreten, dass wir selbst die Erfahrung machen, statt sie uns vorgeben zu lassen. Das Opus postumum enthält eine Vielzahl von Stellen, die diesen Produktionscharakter der Erfahrung betonen, etwa:»Wir [machen] die Erfahrung ... selbst ... [,] von der wir wähnen durch Observation und Experiment gelernet zu haben«[26] oder »Erfahrung wird nicht (empirisch) gegeben sondern Gemacht«.[27] Die gesamte kantische Erkenntnistheorie basiert auf dem Gedanken, dass wir nur das an Objekten und objektiven Zusammenhängen erkennen können, was den subjektiven Erkenntnisbedingungen entspricht, so dass das Subjekt selbst Schöpfer der Naturgesetze in formaler Hinsicht ist.»Der Verstand«, so hören wir in der *Kritik der reinen Vernunft*,»ist selbst der Quell der Gesetze der Natur«;[28] er ist »nicht blos ein Vermögen, durch Vergleichung der Erscheinungen sich Regeln zu machen: er ist selbst die Gesetzgebung für die Natur.«[29] Wir selbst sind also Urheber der Ordnung und Regelmäßigkeit der Natur, von der wir wähnen, sie vorzufinden; wir selbst bringen sie in die Natur hinein. *Eine* Einschränkung allerdings gilt es zu beachten: Das Subjekt ist nicht in jeder nur möglichen Hinsicht Urheber der Naturgesetze, sondern nur in formaler (nicht in materialer) und auch, was diese betrifft, nur Urheber der allgemeinsten Naturgesetze, der sogenannten Prinzipien, nicht der besonderen Gesetze.

Ihre letzte und bisher radikalste Ausgestaltung hat diese Theorie im Konstruktivismus bzw. Operationalismus der Erlanger Schule erfahren. Sie ist eine Fortsetzung der kantischen Theorie, verbunden mit dem Gedanken einer wirklich durchgeführten Konstruktion. Dieser Theorie zufolge wird die Welt nicht nur schlicht konstatiert, sondern konstruiert. Im Unterschied zur klassischen Definition, die auf vorgegebene Merkmale rekurriert und diese gemäß dem generellen Schema von *genus proximum per differentiam specificam* zu ordnen versucht, indem sie von der nächsthöheren Gattung ausgeht und durch Angabe spezifischer Differenzen zu den niederen Arten übergeht, basiert die konstruktivistische bzw. operationalistische Definition auf der Überzeugung, dass die Merkmale allererst herzustellen sind gemäß den in der Definition enthaltenen Konstruktionsvorschriften. Die Definition des Kontinuums z. B. als Teilbares in immer wieder Teilbares ist ein Paradigma für diesen Definitionstypus, sagt sie doch nichts aus über das, was ist, sondern ausschließlich über das, was mit dem Kontinuum geschieht oder geschehen kann.

c) Der Begriff des formalen Systems

Wie sieht nun das platonische Naturkonzept, die Theorie als solche, aus? Von grundlegender Bedeutung ist in diesem Zusammenhang die Einführung des Systembegriffs, auch wenn man konzedieren muss, dass der Begriff hier am Beginn seiner wissenschaftstheoretischen Geschichte bei weitem noch nicht die Luzidität eines Fachterminus hat. Sein Verständnis ist noch weitgehend am alltäglichen, normalen Sprachgebrauch orientiert und weist noch nicht die Reflektiertheit auf, die ihn zu einem *terminus technicus* qualifiziert. Weder ist Platon der ganze Spielraum der Applikationsmöglichkeiten bewusst noch die Gesamtheit der formalen Kriterien, die wir heute in der Systemtheorie mit diesem Begriff verbinden, noch die Diversität von Systemkonzeptionen. Trotz dieser Einschränkung ist es erstaunlich, dass die entscheidenden Fundamente für die spätere Entwicklung bereits hier am Anfang gelegt sind.

Platon verwendet zumeist den Begriff »Zusammenstehen« *(sýstasis)*[30] sowie die Verbalformen von »zusammenstellen« *(synistánai).*[31] Das wiederholte, ja massive Auftreten dieser Begriffe, desgleichen verwandter, etwa »Zusammenführen« *(synágein),*[32] »Verbinden« *(syndeín),*[33] »Zusammengehen« *(symbaínein),*[34] »Zusammenfügen« *(synarmóttein),*[35] »Zusammenkommen« *(synérchesthai),*[36] in der relevanten Passage 31 b–33 a, in der es um den Aufbau des Kosmos geht – hier treten die genannten Begriffe kurz nacheinander vierzehnmal auf –, ist bei Platon generell und so auch hier speziell ein Kunstgriff, auf die Relevanz eines Begriffs aufmerksam zu machen. *Synistánai* bedeutet allgemein »zusammenstellen«, »zusammenfügen«, »verbinden«, »vereinigen« und *sýstasis, sýstēma* das Produkt dieser Zusammenstellung, das »Zusammengestellte« und nunmehr »Zusammenstehende«, die »Verbindung«, das »Gefüge«, kurzum, das »System«. Freilich ist mit »System« nicht jede Art von Zusammenstellung gemeint, sondern eine ganz bestimmte. Von der bloß willkürlichen, planlosen, zufälligen Zusammenstellung oder Anhäufung, die nach Art der vom Wind am Strand zusammengewehten Sandkörner gedacht wird, unterscheidet sich die systematische durch ihr absichtsvolles, gezieltes Arrangement. Darauf weist nicht zuletzt die Tatsache, dass der Systembegriff im Kontext der Frage nach der Strukturierung des Kosmos eingeführt wird.

Kosmos bedeutet für das griechische Verständnis primär Wohlgeordnetheit und damit verbunden Schönheit; denn Chaos widerspricht dem griechischen Schönheitsempfinden. Erst sekundär aufgrund der Übertragung der Wohlgeordnetheit auf das Universum bezeichnet der Begriff auch das Weltall, an dem diese Wohlgeordnetheit auftritt. Die beiden Arten von Zusammenstellung, die willkürliche, zufällige und die absichtliche, geplante, werden in späterer Zeit terminologisch geschieden als »Aggregat« und »System«, *coacervatio* (Häufung) und *articulatio* (Gliederung), so etwa bei Kant in der *Kritik der reinen Vernunft*.[37] Bekannte spätere Unterscheidungen sind auch die in der Gestalttheorie gebräuchlichen von »Summation« und »Übersummation« oder von »Und-Verbindung« und »Mehr-als-und-Verbindung«, wobei mit dem letzteren Begriff auf das im System neu hinzukommende gestalttheoretische Moment, die sogenannte Gestaltqualität, hingewiesen werden soll, die das System als Resultat eines Additionsvorgangs vor diesem selbst auszeichnet.

Abgesehen von der bisherigen Charakteristik kommt Platon das Verdienst zu, auf einen Unterschied bezüglich des Systembegriffs aufmerksam gemacht zu haben, indem er die »Zusammenstellung« von dem »Zusammengestellten« abhebt.[38] Die Unterscheidung läuft auf zwei Seiten des Systembegriffs hinaus, auf das reine, formale System und auf das angewandte, materiale. Es ist Platons Verdienst, diese Distinktion im *Phaidon* herausgearbeitet zu haben, allerdings nicht am Systembegriff selbst, sondern an einem damit verwandten, dem der Harmonie, der aber lediglich eine spezielle Form von Systematik bezeichnet. In einer Kritik an der pythagoreischen Harmonieauffassung, die das sogenannte Harmonie-Haben mit dem Harmonie-Sein konfundiert, weist Platon auf die Notwendigkeit einer Distinktion hin; denn etwas, z. B. eine gestimmte Leier oder im übertragenen Sinne die Seele, kann Harmonie haben, ohne damit selbst Harmonie zu sein. Die Harmonie als solche ist ein mathematisch darstellbares Verhältnis von Tönen, das der Anwendung auf verschiedene Instrumente vorausgeht und folglich a priori eingesehen werden kann.[39]

Geht es bei der Zusammenstellung um die Art und Weise, wie etwas arrangiert wird, so ist damit die Frage nach der Form oder Struktur aufgeworfen. Ihre Bestimmung ergibt sich aus der Aufgabe, mindestens zwei, wenn nicht mehrere Momente miteinander zu verknüpfen, d. h. eine Vielheit zur Einheit zu synthetisieren. Vielheit und Einheit sind die beiden Pole, die im System kraft dessen Synthesis miteinander vermittelt werden müssen. Geht es nur darum, ein gewisses Mannigfaltiges zu verbinden, so gelangt man zu Teilsystemen; geht es darum, die Gesamtheit der Daten zu verbinden wie im Universum, so ist das Gesamtsystem intendiert. Letzteres stellt eine umfassende Einheitskonzeption dar, die ausnahmslos alles Mannigfaltige integriert und nichts außer sich lässt, mit anderen Worten: ein Ganzes aus Teilen. Die Ganzheitsvorstellung und ihr Korrelat, die Teilvorstellung, sind Leitbegriffe des Systems und von diesem unablösbar. Systemtheoretisch betrachtet, läuft Platons Konzeption auf ein allumfassendes, geschlossenes System hinaus, das eine Totalität bezeichnet, der in der Realität das als Kugel vorgestellte Universum entspricht.

Um der Schwierigkeit zu begegnen, dass das System ein Ganzes aus Teilen ist, bei dem die Teile im Ganzen in beliebiger, ungeordneter Weise zusammenstehen, muss das Postulat durchgängiger Systematik befolgt werden, demzufolge die Teile untereinander so zu verbinden sind, wie sie selbst zum Ganzen verbunden sind. Besteht das System aus mehr als zwei Teilen, dann sind jeweils zwei Teile zu einem Teilsystem zu synthetisieren und diese Teilsysteme wiederum zu umfassenderen Teilsystemen und diese zu noch umfassenderen, bis das Gesamtsystem erreicht ist. Auf diese Weise resultiert ein hierarchischer Stufenbau mit der Abfolge von Ober-, Unter- und Unter-Unterstufen usf., wie dergleichen aus den platonischen Begriffspyramiden bekannt ist und sich ohne Schwierigkeit auch auf Wissenschaftssysteme übertragen lässt. Bei Befolgung dieser Maxime wiederholt sich in jedem Teil des Ganzen die Struktur des Ganzen, genauer, die Struktur des Verhältnisses des Ganzen zu den Teilen: Jeder Teil des Ganzen ist selbst wieder ein Ganzes aus Teilen, und diese sind ihrerseits wieder Ganze aus Teilen usw.

Die Realisierung eines Idealsystems mit idealer Gliederung verlangt die Erfüllung zweier Bedingungen: Einmal muss die Dihairesis (Einteilung) bzw. bei umgekehrter Perspektive die Synthesis nach einem dichotomischen Prinzip erfolgen, dergestalt dass z. B. im Hinblick auf Begriffe jeder Begriff in zwei und nur zwei Unterbegriffe zerfällt und diese wiederum in zwei und nur zwei Unterbegriffe zerfallen. Die Zerlegung des Begriffs der natürlichen Zahl in die Unterbegriffe »gerade« und »ungerade Zahl« ist hierfür ein Paradigma. Nur eine streng dichotomische Einteilung, nicht eine trichotomische oder polytomische, bietet die Gewähr, das Seiende vollständig und ausnahmslos begrifflich einzufangen.

Dass diese Bedingung in der Realität kaum erfüllbar ist, hat verschiedene Gründe. Zum einen widerspricht ihr die Empirie. Aus den empirischen Klasseneinteilungen z. B. der Biologie wissen wir, dass die Gattung der Lebewesen nicht in zwei, sondern in fünf Klassen: Säugetiere, Vögel, Fische, Reptilien und Weichtiere zerfällt. Ähnlich verhält es sich bei den Klasseneinteilungen in der Geologie. Die Realität fügt sich nur selten der logischen Idealeinteilung. Zum anderen, versucht man, das logische Idealsystem auf die Wirklichkeit zu applizieren, so ergibt sich jeweils ein positiver, seinsbezogener Begriff (A) und ein negativer (non A), dessen Seinsbezogenheit offen bleibt und dessen Funktionsweise nur eine nominalistische ist.

Würden die Griechen, wie Platon im *Politikos*[40] ausführt, das menschliche Geschlecht nach diesem Schema einteilen, so würden sie dasselbe in

Hellenen und Nicht-Hellenen, nämlich Barbaren, einteilen, obgleich es deren eine Vielzahl gibt. Zwar träfe das Wort »Hellenen« der Sache nach auf ein Volk zu, das sich durch gleiche Abstammung, Sprache und Kultur auszeichnet, dem Wort »Barbaren« aber fehlte der Sache nach eine gemeinsame Grundlage. Zum Scherz führt Platon in demselben Dialog[41] an, dass, wenn die Kraniche denken könnten, sie alles Lebendige in Kraniche und Nicht-Kraniche einteilen würden, wobei offenkundig ist, dass es eine negative Idee »Nicht-Kranich« nicht gibt.

Und zum dritten verhindert die Vielgestaltigkeit des Seienden ein eindeutiges Definitionsschema, wie Platons Definitionsversuche zu Beginn des *Sophistes* zeigen. Beim Versuch, den Sophisten in ein eindeutiges Schema zu pressen, resultieren nicht weniger als fünf Definitionen, was ein Beweis dafür ist, dass logisches und ontologisches System sich nicht notwendig decken, sondern in Diskrepanz stehen. Die Seinseinteilung spiegelt sich nicht notwendig in der logischen Einteilung wider. Überträgt man dieses Resultat auf das formale Wissenschaftssystem, so stellt dieses nur einen Weltentwurf unter anderen dar, der immer nur probeweise angenommen werden kann und nur approximativ mit dem Seienden übereinstimmt.[42]

Die zweite Forderung, die eine ideale Seinseinteilung zu erfüllen hat, ist die Fundierung des Systems in einem letzten, notwendigen und zureichenden, d. h. absoluten Grund. Solange dies nicht der Fall ist, bleibt das System ein Hypothesensystem. Im *Phaidon* führt Platon an zwei Stellen[43] das faktische, bis heute gültige wissenschaftliche Vorgehen bei der Aufstellung eines Systems vor. Danach legen wir jeweils den Logos, welcher uns der stärkste und überzeugendste zu sein scheint *(errōménéstatos lógos)*,[44] zugrunde, d. h. wir setzen ihn als Hypothese *(hypothémenos)*,[45] ziehen daraus die Folgerungen, die sowohl untereinander auf ihre Konsistenz, d. h. ihre widerspruchslose Vereinbarkeit, wie auch auf ihre Übereinstimmung mit der Realität geprüft werden müssen, um dann zu dem nächsthöheren Logos aufzusteigen, der in demselben hypothetischen Verfahren angenommen wird, und von diesem wieder zu dem nächsthöheren mit dem Ziel, zu einem letzten, allumfassenden Grund *(archḗ pánta)* zu gelangen.

Ob dieses Ziel für die endliche menschliche Erkenntnis jemals erreichbar ist, bleibt dahingestellt. Zwei Möglichkeiten lassen sich denken, die auch von Platon erwogen werden, zum einen in der *Politeia*, zum anderen im *Parmenides* und *Sophistes*. Der ersten zufolge lässt sich der absolute Grund zwar im Aszensus und Transzensus vom endlichen Mannigfaltigen aus erreichen, aber nicht umgekehrt als Ausgang eines Deszensus zur Welt zurück benutzen. Der absolute Grund bleibt nur *via negationis* durch Absprechen aller endlichen Prädikate indizierbar. Der zweiten zufolge tritt der Systemgrund als Einheit einer Vielheit auf, zumindest einer

Vielheit höchster generischer Begriffe, deren Implikation in der Einheit bei gleichzeitig universaler Geltung nur in Form einer wechselseitigen Implikation, einer *symplokē tōn genōn*, gedacht werden kann. Da jeder dieser höchsten generischen Begriffe dialektisch nicht nur sich selbst, sondern auch sein Gegenteil impliziert, ermöglicht der Ausgang von einem jeden eine je andere Darstellung, einen je anderen Aspekt des Totalsystems. Die bisher beschriebene Systemstruktur eines Ganzen aus Teilen, dessen Teile selbst wieder Ganze aus Teilen sind, ist synonym mit der Struktur eines organischen Ganzen. So liegt es nahe, dass Platon im *Timaios* den sinnlichen Kosmos ein *zōon*[46] nennt, ein Lebewesen oder, allgemeiner, ein Lebendiges, zu dem alles Lebendige gehört. Damit setzt er in gewisser Weise die Grundannahme des magisch-mythischen Weltbildes fort, wonach die Natur einen lebendigen Organismus darstellt. So sehr sich beide Auffassungen in diesem Punkte auch ähneln mögen, so geht doch Platons Intention über das magisch-mythische Verständnis insofern hinaus, als er nicht wie dieses auf den lebendigen Vollzug und Mitvollzug der organischen Natur abhebt, sondern auf deren Theoretisierung. Was ihn interessiert, ist der Begriff bzw. die Idee der lebendigen Einheit der Natur, das System des organischen Ganzen. Seine Untersuchung zielt – in seiner Terminologie – auf das denkbare Lebewesen *(zōon noētikón)*, nicht auf das sichtbare *(zōon horatón)*.[47]

Damit ergibt sich eine Schwierigkeit. Kann in einem formalen System vom Organischen überhaupt noch die Rede sein, wenn ihm gerade das fehlt, was das reale System der Natur auszeichnet, nämlich die Lebendigkeit? Selbst wenn man konzediert, dass der ideelle Kosmos im Unterschied zur statischen Ideenkonzeption aus Platons früher und mittlerer Periode Begriffe wie Bewegung, Veränderung, Leben impliziert und als ein dialektisches Gefüge auftritt, in welchem von einer generischen Idee zu der mit ihr notwendig verbundenen anderen übergegangen werden kann, so handelt es sich doch um eine potenzielle Seinsdialektik, die nur aktualisiert werden kann im Vollzug des Denkens *(diánoia)*. Leben, Bewegung, Veränderung kommen nur dem sinnlichen Kosmos aufgrund seiner Beseelung durch die Weltseele zu. Diese ist als Vermittlungsprinzip zwischen intelligiblem und materiellem Bereich konzipiert. Wie der Nous nur der Seele inhäriert, so inhäriert die Seele nur dem Körper; sie hat keine vom Körper independente Existenz.

Angesichts dieser Diskrepanz zwischen dem lebendigen Organismus und dem intelligiblen theoretischen System des organischen Ganzen taucht die Frage auf, ob sich die lebendige Natur überhaupt jemals adäquat in ein theoretisches System fassen lasse und ob umgekehrt sich das theoretische System überhaupt jemals adäquat in der Natur realisieren lasse, und zwar gemäß der konstruktivistischen Schöpfungsmetaphorik Platons mittels der *téchnē* (Technik). Können das von Natur aus Seiende *(phýsei on)* und das künstlich Geschaffene *(téchnē on)* überhaupt zusammenfallen? Die Frage wäre nur unter zwei Prämissen zu bejahen. Zum einen dürfte das verstandesmäßige Erfassen *(diánoia)* nicht außerhalb des Ideengeflechts stehen als Instanz, der die Aufgabe zufiele, das Ideengeflecht aus seiner Potenzialität in die Aktualität zu überführen. Denn nur wenn das Verstehen selbst mit zum Geflecht gehörte – wie dies nach dem *Parmenides* der Fall zu sein scheint –, wäre dessen Dialektik und Bewegung eine aktuelle Geistes- *und* Seinsdialektik und damit Leben. Im übrigen legitimierte diese Integration die spätere Auffassung vom *Nous* als Ort der Ideen. Zum anderen müssten zum Ideengeflecht nicht nur Allgemeinbegriffe *in sensu stricto* gehören, sondern auch Raum und Zeit – wie dies ebenfalls nach dem *Parmenides* der Fall zu sein scheint. Denn nur dann könnte die Seele als Vermittlungsprinzip zwischen Ideellem und Sinnlichem, zwischen *Nous* und Körper fungieren. Allerdings liefe das auf eine Nivellierung von Ideellem und Reellem hinaus.

Die bisherigen Ausführungen zum Systembegriff lassen sich in folgenden Punkten zusammenfassen:

1. Die uns heute selbstverständliche Zuordnung des Systems zu Gebilden des Denkens geht auf Platon zurück. Mit der Unterscheidung zwischen Idee und Realität wird es möglich, zwischen formalem und realem, angewandtem System zu differenzieren und den Systembegriff auf bestimmte Theorieformen zu applizieren.

2. Das formale System meint generell eine Zusammenstellung bzw. Verknüpfung von Teilen *vorläufig* zu Teilsystemen, *endgültig* zum Gesamtsystem.

3. Die Art und Weise der Zusammenstellung erfolgt planvoll nach einem vorgängigen Konzept, nicht zufällig und willkürlich. Das Resultat ist ein wohlgeordnetes Ganzes, nicht eine bloße Aggregation oder Anhäufung.

4. Die ideale Internstruktur des Systems ist eine durchgängige Systematik, bei der sich das Verhältnis des Ganzen zu den Teilen in jedem Teil widerspiegelt, dergestalt dass jeder Teil des Ganzen selbst wiederum ein Ganzes aus Teilen repräsentiert.

5. Was die Externstruktur betrifft, so zielt das System durch vollständige Eingliederung aller Momente auf ein einziges geschlossenes, absolutes und insofern auch suisuffizientes (selbstgenügsames) und autarkes Ganzes. Der platonische Systembegriff ist mit Geschlossenheit, Umfassendheit und Vollständigkeit verbunden.

6. Zwischen dem realen System der Natur als einem lebendigen Ganzen und dem intellektuellen formalen System bleibt eine Diskrepanz bestehen, die sich auch nicht durch die Metaphorik der göttlichen Konstruktion oder der menschlichen Nachkonstruktion beheben lässt.

d) Das Prinzip der Rationalität

Die genauere Ausgestaltung des formalen (Natur-)Systems folgt zwei Prinzipien, deren eines man das der Rationalität oder Logizität nennen könnte, deren anderes das der Mathematizität. Mit dem Ersteren ist ein Vernunftprinzip gemeint, sofern es den Gesetzen des *Nous* und der *Dianoia*, überhaupt des *Logos* folgt, mit dem zweiten ein Konstruktionsprinzip, das sich der arithmetischen und geometrischen Operationen des Zählens und Konstruierens bedient. Auch mit diesen beiden Prinzipien ist Platon zum Wegbereiter einer folgenschweren Entwicklung in der Wissenschaftstheorie geworden; denn beide Prinzipien finden sich noch bei Kant z. B. in der *Kritik der reinen Vernunft* in dem Kapitel »Die Disciplin der reinen Vernunft im dogmatischen Gebrauche«[48] in der Unterscheidung von philosophischer, auf bloßer Vernunft und Begriffen basierender Erkenntnis und mathematischer, auf der Konstruktion der Begriffe basierender.[49]

Schon früh hat Platon den systematischen Ort dieser beiden Prinzipien innerhalb seiner Ontologie und Epistemologie bestimmt. Bedeutendster Beleg sind die drei Gleichnisse in der *Politeia*: das Linien-, Sonnen- und Höhlengleichnis, insbesondere das erstere mit seiner schematischen Darstellung der Seins- und Erkenntnishierarchie. Dem Gleichnis zufolge lässt sich der Seinsbereich und der ihm korrespondierende Erkenntnisbereich durch eine senkrechte, quaternal eingeteilte Linie wiedergeben, die in einen oberen, kleineren Abschnitt und in einen unteren, größeren zerfällt, deren beide nochmals nach derselben Proportion in je zwei Abschnitte unterteilt sind. Während der obere Linienabschnitt im ontologischen Bereich das eigentliche Sein, die nur denkbaren Formen, bezeichnet und entsprechend im epistemologischen Bereich die eigentliche, wahre Erkenntnis *(gnôsis, epistếmē)*, bezeichnet der untere im ontologischen Bereich das sichtbare, sinnlich wahrnehmbare Seiende *(horatón)* und entsprechend im epistemologischen Bereich die bloße Meinung *(dóxa)*. Während die beiden Sektoren des oberen Abschnittes Ideen und Mathematika repräsentieren mit den ihnen zugeordneten Erkenntnisarten, dem *nous* und der *diánoia*, repräsentieren die beiden Sektoren des unteren Abschnittes Konkreta – gemeint sind die sinnlichen Einzeldinge einschließlich der Pflanzen, Tiere und Menschen sowie deren Stoffe – und Abbilder bzw. Spiegelbilder der Konkreta im Wasser und auf glänzenden Gegenständen sowie die ihnen zugeordneten Erkenntnisarten des Glaubens *(pístis)* bzw. der Erfahrungserkenntnis und der Abbilderkenntnis *(eikasía)*. Im jetzigen Zusammenhang ist von Bedeutung, dass sowohl Ideen wie Mathematika zum rein intelligiblen, formalen Bereich gehören, und zwar auch die Letzteren, obwohl sie zwischen den Ideen und Sinnendingen stehen und die Sinnendinge in ihren Beweisen und Konstruktionen als Exempel und Demonstrationsmittel benutzen, jedoch in der

Stringenz ihrer Beweise von ihnen nicht getrübt werden. Ideelle Erkenntnis – wir würden heute sagen: begriffliche Erkenntnis – und mathematische sind gleicherweise Strukturerkenntnisse.

Da Ideen wie Mathematika Bedingungen und Bestimmungsgründe, sogenannte »Ursachen« der Sinnenwelt sind, erschließen sich auch die auf ihnen basierenden Prinzipien, von denen wir uns zunächst dem rationalen zuwenden wollen, nur im Rahmen und vor dem Hintergrund der allgemeinen Aitiologie, der Lehre von den Ursachen.

Nicht erst bei Aristoteles begegnet eine ausgearbeitete Ursachentheorie, die vier Ursachenarten unterscheidet: *erstens* die *causa materialis* (Materialursache), *zweitens* die *causa formalis* (Formursache), *drittens* die *causa efficiens* (Wirkursache) und *viertens* die *causa finalis* oder *teleologis* (Zweckursache), schon bei Platon findet sich eine solche vorgebildet, indem er im *Phaidon*[50] im Rahmen einer historischen Aitiologieforschung die Suche nach den materialen Ursachen der Natur, wie Wasser, Feuer, Luft usw., den ionischen Naturphilosophen zuschreibt, die Frage nach den Finalursachen, d. h. nach den Zweckprinzipien (genauerhin die Frage, warum es für ein jedes Ding das Beste sei, so zu sein, wie es ist), dem Anaxagoras, sie allerdings bei diesem nicht beantwortet findet, und seine eigene Ideentheorie als Untersuchung über die formalen Ursachen, d. h. über die logischen Prinzipien, klassifiziert. Für die Wirkursachen fehlen historische Beispiele, obwohl gerade dieser Typ es ist, der sich in den neuzeitlichen Naturwissenschaften durchgesetzt hat. Außerdem unterscheidet Platon zwischen eigentlichen und uneigentlichen Ursachen und erläutert diese an der Frage, warum Sokrates im Gefängnis sitze, obwohl er fliehen könne. Als eigentliche Ursache seines Bleibens wird die Finalursache genannt, nämlich die Akzeptanz des von den Athenern über ihn verhängten Urteils und damit die Respektierung des Gesetzes, die zur Aufrechterhaltung der Staatsraison notwendig ist, als uneigentliche Ursache die physiologische Beschaffenheit des Sokrates, seine Knochen, Sehnen, Muskeln usw., die die *conditio sine qua non* für seinen Aufenthalt im Gefängnis bilden.

Innerhalb dieses allgemeinen aitiologischen Rahmens kommt den Ideen eine zweifache Funktion zu: Zum einen sind sie Formalursachen, logische Bedingungen – modern ausgedrückt: Begriffe –, die den gemeinsamen Merkmalskomplex der an ihnen partizipierenden Sinnengegenstände artikulieren, zum anderen Zweckursachen, die für eben diese Dinge das Ziel ihrer Selbstverwirklichung darstellen. Dies erklärt sich daraus, dass die Ideen das Wesen der Sinnendinge ausdrücken, welches ihr eigentliches Sein ausmacht, in dem sie ihre Vollendung finden. Indem sich die vollkonkreten, sinnlich wahrnehmbaren Gegenstände ihrem Wesen annähern, streben sie zu ihrer größtmöglichen Selbstverwirklichung. Dadurch dass die Ideen das ausdrücken, was die Dinge an sich sind und sein sollen, fungieren sie gleicherweise als theoretische Orientierungsgrundlagen wie als ethische Normen wie als ästhetische Paradigmen. Sie geben den Maßstab und die Richtschnur zur Beurteilung der Sinnenwelt ab. Als Beispiel wird mit Vorliebe der Kreis herangezogen, dessen Definition, nämlich Linie aller Punkte zu sein, die vom Mittelpunkt gleichen Abstand haben, den Idealkreis artikuliert, an dem sämtliche empirischen Kreise gemessen und hinsichtlich ihrer Abweichung beurteilt werden müssen. Hinter dieser Theorie steht die unterschiedliche Bewertung der Ideen- und Sinnenwelt, die mit den Ideen nicht nur eine begriffliche, sondern auch eine normative Funktion in bezug auf die Sinnenwelt verbindet. Die Ideen sind Formen und Normen der Sinnenwelt zugleich.

Überträgt man diesen Gedanken von der Einzelidee auf das Gesamtideensystem, so fungiert dasselbe ebenso als Form- wie als Finalgrund; es erstellt das formale, durchgängig gegliederte System der Natur, das zugleich auch deren Zweck und Endabsicht ist, indem es die durchgängige systematische Einheit und Ganzheit der Natur garantiert. Die vollendete systematische Struktur wird hier finalistisch als Zweck gedeutet, und da Zweck in diesem Falle nichts anderes als das vollendete Formalsystem ist, hat Platons Finalismus eine rein systemtheoretische Bedeutung. Die ideologische Frage nach dem Guten *(agathón)*, ja Besten *(béltiston)*, die Frage nämlich, warum es für die Welt das Beste und Vernünftigste sei, so zu sein, wie sie ist, wird beantwortet durch den Hinweis darauf, dass allein auf diese Weise ihre systematische Einheit und Ganzheit und damit ihr Bestand garantiert werde. Dadurch dass das System ausnahmslos alles einschließt und nichts draußen lässt, auf das es sich noch beziehen könnte, wird es sich selbst zum Zweck (Selbstzweck). Darin liegt der Hinweis, dass die platonische Systemkonzeption auf den Erhalt und die Bewahrung der faktischen Welt abzielt; denn als vollkommen ist das System nicht nur unentstanden und unvergänglich, sondern auch unwandelbar und mit sich selbst identisch. Vollendet und geschlossen in sich ruhend, schließt es jede Veränderung und Evolution im ganzen aus. Dem platonischen Denken liegt der Gedanke einer Evolution, überhaupt einer Veränderung der Welt fern. Seine Vorstellung ist die eines ewig in sich ruhenden Kosmos. Wenn es Bewegung und Veränderung im ganzen gibt, so nur als Wiederkehr des Gleichen, wie den gleichförmigen Umschwung des Himmels oder den Kreislauf der Wiedergeburten. So ergibt sich eine Äquivalenzbeziehung zwischen der Frage nach dem Zweck der Welt, welche identisch ist mit der Frage nach der Vernünftigkeit, und ihrer Beantwortung durch den Hinweis auf die Konstanz und Permanenz des Ganzen. Platons Vernunftbegriff zielt auf ein geschlossenes, stabiles, im ganzen unverändert sich erhaltendes, ewiges System. Man könnte auch sagen, Vernünftigkeit sei hier gleichbedeutend mit Stabilität.

Was hier prinzipiell von systemtheoretischer, formaler Seite aus anvisiert wird, lässt sich im Ausgang von der materiellen Seite bestätigen. Im

Kontext der Konstitution des Weltkörpers[51] insistiert Platon wiederholt und mit Nachdruck darauf,[52] dass der Weltkörper nicht nur einfach aus den Grundbausteinen: Erde, Wasser, Luft und Feuer bestehe, sondern jeden dieser Bestandteile ganz, d. h. in seiner Totalität, in sich enthalte, so dass er ein Ganzes aus lauter Ganzen sei, ein Ganzes aus vollkommenen Teilen.[53] Da das Universum nichts außer sich hat, das eine Veränderung erzwingen könnte, stellt es, wie Platon sich bildlich ausdrückt, ein nie alterndes und siechendes Ganzes dar. Der Gedanke der Vollkommenheit, Ganzheit und Einheit und der damit verbundene der Autarkie und Suisuffizienz kommt ebenfalls zum Ausdruck in der Vorstellung eines Kugeluniversums, das sich vom Mittelpunkt aus nach allen Seiten gleich weit und gleichförmig erstreckt. Bekanntlich hat Platon dieses Bild von Parmenides übernommen, der in seinem Lehrgedicht das Sein mit einer wohlgerundeten Kugel vergleicht, die sich nach allen Richtungen gleichgewichtig und gleichartig erstreckt und nicht hier ein Mehr, dort ein Weniger an Sein aufweist. Die Kugelgestalt, das Ideal der Vollkommenheit, garantiert allein die Ewigkeit, die Unentstandenheit, Unvergänglichkeit und Unwandelbarkeit des Seins. In einer für ihn typischen, auf anthropologische Vorstellungen anspielenden Metaphorik fügt Platon hinzu, dass das kugelige Universum weder Sinnesorgane – weder Augen noch Ohren – noch Ernährungs- und Verdauungsorgane noch auch Bewegungsorgane benötige, da es außerhalb seiner nichts zu sehen und nichts zu hören, von außen nichts aufzunehmen und nach außen nichts auszuscheiden gibt und auch keine Orte außerhalb seiner existieren, zwischen denen es sich hin- und herbewegen könnte, sondern nur der eine Ort vorhanden ist, an dem es selbstbezüglich in sich kreist.

Über den Begriff der Ganzheit *(hólon)* und der Vollkommenheit bzw. Vollendetheit *(teleíon)* hinaus sowie die in ihnen enthaltenen Begriffe der Autarkie und Suisuffizienz spielen in Platons Systemtheorie insbesondere die Begriffe der Harmonie und Symmetrie eine Rolle. Der Harmoniebegriff entstammt ursprünglich der Musiktheorie und -praxis und bezeichnet innerhalb dieser einen Wohlklang, z. B. einen Akkord. Da der Klangharmonie ein mathematisches Verhältnis zugrunde liegt, insofern sich die verschiedenen Töne auf verschieden lange, mathematisch bestimmbare Saiten z. B. eines Zupfinstruments beziehen und durch deren Proportionen ausdrücken lassen, wird es möglich, den Harmoniebegriff auch auf andere Bereiche auszudehnen, wie auf die Astronomie. Es ist bekannt, dass die Pythagoreer den Harmoniebegriff nicht nur auf tonale Verhältnisse anwandten, sondern mittels seiner auch Planetenumläufe beschrieben, wobei sie jedem Planeten einen besonderen Ton zuordneten, aus deren Verhältnis zueinander sie die Sphärenharmonie erklärten. Der Umstand, dass sich klangliche Verhältnisse auf mathematische abbilden lassen, dokumentiert nicht nur die Nähe der Musiktheorie zur Mathematik, sondern beweist auch, dass es sich bei der Harmonie nicht nur um ein subjektives Gefühlserlebnis oder eine rein subjektive ästhetische Kategorie handelt, sondern um einen Strukturbegriff, der sich aus diesem Grunde auch systemtheoretisch verwenden lässt.

Ähnliche Überlegungen wie für den Harmoniebegriff gelten auch für den Symmetriebegriff, den Platon insbesondere im Zusammenhang der Beschreibung des Kugeluniversums verwendet. In der Beschreibung, dass sich das Universum vom Mittelpunkt aus nach allen Richtungen gleich weit und gleichförmig erstreckt, zudem im Mittelpunkt des Alls gleichgewichtig in sich verharrt, spielen Symmetrievorstellungen eine Rolle, die durch formale Gleichungen explizierbar sind.

Die Tatsache, dass das für unser Geschmacksurteil Schöne, wie es in Harmonie und Symmetrie, überhaupt in Wohlordnung zum Ausdruck kommt, in formalen Verhältnissen fundiert ist, macht ein platonisches Theorem wie das von der Kalokagathia, der Trias des Schönen, Wahren und Guten, verständlich. Gemeint ist damit, dass das ästhetisch Schöne stets auf das theoretisch Gesetzmäßige wie auch auf das ethisch Gute verweist, ebenso umgekehrt, und somit alle drei Ausdruck eines Vollkommenen sind. Nicht zufällig haben sich bis heute die scheinbar rein ästhetischen Begriffe der Harmonie, Symmetrie, Wohlordnung, Einfachheit usw. in den Wissenschaften erhalten, in der Physik in dem bekannten Symmetrie- und Einfachheitspostulat, in der Kristallographie und Molekularphysik in der symmetrischen Anordnung der Atome in Molekülen, in der Psychologie in der Rede vom goldenen Mittelweg und vom ausgeglichenen Charakter usw. Konkurrieren zwei Theoriesysteme miteinander wie in der Vergangenheit das ptolemäische geozentrische und das kopernikanische heliozentrische Weltbild, so erhält dasjenige den Vorzug, das am einfachsten ist und die wenigsten Zusatzhypothesen benötigt. Man geht aber fehl in der Annahme, wenn man in diesen Postulaten nur ästhetische Kriterien erblicken wollte. Vielmehr sind sie in formalen Verhältnissen fundiert, in diesem Falle in solchen, die auf ein geschlossenes System weisen. Es sind Strukturen, die dieses Weltbild generell bestimmen.

e) Das Prinzip der Mathematizität

Das zweite für das platonische Formalsystem konstitutive Prinzip, das zudem eine ungeheure geschichtliche Wirkungsmächtigkeit gehabt und die Entwicklung der Wissenschaftsmethode aufs nachhaltigste beeinflusst hat, ist das Prinzip der Mathematizität. Zu ihm gehören sowohl Arithmetik wie Proportionslehre wie Geometrie. Die ganze Natur ist von mathematischen Prinzipien beherrscht, wenngleich auf sie, wie zu zeigen sein wird, die Natur nicht durchgängig und vollständig reduzierbar ist.

Auf die Stellung der Mathematika innerhalb Platons Ontologie und Epistemologie sowie auf ihr Verhältnis zu den Ideen und Sinnendingen wurde bereits anhand des Liniengleichnisses aus der *Politeia* eingegangen. Hinzuzufügen ist noch folgende Bemerkung: Die Differenz zwischen Mathematika und Ideen wird auf zweifache Art begründet, zum einen ontologisch, zum anderen methodologisch. Was die erstere Begründung betrifft, so gehören die Mathematika genauso wie die Ideen zu dem, was nur gedacht werden kann: zu den reinen Formen oder Strukturen; anders als die Ideen aber schließen sie an die Sinnendinge an, welche den Mathematikern in ihren Beweisen und Konstruktionen als Hilfsmittel dienen. Obwohl die Mathematiker mit konkreten Zahlen und Figuren, z. B. Rechenkugeln, Stäbchen, in den Sand oder auf Papier gezeichneten Kreisen und Dreiecken, operieren, meinen sie doch nicht diese, sondern stets die reinen Zahlen und Figuren. Was die zweite Begründung betrifft, so besteht ein grundlegender Unterschied in der Verfahrensweise mit Mathematika und mit Ideen. Charakteristisch für die Mathematik – dies gilt sowohl für die arithmetische Axiomatik wie für die geometrische Konstruktion, die Platon exemplarisch in der euklidischen Geometrie vorfand – ist der Ausgang von Prämissen (Axiomen, Definitionen, Postulaten, z. B. dem Parallelenpostulat), die für gewiss und unumstößlich gehalten und nicht weiter hinterfragt werden. Aus ihnen leiten sich auf dem Wege der Deduktion oder Konstruktion die übrigen Sätze des Systems her, deren Gewissheit und Sicherheit nicht größer sein kann als die der Prämissen.

Die Wahrheit dieser Axiomensysteme und geometrischen Konstruktionen ist eine systeminterne. Während die Mathematik – metaphorisch gesprochen – den Weg von oben nach unten vollzieht, verfährt die Philosophie, die sich ausschließlich mit Ideen (Begriffen) befasst, genau umgekehrt, von unten nach oben, indem sie dort beginnt, wo die mathematische Axiomatik endet, nämlich bei den Prämissen. Die Philosophie begnügt sich nicht mit deren Ansetzung, sondern hinterfragt sie und versucht sie mittels ihres dialektischen, aus Synthese und Analyse bestehenden Verfahrens auf höhere, allgemeinere Prämissen zu reduzieren, diese wieder auf noch höhere, allgemeinere mit dem Ziel einer voraussetzungslosen Voraussetzung, die sich als absoluter Grund von allem erweist. Ist das System hierin einmal fundiert, so kann wieder herabgestiegen werden, wobei sich die philosophische Methode ausschließlich der Begriffe bedient: mit Begriffen beginnt, mit ihnen endet und durch sie hindurch sich vollzieht, ohne das Sinnliche zu tangieren. Da allein die Fundierung im voraussetzungslosen Grund absolut sichere und gewisse Erkenntnis verspricht – vorausgesetzt, eine solche lässt sich überhaupt erreichen –, kann auch das mathematische Axiomensystem nur im Rahmen der philosophischen Systematik absolute Gewissheit erlangen, andernfalls bleibt es hypothetisch.

Dieselben Verhältnisse, die dem Liniengleichnis zu entnehmen sind, kennzeichnen auch die Stellung und den Gebrauch der Mathematik im

Timaios. Die mathematischen Berechnungen und Konstruktionen haben ihren systematischen Ort im Rahmen des durch die Ideen vorgezeichneten Systems und damit im Anschluss an sie, nicht zuletzt deswegen, weil das Idealsystem ein allumfassendes, geschlossenes sein soll, das auch die mathematischen Operationen mit umfassen muss. Allerdings resultiert eine Schwierigkeit aus der Aufgabe, in das bildlich als Kugel vorgestellte All die kantigen Polyeder und die sie zusammensetzenden Dreiecke, welche die Grundbausteine der Welt bilden, einzubeschreiben, kommt dies doch einer Quadratur des Kreises gleich. Eine Lösung wäre nur in Form einer unendlichen Approximation der geometrischen und stereometrischen Gebilde an die Kugelfläche denkbar.[54]

Im *Timaios* tritt die Mathematik in ihren möglichen Varianten auf, zum einen als Arithmetik, wozu auch die Proportionslehre zählt, zum anderen als Geometrie, wozu neben der eigentlichen Geometrie als Konstruktion in der zweidimensionalen Ebene die Stereometrie als Konstruktion im dreidimensionalen Raum gehört. Ihre Aufgaben sind so verteilt, dass die Zahlen- und Proportionslehre zur Formulierung der *Zusammenhänge* der Weltkörper, ihrer allgemeinen Verhältnisse und Gesetzmäßigkeiten, verwendet wird, die Geometrie und Stereometrie zur Konstruktion der physikalischen *Weltkörper selbst.* Da die wiederkehrenden Verhältnisse und Gesetze der Weltkörper im Zusammenhang mit der Zeit *(chrónos),* »dem bewegten Abbild des im Einen verharrenden Ewigen«,[55] stehen und die physikalischen Weltkörper mit Raum und Materie – platonisch der *chóra* –, zeichnet sich hier ein Zusammenhang der Arithmetik, die die allgemeinen Gesetze formuliert, mit der Zeit, ebenso der Geometrie mit dem Raum ab und darüber hinaus der Ersteren (der Arithmetik) mit der Letzteren (der Geometrie), insofern Zeit und Bewegung stets auf den Raum bezogen sind.

Den bisherigen Überlegungen folgend, denkt sich Platon im *Timaios* die Konstruktion der Welt so, dass zunächst die Weltseele, welche Träger des formalen Systems ist und gleichzeitig die Rolle eines Vermittlers zwischen dem formalen System und der realen Welt spielt, als Gemisch aus den generischen Ideen der Identität, Verschiedenheit und des Seins bestimmt wird, denen alles Sinnliche untersteht, und dass im weiteren Verlauf dieses Gemisch nach bestimmten Zahlverhältnissen eingeteilt wird, deren detaillierte Ausführung hier nicht zu interessieren braucht. Da dieses mathematisch bestimmte Gemisch zur Konstruktion des Universums, vorab des Planetariums, dient, bilden seine Verhältnisse die mathematische Grundlage desselben. Im einzelnen denkt sich Platon dies so, dass das Gemisch geteilt und geformt wird zu zwei Sphären, von denen die eine dem Prinzip der Identität folgt und den äußeren, in sich ruhenden Fixsternhimmel bildet, die andere dem Prinzip der Verschiedenheit und in die sieben verschiedenen inneren Planetensphären zerfällt, und zwar so, dass sich in den verschiedenen Abständen der Planetenbahnen, den verschiedenen Umlaufgeschwindigkeiten und Richtungen die Zahlverhältnisse und Proportionen widerspiegeln. Unabhängig von den Einzelausführungen kommt in dieser Konstruktion die Einsicht zum Tragen, dass das astronomische System mathematischer Berechenbarkeit unterliegt.[56]

Der zweite grundsätzliche Gebrauch, der im *Timaios* von der Mathematik gemacht wird, betrifft nicht mehr die arithmetische und proportionale Bestimmung der gesetzmäßigen Zusammenhänge der Weltkörper, sondern die geometrische Konstruktion dieser Körper. Platon versucht hier, im Ausgang von unten, nämlich vom formlosen Raum und seiner Materie, eine Formalisierung und Mathematisierung der Welt vorzunehmen. Ohne den Einfluss der pythagoreischen Mathematik und vor allem des Atomismus von Leukipp und Demokrit sowie der Elemententheorie von Empedokles wäre diese Theorie nicht verständlich.

Das anvisierte Programm geht Platon in mehreren Schritten an. In einem ersten – dem wohl wichtigsten – versucht er eine Reduktion der sinnlichen Dinge und ihrer Grundstoffe: Erde, Wasser, Luft und Feuer auf ebenmäßige Polyeder: der Erde auf den Quader, des Wassers auf den Ikosaeder, der Luft auf den Oktaeder, des Feuers auf den Tetraeder. Da es sich hier um einen Wechsel der Bezugsebenen handelt, um einen Überstieg von der Sinnenwelt mit der Fülle sinnlicher Qualitäten, die nur subjektiv zugänglich sind und von Individuum zu Individuum wechseln, zur idealen Formenwelt mit allgemeingültigen, objektiven und intersubjektiv kommunikablen Strukturen, erfolgt die Zuordnung gemäß Plausibilitätskriterien, etwa dergestalt, dass dem leichtesten Grundstoff mit den stechendsten und beißendsten Eigenschaften, dem Feuer, der kleinräumigste Polyeder mit den schärfsten Kanten und Spitzen zugeordnet wird, dem schwersten Körper mit den dumpfesten Qualitäten, der Erde, der großräumigste mit den am wenigsten scharfen Kanten und Ecken und entsprechend die mittleren.

In einem zweiten Schritt wird sodann eine weitere Reduktion der Polyeder auf deren Grundbestandteile, nämlich Dreiecke, vollzogen. Beim Würfel sind dies rechtwinklige, gleichschenklige Dreiecke, bei den übrigen Polyedern gleichseitige Dreiecke, die allerdings ihrerseits noch wieder in bestimmte rechtwinklige, ungleichseitige Dreiecke zerfallen, welche letzteren Platon die »schönsten«[57] nennt, weil sie einem mathematisch einsichtigen Verhältnis, nämlich dem von $2 : \sqrt{3} : 1$, entsprechen. Bei der hier vollzogenen Reduktion handelt es sich um eine von der Stereometrie auf die Geometrie, also von der Dreidimensionalität auf die Zweidimensionalität.

Es steht zu vermuten, dass Platon eine weitere Reduktion auf die Eindimensionalität und schließlich auf die Nulldimensionalität und die ihr zugeordnete Zahlentheorie anstrebte,[58] jedoch bei der tatsächlichen Durchführung auf Schranken stieß. Ein Hinweis darauf dürfte die Bemerkung sein, dass »die noch weiter zurückgehenden Anfänge ... nur Gott [kennt] und wer unter den Menschen sich seiner Huld erfreut«.[59] Schwierigkeiten der Durchführung werden bereits daran sichtbar, dass die Reduktion der Polyeder auf ein einziges Dreieck misslingt. Das Resultat sind vielmehr zwei Grunddreiecke.

Gleichwohl wird in diesem Programm von Reduktionsketten der Versuch sichtbar, die Vielgestaltigkeit der Sinnenwelt auf wenige, letztlich auf ein einziges Prinzip zu reduzieren. Das Programm stellt aber nicht nur den Versuch einer Reduktion der Vielheit auf Einheit dar, sondern auch den einer Präzisierung der unsteten, schwankenden Sinnenwelt. Durch Beziehung und Verankerung der unscharfen und unpräzisen Sinnengegenstände in exakten, präzise bestimmbaren stereometrischen und geometrischen Gebilden, die dem Methodenideal der Wissenschaft entsprechen, soll die unstete, fluktuierende Erscheinungswelt gebunden werden. Auch hierin bekundet sich einmal mehr das platonische Programm einer Idealisierung und Formalisierung der sinnlichen Natur.

Dieses Verfahren kennzeichnet bis heute das Vorgehen der mathematischen Naturwissenschaften. Die sinnlichen Gegenstände mit ihren sogenannten sekundären Sinnesqualitäten, die nur privatsubjektive Gültigkeit haben, werden auf physikalische Konstrukte reduziert, die sich durch mathematische Formeln und Gleichungen wiedergeben lassen, da nur diese intersubjektive Gültigkeit besitzen. Die bekanntesten Beispiele solcher Reduktion sind die der Farben auf Wellenlängen, der Töne auf Schallwellen und deren Frequenzen, der Bausteine unserer Welt auf das Bohrsche Atommodell, bestimmter lichtelektrischer Effekte auf Quantensprünge usw. Bei all diesen Konstrukten handelt es sich um Modelle für die Sinnlichkeit, die selbst nicht mehr sinnlich und anschaulich sind, sondern sich nur noch durch mathematische Funktionen und Gleichungen wiedergeben lassen.

f) Die Anwendung des formalen Systems auf die materielle Natur

Nachdem das Theoriesystem *in abstracto* hinsichtlich seiner beiden strukturellen Komponenten, der rationalen und der mathematischen, beschrieben worden ist, gilt es jetzt noch einen Blick zu werfen auf die Anwendung des Systems auf die reale Natur. Denn zu einem realen System gehören Form *und* Materie oder, wie Platon im *Timaios* sagt, Vernunft *und* Notwendigkeit *(nous* und *anágkē),*[60] d. h. das, was sich verstehen, und das, was sich nicht verstehen lässt. Obwohl das formale System faktisch immer schon realisiert ist und nur durch eine nachträgliche gedankliche Abstraktion isoliert werden kann, besteht doch ein spezielles Problem darin, nicht *dass,* sondern *wie* es realisiert ist und sich in dieser Realisation erkennen lässt. Dieses Problem, das heute unter dem Namen »Anwendungs- oder Applikationsproblem« formaler Theorien bekannt ist, tritt bei Platon unter dem Namen »Methexis (=Teilhabe)-Problem« auf und stellt sich bei ihm als Frage, wie die Sinnenwelt an der Ideenwelt teilhabe bzw. teilnehme oder wie die Ideen in den Sinnendingen anwesend seien oder wie beide in Gemeinschaft treten.[61] In einer höchst originellen Variante wird dieses Problem im *Timaios* unter dem Stichwort »wahrscheinliche Rede« *(eikôs lógos)*[62] behandelt, hier nicht aus ontologischer Sicht, sondern aus epistemologischer. Platons These bezüglich des *eikôs lógos* geht dahin, dass es vom angewandten, realisierten System, d. h. vom sinnlich wahrnehmbaren Kosmos, nur einen wahrscheinlichen Bericht gebe, mit anderen Worten, dass die auf die Natur bezügliche Physik als formale Naturwissenschaft lediglich den Status einer wahrscheinlichen Theorie, nicht aber den einer wahren und gewissen Theorie habe. Ein exaktes, präzises Wissen von der Natur ist nicht möglich, nur ein approximatives.

Diese für das Selbstverständnis der neuzeitlichen mathematischen Naturwissenschaft ungeheuerliche These blieb in der Geschichte der Wissenschaftstheorie nicht unwidersprochen. Kant ist ihr mit der Antithese begegnet, dass es sehr wohl eine exakte und präzise Wissenschaft von der Natur gebe und dass sich die in ihr aufgestellten formalen Gesetze und mathematischen Konstruktionen und Berechnungen in vollkommener Weise auf die Natur anwenden ließen, und hat seine Antithese mit dem Argument begründet, dass die Bedingungen der Möglichkeit der Erfahrung zugleich Bedingung der Möglichkeit der Gegenstände der Erfahrung seien, mithin die subjektiven Erkenntnisstrukturen gleichzeitig objektive Gültigkeit hätten, indem sie Objekte und objektive Zusammenhänge überhaupt erst konstituierten. Diese These läuft auf eine adäquate Rationalisierbarkeit und Mathematisierbarkeit der Natur hinaus. Exakte oder inexakte Formalisierung und Mathematisierung der Natur, adäquate oder inadäquate Wiedergabe des formalen Systems in der Realität – das ist die Frage. Wegen ihrer Relevanz ist sie eingehender zu erörtern.

Die wahrscheinliche Aussage *(eikôs lógos)* ist von Platon in Absetzung von der exakten *(akribês lógos)* konzipiert. An einer markanten Stelle des *Timaios*,[63] die eine methodologische Selbstinterpretation beinhaltet, geht Platon auf beide Arten näher ein. Stimmen sie auch darin überein, dass sie Aussagen *(lógoi)* sind und somit Erkenntnisweisen, und weiter auch darin, dass sie sich auf Seiendes beziehen, insofern Aussagen stets Aussagen von etwas sind und Seiendes offenbaren, so unterscheiden sie sich doch darin, dass sie auf je unterschiedlich Seiendes gehen, das im Verhältnis von Urbild und Abbild zueinander steht. Den zwei Seinsarten müssen zwei Arten von Reden bzw. Darstellungsweisen entsprechen: dem unentstandenen und unvergänglichen, beharrlichen, der Vernunft offenbaren und gewissen Sein müssen ebensolche Reden gemäß sein, nämlich unveränderliche, unerschütterliche und unwiderlegbare, dem entstehenden und vergehenden, sich wandelnden, unsteten Seienden auch ebensolche Reden, nämlich nicht genau festgelegte und nicht durchgängig mit sich übereinstimmende. Die Abhebung zielt auf den Unterschied von eigentlicher, wahrer Erkenntnis, sofern sie auf das ideelle, formale Seiende geht, und uneigentlicher, zwar nicht unwahrer, wohl aber nur wahrscheinlicher, nämlich nur den Schein und das Spiegelbild der Wahrheit enthaltender Erkenntnis, insofern sie auf das generische, reale Seiende geht.

Man wird hier unschwer die aus dem Liniengleichnis der *Politeia* bekannte Einteilung in Erkenntnis *(epistēmē)* bzw. Einsicht *(gnōsis)* und Meinung *(dóxa)* wiedererkennen und in der wahrscheinlichen Aussage *(eikōs lógos)* speziell das Pendant zum Glauben *(pístis)*, der auf Konkretes bezogenen Erkenntnisweise. Mit wahrscheinlicher Rede *(eikōs lógos)* ist demnach sowohl der Sache wie dem Wortsinne nach eine abbildliche Erkenntnis gemeint, die deswegen so genannt wird, weil sie sich auf Seiendes bezieht, das den Charakter eines Abbildes hat. *Eikōs* ist Partizip bzw. poetisches Adjektiv zu *eoikénai* = »gleichen«, bedeutet also sinngemäß »abbildlich« und bezeichnet hier die Art und Weise der Darstellung bzw. Erkenntnis, die an einem abbildlichen Seienden orientiert ist.[64] Mit dem ontologischen Unterschied von Urbild und Abbild, der den entsprechenden epistemologischen Unterschied von exakter Aussage *(akribēs lógos)* und wahrscheinlicher *(eikōs lógos)* begründet, ist auf das generelle platonische Theorem von Urbild und Abbild verwiesen, das seine exemplarische Darstellung im Liniengleichnis der *Politeia* gefunden hat.

Eine detailliert durchgeführte Bildanalyse trifft auf zwei Momente: Zum einen verweist das Bild auf ein Urbild. Indem es etwas abbildet, das es selbst nicht ist, weist es über sich hinaus auf ein anderes, das ihm zur Vorlage dient, z. B. auf eine Person, einen Gegenstand, eine Landschaft usw. Das Bild hat somit Verweisungscharakter. Indem es das Urbild repräsentiert und in und durch sich wiedergibt, bezieht es sich zugleich auf etwas ihm Äußeres, Fremdes. Zum anderen hat das Bild ein Eigensein aufgrund seines Materials, das als Substrat der Darstellung des Urbildes fungiert. *In concreto* ist dies z. B. das Holz oder der Marmor oder das Erz für die Wiedergabe einer Statue, ein Blatt Papier oder eine Leinwand für die Wiedergabe einer Landschaft usw. Dieses Material kann sich besser oder schlechter zur Darstellung des Urbildes eignen. Es kann dem wiederzugebenden Gegenstand im höchsten Grade angemessen sein, aber auch spröde und widerspenstig und sich zur Wiedergabe überhaupt nicht qualifizieren. Immer aber ist es der Grund dafür, dass das Abbild mit dem Urbild nicht identisch, sondern von ihm verschieden ist, ihm nur ähnlich; und immer auch ist es der Grund für die potentiell unendliche Vielzahl von Reproduktionen gegenüber der einen Vorlage.

Charakterisiert man das Urbild mittels der scholastischen Transkategorialien als *ens, unum, verum, bonum* (seiend, eines, wahr, gut), die sich zwar *expressis verbis* noch nicht bei Platon finden, aber aus seiner Philosophie herleiten lassen, dann zeigt sich das Abbild in jeder Beziehung als Dekadenz und Abweichung vom Paradigma. Gegenüber dem *einen* Vorbild gibt es stets eine *Vielzahl* von Nachbildern, gegenüber der *Vollkommenheit* des Vorbildes nur *Verschlechterungen* und *Abweichungen* von der Norm, gegenüber dem *eigentlichen Sein* nur das *minderwertige, abbildliche Sein*, gegenüber der *Wahrheit* nur die *Wahrscheinlichkeit*, den Schein und das Spiegelbild derselben,[65] und ebenso gibt es auch bei der Erkenntnis gegenüber der *eigentlichen, wahren, idealen Erkenntnis* nur die *abbildliche* und *abweichende*. Hier zeigt sich in jeder Hinsicht eine Stufung: eine Zahl-, Wert-, Seins-, Wahrheits- und Erkenntnisstufung, die die Hierarchie von Urbild und Abbild erklärt.[66]

Überträgt man die aus der generellen Bildanalyse gewonnenen Resultate auf den realen, sinnlich wahrnehmbaren Kosmos, so lassen sich hier alle aufgezeigten Momente wiederfinden. Das Universum, die Natur, ist Abbild, und zwar Abbild eines idealen Systems, das sich zwar nur gedanklich abstraktiv aus dem sinnlich wahrnehmbaren Kosmos gewinnen lässt, gleichwohl aber dessen Paradigma bildet und in ihm seine Realisation und Repräsentation findet. Zudem weist der reale, sinnlich wahrnehmbare Kosmos ein Eigensein auf, welches der Grund dafür ist, dass das ideale System sich niemals ideal in der Welt verwirklicht findet, sondern immer nur verstellt und verzerrt. Dieses Medium oder Substrat, das der Realisierung des idealen Formensystems dient, nennt Platon im *Timaios* Raum *(chôra)*. Mit ihm ist weder der leere Raum der Atomisten, das *kenón*, gemeint, in dem das Volle, die Atome, sich bewegen, zusammensetzen und trennen, noch auch der geometrisch strukturierte Raum der Pythagoreer, der die Grundlage mathematischer Konstruktionen bildet, noch auch der aristotelische *tópos*-Raum, der Orts- und Stellenraum, der die Orte und Plätze der Gegenstände, die er aufnehmen soll, bezeichnet und insofern als Oberfläche der angrenzenden Gegenstände zu gelten hat, sondern gemeint ist mit ihm der materiell erfüllte Raum, in gewisser Weise der dynamische, kräfteerfüllte Raum, die Einheit von Raum und Materie.[67]

Der Platonische *chôra*-Begriff hat bei Aristoteles eine Nachfolge gefunden im Urstoff *(prôtē hýlē, prima materia)*. Da die *chôora*, der Raum, die Geneninstanz zum Formensystem bildet, das sie aufnehmen und vergegenwärtigen soll, und Formen allein dem Denken zugänglich sind, lässt sie sich nur schwer fassen. Denkbar sind lediglich zwei Wege, entweder die *via negationis*, das Absprechen aller rational verständlichen formalen Prädikate, so dass der materielle Raum als formlos, gestaltlos, unbestimmt, unverständlich, unbegreiflich usw. erscheint, oder die metaphorische Beschreibung und analogiegeleitete Übertragung von Bildern und Begriffen, die diesem Bereich von Hause aus nicht zukommen. Hiervon macht Platon im *Timaios* reichlich Gebrauch, indem er den materiellen Raum als »Amme des Werdens«[68] beschreibt, als »Mutter und Aufnehmerin alles gewordenen Sichtbaren und durchaus sinnlich Wahrnehmbaren«,[69] als »Aufnehmendes«,[70] als »Mutter«, die zusammen mit dem Woher, den Ideen, als dem »Vater«, das Dritte, die Bestimmung, nämlich das »Kind«, hervorbringt,[71] als »Ausprägungsstoff«,[72] als »Werkzeug zum Erschüttern«,[73] das der Sondierung des verschiedenen Materials, der Ansammlung gleicher Stoffe und der Bildung von Körpern dient usw.

Fasst man diese Merkmale zusammen, stets mit dem Vorbehalt dialektischer Beschränkung, wonach das zu Bestimmende eigentlich bestimmungslos ist, so kann man sie mit Platon auf die Formel bringen, dass der (materielle) Raum »ein unsichtbares, gestaltloses, allempfängliches Wesen, auf irgendeine höchst unzugängliche Weise am Denkbaren teilnehmend und äußerst schwierig zu erfassen«[74] sei, nur »durch ein gewisses Afterdenken erfaßbar, kaum glaubhaft erscheinend«.[75] Diese Formeln können als systematisch vollständig bezeichnet werden, da sie sämtliche ontologischen und epistemologischen Prädikate aufführen. Ontologisch gesehen ist der (materielle) Raum absolut gestaltlos, wenngleich gestaltbar; denn das, was zur Aufnahme ausnahmslos aller Formen qualifiziert ist, darf selbst nicht schon geformt sein; und epistemologisch gesehen ist der Raum gleicherweise unsichtbar wie undenkbar, ersteres deswegen, weil sich die Sichtbarkeit bzw. die Wahrnehmbarkeit nur auf Gegenstände bezieht, die bereits aus Stoff und Form gestaltet sind, und letzteres deswegen, weil das Denken nur exakte, scharf begrenzte Formen zu erfassen vermag.[76] Allenfalls gesteht Platon dem (materiellen) Raum die Erfassung durch ein gewisses Afterdenken zu, d. h. durch ein unechtes, nur scheinbares Denken, sowie durch ein Träumen, nämlich ebenfalls eine unechte, nur imaginierte Wahrnehmung.

Dieses absolut unbestimmte räumlich-materielle Substrat erweist sich bei einer Bestimmung, nämlich bei Aufnahme der scharf umgrenzten Formen, als Grund für die Verzerrung und Verstellung ihrer Wiedergabe. Dies lässt sich an einem Beispiel aus dem 7. platonischen Brief demonstrieren. Versucht man, einen Idealkreis in der Realität wiederzugeben, indem man ihn aus freier Hand auf Papier oder an die Tafel zeichnet, so wird er wahrscheinlich eher einer Ellipse gleichen als einem Kreis. Selbst wenn man Hilfsmittel wie einen Zirkel verwendet und damit für das Auge einen wohlgeformten Kreis schafft, wird er sich bei näherer Betrachtung als unregelmäßige Umwallung von Graphit- oder Kreideklötzchen herausstellen. Kein in der Natur vorgefundener oder erzeugter Kreis entspricht jemals dem Idealkreis. Der Grund hierfür ist in der Eigenart des materiellen Raumes zu suchen, in seiner unendlichen, kontinuierlichen, homogenen Extension, die ihn dazu qualifiziert, ausnahmslos alle Formen und Gestalten aufzunehmen. Versucht man, in diesem extensionalen Medium einen Idealpunkt oder eine Ideallinie zu konstruieren, so werden sie sich stets zu einer gewissen Extension ausdehnen und verzerren. Umgekehrt zeigt der Versuch, die kontinuierliche Extension durch exakt begrenzende Punkte einzufangen, dass sich zwischen zwei noch so nahe beieinander gelegenen Punkten immer noch näher zueinander gelegene einfügen lassen und so *in infinitum*. Eine kontinuierliche Strecke z. B. lässt sich beliebig in kleinere Streckenabschnitte teilen, ohne je in einem einzigen Punkt zusammenzufallen. Der exakte ideale Grenzpunkt ist lediglich Limes eines unendlichen Approximationsprozesses. So ist die Realität immer nur die verzerrte und verstellte Wiedergabe der idealen Strukturen. In ihr erscheint nicht nur die *eine* ideale Form, sondern auch das eine ideale Gesamtsystem der Formen stets in einer unendlichen Vielheit von Darstellungen, die vom Idealsystem mehr oder weniger abweichen, allenfalls sich ihm approximativ nähern.

Damit hängt zusammen, dass es keine definitive, absolut vollkommene Physik als angewandtes Theoriesystem gibt, sondern nur eine Vielzahl unabgeschlossener Theorien, die sich allenfalls nach platonischer Vorstellung in einem Annäherungsprozess an das ideale System befinden, das immer nur ein einziges sein kann. Der defiziente Modus der tatsächlichen Physik zeigt sich bereits im *Timaios* darin, dass es Platon nicht gelingt, eine seinen eigenen Maximen genügende Physik aufzustellen, sondern nur eine, die in ihrer Reduktion auf letzte Gründe zu zwei inkompatiblen Grunddreiecken statt zu einem einzigen führt. In vollem Bewusstsein um diesen mangelhaften Zustand hat Platon geäußert, dass die noch weiter zurückliegenden Gründe nur dem Gott oder dem, der sich seiner Huld erfreut, bekannt seien,[77] was darauf deutet, dass die weitere Forschung höher liegende, allgemeinere Gründe und damit auch allgemeinere und umfassendere Physiken, die sich dem Ideal noch mehr annähern als die jetzige, auffinden mag.

Hier zeigt sich in der Konsequenz des Gedankens ein Problem, das Platon selbst zwar nicht *expressis verbis* artikuliert hat, das aber bei Weiter- und Zu-Ende-Denken der Prämissen zwingend folgt. Auf der einen Seite wird nicht nur die Einheit und Ganzheit, die Absolutheit des formalen Theoriesystems betont, sondern auch die Einheit und Ganzheit, die Absolutheit des sinnlich wahrnehmbaren Kosmos – es gibt nur das *eine* Universum und nicht viele –, auf der anderen Seite zeigt sich, dass sich das Theoriesystem immer nur in einer Vielzahl von Anwendungen realisieren lässt. Mit anderen Worten: Trotz des *einen* formalen Idealsystems und des *einen* sinnlichen Kosmos gibt es faktisch eine beliebige Anzahl von Physiken, die einander mehr oder weniger ähnlich sind und sich dem absoluten System lediglich annähern. Eine Lösung dieses Problems, das aus der Inkompatibilität zweier Vorstellungsweisen, der Ganzheits- und der Unendlichkeitsvorstellung, resultiert, ist nur in der Richtung möglich, dass auf der Basis des *einen* Kosmos, der *einen* Natur, die wir vorfinden und von der wir auszugehen haben, in einem unendlichen Prozess eine Vielzahl von Formalsystemen entwickelt wird, die die Tendenz zur Annäherung an das Idealsystem haben.

Hier wird im Kontext einer ganz auf Ewigkeit, Statik, Beharrung und Konstanz angelegten Ontologie der Gedanke eines Entwicklungsprozesses der Physik in Richtung auf ein freilich nie erreichbares Idealsystem sichtbar. Nicht nur das *eine* vollkommene Formalsystem, sondern auch der *eine* sinnliche Kosmos bilden zwei Extreme, die gleichermaßen als Absolute unterstellt werden und als Limiten fungieren, allerdings in je unterschiedlicher Weise: das ideale Formensystem als Grenzpunkt einer unendlichen Approximation, der sinnliche Kosmos als unendlicher, unerschöpflicher Grund verschiedener physikalischer Systeme. Der Mensch als zwischen diesen Extremen und innerhalb des Kosmos stehend, kennt das eine absolute Idealsystem nur aus dessen unendlich vielen verschiedenen Anwendungen und vermag umgekehrt aus diesen immer nur verschiedene Formalsysteme, allenfalls in approximativer Annäherung an das eine umfassende Formalsystem, zu erschließen.

3. Aristoteles' Naturauffassung

a) Differenz zwischen Platon und Aristoteles

Die , hat zwischen Platon und Aristoteles eine Kontroverse in der Naturbetrachtung aufgebaut dahingehend, dass sie Platon als Vertreter einer technischen Auffassung hinstellt, Aristoteles als Vertreter einer poietischen. Die Meinung ist die, dass Platon die Natur als Geschaffenes, Gewirktes *(téchnē on)* genommen habe, Aristoteles als selber Schaffendes und Wirkendes und in eins damit als sich selber Erschaffendes und Bewirkendes. Für Platon stelle die Natur ein Produkt dar, für Aristoteles eine Produktion, oder, um scholastische Termini zu verwenden, für den einen sei sie eine erschaffene Natur *(natura naturata)*, für den anderen eine erschaffende *(natura naturans)*. Allerdings handelt es sich hier um eine grobe und damit in gewisser Weise verstellende Kennzeichnung. Denn Platons Natur oder Kosmos ist nicht wie später in christlicher Auslegung im strengen Sinne und realiter Produkt eines Produktionsprozesses, nämlich des göttlichen Schöpfungsvorgangs, sondern lediglich imaginäres Produkt. In Wahrheit ist seine Natur ewig, immer schon existierend, und nur die Verständigung über ihre Aufbaugesetze und Konstruktionsprinzipien orientiert sich am technischen Modell. Dieses im Hintergrund stehende Produktionsmodell ist in der Tat nicht mehr als ein Modell und die auf ihm basierende technische Naturauffassung nicht mehr als ein hermeneutischer Verstehensbegriff. Technik fungiert hier als Reflexionsbegriff.

Aristoteles selbst hat nicht wenig dazu beigetragen, das Bild einer Differenz, ja eines Gegensatzes zwischen sich und Platon aufzubauen nicht nur durch seine Selbstdarstellung, sondern auch durch seine Platon-Kritik. Was Aristoteles bekanntlich an Platon moniert, ist dessen angebliche Hypostasierung der Ideen, einhergehend mit einem Chorismos zwischen Ideen- und Sinnenwelt. Das damit auftretende Problem einer Zwei-Welten-Theorie, im Grunde einer Unendlichkeit von Welten, die sich im Regress einstellen, versucht er durch Immanentisierung der Ideen zu vermeiden. An die Stelle der ausgelagerten Ideen *(eídē chōristá)*[78] treten bei ihm die den Sinnendingen immanenten Ideen *(eídē en hýlē)*, die nirgends anders existieren als *in* den Dingen selbst.

Auch wenn Aristoteles damit einen schwachen Punkt der platonischen Theorie trifft, der Platon selbst nicht verborgen geblieben ist, wie die wiederholte Behandlung dieses Problems in verschiedenen seiner Dialoge *(Parmenides, Timaios)* zeigt, lässt doch gerade der *Timaios* erkennen, dass eine isolierte Existenz der Ideen nicht gemeint sein kann; denn dies würde zu einem zweiten Universum neben dem sinnlichen Universum führen, wenn nicht gar zu einer unendlichen Vielzahl von Universa, dadurch dass immer zwei derselben in einem dritten vermittelt werden müssten und so *in infinitum*. Dies jedoch widerspräche der Vorstellung eines einzigen, allumfassenden Universums.

Nichtsdestoweniger hat der platonische Ansatz einer Extrapolation der Ideen *in abstracto* gegenüber der Interpolation bei Aristoteles den Vorteil, das formale Theoriesystem für sich, unabhängig vom Realsystem, darstellen und behandeln zu können. Wenn Platon mit der Unterscheidung von formalem und realem System einen Schritt über das magisch-mythische Naturverständnis mit seiner ungeschiedenen Einheit und Ganzheit hinausgeht, so fällt Aristoteles mit seiner Insistenz auf der Immanenz der Ideen wieder dahinter zurück, indem seine Theorie sich wieder mehr an das magisch-mythische Naturverständnis anlehnt. Allerdings stellt auch Aristoteles' Konzeption nicht einfach einen Rückfall dar, setzt sie doch die platonischen Distinktionen, sowohl die ontologischen wie die epistemologischen, die Unterscheidung von Ideen- und Sinnenwelt sowie, darauf basierend, die Unterscheidung von Verstand und Wahrnehmung voraus, wohingegen in der magisch-mythischen Naturauffassung alles in ungeschiedener Einheit bleibt: intelligible und sinnliche Welt, Theorie und Praxis. Gleichwohl erscheint Aristoteles bei einem Vergleich mehr als Realist und Empiriker, der die Natur als solche hinnimmt und auf sich beruhen lässt, Platon – bei aller Vorläufigkeit der Rede – mehr als Idealist und Theoretiker, der die Natur zum Zwecke der Verständigung konstruiert.

Und noch in einem anderen Punkt unterscheidet sich Aristoteles von Platon: Die unterschiedliche Auffassung der Stellung der Ideen zur Sinnenwelt zieht eine je verschiedene Auffassung der Genese der Sinnenwelt nach sich. Tritt die Genese bei Platon in Analogie zum künstlerischen oder handwerklichen Herstellungsprozess auf und kommt ihr lediglich die Funktion eines hermeneutischen Verstehensprozesses zu, um nicht mit der Prämisse von der Ewigkeit und Unentstandenheit der Welt zu konfligieren, so wird sie bei Aristoteles zur realen Genese der Naturdinge. Das aristotelische Paradigma ist nicht das technische, sondern das organische der lebendigen, schaffenden, tätigen Natur. Aristoteles gilt nicht nur als Vertreter einer *organischen* Naturauffassung, die in der Natur die Wirkungszusammenhänge akzentuiert und die Natur selbst als einen Wirkungszusammenhang natürlicher Agenten betrachtet, sondern auch als Urheber einer organischen Natur*theorie*. Von der magisch-mythischen Naturauffassung unterscheidet sich seine Konzeption freilich darin, dass sie mit Begriffen und begrifflichen Distinktionen operiert und daher als »Organologie« bzw. »Theorie des Organischen« anzusprechen ist. Denn während die magischmythische Organizität eine ungesonderte Einheit darstellt, basiert die aristotelische auf begrifflichen Differenzierungen, die das Organische gleichsam zerlegen und nachträglich wieder zusammensetzen.

Dennoch wäre es eine Halbwahrheit, Platon als Vertreter eines technischen Modells, Aristoteles als den eines organischen bzw. organologischen zu klassifizieren. Denn auch Platon hat im *Timaios* den Kosmos ein Lebewesen oder, allgemeiner, einen Organismus genannt, und ebenso musste er aufgrund seiner recht verstandenen Ideentheorie, die nicht die isolierte, sondern die immanente Existenz der Ideen in den Dingen annimmt, eine Selbstreproduktion und -reorganisation der Welt unterstellen. Umgekehrt hat sich Aristoteles, wie die nachfolgenden Untersuchungen zeigen werden, durchgehend bei der Verständigung über die Naturprozesse am *téchnē*-Modell orientiert, da dies allein ein Begreifen der Vorgänge gestattet, welche in der Natur bewusstlos ablaufen. Gleichwohl ist nicht zu leugnen, dass beide Philosophen unterschiedliche Akzente setzen. Mag auch ihre Ausgangsposition und Grundlage dieselbe sein, so hat doch Aristoteles anders als Platon unverkennbar Nachdruck auf die Organizität der Natur bzw. auf eine organische Naturtheorie gelegt. Nicht nur entnimmt er seine Beispiele dem biologischen Bereich, nicht nur animiert ihn – den Arzt - das Studium der organischen, belebten Natur zu verschiedenen seiner Theorien, der organische Bereich dient ihm wesentlich als Leitfaden seiner Philosophie. So ist es nicht verwunderlich, dass sich in der Geschichte der Philosophie hylozoistische, vitalistische, naturteleologische, generell organizistische Auffassungen und Theorien stets auf Aristoteles als ihr Vorbild berufen haben.

Abgesehen von der ungeschmälerten Wirkung der aristotelischen Physiologie in der Scholastik, schlossen sich auch in der Renaissance die sogenannten Naturalisten: Bernardino Telesio (1509–1588), Tommaso Campanella (1568–1639), Giordano Bruno (1548–1600) an Aristoteles an, während sich die sogenannten Naturmagier wie: Marsilio Ficino (1433–1499), Giovanni Pico della Mirandola (1463–1494), Giovanni Battista Porta (1535–1615) mehr an die spekulative Philosophie Platons anlehnten. Betonten die Letzteren den statischen, unveränderlichen Aspekt der Natur, so die Ersteren den Gedanken der Veränderlichkeit und Prozessualität. In den folgenden Jahrhunderten waren es die Vitalisten, Paracelsus (1493–1541), Johann Baptiste van Helmont (1579–1644), sein Sohn Franciscus Mercurius van Helmont (1614–1699), Anne Conway, Robert Fludd (1574–1637) u. a., die aristotelisches Gedankengut aufnahmen und verarbeiteten.[79] Den Vitalisten galt die gesamte Natur als belebt, eventuell sogar als fühlend. Materie und Geist vereinigten sich bei ihnen zu einer einzigen wirksamen Lebenssubstanz bzw. Lebenskraft, die als ein selbsttätig wirkendes und schaffendes Wesen auftrat.

Zu Beginn des 20. Jahrhunderts knüpften die sogenannten Neovitalisten Johannes Reinke (1849–1931) und Hans Driesch (1867–1941) an Aristoteles an, mehr zwar durch bloße Übernahme des aristotelischen Kunstbegriffs der Entelechie *(entelécheia)* als durch wirkliche sachliche Bezugnahme. Denn während der Begriff »Entelechie« bei Aristoteles die volle Verwirklichung des der Möglichkeit nach Seienden bezeichnet, das Ins-Werk-Setzen *(enérgeia)* des Möglichen *(dýnamis)*, verwenden die Neovitalisten diesen Terminus zur Bezeichnung einer immanenten Kraft der Materie, die zielstrebig, wenngleich unbewusst, auf ein bestimmtes Ziel wie die Verwirklichung der Form zusteuert. So stattet Driesch die Embryonenanlage mit einer »prospektiven Potenz« aus, die als teleologischer Faktor wirkt und daher von ihm mit dem Ausdruck »Entelechie« belegt wird. Wo immer vitalistische, finalistische Positionen auftreten und mit kausal-mechanistischen Theorien in der Erklärung der Entstehung und Bildung von Organismen oder sogar der ganzen Natur konkurrieren, findet man den Gedanken vertreten, dass das organische Leben in seinen vielfältigen Erscheinungsformen von einer besonderen Lebenskraft *(vis vitalis)* abhänge, und diesen Gedanken glaubt man in der aristotelischen Theorie einer *natura naturans*, einer poietischen Natur, fundiert zu sehen.

Selbst in der jüngsten Ökologiedebatte taucht die Platon-Aristoteles-Kontroverse wieder auf, indem Platon als Vertreter einer mathematisch-konstruktivistischen Naturauffassung hingestellt wird, die mit einem Herrschaftsanspruch über die Natur verbunden ist und deren Verfügbarkeit proklamiert; Aristoteles als Vertreter einer organizistischen, holistischen Naturauffassung, die die lebenserhaltenden und regenerierenden Kräfte betont, einen behutsamen, pfleglichen Umgang mit der Natur fordert, statt Zerstörung Einfühlung und Verstehen verlangt. Dem platonischen *Verfügungswissen* wird das aristotelische *Orientierungswissen* konfrontiert. Gegenüber der heute vorwiegenden Mentalität der Aneignung der Natur durch den Menschen mit ihren oft zerstörerischen, nicht selten selbstzerstörerischen Konsequenzen wird die angeblich auf Aristoteles' Theorie der Selbsttätigkeit der Natur zurückgehende Achtung vor der Natur postuliert. Dies veranlasst Jürgen Mittelstraß zu fordern, dass die Natur »*aristotelischer*«[80] werden müsse, womit er zum Ausdruck bringen will, dass wir lernen müssen, die Natur als poietisch zu begreifen und, sofern sie Teil der menschlichen Praxis ist, in ihrer Selbstständigkeit oder zumindest in ihrer Teilautonomie zu akzeptieren.

Ob Aristoteles wirklich so verschieden von Platon ist, wie er sich selbst geriert und wie es ihm nahezu die gesamte Tradition nachgesprochen hat, muss bezweifelt werden. Eine befriedigende Antwort darauf kann nur eine detaillierte Untersuchung liefern. Zumindest für eine Reihe von Theoremen lässt sich eindeutig ein bewusstes oder unbewusstes, gewolltes oder ungewolltes Missverständnis seitens Aristoteles' nachweisen, so für das Chorismosproblem, nicht minder für Aristoteles' These, Platon habe als Einziger unter den Philosophen die Entstandenheit der Zeit und Welt angenommen.[81] Was bei Platon lediglich Metapher ist, wie die Abtrennung der Ideen von den Sinnendingen oder die Erschaffung der Welt und Zeit durch den göttlichen Demiurgen, wird von Aristoteles wörtlich verstanden und in einer Weise gedeutet, die weder Platons Intention noch seinen Ausführungen entspricht. Damit hängt zusammen, dass Aristoteles oft als eigene Lösung ausgibt, was bei Platon latent oder sogar explizit vorhanden ist, wie z. B. die Immanenz der Ideen in der Sinnenwelt, ihre nur gedankliche Isolierbarkeit, die Organizität der Welt, die Orientierung am *téchnē*-Modell zum Zwecke der Verständigung über den Kosmos, der Teleologiegedanke im Sinne der Vernünftigkeit usw. Aus diesem Grunde stellt sich die neuere Forschung immer mehr die Frage, ob Aristoteles nicht eher als Vollender platonischer Gedanken anzusehen sei statt als deren Opponent, wie er sich selbst charakterisiert hat.[82]

Dennoch gibt es nicht zu übersehende methodische Differenzen zwischen beiden, die in der Konsequenz auch zu sachlichen Differenzen führen. Unzweifelhaft ist Aristoteles mehr Phänomenologe, Induktivist und Empirist, Platon mehr spekulativer Philosoph. Spekulative Gedankengänge, Totalitätskonzeptionen oder auch nur das Verfolgen systematischer Konsequenzen liegen Aristoteles fern. Die Analyse von Detailproblemen wird nur so weit getrieben, wie sie in dem jeweiligen Kontext unerlässlich ist. Alle darüber hinausgehenden, auf systematische Einheit drängenden Fragen werden liegen gelassen. Dies führt bezüglich des Naturbegriffs dazu, dass Aristoteles an den Einzelgegenständen mehr interessiert ist als an der gesamten Natur. Seine Theorie ist, wie oft bemerkt wurde, nicht eine Theorie der Natur, sondern eine Theorie des natürlichen Dinges.

Mit dem Mangel an spekulativer Gesamtschau hängt auch zusammen, dass Aristoteles seine Naturtheorie nicht wie Platon in einem einzigen Werk entfaltet, sondern an mehreren Stellen, vor allem in der *Metaphysik* und der, deren wichtigste das V. *Metaphysik*-Buch, 4. Kapitel, mit der Unterscheidung verschiedener Naturbegriffe, das II. *Physik*-Buch mit der Definition der Naturgegenstände und ihrer Abhebung von Kunstgegenständen sowie dem Gedanken der Naturteleologie und das XII. *Metaphysik*-Buch mit dem Gesamtentwurf des Kosmos sind. Darüber hinaus spielen die kleineren physikalischen und biologischen Schriften, wie *De caelo, De generatione et corruptione, De anima*, eine Rolle.

Im Folgenden soll die aristotelische Naturauffassung unter vier Aspekten näher beschrieben werden: *erstens* im Hinblick auf ihr wesentliches Merkmal: die Genese, *zweitens* im Hinblick auf systemtheoretische Fragen wie die nach den Konstitutionsprinzipien der Naturgegenstände, insonderheit dem teleologischen und seiner Struktur, *drittens* im Hinblick auf die Frage nach der Existenz oder Nichtexistenz einer Naturteleologie, einer partialen wie totalen, und *viertens* im Hinblick auf die Abweichungen von der Naturteleologie durch Zufall, Fügung und Materie.

b) Der Begriff der poietischen Natur und ihr Grundmerkmal: Genese

Der Naturbegriff bildet einen Schlüsselbegriff des II. Buches der *Physik*.[83] Gleich zu Beginn des 1. Kapitels liefert Aristoteles eine eindeutige, über jeden Zweifel erhabene Definition der Natur:

> »Von dem Seienden ist einiges von Natur aus, anderes aus anderen Ursachen, nämlich von Natur aus die Thiere und ihre Theile und die Pflanzen und die einfachen Körper, wie z. B. Erde und Feuer und Luft und Wasser, denn von diesen und dem derartigen sagen wir, daß es von Natur aus sei; es zeigt sich aber, daß all das eben genannte sich in einem Unterschiede gegen das nicht von Natur aus Bestehende befinde, nämlich von allem von Natur aus Seienden zeigt sich, daß es in sich selbst einen Anfang von Bewegung und Stillstand hat, theils in der räumlichen Bewegung, theils in der des Wachsens und Abnehmens, theils in der qualitativen Aenderung ...«[84]

Das Seiende – gemeint ist hier offensichtlich das sinnlich Seiende – zerfällt demnach in zwei Klassen: *erstens* in die Naturgegenstände *(ta phýsei)* und *zweitens* in die Artefakten *(ta di' állas aitías)*,[85] deren Unterschied dahingehend charakterisiert wird, dass die natürlichen Gegenstände das Prinzip der Bewegung und Ruhe in sich selbst haben, die anderen außer sich in der Kunst bzw. Kunstfertigkeit des Künstlers oder Handwerkers.

Im Mittelpunkt der Definition der Naturgegenstände steht das Prinzip der Selbstbewegung und des Sich-selbst-zur-Ruhe-Bringens *(archê kinêseōs kai stáseōs)*, wie es aus dem organischen Bereich bekannt ist; denn Bewegung und Ruhe bezeichnen nicht nur räumliche Phänomene wie Ortsbewegung und Stillstand, sondern auch qualitative Veränderungsprozesse und insbesondere genetische Vorgänge wie Wachsen und Schwund. Es handelt sich im wesentlichen um Prozesse, die wir gemeinhin mit Lebensvollzügen identifizieren. Naturgegenstände sind folglich durch »biologische« Prozesse charakterisiert.

Mit dieser Definition knüpft Aristoteles an das Naturverständnis der Vorsokratiker an, das sich auf eine dreifach gegliederte Formel bringen lässt, derzufolge Natur *erstens* die Gesamtheit der Naturerscheinungen, das All der sinnlich wahrnehmbaren Dinge, meint, *zweitens* die Urgegebenheit,[86] aus der das All der Naturerscheinungen hervorgeht und in die es wieder zurückgeht, und *drittens* die Genese, das Hervorgehen der Vielheit aus der Einheit bzw. der Rückgang der Vielheit in die Einheit. Den Leitaspekt bildet auch hier das Werden in seiner Doppelung von Entstehen und Vergehen. Ausgeführt wurde schon an früherer Stelle, dass *phýsis*, hergeleitet vom Verb *phýesthai, phŷnai*, ursprünglich aus dem biologischen Bereich stammt und das pflanzliche Werden, Wachsen und Gedeihen, überhaupt das organische Erzeugtwerden meint.

Die Idee des Werdens *(génesis)* und Wachsens *(phýesthai)* ist auch für Aristoteles leitend bei der Zusammenstellung und Klassifikation der diversen Naturdefinitionen im V. Buch der *Metaphysik*, 4. Kapitel,[87] dem sogenannten Definitionsbuch, in dem er die zu seiner Zeit sowohl im alltäglichen wie im wissenschaftlichen und philosophischen Sprachgebrauch gängigen Naturdefinitionen katalogisiert. An erster Stelle nennt er die Genese des Wachsenden *(hē tōn phyoménōn génesis)* (1), also den Entstehungs- und Wachstumsprozess selbst. Es folgen zwei damit zusammenhängende Definitionen, von denen die eine das Woraus *(ex hou phýetai próton)* (2), die andere das Woher *(hóthen hē kínēsis hē prôtē)* (3) der für Naturgegenstände charakteristischen Prozessualität nennt. Die übrigen Definitionen bestimmen die Natur einmal als Stoff *(hýlē)* (4), der in den Wachstumsprozess eingeht und sowohl das konkrete Material wie auch die Grundstoffe: Erde, Wasser, Luft und Feuer umfasst, und zum anderen als Form *(eídos)* bzw. Gestalt *(morphê)* oder Wesen *(ousía)* (5), die dem Prozess das Ziel vorgeben. Im übertragenen Sinne wird schließlich das Wesen aller Gegenstände einschließlich der künstlichen »Natur« genannt (6). Obwohl Aristoteles eine Systematik der mehr oder weniger willkürlich aufgegriffenen Definitionen unter dem dominanten Begriff seiner Philosophie, dem Wesen *(ousía)*, anstrebt, das er auch hier zur Hauptbedeutung erklärt, von der her sich alles Übrige erschließt, insofern das Wesen nicht nur das Ziel des Entstehungs- und Wachstumsprozesses bezeichnet, sondern auch die Prozessquelle sowie den zwischen Ursprung und Ziel sich vollziehenden Prozess und schließlich auch den Stoff bestimmt, der in dem Entstehungs- und Wachstumsprozess das Wesen annehmen soll, bleibt doch in diesem ganzen Vorgang das organische Werden und Wachsen leitend; ohne es wäre auch das Wesen in seinen diversen Funktionen nicht verständlich. Ursprung und Ziel des Wachstumsprozesses ebenso wie Bestimmungsgrund desselben einschließlich der Materie, die in dem Prozess steht, kann das Wesen nur sein, wenn es an diesen Prozess gebunden ist.

Vor diesem Hintergrund ist auch die Definition der Naturgegenstände im II. *Physik*-Buch, 1. Kapitel,[88] zu verstehen, wenn dort auf das Prinzip der Selbstbewegung sowie auf die entsprechende Fähigkeit, sich selbst zur Ruhe zu bringen, abgehoben und die Natur damit als eine selbsttätig wirkende, als poietische Natur, hingestellt wird. Es ist klar, dass diese Definition die Fähigkeit der Naturgegenstände, Einwirkungen und Bewegungen von anderem – sei es von anderen Naturgegenständen, sei es durch menschliche Technik – zu erfahren und sich hierbei passiv zu verhalten, nicht ausschließt. Konstitutiv für die Definition der Naturgegenstände ist jedoch ihre Fähigkeit, von sich aus in Bezug auf sich selbst (und auf anderes) Bewegung und Ruhe zu initiieren. Entscheidend für ihr Verständnis ist das Bewegen, nicht das Bewegtwerden. Die hier zur Definition herangezogenen Begriffe der Bewegung *(kínēsis)* und Ruhe *(stásis* bzw. *eremía)*[89] fungieren als Oberbegriffe für eine Vielzahl von Bewegungs- und Ruhearten: *erstens* für Ortsbewegung als räumliche Relationsänderung *(phorá)*, *zweitens* für qualitative Veränderung, meist *metabolē* oder *alloíōsis* genannt, und *drittens* für Wachstum und Schwund *(aúxēsis* und *phthísis)*, was soviel bedeutet wie quantitative Zu- und Abnahme, etwa Volumenvergrößerung und -verkleinerung. Entsprechend bezeichnet Ruhe nicht nur *erstens* den örtlichen Stillstand und das Verharren an einem Ort oder in einer Position, sondern auch *zweitens* das Ende eines qualitativen Veränderungsprozesses wie *drittens* den Abschluss und die Vollendung des Wachsens und Schwindens.

Nun könnte man versucht sein zu meinen – nicht zuletzt im Blick auf die Tradition, an die Aristoteles anschließt –, dass das Prinzip der Bewegung und Ruhe, das Naturgegenstände definiert, ausschließlich für jenen Bereich gelte, den wir heute als organischen bezeichnen, nämlich für Pflanzen, Tiere und Menschen, und in der Tat ist dies der Bereich, der sich als unerschöpfliches Reservoir für Beispiele erweist. Menschen, sofern sie imstande sind, aufzustehen, zu gehen und sich wieder hinzusetzen und auszuruhen, Tiere, sofern sie imstande sind, aufzuspringen, loszulaufen und sich wieder hinzulegen, haben ein Prinzip der Bewegung und Ruhe in sich. Pflanzen, sofern sie ihre Blätter nach dem Sonnenlicht ausstrecken und ihre Wurzeln in den Erdboden treiben, haben ebenfalls ein Prinzip der Bewegung und Ruhe in sich. Außerdem ist alles Organische dadurch gekennzeichnet, dass es einen Entwicklungsprozess durchmacht, indem es aus dem Samen, dem Keimling, dem Spross, dem Trieb usw. zur voll ausgewachsenen Pflanze, zum voll entwickelten Tier oder Menschen heranreift und erst dann zur Ruhe gelangt, wenn es seine Vollendung in der voll ausgebildeten Gestalt gefunden hat. Doch damit ist der Bereich der Naturgegenstände nicht erschöpft. Zu ihm zählen auch die Elemente sowie das aus ihnen Zusammengesetzte oder Gemischte *(miktá)*,[90] also die anorganische Natur. Dass auch diese Gegenstände ein Prinzip der Bewegung und Ruhe in sich haben, mag vom Standpunkt der neuzeitlichen Physik befremden, nicht jedoch von dem der aristotelischen Phänomenologie; denn für diese haben alle natürlichen Körper ihren natürlichen Ort: die schweren unten wie Erde und Wasser, die leichten oben wie Luft und Feuer. Werden sie wider ihre Natur durch Gewalt *(bía)* von ihrem natürlichen Ort entfernt, so streben sie ihm wieder zu und finden erst dann ihre natürliche Ruhe, wenn sie ihn wieder erreicht haben. So fällt ein aufgehobener Stein zur Erde, wenn er losgelassen wird, eingepresste Luft entweicht nach oben, sobald das Hindernis entfällt, ebenso steigt eingeschlossenes Feuer auf, sobald das Hemmnis beseitigt wird. Die Naturgegenstände im aristotelischen Sinne umfassen daher sowohl Organisches wie Anorganisches.

Außer den vier Elementen der sublunaren, tellurischen Sphäre kennt Aristoteles noch ein fünftes Element, den Äther,[91] aus dem der Fixsternhimmel und das Planetarium besteht. Da sich dieser Stoff, wie die Planetenbewegungen zeigen, in ständiger Rotation befindet, scheint er nur das Prinzip der Bewegung, nicht das der Ruhe in sich zu haben. Der Schein trügt jedoch; denn gerade die Kreisbewegung gilt nicht allein im metaphorischen Sinne, sondern im realen als vollkommene Bewegung. Sie hat das Telos nicht außer sich als anzustrebendes, sondern in sich als immer schon realisiertes. Von hier erklärt sich, dass jeder Punkt der Kreisbewegung zugleich Anfang wie Ende der Bewegung ist. Jeder Anfang ist zugleich Ende der alten Bewegung und jedes Ende Anfang einer neuen Bewegung. Hinzu kommt, dass der rotierende Körper trotz seiner Bewegung an derselben Stelle verharrt, so dass es auch von hier gerechtfertigt ist, ihm gleichermaßen Ruhe wie Bewegung zuzusprechen.

Wenn Aristoteles eine Einteilung der Naturgegenstände vornimmt, so bezieht er sich nicht wie wir heutigentags auf den Unterschied von Anorganischem und Organischem, sondern auf den von Zölestischem (am Himmel Befindlichem) und Sublunarem (unterhalb des Mondes Befindlichem), von denen das erste durch Ewigkeit der Bewegung, das letzte durch Veränderlichkeit der Bewegung gekennzeichnet ist. Auf dieser Einteilung der Sphären, ergänzt um die transzendente, übersinnliche Sphäre des unbewegt Bewegenden, basiert die Gesamtsystematik des Seienden, sowohl des sinnlichen wie des übersinnlichen, die Aristoteles im XII. *Metaphysik*-Buch entwirft, an einer der wenigen Stellen, in denen er das Ganze des Kosmos vor Augen hat.[92] Auffällig ist, dass es im *Corpus Aristotelicum* eine Vielzahl von Stellen gibt, in denen der sinnliche Kosmos und die Vorgänge in ihm mittels organischer Termini beschrieben werden oder in denen biologisches Gedankengut anklingt. Nicht nur wird der Weltraum biologisch begründet, wenigstens mitbegründet,[93] auch der ewige Weltprozess wird als eine Art »Leben des gesamten von Natur Bestehenden«[94] bezeichnet. Die naturgemäßen Bewegungen der Elementarkörper werden den lebendigen, organischen Bewegungen angenähert. Eine Reihe von Bewegungsarten entstammt ursprünglich dem biologischen Bereich und wird von dort auf andere Phänomene übertragen, in anderen schwingt Biologisches zumindest mit. So bedeuten *aúxēsis* und *phthísis* primär Wachstum und Schwund, erst sekundär Zu- und Abnahme. *Kínēsis* hat auch die Bedeutung von Fortbewegung der Lebewesen, *alloíōsis* (Veränderung) kann Affektion heißen. Lebendigkeitsmomente haften ebenfalls dem Gestaltbegriff *(morphē)* an, insofern *morphē* die gewordene bzw. die sich entwickelnde Gestalt bedeutet, und schließlich wird auch der Materie ein eingepflanzter Trieb der Veränderung *(hormē metabolēs émphytos)*[95] zugesprochen oder von ihr gesagt, dass sie ein Begehren und Streben *(ephíesthai* und *orégesthai)*[96] besitze.

Dieser Sachverhalt ist schon mehrfach konstatiert und von J. M. Le Blond[97] eigens thematisiert worden. Es dürfte richtig sein, dass Aristoteles dabei nicht einfach die Sonderverhältnisse des organischen Bereichs auf den anorganischen überträgt, sondern dass er grundsätzlich am biologischen Modell orientiert ist und daher auch bei der Vollbestimmung der anorganischen Naturgegenstände biologische oder quasibiologische Momente heranzieht. Diese Beobachtung überrascht nicht, wenn man bedenkt, dass sich das philosophisch-wissenschaftliche Naturverständnis aus dem magisch-mythischen Weltbild entwickelt hat, das in der Natur einen lebendigen Organismus sieht. Erinnert sei ebenfalls an Platons Bestimmung des Kosmos als *zōon*, als Lebewesen. Diesem Denkmuster bleibt auch Aristoteles verhaftet. Wenn er sich von seinem unmittelbaren Vorgänger Platon zu lösen versucht, so geschieht dies in zwei Punkten: Einer besteht darin, dass bei Platon Leben und Organisation des Einzelorganismus in der individuellen Seele fundiert sind – die Seele gilt als belebendes, organisierendes Prinzip – und Leben und Organisation des Gesamtkosmos in der Weltseele bzw. metaphorisch im Demiurgen. Demgegenüber schränkt Aristoteles die Seelentätigkeit, wie aus *De anima* hervorgeht, auf die speziellen Leistungen des vegetativen, sensitiven und intellektuellen Vermögens ein und benutzt diese zugleich zur Gliederung der Lebewesen in Pflanzen, Tiere und Menschen. Die Beschränkung der Seelenfunktionen auf den genannten Komplex entspricht unserem heutigen Verständnis von Lebendigkeit. Sollten wir die Kriterien des Lebens benennen, so würden wir auf Vorgänge der Fortpflanzung, des Wachstums und Vergehens sowie der Empfindung und der Kognition verweisen. Mit dieser Einschränkung aber werden große Bereiche von Gegenständen, die als beseelt und belebt galten, entseelt. An die Stelle der Weltseele und des Demiurgen mit ihrer belebenden, organisierenden Kraft tritt bei Aristoteles die *phýsis*. Sie stellt »die direkte Nachfolgerin« der beiden Ersteren dar, wie W. Theiler[98] es ausgedrückt hat. Sie erbt die Funktionen der Weltseele und des Demiurgen, indem auf sie das platonische Prinzip der Selbstbewegung übertragen wird.

Ein zweiter Unterscheidungspunkt zwischen Platon und Aristoteles besteht in der Bestimmung des Verhältnisses von Natur- und Kunstgegenständen wie überhaupt von Natur und Kunst. Während Platon grundsätzlich am *téchnē*-Modell orientiert ist und die Natur epistemologisch zum Zwecke der Verständigung diesem unterstellt, ist Aristoteles prinzipiell am biologischen Modell orientiert. Dies führt zunächst zu einer Konfrontation von Natur- und Kunstgegenständen dergestalt, dass die einen das Prinzip der Bewegung und Ruhe in sich selber haben, die anderen außer sich in einer fremden Ursache, dem Künstler oder Handwerker. Dennoch kann auch Aristoteles nicht darauf verzichten, beim Versuch, die poietische Natur zu begreifen, seine Orientierung an der handwerklichen *téchnē* zu nehmen, d. h. die Natur bei einer Verständigung über sie dem *téchnē*-Modell zu unterwerfen.

c) Das teleologische Prinzip und seine Struktur

Um etwas über die Struktur der Naturgegenstände sowie ihre Ordnung und Systematik untereinander auszumachen, muss auf ihre Konstitutionsprinzipien, die *aitía*, zurückgegangen werden. Nachdem Aristoteles im 1. Kapitel des II. *Physik*-Buches die Naturgegenstände definiert und von den Artefakten abgehoben hat, geht er im 3. Kapitel auf ihre Konstitutionsbedingungen ein, allerdings zunächst auf die aller Gegenstände. Platons Aitiologie aus dem *Phaidon* aufnehmend und weiterführend – wobei die Weiterführung hauptsächlich die schulmäßige Formulierung, weniger die inhaltliche Weiterbestimmung betrifft –, nennt Aristoteles als Ursachen: *erstens* die Materie bzw. den Stoff *(hýlē)*, *zweitens* die Form bzw. Gestalt *(eídos, morphḗ, parádeigma, ousía, to ti ēn eínai)*, *drittens* das Prinzip der Bewegung und Ruhe *(archḗ kinḗseōs kai stáseōs)* und *viertens* den Zweck *(télos hou héneka)* und illustriert sie an Beispielen. Beispiele für die Materie von Gegenständen sind das Silber einer Schale oder das Erz einer Statue, insbesondere aber die vier Elemente sowie deren Zusammensetzungen. Als Beispiele für Form gelten nicht nur alle Artbegriffe, sondern auch alle übergeordneten Gattungsbegriffe, z. B. »Baum« als Oberbegriff von Tanne, Buche, Eiche, ebenso nicht nur Formen und Gestalten von natürlichen und künstlichen Gegenständen, sondern auch deren formale, gesetzmäßige Verhältnisse einschließlich der mathematischen, z. B. das Verhältnis 2 : 1 für eine Oktave, wie überhaupt die gesamte Zahlenreihe, also die gesamten arithmetischen und geometrischen Verhältnisse. Beispiele für den dritten Ursachentyp sind der Vater als biologische Ursache des Kindes oder der Ratgeber als geistiger Urheber von Plänen und Werken, und als Beispiel für eine Zweckursache wird die Gesundheit genannt, um deretwillen man einen Spaziergang unternimmt. Analog könnte man auch die Ordnung des Kosmos als Zweck angeben, um deretwillen etwas geschieht oder sich in bestimmter Weise verhält, ebenso ein Kunstwerk, um dessentwillen etwas in bestimmter Weise arrangiert wird.

Die Tatsache, dass Aristoteles die Ursachentheorie nirgends hinsichtlich der Art und Zahl der Ursachen begründet, lässt darauf schließen, dass er sie als ausgearbeitete Theorie vorfand – genauer, von Platon übernahm – und jeder Legitimation für überflüssig erachtete; dies enthebt jedoch nicht, gewisse kritische Fragen nach Vollständigkeit und Status zu stellen. Handelt es sich überhaupt um ein exhaustives System notwendiger Realgründe oder um eine mehr rhapsodische Auflistung von Topoi, die als methodische Hilfsmittel zur Einteilung und Gliederung dienen und nichts anderes als Reflexionsbegriffe und allgemeine Typisierungsbegriffe sind? Diese Frage wird in der Aristoteles-Forschung kontrovers beantwortet.« Zusammen hängt damit eine zweite Frage, nämlich die, ob die Ursachen gleichursprünglich und insofern gleichrangig sind oder ob innerhalb ihrer eine Rangordnung dahingehend besteht, dass das teleologische Prinzip eine Priorität vor den anderen besitzt und als höchstes und bedeutendstes gilt unter Berufung auf eine Stelle des II. *Physik*-Buches.[100] Auch hierüber gehen in der Aristoteles-Rezeption die Meinungen auseinander.[101]

Obwohl sämtliche Ursachen zur Konstitution von Gegenständen unerlässlich sind, scheinen doch drei von ihnen enger zusammenzugehören, und zwar Form, Wirkursache und Zweck.[102] Von ihnen fallen zunächst Form und Zweck numerisch wie eidetisch zusammen, so dass, was immer als Form auftritt, auch als Zweck fungiert, und was immer als Zweck auftritt, eine Form darstellt.[103] Einen Beweis allerdings bleibt Aristoteles schuldig, jedoch fügt sich die Identifikation von Form- und Zweckursache in das platonische Erbe des Aristoteles ein, gilt doch für Platon die Form der Gegenstände, die deren Wesen und eigentliches Sein artikuliert, immer auch als Ziel und Abschluss (Vollendung), in dem die Dinge ihre Selbstverwirklichung finden.[104] Das Verständnis dieser antiken Teleologie erschließt sich nur, wenn man sich vom heutigen Finalismusverständnis löst, das zwar an Aristoteles anknüpft, wenngleich in sehr lockerer Weise, aber im christlichen Horizont erfolgt. Aus christlicher Sicht gilt die Welt als Geschöpf Gottes und somit als Verwirklichung eines weisen, gütigen Plans, so dass in allen Dingen und hinter allen Dingen ein tieferer, verborgener Sinn vermutet, mit allen Dingen eine göttliche Absicht verbunden wird. Von solchen Vorstellungen ist die platonisch-aristotelische Konzeption gänzlich frei. Telos-Philosophie bedeutet hier Eidos-Philosophie. Als Strukturphilosophie ist sie entweder Gestalterkenntnis oder wie in ontogenetischen und poietischen Zusammenhängen Gestaltwerdung.[105] Mit der Form, die zugleich Zweck ist *(eídos hou héneka)*, sind also nicht Formen und formale Verhältnisse gemeint, sofern in ihnen ein tieferer Sinn verborgen ist, sondern, sofern sie in ihrer vollen Verwirklichung das bezeichnen, was gut bzw. das Beste ist; denn die Zwecktheorie, wie sie von Platon auf der Basis anaxagoreischer Gedankengänge entwickelt und von Aristoteles übernommen wird, fragt, warum es für jedes Einzelne wie für das Ganze das Beste sei, so zu sein, wie es ist, und sich so zu verhalten, wie es sich verhält.[106]

Vor diesem allgemeinen Hintergrund einer Identifikation von Form und Zweck zeigt sich der Unterschied von Natur- und Kunstgegenständen darin, dass bei den Ersteren mit Form und Zweck noch das Prinzip der Bewegung und Ruhe zusammenfällt, bei den Letzteren hingegen nicht. Auf diese Weise resultieren zwei verschiedene Teleologietypen, von denen der eine an den Prozess gebunden ist und als prozessualer auftritt, folglich eine Prozessteleologie begründet, der andere grundsätzlich außerhalb der Prozessualität steht, zwar mit ihr nachträglich verbunden werden kann, jedoch zunächst unabhängig von ihr ist und daher zu einer Unterscheidung von Zweckbetrachtung und Zweckverwirklichung nötigt. In Bezug auf das Eidos könnte man auch sagen, dass der eine in Gestaltverwirklichung, der andere in Gestaltreflexion besteht.

Unschwer wird man in dieser Differenz eine Antizipation der kantischen Unterscheidung von innerer objektiver Naturzweckmäßigkeit und formaler Zweckmäßigkeit erkennen, wie sie in der *Kritik der Urteilskraft* entwickelt wird, die erstere in § 64 ff, die zweite in der Einleitung, besonders in den Kapiteln 4 und 5. Nicht nur Organismen oder, in Kants Terminologie, organisierte Wesen, die analog zu Kunstwerken zu betrachten sind, unterstehen dem Gedanken der Zweckmäßigkeit, sondern auch das Stufensystem formaler Naturgesetze, in welchem sich graduell die spezielleren Gesetze aus den allgemeineren ergeben und umgekehrt die spezielleren zu immer allgemeineren zusammenfassen lassen. Beide Arten erwecken den Eindruck, als ob sie von einem weisen Urheber nach einem entsprechenden Plan arrangiert worden seien. Allerdings begründen sie bei Kant nur regulative, nicht konstitutive Prinzipien, d. h. nur heuristische Prinzipien der reflektierenden Urteilskraft, während sie bei Aristoteles offensichtlich nicht nur der methodischen Verständigung und Reflexion dienen, sondern eine reale, konstitutive Funktion haben. In der Aristoteles-Forschung ist die Unterscheidung zweier Telosbegriffe durchgehend verkannt worden.[107] Wolfgang Wieland[108] bestreitet sogar energisch einen Zusammenhang der Stufenordnung des Kosmos mit dem Teleologiegedanken, da Letzterer einen Bedingungszusammenhang fordere, der in der hierarchischen Ordnung nicht gegeben sei. Dieses Urteil verkennt jedoch den Bedingungszusammenhang, den auch das formale, begriffliche System darstellt.

Beim Versuch, die Teleologie zu verstehen und Genaueres über ihre Struktur zu erfahren, sieht man sich, auch im Kontext teleologischer Naturprozesse wie der Ontogenesen, auf den zweiten Typus von Teleologie verwiesen, der Zweckreflexion und Zweckrealisation trennt. Das hängt mit einer Schwierigkeit des ersten Zwecktypus zusammen; denn wie könnte eine noch nicht voll entwickelte Gestalt, die erst Ziel eines Prozesses ist, eben diesen Prozess von Anfang an leiten und durchgehend strukturieren? Sie existiert ja noch gar nicht, so dass innerhalb der reinen Zwecktätigkeit dieser Vorgang gänzlich unverständlich bliebe. Erschließen kann er sich erst im Rahmen eines Zweckbewusstseins, wie es künstlerische und technische Prozesse leitet, die von Vernunft bzw. Verstand, Vorsatz usw. bestimmt werden, bei denen die Vorstellung von der Endgestalt den Prozess in allen seinen Stadien dirigiert und die Wahl der Mittel leitet.[109] Nicht zufällig findet sich daher die einzige ausführliche Strukturanalyse der Teleologie im Kontext »künstlicher« Prozesse in *Metaphysik VII, 7*. Es geht in diesem Beispiel um die Wiederherstellung der Gesundheit. Da diese auf ärztlicher Wissenschaft und Kunst basiert, ist der Genesungsprozess ein Begriff der Wissenschaft, der vorab in der Vorstellung des Arztes existiert und seine Anweisungen leitet.

»Es entsteht nun das Gesunde durch folgenden Gang des Denkens. Da das und das Gesundheit ist, so muß, wenn dieses gesund werden soll, dieses Bestimmte stattfinden, z. B. Gleichmaß. Soll aber dies stattfinden, so muß Wärme vorhanden sein. Und so schreitet man im Denken immer fort, bis man zuletzt zu dem hingelangt, was man selbst hervorbringen kann. Dann wird nun die von hier ausgehende und zum Gesundmachen fortschreitende Bewegung Werktätigkeit *(poíēsis)* genannt. Es ergibt sich also, dass gewissermaßen die Gesundheit aus der Gesundheit hervorgeht, und das Haus aus dem Hause, nämlich das Stoffliche aus dem Nichtstofflichen; denn die Heilkunst und die Baukunst ist die Form der Gesundheit und des Hauses, Wesen ohne Stoff aber nenne ich das Sosein. Das Werden und die Bewegung heißen teils Denken *(nóēsis)*, teils Werktätigkeit *(poíēsis)*; nämlich die vom Prinzip und der Form ausgehende Bewegung Denken, dagegen diejenige, welche von dem ausgeht, was für das Denken das Letzte ist, heißt Werktätigkeit; dasselbe gilt auch von jedem anderen, das zwischen dem Anfangs- und Endpunkte liegt. Ich meine z. B. so: Wenn dieser gesund werden soll, so wird er in Gleichmaß kommen müssen. Was heißt nun in Gleichmaß kommen? Das und das. Dies wird aber stattfinden, wenn er in Wärme kommt. Was heißt nun aber dies? Das und das. Dies ist aber dem Vermögen nach vorhanden, und dies steht bereits in unserer Gewalt. Das Werktätige nun und das, wovon die Bewegung des Gesundmachens ausgeht, ist, wenn es durch Kunst geschieht, die Form in der Seele *(to eídos ... to en tē psyché)*; geschieht es aber von ungefähr, so liegt der Ursprung der Bewegung in demjenigen, was bei dem der Kunst gemäß Werktätigen den Anfang der Tätigkeit ausmacht; wie man beim Heilen den Anfang etwa mit dem Erwärmen und dies durch Reibung hervorbringt. Die Wärme nun in dem Körper ist entweder ein Teil der Gesundheit, oder es folgt ihr selbst unmittelbar oder durch mehrere Mittelglieder etwas der Art, was ein Teil der Gesundheit ist. Dieses Werktätige ist das Äußerste (Letzte) und ist der so beschaffene Teil der Gesundheit; ebenso sind es beim Hause z. B. die Steine und so bei allem andern. Es ist also, wie man gewöhnlich sagt, unmöglich, daß etwas werde, wenn nicht schon etwas vorher vorhanden war. Daß also ein Teil notwendig vorhanden sein muß, ist erkennbar; denn der Stoff ist ein Teil, er ist in dem Werdenden vorhanden und er wird. Aber auch von dem im Begriff Enthaltenen muß etwas vorher vorhanden sein.«[110]

Aristoteles unterscheidet hier zwei Bewegungsrichtungen: eine der Denkbewegung *(nóēsis)*, die von dem zu erreichenden Ziel – hier der Gesundheit, im anderen Beispiel dem Haus – ausgeht und von dort auf die Anfangsbedingungen und Voraussetzungen zurückgeht, und eine der Handlung *(póiēsis)*, die umgekehrt von den Bedingungen und Voraussetzungen zum Ziel voranschreitet. Was für die Handlung das Letzte ist, ist für das Denken das Erste und umgekehrt.

Der poietische Prozess, der der Herstellung eines bestimmten angestrebten Zustands oder der Verwirklichung einer bestimmten Absicht dient, setzt zunächst einmal einen Plan oder Entwurf des Intendierten im Denken des Wissenschaftlers oder in der Überlegung des Künstlers und Handwerkers voraus, da dieser den Realisationsprozess von Anfang an bis zu seiner Vollendung leiten soll. Es ist dies der Plan oder Entwurf einer Gestalt wie beim Haus oder eines formalen Verhältnisses wie bei der Gesundheit. Da die Gestalt stets ein Ganzes aus Teilen ist, die in bestimmter Weise arrangiert sind, also ein spezifisches Ganzes aus Teilen, und Entsprechendes auch für das Verhältnis gilt, das eine Beziehung bzw. Verbindung von Teilen untereinander ist,[111] der Prozess aber dem jeweiligen Ganzen und dem jeweiligen Verhältnis gemäß eingerichtet werden muss, ist von der vollendeten Gestalt bzw. vom realisierten Verhältnis aus rückläufig auf die Teile und Bedingungen zu schließen, bis eine Anfangsbedingung erreicht ist, die entweder schon realisiert ist oder deren Realisierung in unserer Macht steht. Von dort an kehrt sich der Prozess um, indem nun im Ausgang von der Anfangsbedingung sukzessiv die übrigen Teile oder Bedingungen hinzugefügt werden, so lange, bis die Gestalt bzw. das Verhältnis realisiert ist. Auf diese Weise konstituiert sich zwischen den Bedingungen und dem Bedingten, der vollendeten Gestalt bzw. dem vollendeten Verhältnis, ein Bedingungsverhältnis, das einfach oder kompliziert sein kann, meist eine ganze Kette von Gründen und Folgen gemäß der Wenn-dann-Beziehung enthält. Im einfachsten Falle, beim Haus, lässt sich das Verhältnis zwischen Teilen und Ganzem als ein Inklusionsverhältnis denken, dergestalt dass die Ziegelsteine das Material bilden, aus dem das Haus geformt ist. Bei komplizierteren Verhältnissen wie im Falle der Gesundheit handelt es sich eher um ein Grund-Folge-Verhältnis, das sich über Stufen realisiert, etwa so, dass die Voraussetzung der Gesundheit eine bestimmte innere Harmonie, ein Gleichgewichtszustand oder Gleichmaß, ist und die Voraussetzung für diese ein gleichmäßiger Wärmezustand usw., so dass Wärme z. B. als Anfangsbedingung für die Herstellung von Gesundheit gilt.

Dieses auf Planung, Überlegung und Nachdenken basierende *téchnē*-Modell läßt sich auf die teleologischen Prozesse der Natur mit ihrer reinen Zwecktätigkeit übertragen. Dabei muss sich notwendig die Frage stellen, ob es sich hier um die bloße Übertragung eines bewussten und planenden, Zwecke setzenden und verfolgenden Handelns auf unbewusste Naturvorgänge zum Zwecke ihrer Verständigung handle, woraus folgte, dass der Finalitätsgedanke ein bloß methodisches, heuristisches Prinzip, ein Reflexionsbegriff, wäre. Die Alternative wäre eine Strukturidentität von *téchnē* und *phýsis* bzw. Zweckbewusstsein und Zwecktätigkeit. Aristoteles vertritt die letztere These und versucht sie durch ein Gedankenexperiment zu stützen, das auf die Austauschbarkeit von Kunst- und Naturprodukten abzielt.[112] Angenommen, ein Kunstprodukt wie ein Schiff oder ein Haus hätte die Ursache seiner Entstehung in sich wie ein Naturprodukt und nicht außerhalb seiner im Architekten oder Schiffsbauer, so würde es doch auf dieselbe Weise entstehen müssen, wie es jetzt entsteht. Ebenso würde für Naturgegenstände gelten, dass für den Fall, dass sie Kunstprodukte wären und durch Menschenhand hergestellt würden, ihre Anfertigung auf dieselbe Weise zu geschehen hätte wie jetzt.

Nebenbei bemerkt nimmt Aristoteles mit dem letzteren Gedanken ein höchst aktuelles Problem der modernen Technik vorweg, nämlich die Frage, ob und wieweit technische Produkte wie Automaten, Computer, Roboter usw. an die Stelle von Menschen treten können, ob und wieweit Technik Natur ersetzen könne, indem sie die für diese typischen teleologischen Prozesse nachahmt.

Die Strukturidentität von *téchnē* und *phýsis* versucht Aristoteles weiterhin durch die Überlegung zu erhärten, dass auch die kunstvollen Erzeugnisse der Tiere, etwa das kunstvolle Netz einer Spinne oder der kunstvolle Nestbau eines Vogels, Verstand, zumindest etwas dem Verstand Analoges, vorauszusetzen scheinen. Selbst in Bereichen, denen niemand Verstand oder ein Analogon wird zusprechen wollen wie dem pflanzlichen, scheint das kunstvolle Arrangement der Blütenblätter um den Fruchtstand und der grünen Blätter um jene auf das Walten von Finalität zu weisen. Und auch umgekehrt gilt, dass Kunst desto perfekter ist, je unbewusster, selbstverständlicher und automatischer sie ausgeübt wird. Eine perfekte Fertigkeit bedarf keiner Überlegung mehr.[113] Ein Künstler, der noch erwägt, zu welchen Mitteln er greifen und welche Handlungen er ausführen solle, besitzt noch keine hinreichende Vertrautheit mit der Sache oder ist in seinem Verhältnis zu ihr gestört. Es ist eine Binsenwahrheit, dass Kunst um so mehr Kunst ist, je natürlicher sie erscheint. Gleichwohl bleibt die These von der Strukturidentität bzw. Parallelität von Zweckbewusstsein und Zwecktätigkeit so lange eine unausgewiesene Behauptung und gegen den Einwand nicht gefeit, nur die Betrachtung der Natur, nicht aber ihr Geschehen erfolge gemäß dem Zweckgedanken, wie die Natur nicht selbstdem Zweckbewusstsein unterworfen ist.[114] Ob dieser Nachweis gelingt, darüber muss der folgende Abschnitt Aufschluss geben.

Der zweite Teleologiebegriff – im kantischen Sinne der der formalen Zweckmäßigkeit – findet sich im XII. *Metaphysik*-Buch, 7. und 10. Kapitel, expliziert. Er fällt zusammen mit einer Zweckbestimmung, die mit der Distinktion zweier Zweckformen operiert: des Wozu *(tiní to hou héneka)* und des Womit *(to hou héneka tinós)*.[115] Von ihnen bezeichnet nur die erste den eigentlichen, wahren, den absoluten Zweck, der Zweck für anderes ist, während die zweite auf einen uneigentlichen, relativen Zweck hinausläuft, der ebenso wohl als Mittel fungiert, indem er Zweck von anderem ist und damit die Stellung eines Mittels hat. Zweckbestimmte Sachen, die nach Zwecken ausgewählt werden und Zwecke realisieren sollen, haben stets die Funktion eines Mittels. Aus der Anwendung dieser beiden Zweckformen resultiert eine Mittel-Zweck-Relation, ein Gefüge, in welchem jedes Zweck für anderes, nämlich Untergeordnetes, ist, gleichzeitig aber auch Zweck von anderem, d. h. Mittel für anderes, Übergeordnetes, und so beliebig fort, bis alles in einem Endzweck gründet, der nur noch Zweck für anderes, nicht mehr aber Zweck von anderem und somit auch nicht mehr Mittel ist.

Auch in diesem Gefüge geht es um Ordnung und Systematik; darauf weist nicht zuletzt der *táxis*-Begriff *(táxis = Ordnung, Anordnung, Reihenfolge),*[116] den Aristoteles anstelle des von Platon gebrauchten *sýstasis*-Begriffs *(sýstasis = Zusammenstehen)* benutzt. Wie jedoch über diese allgemeine Mittel-Zweck-Relation hinaus die Ordnung und Gliederung im Einzelnen aussehen soll, wird nicht mehr ausgeführt. Aristoteles sagt lediglich, dass alles auf gewisse Weise geordnet sei und in Beziehung zueinander stehe: der Bereich der Fische wie der Vögel wie der Pflanzen usw.[117] Er ist zu sehr Empiriker, als dass er wie der spekulative Platon alles auf eine einzige einheitliche Weise geordnet und einer einzigen Systematik unterworfen wissen will. Vielmehr konzediert er verschiedenen Bereichen verschiedene Ordnungstypen. Aus seinen Schriften kennen wir eine Reihe von Gliederungsprinzipien, nicht nur das dihairetische, wie es den Klasseneinteilungen zugrunde liegt, sondern auch das analogische, das im Kategoriensystem Anwendung findet, wie auch das reihentheoretische, das den Aufbau der natürlichen Zahlenreihe strukturiert.

Bezüglich des Endzwecks lassen sich wiederum zwei Interpretationsmöglichkeiten denken. Entweder besteht der Endzweck in einem Selbstzweck oder in einem autonomen Zweck außerhalb der üblichen Mittel-Zweck-Relation. Im ersten Falle treffen aufgrund der Selbstbezüglichkeit Mittel und Zweck zusammen. Da der letzte Zweck für ausnahmslos alles einschließlich seiner selbst Zweck ist, ist er damit auch Zweck von sich. Im zweiten Falle ist der letzte Zweck zwar Zweck für alles andere, nicht mehr aber Zweck von anderem, also auch nicht von sich, so dass die Mittelfunktion grundsätzlich draußen bleibt. Aristoteles hat sich gegen das erste, selbstreferentielle Modell entschieden, das im Grunde das platonische ist und die Form der *causa sui* in Anspruch nimmt, und er hat sich für das zweite, nicht selbstreferentielle Modell erklärt und dies am Beispiel eines Heerführers und seines Heeres illustriert.[118] Wie die Organisation des Heeres nicht durch dieses selbst zustande kommt, sondern durch den Heerführer, der als Bedingung und Grund der Formation und Gliederung des Heeres fungiert, so liegt auch die Ordnung und Systematik des Kosmos nicht in diesem selbst, sondern außerhalb in einem fremden Grund, den Aristoteles das unbewegt Bewegende oder Gott nennt. Alles ist auf dieses Eine hin geordnet *(hen hápanta syntétaktai),*[119] von dem es seine Struktur erhält. Das Insgesamt der natürlichen Dinge stellt nicht nur eine Allmenge *(pān, hápanta)* dar, ein Nebeneinander, sondern ein strukturiertes Ganzes *(hólon),* das in dem Einen *(hen)* gründet.

Was mögen Aristoteles' Gründe für diese antiplatonische Konzeption gewesen sein? Aristoteles selbst hat sie nie expliziert und damit der Nachwelt ein Rätsel aufgegeben. Der Aristoteles-Forschung blieb die Notwendigkeit für die Wahl eines nicht selbstbezüglichen letzten Zwecks außerhalb der Welt durchgängig unverständlich. Von der Teleologiekonzeption her eröffnet sich jedoch ein höchst interessanter Ausblick, der über das von Aristoteles nur anvisierte, niemals vollständig explizierte Gesamtsystem Aufschluss zu geben vermag.

Der letzte Zweck ist reine *enérgeia*, vollendete, verwirklichte Form. Als selbstständig können Formen nur in einem Selbstständigkeit begründenden selbstbezüglichen Bewusstsein, in einer *nóēsis noēseōs*, vorkommen, d. h. in einem höchsten, göttlichen Bewusstsein, das nur bei sich und nicht bei anderem ist. Das bedeutet, dass die Existenz des letzten Zwecks mit dem Zweckbewusstsein zusammenfällt. Alle Zwecke, ob Einzelzwecke oder der Gesamtzweck des Kosmos, sind im Zweckbewusstsein fundiert. In gewisser Weise stellt dies eine Fortsetzung der platonischen Konzeption vom Demiurgen dar, der ebenfalls, außerhalb der Welt stehend, diese nach Vernunftgesetzen formt. In anderer Weise unterscheidet sich die Konzeption aber dadurch, dass sie das, was bei Platon hermeneutisches Verstehensmodell ist und auch nur angenommen wird zum Zwecke der Verständigung über den Kosmos, mit dem letzten Zweck der Welt selbst identifiziert; denn Platons Demiurg ist nicht letzter Zweck. Hier wird das Zweckverstehen wie das Verstehen überhaupt in der Existenz eines letzten Zwecks fundiert. Verstehen und Existenz fallen im Letzten zusammen.

Wie aber wirkt der letzte Zweck des Kosmos, wie vermag er dem Kosmos die ihm eigentümliche Ordnung aufzuerlegen? Als Antwort erhalten wir von Aristoteles die metaphorische Auskunft, dass er als *erómenon*,[120] d. h. als Geliebtes, Begehrtes, Erstrebenswertes wirke. Der Sachverhalt klärt sich auf, sobald man ihn in Zusammenhang mit dem physikotheologischen Gottesbeweis bringt, mittels dessen Aristoteles aus der Faktizität des Kosmos und seines Zustands auf die unumgängliche Existenz eines unbewegt Bewegenden schließt.[121] Die Faktizität des Kosmos und, mit ihr verbunden, die Kontingenz desselben machen den Ansatz einer letzten Notwendigkeit erforderlich, um den Zustand des Kosmos aufrechtzuerhalten. Das gilt sowohl für die ewige gleichförmige Rotation des Universums wie für die veränderlichen Bewegungen innerhalb seiner. Wie das letzte Zweckprinzip unmittelbar die Aufrechterhaltung der ewigen Bewegungen des Planetariums erklärt, so mittelbar die Aufrechterhaltung der veränderlichen Bewegungen der sublunaren Welt, allgemein gesprochen, die Aufrechterhaltung der Ordnung und Systematik des Ganzen und seiner Teile.

Damit wird deutlich, dass auch der aristotelische Telosbegriff nicht anders als der platonische auf den Erhalt und Bestand des Kosmos zielt. Wie es im großen nur reproduktive Prozesse, nämlich die ständige Wiederkehr des Gleichen, gibt, so auch im kleinen. Die berühmte und vielzitierte aristotelische Formel, dass der Mensch einen Menschen zeugt *(ánthrōpos ánthrōpon genná)*,[122] bringt den Sachverhalt zum Ausdruck, dass trotz aller Veränderung stets dasselbe – hier ein Individuum derselben Art oder Gattung – reproduziert wird. Eine Evolution der Arten und Gattungen oder des Ganzen liegt Aristoteles ebenso fern wie Platon. Obwohl Aristoteles mehr als Platon die Form und Ordnungsverhältnisse dynamisiert und in Prozesse integriert, sei es, dass er sie wie bei Ontogenesen in die Genesen einbindet, sei es, dass er sie wie in der Kosmologie an die ewige oder veränderliche Bewegung knüpft, zielt doch auch sein Zweckbegriff auf die Konstanz des Ganzen gemäß dem Motto »nichts Neues unter der Sonne«. In Grundzügen kehrt die platonische Teleologie eines einzigen, geschlossenen, ständig sich reproduzierenden Kosmos auch in Aristoteles' finalistischer Kosmologie wieder.

d) Die Frage nach der Existenz der Naturteleologie

Nachdem im Vorangehenden vorzugsweise die *Struktur* der Teleologie eruiert wurde, gilt es, noch einen Blick auf das *Anwendungsproblem* zu werfen. Dieses Problem umfasst zwei Fragen, von denen die eine die Existenz oder Nichtexistenz von Teleologie in der Natur betrifft. Gibt es überhaupt eine reale Finalität, oder ist Finalität lediglich ein hermeneutisches Verstehensmodell wie bei Platon oder ein methodisches, regulatives Prinzip der reflektierenden Urteilskraft wie bei Kant, das lediglich dazu taugt, die Natur so zu betrachten, als ob sie finalistisch strukturiert sei und sich unserem Ordnungsdenken füge, d. h. nur dazu taugt, eine Als-ob-Teleologie zu begründen?[123] Die zweite Frage betrifft den Umfang und das Ausmaß einer unterstellten Naturteleologie. Sie lässt sich in die Alternative kleiden, ob es in der Natur zwar einiges Zweckmäßige gebe, wenn auch nicht alles zweckmäßig sei, oder ob die gesamte Natur Zwecken unterstehe und durchgehend zweckmäßig ausgerichtet sei. Diese Frage läuft auf eine partiale oder totale Naturteleologie hinaus.

Beide in gewisser Weise zusammenhängenden Fragen stellen sich für Aristoteles um so dringlicher, als er sich Exponenten gegenübersieht, die jegliche Naturteleologie bestreiten und als allein herrschendes Prinzip Notwendigkeit *(anágkē)* anerkennen, welche in gewisser Weise mit blindem Zufall *(týchē)* und Fügung *(autómaton)* zusammenfällt. Das aber bedeutet, dass alle Erscheinungen der Natur aus dem Wesen und aus der Beschaffenheit der Dinge zu erklären sind nach dem Muster »weil dies so und so ist, z. B. das Wasser oder das Feuer die und die Beschaffenheit hat, darum muss auch das und das sein«. Dieses unserem heutigen kausal-mechanistischen Denken so verwandte Denkschema wurde vor allem von den Atomisten Leukipp (ca. 400 v. Chr.) und Demokrit (ca. 460–370 v. Chr.), aber auch von Empedokles (ca. 495–435 v. Chr.) benutzt. Wo immer in der Natur zweckmäßig Erscheinendes auftritt, d. h. solches, das den Anschein der Zweckmäßigkeit hat, wird es aus dem Zusammentreffen von Umständen und Bedingungen erklärt als bloßes Zufallsprodukt oder unbeabsichtigte Fügung. Ein Paradigma hierfür ist Empedokles' darwinistisch anmutende Theorie, die die Entstehung der Tiere aus Zufallsbedingungen und aus der Selektion der lebenstauglichsten erklärt. Danach überlebten nur Tiere, deren Gestalt lebensförderlich war, während alle anderen, z. B. die Kentauren – Wesen aus Menschenkopf und Stierleib –, untergingen. Die Auseinandersetzung mit der atomistischen Position stellt Aristoteles vor die Alternative: entweder blinde Notwendigkeit bzw. Zufall oder Zweckmäßigkeit. Er demonstriert dies anhand dreier Beispiele.

1. Wenn es regnet und aufgrund dessen das Getreide auf dem Feld wächst, handelt es sich dann um pure Notwendigkeit bzw. puren Zufall, nämlich darum, dass die Luft, die von einer bestimmten Beschaffenheit ist, sich abkühlt, kondensiert, die Wolken sich abregnen, die Erde mit Wasser befeuchten und dadurch das Getreide wächst, wie die Atomisten in einer uns heute geläufigen Erklärungsweise behaupten würden, oder handelt es sich um ein Zweckgeschehen?

2. Wenn es regnet und das Korn auf dem Dreschhof verdirbt, ist dies Zufall oder Finalität?

3. Wenn sich die Kauorgane zur Zerkleinerung der Speisen qualifizieren, die scharfen Vorderzähne aufgrund ihrer Gestalt zur Zerkleinerung, die breiten Backenzähne zum Mahlen und Kauen, liegt dann bloßer Zufall vor oder Zweckmäßigkeit?

Die Widerlegung der gegnerischen Position erfolgt von Aristoteles' Seite aufgrund dreier Argumente.

Das erste Argument rekurriert auf den unbestreitbaren objektiven Sachverhalt von Gesetzmäßigkeiten in der Natur. Analysiert man die obigen Beispiele, so stechen zwei Merkmale hervor: Zum einen artikulieren die Sätze Funktionszusammenhänge, sei es zwischen Ereignissen, sei es zwischen Zuständen und Ereignissen, zum anderen drücken sie Regelmäßigkeiten, ständige Wiederholungen, aus. Denn das Getreide wächst nicht nur manchmal, wenn es regnet, manchmal auch nicht, sondern immer, da Regen eine der Voraussetzungen des Wachstums ist. Ebenso gilt für das Verderben des eingefahrenen Korns, dass es infolge des Regens stets oder doch zumeist verdirbt, desgleichen für die Kauwerkzeuge, dass sie immer zum Zerkleinern der Nahrung geeignet sind, nicht manchmal und manchmal nicht, es sei denn, dass Schädigungen oder Hemmnisse auftreten. Generalisierend lässt sich sagen, dass alles in der Natur regelmäßig erfolgt, sei es, dass es stets und ausnahmslos auf dieselbe Weise geschieht, sei es, dass es zumeist, in der Regel, so erfolgt. Dies gilt gleicherweise für sukzessive wie simultane Erscheinungen. Auch wenn man konzedieren muss, dass Aristoteles noch nicht den modernen Begriff der Naturgesetzmäßigkeit besitzt,[124] sind ihm doch Strukturerkenntnisse und deren Wiederholung bekannt. Dass es in den Hundstagen, wenn eine brütende Hitze über Griechenland liegt, niemals, allenfalls ausnahmsweise, regnet, ist ebenso ein Erfahrungsgesetz wie, dass es in der feuchten Jahreszeit ständig oder doch zumeist regnet und nur selten oder nie eine Hitzewelle auftritt. Diese Gesetzmäßigkeit als permanent wiederkehrende lässt sich nicht durch blinden Zufall oder blindes Ohngefähr erklären, sondern verlangt zur Legitimation ein Prinzip, und zwar das Zweckprinzip. Ohne es wäre weder der regelmäßige Funktionszusammenhang von Regenfall und Wachstum des auf dem Halm stehenden Getreides noch der von Regen und Verderbnis des geschnittenen Getreides noch der von Kauwerkzeugen und Verkleinerung der Nahrung verständlich. Besteht also die Alternative: blinde Notwendigkeit bzw. blinder Zufall oder Gesetzmäßigkeit, so muss die Entscheidung zugunsten der Letzteren ausfallen. Die Begründung bestätigt noch einmal, dass Finalität hier nichts zu tun hat mit dem modernen Verständnis von Absicht, tieferem Sinn, göttlicher Weisheit und Planung, sondern den Funktions- und Strukturzusammenhang der Dinge meint, der das Ordnungsgefüge des Kosmos konstituiert.

Das zweite Argument basiert auf der Strukturidentität von Kunst und Natur. Bekanntlich hat Aristoteles von Platon die mimetische Kunstauffassung übernommen, wonach Kunst Nachahmung der Natur ist.[125] Nachahmung ist aber nicht nur in dem Sinne zu verstehen, dass die Kunst die Naturprodukte einfach imitiert, vielmehr in dem, dass sie sich in die Natur hineinzuversetzen und diese zu ergänzen und zu vollenden vermag, wo dieselbe gestört ist und unvollendet blieb, ja, dass sie sie sogar zu steigern und zu übertrumpfen vermag.[126] Dies impliziert, dass die Kunst genauso verfährt wie die Natur. Um dies plausibel zu machen, fordert Aristoteles uns auf, uns vorzustellen, dass ein Naturprodukt künstlich entstünde, indem die Ursache seiner Entstehung nicht in ihm, sondern außerhalb seiner im Künstler, Handwerker oder Techniker läge. Es müsste dann auf genau dieselbe Weise entstehen wie jetzt. Gleiches gilt für den umgekehrten Fall, dass ein Kunst- oder Technikprodukt auf natürliche Weise entstünde, indem die Ursache wie bei Naturprodukten in ihm selbst und nicht im Künstler oder Techniker und seinem Bauplan läge. Auch in diesem Fall müsste es auf dieselbe Weise und nach denselben Gesetzen zustande kommen wie jetzt.

Dass es sich hier nicht um gänzlich fiktive, sondern um realistische Beispiele handelt, geht aus dem Umstand hervor, dass Kunst und Technik nicht selten der Natur abschauen, wie sie vorzugehen haben. Die Konstruktion hoher Stahlgerüste oder Hochhäuser, die mit einer beträchtlichen Schwankungsbreite zu rechnen haben, erfolgt nach dem Vorbild von Grashalmen, die sich im Winde hin und her bewegen, ohne zu knicken. Ebenso werden Bögen und Brücken nach dem Vorbild von

Knochen konstruiert, deren Bauplan Rippen und Wölbungen aufweist. Wo hegen überhaupt die Grenzen zwischen Natur- und Kunstprodukten, etwa zwischen dem kunstvollen Netz einer Spinne zum Fliegenfang und dem kunstvollen Netz des Menschen zum Fischfang oder dem artifiziellen Bau eines Vogelnestes zum Schutz der Jungen und dem artifiziellen menschlichen Wohnungsbau?

Im Grunde setzt Aristoteles die platonische Theorie fort, dass die Natur ein einziges, großartiges Kunstwerk ist, so wie umgekehrt perfekte Kunstfertigkeit dem Natürlichen gleicht. Die vollendeten Bewegungen einer Ballerina, die den Eindruck vollkommener Anmut und Grazie vermitteln und das Ergebnis jahrelangen harten Trainings sind, erscheinen wie selbstverständlich und automatisch vollzogen, ohne durch die mindeste Reflexion gestört zu sein, wir sagen: sie scheinen (wie) natürlich abzulaufen. Auf ihrem Höhepunkt geht die Kunst in Natur über und umgekehrt. Diese Austauschbarkeit ist nur möglich aufgrund einer totalen Strukturidentität. Daraus folgt, dass nicht nur die Kunst an der Natur orientiert ist, sondern auch umgekehrt die Natur an der Kunst ausgerichtet werden kann, so dass Rückschlüsse von dieser auf jene erlaubt sind. Da die letztere unzweideutig finalistisch strukturiert ist und dem Gesetz von Bedingung und Bedingtem folgt,[127] also der Mittel-Zweck-Relation, muss dies auch für die Natur gelten. Mag sich auch die Finalitätsstruktur nur im Kontext von Kunst und Technik einsehen lassen, da diese auf Zweckbewusstsein, auf Vernunft, Verstand, Überlegung, Vorausschau usw. basieren, so hindert doch nichts, auch die Natur als finalistisch strukturiert anzunehmen, sowohl im Ganzen wie in den Teilen. Denn so wie die gesamte Natur durch die Kunst imitiert werden kann, so muss sich auch umgekehrt die gesamte Natur dem Kunst- und *technē*-Modell und mit ihm dem Zweckmäßigkeitsgedanken fügen.

Das dritte Argument zum Erweis einer Naturteleologie stammt aus dem organischen Bereich, der sich stets aufdrängt, wenn vom teleologischen Prinzip, sei es im konstitutiven oder regulativen Sinne, die Rede ist. Sollte es tatsächlich Naturfinalität geben, so wird diese am ehesten durch die Ontogenese von Pflanzen und Tieren belegt. Denn aus einem Tannensamen entsteht immer nur eine Tanne, aus einer Eichel immer nur ein Eichbaum. Nicht entsteht Beliebiges aus Beliebigem, sondern Bestimmtes aus Bestimmtem. Das Ende und Ziel des Entwicklungsprozesses, die ausgewachsene, herangereifte Gestalt, ist bereits am Anfang latent vorhanden und wirksam und steuert durchgehend den Prozess. Nun fällt aber auf, dass Aristoteles vorzugsweise nicht auf diese Beispiele rekurriert, in denen es um die Entwicklung einer bestimmten Form geht, sondern auf solche, die funktionale Zusammenhänge zwischen verschiedenen Vorkommnissen bezeichnen, wie auf den kunstvollen Bau des Spinnennetzes zum Insektenfang, auf den kunstvollen Bau des Vogelnestes zur

Aufzucht der Jungen, auf das kunstvolle Arrangement der Blütenblätter um den Fruchtstand zum Schutz desselben, auf das Hineintreiben der Wurzeln in die Erde statt in die Luft zur Versorgung der Pflanze usw. In allen diesen Fällen handelt es sich um zweckmäßige, lebensdienliche Einrichtungen und Vorkehrungen, in denen komplexe Verhältnisse aus Teilstrukturen, Ganzheiten aus Teilbedingungen konstituiert werden, so dass es letztlich auch hier um Strukturzusammenhänge geht, aus denen sich das Ganze des Kosmos aufbaut. Die Ausdehnung der teleologischen Beispiele erfolgt dabei sukzessiv, ausgehend vom menschlichen Bereich planender künstlerischer oder handwerklicher Tätigkeit, über den tierischen Bereich, der noch am ehesten Verwandtschaft mit dem menschlichen aufweist und das Vorkommen von Verstand oder Verstandanalogem, Instinktivem, vermuten lässt – eine zu Aristoteles' Zeit vieldiskutierte Streitfrage –, bis hin zum pflanzlichen, in dem keine bewusste Planung und Überlegung zu vermuten ist. Auch hier begegnet Finalität, nur ist sie weniger deutlich fassbar als in den anderen Bereichen.[128] Lässt sich aber Zweckmäßigkeit, wie diese Stadien zeigen, auf den unbewussten Bereich ausdehnen, so steht ihrer Geltung innerhalb dieses prinzipiell nichts im Wege.

Nur nebenbei sei bemerkt, dass hier ein Beweis von Naturteleologie in absteigender Richtung in immer niedere Regionen erfolgt, die durch veränderliche Bewegung, durch Entstehen und Vergehen, charakterisiert sind. Um wie viel mehr muss dann Naturteleologie für die höheren Regionen gelten, die durch ewige, gleichbleibende Bewegung, durch Unentstandenheit und Unvergänglichkeit, charakterisiert sind. Im Kontext der Explikation der Zufallstheorie im 4. Kapitel des II. *Physik*-Buches[129] sagt Aristoteles, dass es zwar in den niederen Bereichen manches gebe, was nicht auf Zweckmäßigkeit, sondern auf Zufall basiert, am Himmel, d. h. im zölestischen Bereich, aber auch nicht ein einziges Geschehen aus blindem Zufall oder Fügung; vielmehr geschehe hier alles streng geordnet und dem Gesetz der Zweckmäßigkeit folgend.

Wenn *erstens* die Naturgesetze und ihre Strukturzusammenhänge ein Erklärungsprinzip fordern, wenn *zweitens* Kunst und Technik teleologisch strukturiert sind und wenn *drittens* Kunst und Natur strukturell identisch sind, dann ist daraus zu folgern, dass Teleologie nicht nur existiert, sondern als strukturelles Prinzip der Naturzusammenhänge ein schlechthin universelles kosmologisches Prinzip ist. Es handelt sich nicht nur um einen Reflexionsbegriff oder um ein heuristisches Prinzip, das lediglich dazu taugt, eine Als-ob-Teleologie zu begründen, sondern um ein realistisches Universalprinzip. Die gesamte Natur ist von Finalität beherrscht, allerdings, wie nochmals zu betonen ist, nicht von Finalität im modernen Sinne als höherer Absicht, göttlichem Vorhaben und göttlicher Planung, sondern im griechischen Sinne als geordnetem Strukturzusammenhang und, wie ebenfalls nochmals zu betonen ist, nicht von Finalität, die durchgängig einsichtig ist, sondern die einsichtig ist nur im Kontext bewusster Handlungen im Bereich von Kunst und Technik, worin sich Aristoteles von Platon nicht unterscheidet. Die zumeist in Aristoteles' populären Schriften vorkommenden Verlautbarungen, wonach Gott und die Natur nichts vergeblich, d. h. nichts zwecklos täten[130] oder wonach die Natur als zweckmäßig handelnde Person dargestellt wird,[131] sind zwar metaphorische und dekorative Ausdrucksweisen, haben aber eine realistische Basis.[132]

e) Theorie der Störungen

Die bisher exponierte aristotelische Theorie der Finalität impliziert Störungen nach zwei Seiten: nach der formalen wie nach der materialen. Die erstere findet ihren Ausdruck in der Theorie des Zufalls, die zweite in der Theorie der Notwendigkeit.

1. Aristoteles konzediert, dass sowohl in der Natur wie in der Kunst und Technik Konstellationen auftreten können, die den Eindruck der Zweckmäßigkeit erwecken, aber ohne jede Absicht und Planung, ohne jede Vorsehung und Überlegung oder ein Analogon, d. h. ohne jedes Zweckbewusstsein und ohne jede Zwecktätigkeit, zustande gekommen sind. Ihre Entstehung muss als zufällig gelten. Erscheinungen dieser Art sind von selbst, automatisch, grundlos zustande gekommen. Stellen diese Zufallserscheinungen eine Konkurrenz für die teleologischen Produkte dar, vermögen sie gar den Teleologiegedanken zu unterminieren, wie eine Reihe von Philosophen, etwa Anaxagoras, Empedokles, die Atomisten, meinen, die die These vertreten, alles in der Welt beruhe auf Zufall, sogar die Entstehung des Kosmos verdanke sich dem Zufall und lasse sich nach der Wirbeltheorie erklären, die noch heute ihre Nachwirkungen zeitigt? Aristoteles' Antwort auf solche Einwände ist die, dass selbst der Zufall Zweckmäßigkeit voraussetze und nur vor dem Hintergrund derselben verständlich sei, nämlich als Abweichung von der Norm, als Regelwidrigkeit und Verstoß gegen die Gesetzmäßigkeit, kurzum als Störung.[133]

Um sich diese merkwürdigen Erscheinungen, die zweckmäßig zustande gekommen zu sein scheinen, ohne es in Wahrheit zu sein, zu verdeutlichen, geht Aristoteles wieder vom Bereich der Kunst und Technik und damit des Zweckbewusstseins aus, da allein im Kontrast zu planvollem, überlegtem Handeln und Herstellen die Abweichung erkannt werden kann. Sein Ausgangsbeispiel bildet der Fall, dass jemand auf den Markt geht und dort zufällig seinen Schuldner trifft, der gerade vorher Geld eingezogen hat und ihm so die Schulden zurückerstatten kann. Da das Zusammentreffen unbeabsichtigt und unwillentlich geschieht, stellt es einen reinen Zufall dar; denn nur für den Fall, dass der Gläubiger bewusst und planmäßig auf den Markt ginge, um seinen Schuldner zu treffen, handelte es sich um eine zweckgerichtete Handlung.

Zufälligkeit fordert die Erfüllung mehrerer Bedingungen: *erstens* muss der Betreffende ohne jede Absicht auf den Markt gehen, *zweitens* darf er auch nicht regelmäßig nach einer ständigen Gewohnheit auf den Markt gehen, so dass er mit Notwendigkeit oder doch großer Wahrscheinlichkeit seinem Schuldner begegnet. Zufall verlangt folglich: *erstens* Absichtslosigkeit und *zweitens* Ausnahme. Zufallserscheinungen sind solche, die nur selten vorkommen, nicht ständig, die wider Gesetz und Regel sind und damit Ausnahmen bilden. Was aber ist dann verantwortlich für den Eintritt des Ergebnisses? Die Antwort lautet: Es ist das bloße Zusammentreffen von Umständen, von Begleiterscheinungen und nebensächlichen Bestimmungen.[134] Da der Zweck stets durch einen Begriff oder eine Definition erfasst wird, die das Wesentliche und Regelmäßige, das ständig Wiederkehrende, ausdrückt, können zufällige Erscheinungen nur verursacht sein durch Unwesentliches, durch zusätzliche Bestimmungen. Deren gibt es eine unendliche Menge. Im vorliegenden Beispiel kann der Gläubiger auf dem Markt vorbeikommen, weil er z. B. zu Gericht oder zu einem Schauspiel wollte oder weil er jemanden anders treffen wollte. Wegen der unermesslichen Fülle von Umständen, die als Ursachen in Betracht kommen, bleiben diese unbestimmt *(aórista)*[135] und in der Folge auch unbegreiflich *(parálogon)*.[136] Denn das, was wider Gesetz und Regel ist, ist unverständlich, da nur das ausnahmslos oder das in aller Regel Gültige durch den Logos erfasst wird.[137]

Wollte man im Sinne des Aristoteles, allerdings über den Wortlaut des Textes hinausgehend, einen Grund für diese Unregelmäßigkeit angeben, so müsste man ihn in der Uneindeutigkeit und Schwankendheit der Mittel-Zweck-Relation, überhaupt des Relationsgefüges aus Bedingung und Bedingtem sehen. Kein Zweck, kein Bedingtes wird nur durch *ein* Mittel bzw. *eine* Bedingung allein realisiert, sondern stets durch eine Mehrzahl, die miteinander konkurrieren können. Aus eben diesem Grunde kann ein und dasselbe Ereignis Resultat des planenden Denkens wie auch des Zufalls sein.[138] Nur die Regelmäßigkeit entscheidet über das Vorliegen einer Zweckursache, die zugleich identisch ist mit der Wesensursache; letztlich gibt aber auch sie keine absolute Sicherheit, zumindest nicht in der sublunaren, veränderlichen Welt. Es ist dieselbe Uneindeutigkeit des Gesamtsystems, die schon bei Platon begegnete und dort die Möglichkeit einer Vielzahl von Theoriebildungen eröffnete. Diese Einsicht leistet keinem Indifferentismus Vorschub, im Gegenteil, Gründe sind stets vorhanden, nur ist deren Angabe nicht immer eindeutig gesichert.

Was zunächst im Bereich des zweckbewussten Handelns und Herstellens und in Absetzung von diesem demonstriert wurde, lässt sich nun auch auf den Bereich der Natur übertragen. Ein Pferd z. B., das aus einer Schlacht zufällig an einen bestimmten Platz läuft und gerettet wird, tut dies genauso ohne Absicht und Instinkt wie ein Dreifuß, der umfällt und zufällig richtig zu stehen kommt, oder ein Ziegel, der vom Dach fällt und zufällig einen Passanten trifft. Da im Bereich der Natur Zweckbewusstsein fehlt, um daran Absichtsloses, Zufälliges demonstrieren zu können, muss hier letztlich die Regelmäßigkeit über zweckmäßige oder zufällige Vorgänge entscheiden. Alles, was in der Natur absichtslos und ohne Zweckprinzip geschieht – und das ist alles, was Kleinkinder, die noch keinen Verstand und keine Vernunft haben, Tiere, Pflanzen und Gegenstände betrifft –, nennt Aristoteles Fügung *(autómaton)* statt Zufall *(týchē)*. Es handelt sich hier allerdings um eine rein begriffliche Distinktion, die den verschiedenen Auftrittsbereichen folgt, wobei Fügung der weitere Begriff ist, der für alle Bereiche, hauptsächlich für den der Natur, gilt, Zufall der engere, der gebunden ist an den Bereich menschlicher Handlungen, da hier und nur hier das vorkommt, was man »Glück haben« *(eutychḗnai, eutychía)*[139] nennt und mit »Zufall« *(týchē)* und »glückliches Schicksal« *(eudaimonía)* verwandt ist.[140] Sachlich aber stimmen beide darin überein, dass ihnen eine Zweckursache fehlt, die Ziel und Richtung vorgibt. Dieses Fehlen von Ziel und Richtung versucht Aristoteles durch die Etymologie des Wortes *autómaton* zu untermauern, welches das Adverb *mátēn* = »vergeblich« enthält. Es bezeichnet einen Prozess, der nicht um des Zwecks willen geschieht, zu dem er eigentlich bestimmt ist, sondern der tatsächlich ohne Zweck und Ziel, also blind geschieht und in diesem Sinne zwecklos, vergeblich ist.[141]

Zusammenfassend lässt sich sagen, dass die aristotelische Zufallstheorie die Teleologie voraussetzt und nur in Kontrastierung zu ihr Plausibilität gewinnt. Zufall und Fügung lassen sich durch drei Merkmale charakterisieren, einmal dadurch, dass sie zu demselben Resultat führen wie Zweckbewusstsein und Zwecktätigkeit, zum anderen dadurch, dass sie nur ausnahmsweise und selten geschehen, und zum dritten dadurch, dass sie unbegreiflich sind. Sie stellen Ausnahmen von der Regel dar. Als Gesetzwidrigkeiten, als Abweichungen von der Norm sind sie Störungen.

2. Neben den formalen Störungen kennt Aristoteles die materialen. Um was es sich dabei handelt, geht aus der näheren Bestimmung der Physik hervor. Die Aufgabe des Physikers wird dahingehend definiert, dass er sich mit zwei Ursachenarten zu befassen habe, zum einen mit der Zweckursache, zum anderen mit der Materie, wobei die erstere die wichtigere sei, da sie den Grund und die Bedingung der Ersteren abgebe, nicht aber umgekehrt die Materie den Grund und die Bedingung des Zwecks.[142] Da die Materie bei Naturverhältnissen auch als *anágkē* (Notwendigkeit) bestimmt wird, während der Zweck mit dem *lógos*, der Begrifflichkeit, zusammenfällt, bedeutet die Gegenüberstellung von *télos* und *anágkē* in gewisser Weise eine Wiederaufnahme des platonischen Gegensatzes von *nous* und *anágkē* aus dem *Timaios*. Somit fragt sich, ob die *anágkē* bzw. die Materie auch dieselbe Rolle spielt wie dort.

Aristoteles hat an mehreren Stellen seines Corpus[143] eine differenzierte Theorie der Notwendigkeit entwickelt, in der er mindestens drei Typen metaphysischer Notwendigkeit unterscheidet, wenn man von der logischen Notwendigkeit im Bereich der Schlusstheorie einmal absieht, nämlich *erstens* die unbedingte oder absolute Notwendigkeit, derzufolge etwas nicht anders sein kann, als es ist, und sich nicht anders verhalten kann, als es sich verhält *(to mē endechómenon állōs all' haplōs), zweitens* die bedingte oder relative Notwendigkeit, die einem Zweck untersteht und die unerlässliche Bedingung für die Erreichung desselben darstellt, die *conditio sine aua non (to hou ouk áneu)*, und *drittens* die äußere Gewalt, die auf einen Gegenstand oder einen Vorgang einwirkt und ihn stört, sei es, dass sie den Gegenstand an seiner naturgemäßen Entwicklung hindert oder den Vorgang unterbindet und beeinträchtigt *(to bía hóti pará tēn hormēn)*. Bezieht sich der erstere Typ auf das Wesen der Dinge, in dem es begründet liegt, dass beispielsweise ein Körper, wenn er aufgehoben wird, mit Zwangsläufigkeit zur Erde zurückfällt, so der zweite Typ auf die Materie und die an ihr sich abspielenden Prozesse. Da diese normalerweise unter Bedingungen stehen, handelt es sich hier um eine bedingte oder relative Notwendigkeit, eine solche nämlich, die relativ auf einen Zweck bestimmt wird. Um einige Beispiele zu nennen: Weil das Haus so und so definiert ist, muss für seinen Bau das und das herangezogen werden, weil die Gesundheit so und so definiert ist, muss zu ihrer Erhaltung oder Wiederherstellung das und das erfolgen, weil der Mensch so und so definiert ist, muss für seine Existenz das und das vorausgesetzt werden.[144] Der dritte Typus ist eigens für Störungen reserviert, die auf das Konto der Materie gehen, wie äußere Gewaltanwendung, Zwang, überhaupt alles, was wider die Natur geschieht und daher einen gewissen Kraftaufwand verlangt. Notwendigkeit heißt hier Zwang durch äußere materielle Ursachen.

Wie es im Bereich der Kunst und Technik vorkommen kann, dass Ziele zwar angestrebt, aber nicht erreicht werden, allenfalls unvollständig, so kann dies auch im Bereich der Natur der Fall sein. Im Rahmen der menschlichen Kunst und des Kunsthandwerks treten Fehler, Abweichungen und Störungen auf, z. B. Schreibfehler, ärztliche Kunstfehler, im natürlichen Bereich z. B. Missgeburten, wozu auch das empedokleische Monster gehört. Verantwortlich für diese Missgestalten und Unregelmäßigkeiten ist das Erbmaterial. Prinzipiell führt Aristoteles als Grund für Störungen und Abweichungen materielle Ursachen an. In gewisser Weise stellt dies eine Fortsetzung der platonischen Theorie materiebedingter Abweichungen und Verzerrungen dar, jedoch ist die aristotelische Konzeption viel konkreter und lebensnäher als die auf Abstraktion und Allgemeinheit bedachte platonische Theorie. Und wo die platonische Theorie in ihrer Allgemeinheit zum Zuge kommen könnte, im Zusammenhang der angewandten Mathematik, stellt sich für Aristoteles das platonische Problem der Abweichung gar nicht, da für ihn Arithmetik und Geometrie Idealisierungen und Abstraktionsprodukte sind. Die Mathematik ist eine rein abstrakte Wissenschaft, deren Formeln und Konstruktionen ausschließlich abstraktiv aus der Realität gewonnen werden. Die mathematischen Gebilde sind nur dem Begriff nach unterschieden *(lógō chōristá)*, nicht schlechthin unterschieden *(haplōs chōristá)* wie angeblich bei Platon und haben damit denselben Status wie die übrigen Prädikate. Ihre Anwendung auf die Realität ist für Aristoteles so wenig problematisch wie die Prädizierung der Kategorien und anderer Begriffe von der Realität, weil sie immer schon real in den Dingen sind, wobei er die schwierige Frage der Teilhabe *(méthexis)*, des Verhältnisses der Prädikate zu den konkreten Gegenständen, die von Platon in vollem Bewusstsein ihrer Problematizität diskutiert wurde, schlicht unterschlägt.

Trotz aller Unterschiede wird man sagen dürfen, auch und gerade im Blick auf die Theorie der materiellen Einflüsse und Störungen, dass Aristoteles platonisches Gedankengut aufgreift und in seinem Sinne ausbaut. Er geht nicht grundsätzlich über Platon hinaus, sondern bewegt sich in dessen Denkrahmen.

DRITTER TEIL

Mittelalterliches Naturverständnis

1. Die antiken Wurzeln des mittelalterlichen Naturverständnisses: Platonismus und Aristotelismus

Die mittelalterliche Naturvorstellung bildet eine Synthese aus christlicher Glaubensüberzeugung und antikem Gedankengut. In ihr verbinden sich zwei völlig heterogene Strömungen, auf der einen Seite die Glaubens- und Erfahrungswelt des jüdisch-christlichen Kulturkreises, auf der anderen das Denken der griechischen Antike, letzteres in vielfacher Brechung und Vermittlung, nicht nur in der Brechung durch den Neuplatonismus und andere hellenistische Strömungen, sondern auch aufgrund der komplizierten Überlieferungslage; denn den mittelalterlichen Theologen waren die Werke Platons, Aristoteles' und anderer antiker Autoren nicht im Original zugänglich, sondern nur in lateinischer Übersetzung syrischer und arabischer Übersetzungen aus dem Griechischen, gelegentlich sogar noch vermittelt über das Spanische. Das hängt mit dem Umstand zusammen, dass nach der Schließung der platonischen Akademie in Athen im Jahre 529 n.Chr. durch Kaiser Justinian und durch das gleichzeitige Absinken der kulturellen Vormachtstellung Alexandriens sich die griechische Bildung und Kultur nach Osten verlagert hatte, wo Byzanz die Hauptstadt des oströmischen Reiches, Antiochia und Nisibis aufgrund ihrer Einrichtung griechischer Schulen zu Kulturzentren geworden waren.[1]

Mit der Ausbreitung des Islam über Persien, Syrien und Spanien wurde das Arabische zur Leitsprache wie später im christlichen Mittelalter das Lateinische. Die klassischen griechischen Werke oder ihre syrischen Übersetzungen wurden ins Arabische übertragen. In Bagdad entstand 832 n. Chr. ein Übersetzungsinstitut, das eine große Aktivität in der Anfertigung von Übersetzungen teils aus dem Syrischen, teils direkt aus dem Griechischen entfaltete. Mit der Ausbreitung der arabischen Kultur und Wissenschaft auf Südeuropa, insbesondere auf Unteritalien und Spanien mit den dort entstehenden geistigen Zentren Cordoba, Sevilla und Toledo, gelangte das antike Erbe, die griechische Philosophie, Mathematik, Physik, Astronomie, Alchimie und Medizin, auch in das westliche Europa, allerdings in arabischer Fassung und weitgehend neuplatonischer Prägung, und musste erst ins Lateinische oder Spanische und im letzteren Falle von diesem ins Lateinische übersetzt werden. Mit den arabischen Texten drangen auch arabische Elemente in das westliche christliche Denken ein.

Wenn die Inhalte und Gehalte für das synkretistische Weltbild des Mittelalters aus dem jüdisch-christlichen Kreis stammten, so stammte die Begrifflichkeit, das Argumentationspotenzial, die Beweisstrategien, also das methodische Rüstzeug, aus der antiken Philosophie. Die christliche Religion, die wie alle Religionen ihre Glaubensinhalte primär in Geschichten, Parabeln, Bildern, Metaphern und Vergleichen ausdrückte, hatte von Anfang an einen stark rationalistischen Zug und war bemüht, ihre Erfahrungen auch dem verständigen, argumentierenden Denken zugänglich zu machen. Diese von Beginn an herrschende Tendenz zum Gebrauch präziser Begriffe zum Zwecke von Beweisen und Begründungen führte dazu, dass sich die mittelalterliche Theologie bewusst als Logos vom Theos definierte.

Die These, dass der jüdisch-christliche Kulturbereich die Inhalte, der griechische die Formen bereitstellte, ist nun aber doch zu simpel, um eine adäquate Charakteristik abzugeben. Mit den Denkschemata drangen zunehmend auch die Inhalte der griechischen Philosophie in das christliche Denken ein und prägten das mittelalterliche Weltbild mit, insbesondere die Naturvorstellung. War der Einfluss anfangs nur schwach und ordnete sich wie bei Augustin noch ganz dem Interesse der christlichen Heilslehre unter, so wurde er zunehmend intensiver und füllte nicht nur die philosophischen und naturwissenschaftlichen Lücken des christlichen Weltbildes aus, sondern formte dasselbe wesentlich mit. Freilich ging dies nicht immer ohne Spannungen und Konflikte ab, die durch Konzilsbeschlüsse kategorisch entschieden wurden und nirgends zu so vielen Häresieprozessen führten wie im Mittelalter. Giordano Bruno und Galileo Galilei sind die bekanntesten Beispiele. Gleichwohl ist es erstaunlich, wie gut sich griechische und christliche Vorstellungswelt ineinander fügten und wie groß in fundamentalen Fragen die Ähnlichkeit war, z. B. was die Seinshierarchie und ihre Fundiertheit in einem höchsten Prinzip, dem Guten oder Gott, betrifft, nicht weniger den Schöpfungsmythos, der sowohl bei Platon wie im Alten Testament vorkommt. Und selbst die Engel als Zwischenwesen konnten auf der Grundlage der aristotelischen Kosmologie von *Metaphysik* XII, 8 noch ihren Ort in den Zwischensphären finden.

Überblickt man die beträchtliche, als Mittelalter klassifizierte Zeitspanne, die von der ausgehenden Antike, dem Hellenismus, bis zur beginnenden Neuzeit reicht, so zerfällt sie nach gängiger und wohlbegründeter Ansicht in drei Abschnitte: *erstens* in das sogenannte Frühmittelalter, das mit Augustin (354–430 n. Chr.) beginnt und bis zum ausgehenden 12. Jahrhundert reicht und in dem die Schola Palatina Karls des Großen sowie die Kathedralschule zu Chartres hervorragen, *zweitens* in das sogenannte Hochmittelalter, das mit Beginn des 13. Jahrhunderts einsetzt und während dieses ganzen Jahrhunderts andauert, dessen übermächtige Gestalten Albertus Magnus (ca. 1200–1280) und Thomas von Aquin (ca. 1225–1274) sind, und *drittens* in das sogenannte ausgehende Mittelalter, das in das 14. und 15. Jahrhundert fällt, dessen bedeutendster Vertreter Wilhelm von Ockham (ca. 1300–ca. 1350) ist, gefolgt von den

Ockhamisten Johannes Buridan († nach 1358), Albert von Sachsen († 1390), Nikolaus von Oresme († 1382) und Marsilius von Inghen († 1396). Mit dem ausgehenden Mittelalter fällt bereits der Beginn der Renaissance und des Humanismus bei Nikolaus Cusanus (1401–1464) und Giordano Bruno (1548–1600) zusammen.

Bezüglich dieser Epocheneinteilung lässt sich ein Wandel zwischen Platonismus und Aristotelismus konstatieren. Im Frühmittelalter dominiert deutlich platonischer Einfluss. Eine erste Synthese von Christentum und Platonismus, genauer Neuplatonismus, vollzog Augustin und begründete damit die patristische Tradition. Indem er Platon aufgrund seiner Geistesverwandtschaft für den dem christlichen Denken Nächststehenden unter den heidnischen Philosophen hielt, machte er ihn gleichsam hoffähig und zog ihn auf das Gebiet der *doctrina christiana* hinüber. Auch die Gelehrten Karls des Großen, wie Alkuin, der an der Hofschule zu Aachen lehrte, und Hrabanus Maurus († 856), Abt des Klosters zu Fulda und später Erzbischof von Mainz, empfahlen den Geistlichen, nicht nur die *artes liberales*, die sieben freien Künste, zu studieren, sondern sich auch mit den Gedanken heidnischer Philosophen, vorab Platons, vertraut zu machen. Hrabanus Maurus selbst sammelte in seinem Werk *De universo* ein umfangreiches, auf antike Quellen zurückgehendes physikalisches und medizinisches Material, das er größtenteils den Enzyklopädien des Isidor († 636) und des Beda († 735) entnahm, die zusammengestellt hatten, was aus dem Endstadium der antiken Kultur erhalten geblieben war. Auch die Domschule von Chartres lässt in der Art, wie sie Wissenschaft trieb, deutlich platonischen Einfluss erkennen. Allerdings war zu dieser Zeit nur ein einziges Werk Platons bekannt, der naturphilosophische *Timaios*, der in der lateinischen Übersetzung und Kommentierung durch Chalcidius (ca. 400) vorlag. Daneben gab es nur eine indirekte Überlieferung antiker Autoren. Im Banne des durch Platons *Timaios* beeinflussten naturwissenschaftlichen Denkens standen auch Wilhelm von Conches († 1145) und Alanus de Insulis (1120–1203), deren ersterer einen Kommentar zum *Timaios* schrieb und deren letzterer nach streng mathematisch-axiomatischer Methode beim Aufstellen seines theologischen Systems verfuhr.

Die Situation änderte sich schlagartig am Ende des 12., zu Beginn des 13. Jahrhunderts, als die Werke des Aristoteles in größerem Ausmaß bekannt wurden. Bis zum 13. Jahrhundert hatten nur Teile des *Organon* – die Kategorienschrift und die Abhandlung über den Satz – in der Vermittlung durch Boethius (ca. 480–524) vorgelegen, so dass Aristoteles weitgehend als Logiker galt. Als im Laufe des 12. Jahrhunderts das Gesamtwerk bekannt wurde, übte es eine derart faszinierende Wirkung aus, dass es zu einem Umschwung im Denken kam, der seinen Ausdruck in der Aristoteles-Rezeption des Hochmittelalters fand. Eminentester Vertreter dieser Richtung wurde Thomas von Aquin, dessen Nachwirkung im Katholizismus bis heute andauert. Das breite Spektrum des aristotelischen Opus, das von allgemeiner Ontologie bis hin zu speziellen zoologischen Studien reicht, erwies sich gleichermaßen für Theologen wie für Philosophen und Naturforscher als attraktiv und rief eine Fülle von Kommentaren, sogenannten Sentenzenkommentaren, mit mehr oder weniger selbstständiger Verarbeitung des Systems hervor.

Das ausgehende Mittelalter ist durch eine Kritik am Aristotelismus charakterisiert, die sich als Reaktion auf die inzwischen in sterilen Schulformen erstarrte Scholastik herausgebildet hatte. Zwar wurde der Aristotelismus niemals gänzlich suspendiert. Noch bis ins 15. und 16. Jahrhundert hinein gehörte er, wenngleich in veränderter Form, an den norditalienischen Universitäten, Padua etwa, zum Lehrprogramm. Allerdings war dies ein averroistischer Aristotelismus, nicht mehr ein thomistischer, wie er während des 13. Jahrhunderts in Paris unter dem Einfluss Thomas' von Aquin kultiviert worden war. Und selbst die astronomischen Modelle frühneuzeitlicher Physiker, wie die eines Kopernikus, lassen, abgesehen von den kosmologieneutralen mathematischen Formeln, noch den Einfluss der aristotelischen Physik und Kräftelehre erkennen. Gleichwohl ist nicht zu leugnen, dass im ausgehenden Mittelalter und in der beginnenden Neuzeit die Ablehnung des Aristoteles einhergeht mit einer erneuten Vorherrschaft Platons, die nicht zuletzt dadurch bedingt war, dass die Originaltexte Platons erst jetzt bekannt wurden. Hatten sich im ausgehenden Mittelalter naturwissenschaftliche Vorstellungen herausgebildet, die den frühneuzeitlichen entgegenkamen, so wurde diese Tendenz in der Renaissance, die zugleich eine Wiedergeburt Platons war, noch dadurch gestärkt, dass die aufkommende Naturforschung in dem mathematisch-spekulativen Denken Platons einen größeren Rückhalt fand als in dem empirisch-induktiven des Aristoteles.

Wenn von Platonismus und Aristotelismus im Mittelalter die Rede ist, so ist damit selbstredend nicht die authentische platonische und aristotelische Philosophie gemeint, soweit man überhaupt bei einer Rezeption – nicht nur der mittelalterlichen – von Authentizität und Originalität sprechen kann und nicht immer schon aufgrund der hermeneutischen Situation von einer Modifikation sprechen muss. Im Falle der mittelalterlichen Aufnahme und Verarbeitung aber sind Platons und Aristoteles' Philosophie bereits durch viele Interpretationen, Lehren und Strömungen hindurchgegangen. Zu nennen sind außer den Schulbildungen der alten und mittleren platonischen Akademie der Neuplatonismus Plotins und seiner Anhänger, ebenso die Gnosis, in welcher der Platonismus mit persischen und syrischen Religionsvorstellungen vermischt wurde. Entsprechendes gilt für den Aristotelismus des Mittelalters: Entweder tritt er als averroistischer oder thomistischer auf.

Die Vorherrschaft platonischen oder aristotelischen Gedankengutes im Mittelalter bedeutet auch und gerade im Hinblick auf die Naturvorstellung, dass latente Tendenzen, die bereits bei den ursprünglichen Philosophen angelegt, aber weniger offenkundig waren, nun mit Entschiedenheit hervortreten, dadurch dass die Ansätze konsequent entfaltet und zu Ende gedacht werden. In diesem Sinne bedeutet die Vorherrschaft Platons oder Aristoteles' die Dominanz des technomorphen oder organologischen Modells der Natur. Mit dem Ersteren verbinden sich insbesondere teleologische Gedankengänge, die nun nicht mehr wie bei Aristoteles selbst im Sinne eines bloßen System- und Ordnungsdenkens verwendet werden, sondern in christlicher Interpretation zur Bezeichnung der Sinn- und Zweckhaftigkeit der Natur, derzufolge die Natur auf den Menschen als Krone der Schöpfung hin angelegt ist und letztlich auf Gott als Endzweck alles Seienden. Mit dem platonischen Modell dagegen verknüpfen sich Gedanken von Konstruktion, Mathematik, insonderheit Geometrie. Die Natur wird nicht einfach als Geschöpf Gottes deklariert, sondern näher bestimmt als Kunst- und Bauwerk Gottes oder gar als *machina* und entsprechend Gott als Artifex und Baumeister. Überblickt man die Entwicklung des Mittelalters ideengeschichtlich, so ist unverkennbar, dass es der Platonismus mit seinem Konstruktionsgedanken und seiner Präferenz der Mathematik war, der auf das neuzeitliche mechanistische Welt- und Naturbild zusteuerte.

Es soll im Folgenden nicht darum gehen, die verschiedenartigen mittelalterlichen Systeme einzeln zu exponieren, vielmehr sollen in ideengeschichtlicher Absicht und bereits mit Blick auf das Kommende, auf den Zielpunkt der Entwicklung, die typischen Merkmale, die bestimmenden Leitideen herausgearbeitet werden, die das mittelalterliche Paradigma prägen und sich als Movens der Weiterentwicklung erweisen.

Nun könnte freilich das mittelalterliche Paradigma nicht als Erbe antiken Gedankengutes und zugleich als Vorbereitung neuzeitlicher Welt- und Natursicht auftreten, wenn es nicht Impulse enthielte, die über das antike Denken entscheidend hinausgingen und das neuzeitliche vorbereiteten. Dies sind die christlichen Wurzeln, die es zunächst freizulegen gilt. Ohne sie bliebe eine Reihe von Einstellungen und Verhaltensweisen im neuzeitlichen Naturkonzept schlechthin unverständlich. Man kann, was den Zusammenhang zwischen neuzeitlicher Säkularisation und christlichem Glauben betrifft, sogar sagen, dass die neuzeitliche Welt- und Naturauffassung aus dem christlichen Denken freigesetzt wurde, auch wenn sie mehr und mehr in Gegensatz zu ihm geriet. Dass das im christlichen Denken fundierte neuzeitliche Welt- und Naturbild verzögert auftrat, ist in dem äußeren Umstand der Geschlossenheit und Theozentrik des katholischkaiserlichen Kirchen- und Staatsgefüges begründet.

Es sind vor allem drei Momente, die das christliche Denken vom griechischen unterscheiden: *erstens* die Superiorität Gottes, *zweitens* die Ambivalenz der Natur und *drittens* die Anthropozentrik.

2. Die christlichen Wurzeln des mittelalterlichen Naturverständnisses

a) Superiorität Gottes

Nach dem Genesisbericht 1,1 hat Gott Himmel und Erde und alles, was auf ihr ist: Pflanzen, Tiere und den Menschen als Krönung der Schöpfung, geschaffen. Auch andere Religionen und archaische Mythen kennen eine Schöpfung der Welt, so der germanische Mythos, der von einer Welterschaffung aus der Esche oder aus dem Riesen Ymir berichtet, oder der indische, der eine Weltentstehung aus der Zerteilung des Menschen Purusha annimmt. Während diese jedoch eine Formung der Welt aus einem vorgegebenen Material (Weltesche, Ymir, Purusha) im Auge haben, sei es durch Teilung, Differenzierung oder Spezifikation, und dies auch für den zweiten alttestamentlichen Schöpfungsbericht aus *Genesis* 1,2 gilt, demzufolge Gott den Menschen aus einem Erdkloß geformt hat und die Frau aus einer Rippe des Mannes, lässt der erste Schöpfungsbericht des Alten Testaments zwei Interpretationen zu: eine schwächere, wonach Gott die Welt aus dem Chaos, dem Tohuwabohu, dem »wüsten und leeren« Anfangszustand, durch Differenzierung gestaltete, wie auch eine stärkere, wonach er die Welt formal wie material aus dem Nichts erschuf. Gehört die These von der *creatio ex nihilo*, der Schaffung aus dem Nichts, zumindest seit der Zeit nach dem babylonischen Exil zu den religiösen Lehren des jüdischen Volkes, wie das 2. Buch *Makkabäer* 7,28 belegt: »Siehe an Himmel und Erde und alles, was darinnen ist; dies hat Gott alles aus nichts *(ex ouk óntōn)* gemacht, und wir Menschen sind auch so gemacht«, so wird sie im 2. nachchristlichen Jahrhundert durch Irenaeus zum christlichen Dogma erhoben und hat in dieser Gestalt die mittelalterliche Diskussion beherrscht. Mit der absoluten Erschaffung der Welt aus dem Nichts verbindet sich eine Steigerung der Macht Gottes zur unumschränkten Allmacht, die den Unterschied zwischen Schöpfer und Geschöpf um so größer werden lässt. Unterstützt wird die Erhebung des Schöpfers durch die Art und Weise der Schöpfung, die in magisch-mythischer Manier durch das Wort geschieht, das Realisationskraft hat: Gott sprach, und es geschah.

Der Glaube an die Geschöpflichkeit der Welt unterscheidet das christliche Verständnis radikal von der griechischen Ontologie, die von der Ewigkeit der Welt, ihrer Unentstandenheit, Unvergänglichkeit und Unwandelbarkeit überzeugt war. Wenn Platon im *Timaios* einen Schöpfungsmythos einführt, der dem alttestamentlichen *prima vista* verwandt zu sein scheint und daher in der Folgezeit wiederholt zur begrifflichen Ausdeutung des christlichen Glaubensgehalts herangezogen wurde, so geschieht dies in rein epistemologischer Absicht, um die Konstruktions- und Aufbaugesetze des Kosmos verständlich zu machen gemäß der methodischen Maxime, dass man nur das einsehen und verstehen kann, was man selbst zumindest gedanklich zu erzeugen imstande ist. An die Stelle der platonischen Verstehensmetaphorik tritt im Christentum die Überzeugung von der Realschöpfung. Wirft man einen Blick auf die Ideengeschichte von der Antike bis zur Moderne, so kann man die intellektuelle Konstruktion des Kosmos durch den Menschen bei Platon als ein erstes Stadium bezeichnen, die reale Konstruktion durch Gott im Mittelalter als ein zweites, dem in der Neuzeit aufgrund der These von der Ebenbildlichkeit des Menschen mit Gott die technische Konstruktion der Welt durch den Menschen folgt. Die zunehmende Radikalisierung geht auf christlichen Einfluss in Abhebung vom antiken zurück.

Noch ein zweiter Unterschied zwischen christlichem und antikem Verständnis zeichnet sich ab, und zwar hinsichtlich der Art und Weise der Schöpfung. Handelte es sich bei Platon speziell um eine Konstruktion, die mit rationalen, mathematischen und geometrischen Prinzipien operierte, so ist die christliche Schöpfungslehre zunächst nicht festgelegt, sondern offen für beliebige Möglichkeiten. Die geschaffene Welt (Natur) wird ebensowohl als Erscheinung, Offenbarung, Manifestation Gottes wie als Artefakt, Konstrukt in Analogie zu handwerklichen Prozessen angesehen und entsprechend Gott entweder als omnipotenter, unendlicher Schöpfer oder speziell als Konstrukteur und Architekt des Universums. Die zweite Version, die sich an antike Vorstellungen anlehnt und unter der Vorherrschaft des mathematisch-naturwissenschaftlichen Denkens steht, hat sich im Laufe des Mittelalters zur Neuzeit hin durchgesetzt.

b) Ambivalenz der Natur

Mit der Schöpfung verbindet sich eine Seinsteilung in ein schaffendes und in ein geschaffenes Sein (*ens creans* und *ens creatum*), ohne jedoch einem Dualismus zu erliegen. Einerseits zwar ist die Schöpfung Erzeugnis Gottes, aus ihm freigesetzt, entlassen, entäußert, andererseits aber ist sie nicht das ganz Andere, Fremde, Antigöttliche, das Gott als zweites, autonomes Prinzip gegenübertritt, wie es Manichäismus und Gnosis postulieren, die von den Christen stets als Häretiker bekämpft wurden. Vielmehr ist die Schöpfung Gottes Produkt, das trotz aller Entäußerung eine gewisse Beziehung auf ihn bewahrt und an ihm partizipiert. Diese Ambivalenz wird mittels der Kategorien von Ursache und Wirkung, Grund und Folge, Bedingung und Bedingtem, Substanz und Akzidens, Innerem und Äußerem, Implikation und Explikation (Offenbarung) u. ä. interpretiert, die insgesamt auf ein logisches und ontologisches Derivations- und Dependenzverhältnis zwischen selbstständigem und unselbstständigem Sein weisen. So ist die Schöpfung – die Natur – zwar nicht Gott selbst, sondern »nur« sein Produkt und damit etwas anderes als Gott, wohl aber bleibt sie »sein« Produkt und ist insofern mit dem Prädikat »göttlich« zu versehen.

Auf dieser Dialektik von Divinität und Nichtdivinität baut die christliche Bewertung der Natur auf. Sie läßt sich nach zwei Seiten ausziehen und radikalisieren. Der einen zufolge wird die Natur positiv betrachtet, als Produkt Gottes geachtet, geschätzt und verehrt unter Berufung auf die *Genesis*stelle 1,31: »Und Gott sah an alles, was er gemacht hatte; und siehe da, es war sehr gut.« Von Augustin bis Leibniz, sogar bis in unsere Zeit herein haben Theologen und Philosophen immer wieder versucht, unter Hinweis auf diese Stelle in der Natur das Positive zu sehen und das Negative als bloße Privation, als Mangel und defizienten Modus des Guten einzustufen. So sagt Augustin: »Die ganze Natur, sofern sie Natur ist, gut«,[2] und Leibniz hält sogar unsere Welt für die beste aller möglichen Welten.[3] Der anderen Seite zufolge wird die Natur eher gering geschätzt, zu einem bloßen außergöttlichen Produkt gestempelt und so eine entsprechend pejorative Haltung des Menschen der Natur gegenüber gerechtfertigt. In dieser Ambivalenz verharrt die christliche Einstellung zur Natur bis heute.

Die skizzierte christliche Schöpfungstheorie mit ihrem Derivations- und Dependenzverhältnis zwischen Gott und Natur, in die sich auch die Theorie vom Abfall des Menschen von Gott aus *Genesis* 1,3 einordnet, hat in mancherlei Hinsicht ein Pendant in der platonischen Stufentheorie des Liniengleichnisses aus der *Politeia*.[4] Auch diese deklariert das Negative, das Böse, das Übel nicht als Antiprinzip zum schlechthin vollkommenen Guten, sondern als Abweichung vom Ideal, als Degradation oder Dekadenz – bildlich gesprochen als Entfernung vom ursprünglichen idealen Sein gemäß dem Urbild-Abbild-Schema. Auch dieses bewahrt bei aller Verschiedenheit zwischen Original und Kopie eine gewisse Ähnlichkeit und Verwandtschaft. Trotz der vorläufigen Übereinstimmung zwischen christlicher und antiker Auffassung kennt die antike Philosophie die negative, abschätzende Einstellung gegenüber dem Kosmos nicht. Für Platon ist der Kosmos der »sichtbare Gott«,[5] auch wenn er ihn vom unsichtbaren Gott abhebt, oder der »werdende Gott«[6] im Unterschied zum immer seienden Gott. Er bezeichnet ihn im *Timaios* als »Schmuckstück der ewigen Götter«[7] und verleiht ihm aus Wohlgefallen die zyklische Zeitstruktur, um ihn als werdenden Kosmos dem ewigen, seienden Kosmos noch mehr anzugleichen. Die Ordnung, Harmonie und Schönheit des gestirnten Himmels, die Regelmäßigkeit der Planetenbewegungen, die Vollkommenheit ihrer Kreisbahnen entlockten den Griechen nur Bewunderung und Erstaunen, die zum Ausgang philosophischer Forschung wurden, und erhoben den Kosmos zum Vorbild selbst für die innere, seelische Ausgeglichenheit und Harmonie. In der Kontemplation der Regelmäßigkeit und Ordnung der Gestirne vermochte der Mensch zur inneren Ordnung und zum Gleichmut zu gelangen. Erst mit der christlichen Lehre tritt die Möglichkeit einer Einstellung zur Natur hervor, die in deren Abwertung und Geringschätzung besteht.

c) Anthropozentrik

Die Ambivalenz, die sich an der Bewertung der Natur zeigt, wird noch deutlicher an der Stellung des Menschen. Die christliche Anthropologie basiert auf der alttestamentlichen *Genesis*stelle 1,27 von der Ebenbildlichkeit des Menschen mit Gott sowie auf den neutestamentlichen Stellen von der Sohnschaft, z. B. *Galater* 4,1–7 oder 2. *Korinther* 3,18. Diese Stellen begründen eine exzeptionelle Stellung des Menschen innerhalb der Seinshierarchie. Auf der einen Seite ist der Mensch Geschöpf Gottes wie alle anderen Geschöpfe auch und damit Teil der Natur, auf der anderen ist er aufgrund seiner Ebenbildlichkeit mit Gott und seiner Sohnschaft über die Natur gesetzt, Herr der Natur. Seine Seinsdominanz garantiert ihm eine Position zwischen Gott und der übrigen Natur, die häufig dadurch ausgedrückt wird, dass der Mensch mit seinem Leib der Natur angehört und mit seiner Seele dem ewigen göttlichen Bereich. Wie er mit seinem Körper am Geschaffenen teilhat, so mit seiner Seele am ewigen Leben. Aus dieser Stellung innerhalb der Seinshierarchie resultiert sein ambivalentes, spannungsreiches Verhältnis zur Natur, das prinzipiell zwei Möglichkeiten zuläßt, die sich zu Extremen ausweiten können.

Eine fromme, tiefreligiöse, oft an magisch-mythische Verhaltensweisen erinnernde Einstellung sieht in der Natur das Mitgeschöpfliche, mit dem der Mensch sympathetisch – mitfühlend, mitleidend miterlebend – verbunden ist. Alle Geschöpfe werden als Mitbrüder und Mitschwestern, nicht als Untertanen oder Untergebene angesehen, die zu einem einzigen Lebens- und Sinnzusammenhang gehören. Als Beleg für diese Auffassung mag der Sonnengesang von Franz von Assisi (1182–1226) dienen.

[I. Einleitungsstrophe]
»Höchster, allmächtiger, guter Herr,
Dein sind die Lobeserhebungen, der Ruhm und die Ehre und jede
    Benedeiung.
Dir allein, Höchster, gebühren sie,
und kein Mensch ist würdig, Deiner zu gedenken.«
[II. Sonnenstrophe]
»Sei gelobt, mein Herr, mit all [den] Deinen Geschöpfen,
besonders [mit] meinem Herrn, dem Bruder Sonn,
welcher ist Tag, und [Du] erleuchtest uns durch ihn.
Und er ist schön, und strahlend mit großem Glanz
von Dir, Höchster, bringt er Sinndeutung [Gleichnis].«

[III. Mond- und Sternenstrophe]
»Sei gelobt, mein Herr, durch Schwester Mond und die Sterne.
Am Himmel hast [Du] sie geformt, klar und kostbar und schön.«
[IV. Wind-(Luft-)Strophe]
»Sei gelobt, mein Herr, durch Bruder Wind
und durch Luft und Wolke und heiteres und jedes Wetter,
durch welches [Du] deinen Geschöpfen gibst Erhaltung.«
[V. Wasserstrophe]
»Sei gelobt, mein Herr, durch Schwester Wasser,
welches ist viel nützlich und demütig und kostbar und keusch.«
[VI. Feuerstrophe]
»Sei gelobt, mein Herr, durch Bruder Feuer,
durch welches [Du] uns erleuchtest die Nacht,
und es (er!) ist schön und fröhlich und kräftig und stark.«
[VII. Erdstrophe]
»Sei gelobt, mein Herr, durch unsere Schwester, Mutter Erde,
welche uns erhält und lenkt
und hervorbringt verschiedene Früchte mit bunten Blumen und
Gras (Kraut).«
[VIII. Friedensstrophe]
»Sei gelobt, mein Herr, durch jene, die verzeihen durch
Deine Liebe
und aushalten Krankheit und Trübsal.
Selig jene, die das aushalten werden in Frieden,
denn von Dir, Höchster, werden sie gekrönt werden.«
[IX. Todesstrophe]
»Sei gelobt, mein Herr, durch unsere Schwester, [den]
leiblichen Tod,
(von) dem kein Mensch kann entrinnen.
Wehe jenen, die sterben werden in Sünden, [in] tödlichen!
Selig jene, die er findet in Deinen heiligsten Willen[sbeschlüssen],
denn der Tod, [der] zweite, nicht ihnen wird antun Übles.«
[X. Schlußstrophe]
»Lobt und benedeit meinen Herrn und dankt
und dient ihm mit großer Demut!«[8]

Der Hymnus preist Gott um des Bruders Sonne, um der Schwester
Mond, um des Bruders Wind, um der Schwester Wasser usw. – um aller
vier Elemente –, sogar um der Schwester Tod willen, die als Mitgeschöpfe
angesehen werden.

Die andere, für die geschichtliche Entwicklung in vielerlei Hinsicht
entscheidendere Einstellung beruft sich auf Bibelstellen wie *Genesis* 1,28:
»Machet sie [die Erde] euch Untertan, und herrschet über die Fische im

Meer und über die Vögel unter dem Himmel und über alles Getier, das auf Erden kriecht« oder *Galater* 4,1–7, nach der der Mensch als Kind und Erbe Gottes Herr aller Güter ist, oder 1. *Korinther* 6,12, die dem Sinn nach meint, dass zwar alles in der Macht des Menschen stehe, jedoch nicht alles zuträglich sei. Diese und ähnliche Stellen begründen eine Anthropozentrik, die den Menschen zum Endzweck und zur Krone der Schöpfung erklärt, so dass ihm die übrige Natur als Mittel zu dienen hat. Sie rechtfertigt ein Herrschafts-Knechtschafts- oder Untertanenverhältnis zwischen Mensch und Natur, das dem Menschen eine Herrschaftsrolle über die Natur einräumt, die alle Arten der Einwirkung und des Eingriffs gestattet, von bloßer Bearbeitung und Gestaltung bis hin zu Ausbeutung, Vergewaltigung und Technisierung. Der *Genesis*befehl »Machet euch die Erde untertan« ist oft als »Magna Charta der Technik« bezeichnet worden.[9]

Diese dem griechischen Denken völlig abgehende Sonder- und Vorrangstellung des Menschen gegenüber der Natur hat geistesgeschichtlich die größten Auswirkungen gehabt. Ohne sie wäre das Zustandekommen und die rapide Ausbreitung des mechanistischen Weltbildes und seiner Technik nicht denkbar gewesen. Friedrich Gogartens Ausführungen[10] folgend, sagt Carl Friedrich von Weizsäcker:

> »Entgegen dem, was viele Christen und alle Säkularisten glauben, neige ich zu der Ansicht, dass die moderne Welt ihren unheimlichen Erfolg zum großen Teil ihrem christlichen Hintergrund verdankt.«[11]

Allerdings wurden die Resultate der biblisch begründeten Botschaft nur verzögert wirksam, was mit der kirchlichen und politischen Verfassung der mittelalterlichen Welt zusammenhing. Wenn heute angesichts der ökologischen Krisen- und Umbruchsituation die nicht nur positiven, sondern auch negativen, sogar verhängnisvollen Folgen dieser Einstellung sichtbar werden, wenn diese Haltung kritisch und selbstkritisch als »orthodoxe christliche Arroganz gegenüber der Natur«[12] verurteilt wird, so ist festzuhalten, dass das Urteil nicht immer so ausfiel. Noch in diesem Jahrhundert registrierten viele Christen mit Erleichterung und Zustimmung, dass die christliche Position sich nicht im Gegensatz zum wissenschaftlichen und technischen Fortschritt befinde, sondern im Einklang mit ihm stehe. Die geistige Unabhängigkeit des Menschen von der Natur, seine Lösung aus deren Zwängen und Banden, die als Ausdruck gottgewollter Freiheit betrachtet wurde, galt als Urhumanum. In der Ausgestaltung dieser Freiheit und in der Dominanz über die Natur sollte sich die Würde des Menschen erweisen.

So hat beispielsweise Friedrich Dessauer[13] 1927 dieses Urhumanum in der Technik erblickt, nicht nur in der vorindustriellen und postindustriellen, sondern prinzipiell in allen Formen des Verhältnisses des Menschen zur Natur. Es geht hier nicht um Schuldzuweisungen, sondern ausschließlich um die Eruierung der Gründe, die für bestimmte Tendenzen und Prozesse verantwortlich sind, und einer der Gründe für den rasanten Fortschritt der modernen Wissenschaft und Technik ist die theologisch begründete Herrschaft des Menschen über die Natur, derzufolge der Mensch Verfügungsgewalt über die Natur hat.

Dem antiken Denken ist diese Einstellung fremd. Sein Verhältnis zur Natur ist ein kontemplatives, kein instrumenteil technisches. Auch wenn ihm konstruktive Methoden nicht unbekannt sind, dienen sie doch nur zur Verständigung über den Kosmos, nicht zur Herrschaft über denselben. Belegt wird diese Haltung nicht nur durch die Begründung, die sowohl Platon wie Aristoteles von der Entstehung der Philosophie geben und die im *thaumázein*, in der Bewunderung der Ordnung und Harmonie und Schönheit des Kosmos, vorab des Sternenhimmels, besteht, sondern auch durch die Beschreibung, die Platon von Sinn und Zweck des naturwissenschaftlichen Studiums gibt, welches der Vervollkommnung des Menschen und der Einswerdung mit dem All dient, dadurch dass sich der Mensch über die Betrachtung der Wohlordnung der Natur selbst zur inneren Ordnung und damit zum Gleichklang mit der Natur bringt. In der christlich orientierten Weltsicht tritt an die Stelle der Kontemplation die Konstruktion, an die Stelle des Orientierungswissens das Verfügungswissen, an die Stelle der Spekulation die Produktion und Technik. Die Natur wird instrumentalisiert, zu einem bloßen Mittel für die Erfüllung menschlicher Zwecke, Wünsche und Interessen degradiert.

Die unterschiedlichen Einstellungen zur Natur im griechischen und jüdisch-christlichen Kulturkreis sind letztlich in unterschiedlichen Erfahrungen begründet. Das Bild von der Natur, wie es uns im Alten Testament entgegentritt, trägt zumeist feindliche Züge, wenngleich sanftere nicht gänzlich fehlen. Die Natur begegnet vor allem als Wüste, Öde, Wildnis, als aride, unwirtliche Gegend, die den Lebensbedingungen des Menschen wenig entgegenkommt, ja ihm abweisend gegenübersteht. Dieser Natur muss der Mensch seinen Lebensraum abringen, diese Natur muß er sich unterwerfen und sie urbar machen. Das Gegenbild zur öden, unfruchtbaren Natur ist das Paradies,[14] für das die fruchtbaren, blühenden Oasen das Vorbild abgegeben haben. Mit dem Sündenfall und der Vertreibung des Menschen aus dem Paradies wird diese ideale Natur dem Menschen entrückt. Was ihm bleibt, ist das unfruchtbare, wilde, unbebaute Land, das er zu kultivieren, dem er seine Existenz abzuringen hat.

Dieser Hintergrund ist mit zu bedenken, wenn es im Folgenden darum geht, das Erbe der griechischen Naturphilosophie auf christlichem Boden zu erforschen, wobei der letztere nicht nur dieses Naturverständnis modifiziert, sondern auch umgekehrt Einwirkungen von ihm erfahren hat.

Unter vier Leitgedanken soll das mittelalterliche Naturverständnis expliziert werden: *erstens* unter dem Topos vom *legere in libro naturae* (Lesen im Buch der Natur), *zweitens* unter dem *ordo*-Gedanken, dem Gesetzes- und Ordnungsdenken, *drittens* unter dem *mos geometricus*, der sogenannten geometrischen Methode, und *viertens* unter der *machina-mundi-Metapher*, der Vorstellung von der Welt als Maschine.[15]

3. Charakteristik des mittelalterlichen Naturverständnisses

a) Legere in libro naturae – Lesen im Buch der Natur

Eine der Leitideen betrifft den für das gesamte Mittelalter so beliebten Topos vom *legere in libro naturae*, vom Lesen im Buch der Natur, oder *legere in libro mundi*, Lesen im Buch der Welt, und seinen Wandel. Wie für die Antike das Mikro-Makrokosmos-Schema die typische Denkfigur ist, so für das Mittelalter der Topos vom Buch der Natur.[16] Da die das Mittelalter beherrschende christliche Lehre ihre fundamentalen Gehalte aus der Bibel, dem Buch der Bücher, schöpfte und damit ganz auf diese abgestellt war, lag es nahe, die Bibel zur Richtschnur auch für andere Bereiche zu machen. Zumal der Apostel Paulus im *Römerbrief* von einer dreifachen Offenbarung Gottes gesprochen hatte: von der Offenbarung in Gesetz und Propheten bei den Juden, von der Offenbarung im Evangelium bei den Christen und von der Erschaffung der Welt (Natur) bei den Heiden, war die Voraussetzung gegeben, die Bibelmetapher auch auf die Natur zu übertragen. Einer der frühesten Belege findet sich bei Augustin (354–430) in *De genest ad litteram*,[17] wo von zwei Büchern gesprochen wird, der Heiligen Schrift und dem Buch der Natur. Diese beiden Bücher *(liber scripturae* und *liber creaturae)* gewinnen literarisch zunehmend an Beliebtheit. Als im 14. Jahrhundert Konrad von Megenberg (1309–1374) die Enzyklopädie des Dominikaners Thomas von Cantimpré ins Deutsche übersetzt, wird die Vorstellung von der Welt als Buch in Theologenkreisen geläufig. Nicht nur der Himmel liegt aufgeschlagen wie ein Buch vor uns (Bernhard Silvestris), die Sinnendinge überhaupt sind Bücher, durch die Gott zu uns spricht (Cusanus). Von der theologischen Sprache geht der Gebrauch über zur philosophisch-mystischen und von dort zur Alltagssprache. Schließlich werden das Leben, der Geist, die Vernunft, das Gedächtnis, die Begierde als Bücher bezeichnet. Bei Paracelsus (1493–1541) soll der Arzt im Patienten wie in einem Buche lesen.[18]

Der Vergleich der Natur mit der Bibel rechtfertigt sich nicht nur aufgrund einer generellen Analogie, sondern aufgrund einer Punkt-für-Punkt-Parallele:

1. Beide, sowohl die Heilige Schrift wie die Natur, haben denselben Urheber. Wie Gott die Heilige Schrift inspirierte und die Hand der Schreiber führte, so schuf er auch die Natur.

2. Bibel wie Natur sind Offenbarungen Gottes, in denen er sich dokumentiert. Wie sich Gott in der Bibel kundtut, so gibt er sich auch in der Natur zu erkennen, so dass beide einen Verweisungs- und Transzendenzcharakter haben. Nach dem Modell von Erscheinung und etwas, das erscheint, deuten sie über sich hinaus auf eine Transzendenz, die in ihnen transparent wird. Dies begründet die für das Mittelalter typische symbolische Naturauffassung, derzufolge die Natur keinen selbstständigen Charakter hat, sondern Erscheinung und Manifestation Gottes ist – für Johannes Scotus Eriugena (ca. 810–877) verklärt sie sich sogar zur Theophanie[19] – oder Spiegel und Bild.[20]

3. Mit dem Repräsentanzcharakter der Natur hängt ihre ontologische Unselbstständigkeit zusammen. Galt die Natur in der griechischen Philosophie als etwas Selbstständiges, das immer schon vorlag und in Gestalt der *natura naturans* sogar selbsttätig wirkte, so büßt sie diese Stellung im christlichen Mittelalter ein und gewinnt ihre einzige Relevanz aus der Beziehung auf Gott und aus der Funktion, auf diesen zu verweisen.

4. Die Folge hiervon ist, dass das Studium der Natur ebensowenig wie das Studium der Heiligen Schrift Selbstzweck ist, sondern ausschließlich der Ergründung, dem Lob und Preis Gottes dient. Nicht die Naturphänomene und -gesetze als solche interessieren, sie ziehen nur insofern und insoweit das Interesse auf sich, wie sie die Weisheit und Allmacht des Schöpfers rühmen. Naturerkenntnis ist im eigentlichen Sinne Gotteserkenntnis, wobei insbesondere die Wunder *(mirabilia)* dazu angetan sind, die göttliche Omnipotenz zu bezeugen.

5. Das Interesse an der Natur ordnet sich völlig der theologischen Perspektive unter; es hat seinen Ort im religiös-moralischen, heilsgeschichtlichen Kontext. Nicht um die Begründung der Physik geht es, sondern um die heilsgeschichtliche Deutung der Natur. Diesem Zweck dient letztlich auch das Studium der Tiere und Pflanzen, wie die Abhandlung *De bono religiosi Status et variarum animantium tropologia (Über das Gute des religiösen Standes und die Eigenart der Lebewesen)* von Petrus Damiani (1007–1072) zeigt:

> »Gott, der allmächtige Schöpfer der Dinge, hat, wie er die Erde zum Gebrauch der Menschen erschuf, so auch durch jene natürlichen Kräfte und notwendigen Bewegungen, welche er den wilden Tieren eingab, dafür Sorge getragen, den Menschen heilbringend zu belehren. «[21]

Auch die im Mittelalter aufkommende Anatomie wird gerechtfertigt mit der Erkenntnis des Schöpfers, auf den sie ebenso führt wie die Wirkung auf ihre Ursache.[22]

6. Im Mittelalter entwickelte sich bezüglich der Heiligen Schrift eine höchst subtile, differenzierte Interpretationskunst, die zunehmend auf

die Natur übertragen wurde. Bekanntlich hat die hermeneutische Methode des Mittelalters vier Schriftsinne entfaltet: *erstens* den *sensus historicus*, der die historischen Fakten wiedergibt und die historische Wahrheit zu rekonstruieren versucht, *zweitens* den *sensus allegoricus*, der die Geschichte im Blick auf Gott und auf den hinter den offenkundigen Dingen liegenden, verborgenen Sinn interpretiert, *drittens* den *sensus tropologicus*, der sich auf das Wort bezieht, das Gott an den Menschen richtet und das ihn zur Umkehr auffordert, *viertens* den *sensus anagogicus*, der dem zukünftigen Aufstieg und der verheißenen Gemeinschaft des Menschen mit Gott nachgeht. Diese Schriftsinne werden *mutatis mutandis* auch auf die Natur angewandt. So überhöht Isidor von Sevilla in *De natura rerum* die sachliche Darstellung der Naturereignisse durch eine symbolisch-allegorische. Neben der »historischen« Interpretation wird bei ihm die Auslegung »*secundum mysticum sensum*«[23] zum Schlüssel der Naturdeutung. Auch bei Hrabanus Maurus finden sich in seiner Enzyklopädie *De universo* historische und allegorische Darstellungsweisen zur Erklärung der Natur.[24]

Der Parallelismus von Bibel und Natur und die damit verbundene Aufwertung der Natur zur zweiten Quelle der Offenbarung bringt trotz der theologischen, heilsgeschichtlichen Ausrichtung einen für das Mittelalter typischen Empirismus mit sich. Die Naturerfahrung wird als zweite autonome Quelle der Gotteserfahrung neben der Heiligen Schrift anerkannt. Es genügt nicht, sich bei der Erklärung der Naturphänomene ausschließlich auf Gott als erste Ursache *(causa prima)* zu berufen – Wilhelm von Conches verurteilt diese Haltung ausdrücklich als Rückzug bedauernswerter Menschen *(refugium miserorum)*. Konsultiert werden muss vorab und ausdrücklich die Naturerfahrung als nächste Ursache *(causa proxima)*. Wohl nicht zuletzt unter dem seit dem 13. Jahrhundert einsetzenden aristotelischen Einfluss und seiner grundsätzlich empiristisch-induktivistischen Ausrichtung meint Thomas von Aquin (ca. 1225–1274), dass der, welcher Naturwissenschaft ohne Rücksicht auf die Sinneswahrnehmungen *(sensibilia)* betreibe, einen Fehler begehe.[25] Bekannt sind auch die experimentellen Bemühungen von seinem Lehrer Albertus Magnus und dessen älterem Zeitgenossen Robert Grosseteste (1175–1253) sowie dessen Schüler Roger Bacon (ca. 1214–ca. 1294).

Zwar handelt es sich hier noch nicht um empirische Wissenschaft im modernen Sinne, sondern um empirisch-mathematische Studien der Natur, die mit metaphysischen Spekulationen durchsetzt sind; auch das experimentelle Verfahren Roger Bacons ist noch nicht mit der Experimentalmethode Galileis oder Kants zu vergleichen, sondern ähnelt mehr einer induktivistischen, technisch-instrumentellen Methodisierung des Naturverstehens, doch bahnt sich hier eine empirisch gesicherte, instrumentell gestützte *interpretatio naturae* anstelle der rein spekulativen *anticipatio naturae* an, die den menschlichen Verstand nach Bacons Ansicht durch Vorurteile gar zu leicht verdunkelt. Der Nominalismus hat diese empirische Tendenz aufgenommen und weiter ausgebaut, nicht zuletzt deswegen, weil nach seiner Überzeugung das Empirische das Entscheidende ist und die Ideen als bloße Namen oder Zeichen, als Bewusstseinsmerkmale der empirischen Sachverhalte fungieren. Die scholastische Formel *ens et verum convertuntur* (Sein und Wahrheit stimmen überein) wird zunehmend ersetzt durch das Axiom *factum et verum convertuntur* (Tatsache und Wahrheit stimmen überein), auch wenn die damit verbundene Methode erst bei Giovanni Battista Vico (1668–1744) und in der Renaissance zur vollen Entfaltung gelangt.[26]

Wie nun das Lesen im Buch nicht nur Wahrnehmung, d. h. reine Konstatierung der Schriftzeichen ist, ihrer Größe, Gestalt, Anordnung usw., sondern immer noch etwas mehr, nämlich Verstehen, d. h. Schriftdeutung und damit Herstellung von Sinn, so gilt Entsprechendes auch von der Natur. Das Lesen eines Textes, sei es eines Buchtextes oder der Naturphänomene, weist stets zwei Seiten auf, eine passive und eine aktive. Zum einen geht es darum, einen vorgegebenen Text hinzunehmen, sich ihm unterzuordnen, unter Selbstpreisgabe in ihn einzudringen; denn er soll ja nicht neu konzipiert werden wie bei der Abfassung eines Buches oder der Schöpfung der Natur. Zum anderen aber verlangt alles wirkliche Verstehen den Bezug des vorgegebenen Materials auf einen dahinter stehenden Sinn, der die kontextuale Einheit des Mannigfaltigen stiftet, worin sich Sinn überhaupt erst konstituiert. Verstehen begnügt sich nicht mit der bloßen Konstatierung der Schriftzeichen, sondern erfüllt sich erst mit deren Deutung. Solange diese nicht erfolgt ist, bleiben die Zeichen Hieroglyphen, wie das Lesen und Hören einer fremden Sprache zeigt, die man nur wahrnimmt, aber nicht versteht. Der Bezug der Zeichen auf einen Sinn stellt sich aber nicht selbst her, denn dieser ist ja verborgen und unbekannt, sondern wird hergestellt durch das Subjekt in Gestalt eines hermeneutischen Vorentwurfs, auf den hin die Zeichen interpretiert werden. Gerade die Diversität der Sprachen, die weitgehend dieselben Zeichen und Symbole benutzen, mit ihnen aber total verschiedene Bedeutungen verbinden, ist Indiz dafür, wie abhängig die Sinndeutung von subjektiven Momenten, sei es von einem Volk und seiner Kultur, sei es von einem Einzelsubjekt und seiner Erfahrungswelt, ist.

Diese beiden Momente, die in jedem Lesen eines Textes angelegt sind, erweisen sich ideengeschichtlich als Stadien eines Wandlungsprozesses, der den Topos vom *legere in libro naturae* betrifft. Mag auch die Einteilung der Geschichte dieses Topos in zwei Phasen grob und unzulänglich sein, so enthält sie doch ein Stückchen Wahrheit. Während das Früh- und Hochmittelalter den rezeptiven Aspekt hervorkehren, betont das ausgehende und in die Neuzeit hinüberführende Mittelalter den konstruktiven, produktiven Aspekt. Wenngleich sich stets beide Komponenten in der Formel finden, so hat doch die rezeptive Interpretation so stark nachgewirkt, dass sie bis heute im vordergründigen, alltäglichen Verständnis mit dem Topos vom *legere in libro naturae* identifiziert und der Konstruktions- und Produktionsformel konfrontiert wird. Die passive Einstellung zur Natur nimmt diese, wie sie ist, in der ganzen Fülle und Reichhaltigkeit ihrer qualitativen und quantitativen Merkmale, ihrer sinn- und wertbeladenen Momente auf, sie verändert nichts, sondern nimmt das Gegebene ehrfurchts- und respektvoll hin und bewundert darin die Weisheit und Allmacht Gottes. Man kann geradezu von einer andächtigen, hingebungsvollen Naturbetrachtung sprechen. Mit ihr verbindet sich ein sympathetisches Naturgefühl, das das Ein- und Einsfühlen des Menschen mit der Natur ausdrückt.

Zunehmend aber tritt, bedingt durch die nähere Bekanntschaft mit der griechischen Mathematik, Astronomie und Physik, vor allem aber durch den zunehmenden Einfluss Platons und seines Konstruktivismus, an die Stelle des passiven Verhältnisses das aktive, konstruktive. Es akzentuiert die Sinngebung seitens des Subjekts. Um privatsubjektive Sinnentwürfe auszuschließen, wird nach generell verständlichen und intersubjektiv kommunikablen Regeln des Sinnbezugs gesucht, und diese werden zunehmend in quantitativen Verhältnissen gefunden unter Ausklammerung der Übrigen.

Mag die Konstruktion vorerst auch nur im heuristisch-intellektuellen Sinne zu verstehen sein entsprechend der Maxime, dass man nur das wirklich einsieht, was man gedanklich herzustellen vermag, so ist damit doch ein Weg eröffnet, der über den Nominalismus bzw. Konzeptualismus zur Transzendentalphilosophie und zum Konstitutionismus und darüber hinaus zum modernen Operationalismus und Konstruktivismus führen wird, denen zufolge die sinngebenden Regeln und Gesetze nicht mehr nur nachträgliche Reflexionsprinzipien oder Bewusstseinsmerkmale empirischer Sachverhalte sind, sondern eine konstitutive Funktion haben und bestimmen, was für uns überhaupt Natur sein soll.

b) Ordo-Gedanke – Das Gesetzes- und Ordnungsdenken

Eine zweite Leitidee lässt sich am *ordo*-Gedanken (*ordo* = »Ordnung«, »Rang«) festmachen, der nicht nur den Kosmos bestimmt, sondern das gesamte Leben und Denken des Mittelalters beherrscht und ebenso im Feudalismus des Staates wie in der Hierarchie der Kirche, in der Ständeordnung der Handwerker wie in der Gliederung der Familie wirksam ist. Mit dem *ordo*-Gedanken verbindet sich nicht allein ein strenger Gesetzescharakter, sondern darüber hinaus auch eine streng hierarchische Gliederung. Seine Wurzeln hat dieses Denken zum einen in der christlichen Überzeugung von der triadischen Einteilung des Seins in eine göttliche, menschliche und natürliche Sphäre und der Letzteren wiederum in Tiere, Pflanzen, Materie usw., zum anderen in der griechischen Philosophie, vorab in der platonischen Seinshierarchie, wie sie im Liniengleichnis der *Politeia* und im *Timaios* begegnet. Die Vermittlung leistete der Neuplatonismus, der die platonischen Systematisierungstendenzen radikalisierte und zu einem neunfachen Hypostasensystem ausbaute, dessen einzelne Stufen: Ureines, Geist, Seele, Planeten, Dämonen, Menschen, Tiere, Pflanzen und Materie sich durch Emanation in absteigender Linie ergeben. Innerhalb dieses Systems werden die platonischen Ideen – bei Platon nicht nur Vorbilder des real Seienden, sondern auch ontologische Korrelate des Denkens – zu immanenten Gedanken eines selbstreferentiellen Geistes. Sie bekommen ihren Sitz im hypostasierten Nous, aus dem sich mit Ausnahme des übergeordneten Ureinen die übrige Welt herleitet.

Hierauf basiert auch die christliche Deutung mit dem Unterschied, dass der persönliche Gott an die höchste Stelle der Seinshierarchie tritt. In Übernahme und Umdeutung des platonischen Schöpfungsmythos wird aus dem nicht allmächtigen Handwerkergott Platons, der im Blick sowohl auf vorgegebene Ideen wie auf vorgegebene Materie die Welt lediglich formt, der allmächtige christliche Schöpfergott, der nicht mehr auf externe Ideen hinzuschauen braucht, sondern nach selbsteigenen Gedanken die Welt erschafft. Aus den externen Ideen werden die internen Gedanken Gottes. Der Mensch, Ebenbild Gottes, vermag aufgrund seines Primats die göttlichen Gedanken in seinem eigenen Geist nachzudenken und damit den *ordo naturae* zu erkennen und sich ihm einzufügen. Diese Uminterpretation des ideentheoretischen Ansatzes Platons war mit Augustin abgeschlossen.[27] [28] [29]

Der Paradigmenstatus der Ideen und ihrer Ordnung bleibt auch in der christlichen Interpretation erhalten, er wird sogar noch verstärkt durch die Wirkungsmächtigkeit einer prägnanten Formulierung in der Chalcidius-Übersetzung des platonischen *Timaios*. Wenngleich nur an einer einzigen, so doch markanten Stelle hatte Chalcidius den platonischen Ausdruck *parádeigma*[30] mit *archetypus*[31] wiedergegeben. Darauf fußt die christliche Deutung, wenn sie die Ideen – jetzt Gedanken Gottes – zu archetypischen Vorstellungen und Gottes Geist zum *mundus archetypus* erklärt. Insbesondere über die astronomische Literatur, wie die *Sphaera Sacroboscos*[32], die das astronomische Lehrbuch des Mittelalters bildete, fand dieser Terminus Eingang in das allgemeine Denken. Im Vitruvkommentar[33] wird er durch *modello* übersetzt.

Was die ideale Einteilung und Gliederung des Seins betrifft, so gehört sie in die Logik und Metaphysik. Nach der prinzipiellen Unterscheidung einer ungeschaffenen unendlichen, göttlichen Natur {*natura infinita)* und einer geschaffenen endlichen *(natura finita)* wird die letztere unter der Bezeichnung *natura communis* in Klassen, Arten und Unterarten bis hin zu Individuen zerlegt. Als *natura communis* gelten entweder Gattungsbegriffe, denen verschiedene Artbegriffe subordiniert sind – z. B. »Lebewesen«, worunter »Mensch«, »Tier«, »Pflanze« als Unterarten des Gattungsbegriffs fallen –, oder Artbegriffe, unter die sich verschiedene Individuen subsumieren lassen – z. B. »Mensch«, worunter einzelne Menschen fallen. Der logischen Einteilung entspricht die reale Seinseinteilung nach dem Motto: *ens logicum est umbra entis realis*, das heißt: »das logische Sein ist Abbild des realen Seins«.

Das *ordo*-Denken und das mit ihm verbundene Gesetzesdenken, das auf eine streng rationale, verstandesmäßige Einteilung und Gliederung des Seins abzielt, zeigt sich auch auf anderen Gebieten, etwa der Rechtsprechung, wo im 13. Jahrhundert im Zuge eines erstarkten Rationalismus das bis dahin geltende Ordalienrecht – das Recht des Gottesurteils –, das die Entscheidung über Schuld oder Unschuld einer zufälligen »göttlichen« Fügung überließ, durch das streng rationale Inquisitionsverfahren ersetzt wurde, das nur aufgrund eines – wenngleich erpressten – Geständnisses verurteilen kann.

Eine Gefahr drohte diesem Denken auf naturwissenschaftlichem Gebiet von Seiten der Wunder und außergewöhnlichen Erscheinungen. Da gerade die Bibel viele solcher belegt, mussten sie prinzipiell Gottes Allmacht zugetraut werden, auf der anderen Seite aber mussten sie mit der von Gott selbst geschaffenen Ordnung in Einklang stehen. Zumal der im Mittelalter aufkommende Voluntarismus, der den Willen über den Intellekt stellt und zum entscheidenden Movens macht, nicht nur auf einer Weltschöpfung *(creatio aundi [naturae])* durch den freien, ungebundenen, ja schrankenlosen Willen Gottes insistierte, sondern auch auf einer entsprechenden göttlichen Weltlenkung *(gabernatio mundi [naturae])*, wurde die Frage unausweichlich, ob und gegebenenfalls wie Gott an seine Gesetze gebunden sei.

Die Lösung führte in zwei entgegengesetzte Richtungen, zum einen zur Vorstellung eines Willkürgottes, die noch Luther beunruhigte, zum anderen zur Vorstellung eines selbstgebundenen Gottes, wie er noch in Einsteins Bonmot durchklingt »Gott würfelt nicht«, d. h. Gott spielt nicht. Solange die Natur ganz in den Willen Gottes eingebunden ist, lässt sich das Problem im augustinischen Sinne lösen. Zwar anerkennt Augustin die gewöhnliche Ordnung der Dinge, den natürlichen Gesetzesverlauf,[34] jedoch konzediert er eine übernatürliche Ordnung, die sich außerhalb (*super* oder *praeter*) der gewöhnlichen Ordnung befindet.[35] Wie es in Gottes Macht und freiem Willen steht, die Gesetze der Natur zu erschaffen, so muss es auch in seiner Macht und in seinem Belieben stehen, die Gesetze zu ändern.[36] Gleichwohl handelt Gott nicht wider seine eigenen Gesetze, zumal er die beste aller Welten erschuf. Wunder haben somit nicht *contra naturam* zu gelten, sie stehen nur außerhalb der gewöhnlichen Ordnung.[37] Erst als in der Folge unter dem Einfluss der griechischen Philosophie die Physik präziser formuliert wurde und die Diskrepanz zwischen einer als Objekt der Physik betrachteten Natur, die bestimmten Gesetzen unterliegt, und den Wundern als freien Handlungen Gottes außerhalb dieser Gesetze in ihrer Unversöhnlichkeit immer deutlicher hervortrat, stellte sich das Problem in seiner Dringlichkeit und wurde zunehmend im Sinne einer Eliminierung der Störfaktoren und Unsicherheiten, wie es Wunder und übersinnliche, himmlische Mächte und Intelligenzen sind, gelöst. Die Entscheidung fiel zugunsten eines notwendigen *cursus communis naturae* aus.

Eine zweite Aufweichung nicht im Sinne einer Einschränkung, sondern einer Ausweitung erfuhr der gottgegründete *ordo*-Gedanke durch die im ausgehenden Mittelalter und in der beginnenden Neuzeit zunehmende Selbstverherrlichung des Menschen, die sich auf die These der Ebenbildlichkeit Gottes stützte. Konkret stellte sich das Problem angesichts der Ideen von Artefakten. Schon Platon war dieses Problem bekannt gewesen, zeigt doch sein Werk eine Vielzahl solcher Ideen: z. B. wird in der *Politeia* die Idee des Stuhls und des Zaumzeugs, im *Kratylos* die Idee der Weberlade diskutiert. Wo haben solche Ideen ihren Ort? Da bei Platon die Kunst an der Natur orientiert ist und diese an den Ideen – der vom Maler gemalte Baum hat sein Vorbild im realen Baum und dieser sein Vorbild in der Idee des Baumes –, verträgt sich mit diesem durchgängigen Imitationsverhältnis, das die Kunst zur Imitation zweiter Stufe degradiert, schwerlich die Vorstellung frei entworfener künstlerischer Pläne, Projekte, Ideen, sei es völlig freier Erfindungen, sei es freier Kombinationen aus vorgegebenem Material. Das Problem war auch in der Folgezeit in keiner Weise bewältigt worden.

Bei Cusanus begegnet es erneut. In *Idiota de mente* (1450) behandelt Cusanus es am Beispiel des Löffelschnitzers. Woher hat dieser die Idee vom Löffel, da sie doch offenkundig nicht aus der Natur stammt? Cusanus beantwortet die Frage auf der Basis der Ebenbildlichkeit des Menschen mit Gott und des darin fundierten Status des Menschen als *alter deus*, als zweiter Gott. Seine Theorie wird so zu einem frühen Vorläufer der Genietheorie. Die Ebenbildlichkeit des Menschen mit Gott begründet nicht nur eine Analogie zwischen der Idee vom Löffel im menschlichen Geist und der in Gottes Geist, sondern auch eine Analogie zwischen der menschlichen Schöpfungskraft und der göttlichen. Das menschliche Denken wird zum poietischen Vermögen *(virtus fingendi)*, das sein Paradigma im schöpferischen Geist Gottes hat. Der Löffelschnitzer ist Imitator der unbegrenzten Kunst *(ars infinita)* Gottes. Er schaut nicht mehr auf den Kosmos, um von dort seine Ideen zu empfangen, sondern auf sich. Es ist bezeichnend, dass der Gedanke der Originalität zunächst nicht an der Kunst im engeren Sinne, an Malerei und Bildhauerei, entwickelt wurde, die Nachahmungen der Natur bleiben, sondern an der handwerklichen und technischen Kunst.

Hierzu stimmt auch, dass Cusanus seine Beispiele vornehmlich dem Bereich der Töpfer, Schmiede und Weber entnimmt.

Die Destruktion des auf Stabilität, Bestand und Erhalt angelegten antiken und mittelalterlichen *ordo*-Gedankens, die Ausweitung und Öffnung des endlichen Kosmos zum unendlichen Universum der Renaissance und der Neuzeit lagen implizit bereits im christlichen Unendlichkeitsbegriff, unter dem der allmächtige christliche Gott gedacht wurde. Bei tieferem Eindringen in diesen musste sie immer klarer heraustreten. Es war Cusanus, der die Diskrepanz zwischen Unendlichem und Endlichem ins Zentrum seines Denkens rückte und die für das endliche Denken mit dem Unendlichkeitsbegriff verbundene Paradoxie aufzeigte. Die natürliche, endliche Welt ist unendlich weit entfernt von der göttlichen, unendlichen, in der alle rationalen, auf trennungsscharfe Grenzen und auf Präzision angelegten Begriffe in einer *coincidentia oppositorum* (Zusammenfall der Gegensätze) zusammenfallen, in der jede Trennung aufgehoben und jeder Gegensatz versöhnt ist. Diese Unendlichkeit und Unerschöpflichkeit bringt es mit sich, dass Gottes Schöpferkraft in der Schöpfung der Welt nicht ausgelotet ist.[38] Die nach der *complicatio-explicatio-Struktur* in Gottes Wesen eingefaltete *(complicatio)* und aus ihm freigesetzte, ausgefaltete *(explicatio)* Welt ist demnach nur eine kontingente, keine notwendige Explikation, nur eine der vielen möglichen Erscheinungsweisen, die in der Totalität der Möglichkeiten impliziert und ewig präsent sind. Unsere Erde, im aristotelisch-ptolemäischen Weltbild, wie es auch für das christliche Mittelalter gilt, Zentrum des Alls, wird zu einem beweglichen Stern im Universum, der nicht mehr mit dem Weltmittelpunkt zusammenfällt. Damit eröffnet sich am Ende des Mittelalters und am Beginn der Neuzeit nicht nur die Möglichkeit einer Substitution des geozentrischen ptolemäischen Weltbildes mit der Erde und dem Menschen als Zentrum durch das heliozentrische kopernikanische Weltbild, in dem Erde und Mensch nur noch ein winziger Teil des Sonnensystems sind, sondern auch der Gedanke eines nicht mehr geschlossenen, stabilen, endlichen Kosmos, sondern eines unabgeschlossenen, offenen, unendlichen Systems.

c) Mos geometricus – Die geometrische Methode

Eine der für die Wissenschaftsgeschichte folgenschwersten Errungenschaften, die sich bereits im Mittelalter anbahnt, zunehmend stärker wird und schließlich zum Methodenideal der neuzeitlichen Wissenschaften führt, ist die geometrische Methode, der sogenannte *mos geometricus*. Er ist nicht erst eine Erfindung Spinozas, die aus dessen Ethik bekannt ist und dort angewandt wird, um der unsicheren und schwankenden Philosophie durch Imitation der sicheren axiomatischen Methode, wie sie Euklid vordemonstriert hatte, die nötige Sicherheit und Gewissheit zu verschaffen. Durch Aufstellung von Axiomen, Definitionen, Postulaten, Petitionen und Konklusionen sollte auch die Philosophie, die sich bis dahin in Kontroversen und Widersprüchen aufgerieben hatte, in den sicheren Gang einer Wissenschaft gebracht werden. Der *mos geometricus* des Mittelalters ist hierauf noch nicht festgelegt. Er stellt noch kein technisches Verfahren dar, sondern bezeichnet generell eine Methode rationaler Ableitung unter Verwendung der Mathematik. Mit ihm werden mindestens zwei verschiedene Arten mathematischen Verfahrens abgedeckt, zum einen die mathematische Beschreibung *(descriptio)* der Natur, zum anderen die Reduktion *(reductio)* der Sinnendinge auf mathematische Prinzipien in Form von Reduktionsketten. Beide Verfahren stellen keine Entdeckung des Mittelalters dar, sondern sind antikes Erbe; bekannt sind sie insbesondere aus dem platonischen *Timaios*. Im Horizont des christlichen Denkens ließen sie sich durch die im Mittelalter bis ins 18. Jahrhundert hinein vielzitierte Bibelstelle *Sapientia* 11, 21 rechtfertigen: »Aber du hast alles geordnet mit Maß, Zahl und Gewicht.« Dieses Bibelwort diente nicht nur Künstlern zur Vorlage, wenn sie, wie es oft der Fall war, die Bibelhandschriften illustrierten, etwa mit einem Christus, der, über dem Kosmos thronend, in der Rechten einen Zirkel hält, mit dem er die Welt abmisst, oder wenn sie, in schon säkularisierter Form, auf ihren Gemälden und Stichen Baumeister mit Zirkel, Lineal, Winkelmesser, Sonnen- und Wasseruhr zeigten, deren geometrische Formen in planetarischen Konstellationen wie in Bauwerken wiederkehrten, sondern auf dieses Wort beriefen sich selbst noch die Avantgardisten der neuzeitlichen mathematischen Mechanik.

Was die mathematisch-geometrische Beschreibung der Natur betrifft, so findet sie einen gewissen Ansatzpunkt in dem für das Mittelalter typischen Topos vom *legere in libro naturae*, zeigte doch die Analyse, dass das Lesen und Verstehen nicht allein die Wahrnehmung von Buchstaben verlangt, sondern auch ihre Deutung auf einen dahinter liegenden Sinn. Andernfalls bleiben die Schriftzeichen rätselhafte Chiffren. Präzisiert wird dieses Verfahren in der mathematischen Methode dadurch, dass die Schriftzeichen – die Phänomene der Natur – mit mathematischen Symbolen identifiziert und ihr Sinnbezug durch mathematische Regeln und Gesetze festgelegt wird. In Cusanus' *De docta ignorantia* gewinnt diese Auffassung prägnanten Ausdruck, wenn es heißt:

> »Gott hat bei der Erschaffung der Welt Arithmetik, Geometrie und Musik und zugleich Astronomie angewendet. Dieser Künste bedienen auch wir uns, wenn wir die Bezugsverhältnisse der Dinge und der Elemente und der Bewegung erforschen.«[39]

Welche Bedeutung Cusanus überhaupt der Mathematik beim Erkennen zuweist, geht daraus hervor, dass er in *Idiota de mente*[40] den Begriff des

Geistes *(mens)* von *mensura* = »Maßgebung« ableitet und in *De beryllo*[41] das Erkennen als Messen des Ähnlichen am Ähnlichen, des Gleichnishaften an der Wahrheit, bestimmt. Menschliche Erkenntnis im Sinne der *adaequatio intellectus rei* ist nicht nur generell Übereinstimmung des Geistes mit der Sache, sondern speziell Anmessung des Geistes an die Sache. Galilei hat später diese These, die zugleich eine These von der Mathematisierbarkeit der Natur ist, aufgegriffen und ausgebaut zu der Aussage, dass das Buch der Natur in mathematischen Lettern verfasst sei. Der *locus classicus* dieser Auskunft ist *Il Saggiatore*:

> »Die Philosophie ist in diesem großen Buch niedergeschrieben, das vor unseren Augen immer offen liegt (ich meine das Universum), welches wir aber nicht verstehen können, wenn wir nicht zuvor lernen, die Sprache zu verstehen und die Zeichen zu deuten, in denen es geschrieben ist. Es ist in der mathematischen Sprache geschrieben, und seine Buchstaben sind Dreiecke, Kreise und andere geometrische Figuren; ohne diese Mittel ist es dem Menschen unmöglich, ein einziges Wort zu verstehen …«[42]

Auch in einem Brief an Fortunio Liceti vom Januar 1641 äußert sich Galilei dahingehend, dass »die Buchstaben eines solchen Buches …, die für die Lektüre unentbehrlich sind«, »Dreiecke, Vierecke, Kreise, Kugeln, Kegel, Pyramiden und andere mathematische Figuren«[43] seien. Die Formel begegnet bereits in den Statuten der *Accademia dei Lincei*, deren Mitglied Galilei 1611 geworden war; möglicherweise hat er sie von dort übernommen.

Einer der frühesten Vertreter dieser Methode ist Robert Grosseteste, ein englischer Scholastiker des 12./13. Jahrhunderts und späterer Bischof von Lincoln. Er ist bekannt geworden für seine in mancherlei Hinsicht modern anmutende Lichtmetaphysik, die er in der Schrift *De luce* entwickelt. Hier finden die geometrischen Grundsätze Anwendung, die er schon zuvor in seinem Werk *De lineis, angulis et figuris* expliziert hatte. In besagter Schrift konzipiert er eine Kosmogonie und Kosmologie auf der Basis (intelligiblen) Lichts, das sich in dynamischer Form wie eine Kraft ausbreitet, die Welt durchdringt und den Grundstoff aller Körper, die *forma corporeitatis*, bildet. Entscheidend ist die Art und Weise der Licht- bzw. Kraftausbreitung. Sie erfolgt längs der Geraden und, bei Brechung, längs der Winkel *(super lineas et angulos)*, so dass sie grundsätzlich geometrisch beschrieben werden kann, zumal die Fortpflanzung entweder kugelförmig bei Emission aus einem Zentrum oder konisch bei Rezeption der Kräfte erfolgt, die längs verschiedener Aktionslinien in einem Punkt zusammenlaufen.

Was die zweite mathematische Methode, die sogenannte Reduktion, betrifft, so zielt sie auf die Zurückführung der Sinnenwelt in ihren qualitativen Momenten auf quantitative Prinzipien in einem Überstieg in ein anderes Genus *(metábasis eis állo génos)*. Aus dem Mittelalter ist sie vor allem durch graphische Darstellungen von Intensitätsveränderungen bekannt, wie sie beispielsweise bei Erwärmung und Erkühlung oder bei Geschwindigkeitswechsel stattfinden. In solchen Diagrammen werden Qualitäten graphisch wiedergegeben, d. h. auf geometrische Punkte und Linien zurückgeführt. Die Oresmische Methode gehört hierher, mit der Oresme die Mathematik der Formlatituden begründete, die die Uniformitäten und Difformitäten von Qualitäten und Geschwindigkeiten geometrischen Figuren zuordnet und damit der cartesischen analytischen Geometrie vorarbeitet. Soweit bekannt ist, war Oresme der Erste, der den variablen Wert der Intensität einer Qualität oder der Geschwindigkeit einer Bewegung für jeden Körperpunkt oder jeden Augenblick eines Zeitabschnitts durch eine in einer bestimmten Richtung abgetragene Strecke darstellte und damit die Wissenschaft um ein nicht zu unterschätzendes methodisches Hilfsmittel bereicherte.

Das Zusammentreffen der Mathematik mit dem *ordo*-Gedanken führte ideengeschichtlich im ausgehenden Mittelalter zur Ausbildung des neuzeitlichen Naturgesetzes, das im Unterschied zum antiken Gesetzesbegriff, mit dem eine konstante Struktur bezeichnet wird, mathematischen Charakter hat, eine Gleichung benennt, in die Variable eingesetzt werden, und damit gerade nicht eine unveränderliche Gestalt, sondern eine Veränderung ausdrückt. Und nicht nur zur Aufgabe des herkömmlichen Gesetzesbegriffs führte die zunehmende Bedeutung der Mathematik und Geometrie, sondern auch zum Bruch mit der bisherigen Naturauffassung und zur Öffnung des geschlossenen mittelalterlichen Systems. Die prinzipiell unbegrenzte Konstruierbarkeit in Raum und Zeit stand von Anfang an in Widerspruch zum geschlossenen Weltbild – eine Spannung, die sich schon bei Platon angekündigt hatte. Die Insistenz auf dem Eigencharakter der Mathematik, verbunden mit dem gleichzeitigen Entrücken der Gottesvorstellung als des ontologischen Fundaments der Welt, musste die Grenzen des antiken und mittelalterlichen Kosmos sprengen und ungewiss machen.

d) Machina-mundi-Metapher – Die Welt als Maschine

Die Vorstellung von der Geometrisierbarkeit der Natur legt eine weitere Leitidee nahe, in der alle bisherigen mathematisch-konstruktiven und systemtheoretischen Erwägungen zusammenlaufen: die Vorstellung von der Welt als *machina mundi*, als Weltmaschine.

Schon den lateinischen Schriftstellern und Kirchenvätern war dieser Terminus nicht unbekannt: Lukrez (ca. 95–55 v. Chr.) gebrauchte ihn in

De rerum natura,[44] Gregor von Nyssa († ca. 394 n. Chr.) in *De hominis opificio*.[45] Entscheidend für das Mittelalter wurde jedoch die Chalcidius-
Übersetzung des platonischen *Timaios*, in welcher der Ausdruck »Körper
des Kosmos« *(to tou kóstmou sôma)*[46] erläuternd mit *praeclara ista machina
uisibilis* (»herrlich ist diese sichtbare Maschine«)[47] wiedergegeben wurde.
In dem Kontext, in dem dieser Terminus auftritt, geht es um den Aufbau
des Weltkörpers, speziell um die Zusammensetzung desselben.[48] Der
Ausdruck machina bezieht sich hiernach nicht auf den einfachen, elementaren Körper, sondern auf den zusammengesetzten, und zwar auf
den nach Prinzipien zusammengesetzten, in diesem Falle auf das Weltall.
Von Beginn an steht er somit in Zusammenhang mit dem Systemgedanken. Während *systema mundi* mehr die formale Seite des zusammengesetzten Körpers bezeichnet, ist mit *machina mundi* mehr die materielle, reale
Seite gemeint. Da für Platon der sichtbare Kosmos ein beseeltes, lebendiges Wesen ist, kann mit dem Audruck *machina* in der *Timaios*-Überset-
zung noch nicht, wie später üblich, die unbeseelte, leblose, tote Maschine
gemeint sein, sondern ausschließlich ein lebendiger Organsmus. *Machina
mundi* bzw. *universitatis* hat zunächst noch eine organismische Bedeutung.

Aus der Chalcidius-Übersetzung ging der Begriff in die mittelalterliche
Literatur ein. Schon im Frühmittelalter ist er nachweisbar, so bei Hugo
von St. Viktor in *De arca noe morali*[49] oder bei Alanus de Insulis in *Sermo
de sphaera intelligibili*.[50] Bezeichnend ist eine Stelle aus Grossetestes *De
sphaera*:

> »Unsere Absicht in diesem Traktat ist, die Figur der Welt-
> maschine zu beschreiben, sowohl deren Zentrum [und
> Lage] als auch die Figuren der Körper, die sie konstituieren,
> und die Bewegungen der oberen Körper und die Figuren
> ihrer Kreise.«[51]

Die Ursache der Bewegung des Planetensystems wird noch ganz im traditionellen Sinne in der immanenten Weltseele *(anima mundi)* gesehen. Im
Grunde bleibt diese Vorstellung bis zu Kopernikus und Kepler erhalten
und wird selbst noch in das kopernikanische Weltbild eingebaut. Zum
Spätmittelalter und zur beginnenden Neuzeit hin wird der Audruck *machina mundi* zum präferierten Terminus, etwa bei Cusanus und selbstverständlich bei Kepler, der den Begriff in Fom von *machina mundana*[52] aufnimmt. In die astronomische Literatur gelangte er durch Sacroboscos
Sphaera, die noch bis ins 17. Jahrhundert hinein aufgelegt wurde. Das
Planetarium galt als bevorzugter Anwendungsfall des Terminus und erklärt das spätere Auftreten des Ausrucks *machina coelestis*, der sogenannten
Himmelsmaschine.

Obwohl der Begriff ursprünglich im organismischen Sinne verwendet wurde, trafen in seiner Bedeutungsentwicklung eine Reihe von Faktoren zusammen, die in die Richtung des mechanistischen Weltbildes wiesen, eben jener Vorstellung, die eine tote, unbelebte, von außen bewegte Maschine annimmt. Diese Faktoren sind in zunehmender Spezifikation *erstens* die Vorstellung der Welt als Kunstwerk *(artificium)* eines göttlichen Künstlers (artifex), *zweitens* die Vorstellung der Welt als Bauwerk eines göttlichen Baumeisters, *drittens* die Vorstellung der Welt als *instrumentarium Dei* und *viertens* die Vorstellung eines rein kausal bestimmten Mechanismus im Unterschied zum Finalismus.

1. Gemäß der griechischen Ontologie galt der Kosmos (die Natur) als ewig, immer schon vorgegeben und unveränderlich, durch Selbsttätigkeit sich erhaltend. Wenn sich mit dieser prinzipiell poietischen Auffassung ein technomorpher Aspekt verband wie bei Platon, dann nur in der Absicht, sich die ewigen Aufbaugesetze des Ganzen durch intellektuelle Nachkonstruktion verständlich zu machen. Die Übertragung der Gesetze menschlichen Handelns und Handwerks auf die Natur hatte keinen anderen Sinn als einen epistemologischen. Das änderte sich mit der christlichen Deutung der Schöpfung, dadurch dass die Welt zum wirklichen Produkt Gottes, zum *artificium* des göttlichen *artifex*, wurde. Ähnlich wie das menschliche Handwerks- und Kunstprodukt gilt die Welt (Natur) fortan als Kunstwerk und technisches Produkt Gottes.

2. Eine Präzisierung erfuhr diese noch relativ vage und unbestimmte Beschreibung, die offen ist für eine Interpretation als *Konstruktion im mathematischen Sinne* wie als *Formung und Gestaltung* mit Einschluss *qualitativer Momente und Werte* wie als *freie Setzung*, durch die Akzentuierung des Konstruktionsgedankens, der zwar im Begriff des Kunstprodukts angelegt ist, aber eigens der Herausarbeitung bedarf. So wird denn die Welt unter Verwendung der architektonischen Metaphorik als Bauwerk eines göttlichen Baumeisters beschrieben. Diese Vorstellung gipfelt in den großen Renaissancevisionen des göttlichen Weltenbaumeisters.

Da Bauen stets Planen, Entwerfen, Konstruieren, und zwar zumeist nach mathematischen Konstruktionsprinzipien, voraussetzt, legt gerade diese Vorstellung die Einbeziehung der Mathematik und Geometrie nahe. So haben nicht zufällig die antagonistischen Protogeometer und Protomechaniker der frühen Neuzeit die Notwendigkeit der Mathematik zur Erklärung des Universums betont und das Postulat nach einer mathematischen Mechanik aufgestellt. Vico beschreibt am Ende des 17. Jahrhunderts den Unterschied zwischen alten und neuen Physikern so:

»Auch die Alten verwandten Geometrie und Mechanik als Grundlagen der Physik, allein nicht dauernd; wir dagegen dauernd, und zwar beide in verbesserter Form. Denn ob die durch die Analysis weiter entwickelte Geometrie und die Mechanik neu zu nennen ist, haben wir hier nicht zu untersuchen; mit neuen und höchst genialen Erfindungen vervollkommnet, dient sie unseren Meistern; und um von diesen auf dem dunklen Pfad der Natur nie im Stich gelassen zu werden, haben sie die geometrische Methode *(methodum geometricam)* in die Physik eingeführt; von ihr wie von einem Ariadnefaden geleitet, gehen sie den eingeschlagenen Weg zu Ende, und beschreiben die Kausalzusammenhänge, aus denen der allmächtige Gott das wunderbare Triebwerk der Welt gebildet hat *(haec admirabilis mundi machina a Deo Opt. Max. constructa est)*, nicht mehr als tastende Naturphilosophen *(tentabundi physici)*, sondern wie die Baumeister eines unermeßlichen Bauwerks (immensi alicuius operis architecti).«[53]

3. Alle diese Vorstellungen finden eine Zusammenfassung im Begrif der *machina mundi*. Der Terminus stammt aus dem Griechischen. Attisch *mēchanē*, dorisch *machaná* bedeutet ursprünglich »Mittel«, »List«, »Überlistung«, »Kunstgriff«, ebenso die »geschickte Anwendung von Werkzeugen« und schließlich die »Vorrichtung«, das »Gerät zur Überlistung«.[54] Der Begriff reicht noch in die magische Vorstellungswelt zurück, in der das Gerät, z. B. der Stock in der Hand, als verlängerter Arm galt und damit ein Mittel zur Steigerung der menschlichen Fähigkeiten in bezug auf die Natur war. Als *mēchanaí* wurden vorzugsweise Wundermaschinen bezeichnet, die zwar gemäß der Natur *(katá phýsin)* funktionierten, deren Ursache *(aítion)* aber verborgen blieb und daher den Effekt des Wunders hatte, wie Theatermaschinen, die uns in ihrer Wirkweise als *dus ex machina (theós epí mēchanēs)* überkommen sind. Einen Überblick über die Werkzeuge, die meist nicht von einfacher Art gedacht wurden wie die sogenannten *órgana*, sondern von komplizierter, bietet der Spätalexandriner Pappus,[55] indem er unterscheidet zwischen dem Verständnis der Alten, die damit manuelle Werkzeuge wie Hebewerkzeuge, welche große Lasten gegen die Natur *(pará phýsin)* in die Höhe heben, Kriegsmaschinen, Bewässerungsmaschinen, Armillarsphären bezeichneten, und dem der Jüngeren, die mathematische Demonstrationen darunter verstehen. In jedem Fall handelt es sich um kunstvoll zusammengesetzte Produkte, deren Herstellung und Inbetriebnahme bzw. Aufrechterhaltung einen Urheber oder eine Ursache voraussetzt, etwa den Menschen oder die Wasserkraft.

Insofern die Welt ein hochkompliziertes Zusammengesetztes ist, lag die Übertragung des Ausdrucks auf die Welt nahe.[56] Der spezifisch instrumentale Charakter, der mt dem *machina*-Begriff verbunden ist, wird dadurch gewährleistet, dass die Welt Werkzeug Gottes ist; *natura est infi-*

mum divinae providentiae instrumentum (die Natur ist das niederste Werkzeug der göttlichen Vorsehung), heißt es sinngemäß später bei Ficino.[57]

4. Mit der Anwendug des *machina*-Begriffs oder, was aufgrund der Funktion dasselbe ist, des *instrumentum*- oder *vehiculum*-Begriffs auf die Welt ergab sich eine gewisse Spannung zwischen der nur fabrizierten und von außen betriebenen Maschine und der sich selbsttätig erhaltenden Natur als eines Beweggrundes *(principium actionis)*, wie sie im aristotelischen Sinne vorgestellt wurde. Moche die *machina*-Metapher anfangs auch zur Bezeichnung des lebendigen organischen Weltganzen in Anspruch genommen worden sein, so ließ sich auf Dauer diese Identifikation nicht halten. Mit dem Absinken des Aristotelismus und seiner Theorie der inneren Kräfte, nach welcher sich die Materie von innen heraus organisiert und strukturiert, blieb ein lebloses, totes, auseinander fallendes Produkt (Weltmaschine) zurück, dessen Zusammenhalt und Funktionieren nur durch äußerlich einwirkende Kräfte garantiert werden konnte. Mit der Entwicklug der *machina-mundi*-Vorstellung ging die Ausarbeitung einer neuen Kräftetheorie einher, die zum kausal-mechanischen Weltbild führte.

Zugleich verband sich mit dem Antiaristotelismus ein Antiteleologismus, der nicht nur die christliche Vorstellung einer göttlichen Zweckbestimmtheit der Welt suspendierte, sondern auch die antike systemtheoretische Funktion des Zweckbegriffs aufgab. Wo sich teleologische Vorstellungen zur Erklärung von Naturphänomenen als unerlässlich erwiesen wie bei den Organismen, wurden sie zu reinen Reflexionsbegriffen degradiert. Von den vier antiken Kausalitäten hat sich wissenschaftsgeschichtlich nur die Wirkursache *(causa efficiens)* durchgesetzt, die im neuzeitlichen mechanistischen Weltbild gipfelt.

VIERTER TEIL

Neuzeitliches Naturverständnis

1. Die Voraussetzungen des mechanistischen Weltbildes

Die spätmittelalterliche Philosophie, die in die Renaissancephilosophie hinüberführte, wies, zumindest was ihren latenten oder expliziten Platonismus betraf, Tendenzen in der Richtung auf, die wir als das neuzeitliche mechanistische Weltbild zu bezeichnen pflegen. Der Platonismus, der im Unterschied zum Aristotelismus stets den Gedanken rationaler Konstruktion betont und die Relevanz der Mathematik hervorgehoben hatte, war zwischen 1400 und 1600 wiedererstarkt und hatte an Einfluss gewonnen. In dieser Hinsicht wohlvorbereitet, vollzog sich im 16. und 17. Jahrhundert eine radikale Änderung in der Naturauffassung, die zu einer Revolutionierung des Weltbildes führte und als Mechanisierung desselben in die Geistesgeschichte eingegangen ist. Der Terminus »Mechanisierung des Weltbilds« wurde 1938 von Anneliese Maier[1] als Titel eines Aufsatzes geprägt und zwölf Jahre später durch das gleichnamige umfangreiche Werk von E. J. Dijksterhuis[2] populär gemacht. Mit dem Titel ist eine Interpretation der Welt bzw. Natur gemeint, die den Kosmos als Maschine, als hochkompliziertes, hochkomplexes, in sich gegliedertes, auf äußeren Antrieb hin funktionierendes Machwerk oder »Gestell«, wie Heidegger[3] in seinem Technikaufsatz sagt, versteht. Die Natur, eigentlich Inbegriff dessen, was ohne menschliche Planung und Eingriffe existiert, wird als Kunstprodukt genommen, das menschliche Planung und Handwerk gerade voraussetzt.

Dabei ist zu beachten, dass die Interpretation der Natur als kunstvolle Maschine nicht nur auf einen Vergleich oder eine Analogie zwischen der Natur als dem von sich aus Existierenden und der Technik als dem von Menschenhand Hergestellten zielt, was zu nichts weiter als zu einer metaphorischen Redeweise führte, sondern auf eine Identifikation von *phýsei on* und *téchnē on* bzw., spezieller, von Natur und Maschine.[4] Das hat zur Folge, dass das Wissen um den Aufbau und die Funktionsweise von Maschinen, das den Inhalt der Mechanik ausmacht und die mechanische Methode, den *mos mechanicus*, begründet, zur Grundlage der Naturwissenschaft wird; Mechanik als Wissenschaft von Maschinen wird mit Physik als Wissenschaft von der Natur schlichtweg gleichgesetzt. Darüber hinaus gewinnt die Maschinenvorstellung aufgrund ihrer Identifikation mit dem natürlich Seienden eine solche Bedeutung, dass sie zur Basis einer Einheitswissenschaft avanciert, die nicht allein die Natur als das dem Menschen Gegenüberstehende einbezieht, sondern selbst noch den Menschen als Teil der Natur einschließlich der gesamten gesellschaftlichen, kulturellen und geistigen Verhältnisse. Die mechanistische Denk- und Erklärungsweise findet nicht allein auf die Naturwissenschaft Anwendung, sondern auch auf die gesamte Geistes- und Humanwissenschaft, auf Physiologie, Psychologie, Soziologie, Staatslehre usw. Sie wird zum Paradigma wissenschaftlicher Rationalität überhaupt und ist bis heute das dominante Strukturmodell der westlichen Zivilisation geblieben. Mit dieser Monopolisierung, die auf einer Ideologisierung basiert, erreicht das mechanistische Welt- und Naturbild seinen Abschluss und seine Vollendung, was Ernst Mach kritisch die »mechanische Mythologie«[5] genannt hat.

An dem Prozess der Mechanisierung des Weltbildes, der sich zumindest nach seiner physikalischen Seite hin exakt datieren lässt, 1543 mit Kopernikus' Werk *De revolutionibus orbium caelestium* beginnt und 1687 mit Newtons *Philosophiae naturalis princiipia mathematica* zur Vollendung gelangt, waren gar nicht einmal primär Philosophen, sondern Physiker und Mathematiker beteiligt. Die frühesten Arbeiten gehen auf deutsche und dänische Physiker zurück, einmal auf den in Thorn geborenen und in Frauenberg als Domherr und Generaladministrator der Diözese Ermland lebenden Nikolaus Kopernikus (1473–1543), der mit seiner Schrift *De revolutionibus orbium caelestium* die Revolutionierung des Weltbildes und der Wissenschaft einleitete, dadurch dass er an die Stelle des alten ptolemäischen geozentrischen Weltbildes das heliozentrische setzte. Es waren im Grunde zwei Thesen, mit denen Kopernikus das Weltbild revolutionierte. *Erstens:* Der tägliche Umschwung des Himmels ist nur ein scheinbarer und tatsächlich hervorgerufen durch die tägliche Rotation der Erde um eine durch ihre Pole verlaufende Achse. *Zweitens*: Die Erde ist einer der Planeten und kreist wie diese um die Sonne.

Bei dem anderen Physiker handelt es sich um den dänischen Astronomen und Astrologen Tycho Brahe (1546–1601), der zwanzig Jahre lang auf der Sternwarte Uraniborg auf der Insel Hven mit Hilfe präzisierter, neuer Instrumente und dank einer scharfen Beobachtungsgabe exakte astronomische Berechnungen anstellte, auf die später Johannes Kepler (1571–1630), der von 1600 bis 1612 Assistent Brahes in Prag war, seine Ellipsenbahnen der Planeten um die Sonne und die nach ihm benannten drei keplerschen Gesetze stützte.

Einen nicht unwesentlichen Beitrag zur Erneuerung des Denkens lieferten die oberitalienischen Universitäten Padua, Bologna, Pavia mit ihrer Pflege des Averroismus und Alexandrismus und der für die aristotelische Tradition typischen Realitätsbezogenheit und empirischen Forschung.[6] In dieser geistigen Umgebung, insbesondere der paduanischen Schule, wurden die Grundlagen der neuzeitlichen Wissenschaftsmethode gelegt; aus ihrer Ideenwelt erwuchsen die Arbeiten Galileo Galileis (1564–1642), mit denen er, was das Studium der Fall- und Wurfgesetze betrifft, einen der größten Beiträge zur Entstehung der neuzeitlichen Physik leistete.

In Frankreich arbeitete zwischen 1620 und 1640 eine Gruppe französischer Philosophen und Mathematiker, von denen die bedeutendsten Namen Marin Mersenne (1588–1648), Pierre Gassendi (1592–1655) und René Descartes (1596–1650) sind, an der Formulierung des neuen Weltbildes. Zwischen 1640 und 1660 kam eine Gruppe englischer Emigranten hinzu, zumeist Royalisten, die aus den Bürgerkriegswirren geflohen waren, unter anderem Thomas Hobbes (1588–1679), Charles Cavendish, dessen Bruder William mit seiner Frau Margaret (später Marquis und Marquise von Newcastle), William Petty (1623–1687) sowie als korrespondierendes Mitglied der Chemiker Kenelm Digby (1603–1665) in England. Durch sie wurde nach ihrer Rückkehr in die Heimat das neue Gedankengut in England verbreitet, so dass als Abschluss und Vollendung dieser Entwicklung Isaac Newtons (1643–1727) Hauptwerk *Philosophiae naturalis principia mathematica* hervorgehen konnte, in welchem die mechanistischen Thesen zu einem mathematischen System ausgebaut sind. Damit war der Physik die klassische Form der Mechanik gegeben.

Die Ausarbeitung des mechanistischen Welt- und Naturbildes beruht auf einer Reihe von Vorgaben, die vorauszusetzen sind, wenn in *sensu stricto* von einem mechanistischen Welt- und Naturbild gesprochen werden soll. Es sind dies *erstens* die generelle, noch unspezifische These von der Identifizierung der Natur mit einem (menschlichen) Artefakt, *zweitens* die speziellere, detailliertere These von der Identifikation der Natur mit einem maschinellen Artefakt, *drittens* die These von der Identifikation der Mechanik mit der Physik und *viertens* die These von der Universalität der Maschinenmetaphorik, ihrer Anwendung auf Natur- wie Geistes- und Humanwissenschaften und, damit verbunden, der Erhebung des mechanistischen Paradigmas zum Paradigma der Wissenschaft überhaupt.

a) Die Identifikation der Natur mit einem (menschlichen) Artefakt

Schon mehrfach wurde bezüglich des Wandels der Naturauffassung von der Antike zur Gegenwart eine Drei-Stadien-Theorie angedeutet, derzufolge das erste Stadium, repräsentiert durch die griechische Naturauffassung, die Natur als vorgegebene, immer schon vorfindliche nimmt, die prinzipiell unabhängig ist vom menschlichen Erkennen und Handeln. Nur zum Zwecke der verstehenden Aneignung wird sie unter ein technisches Modell gebracht und im Sinne des hermeneutischen Verstehensprozesses rekonstruiert. Nicht die Natur selbst ist Konstrukt, lediglich die Einsicht in sie vollzieht sich als Konstruktion im menschlichen Geist. Die zweite Stufe, repräsentiert durch das christliche Mittelalter, bringt eine Radikalisierung dieses Gedankens insofern mit sich, als die Natur nicht länger intellektuelles Konstrukt ist, sondern zum realen Konstrukt und Produkt des göttlichen Schöpfers wird, das der Mensch aufgrund seiner Ebenbildlichkeit mit Gott in seinem Geist nachzukonstruieren vermag. Für den Menschen ist und bleibt die Welt noch das Andere, das sich nur in der intellektuellen Rekonstruktion als Artefakt erschließt. Das ändert sich mit der dritten Stufe, die mit dem Beginn der Neuzeit einsetzt. Gestützt auf die theologische Überzeugung von der Gottessohnschaft des Menschen, wird eine Hypostasierung und Verabsolutierung des emanzipierten, selbstherrlichen Menschen zum zweiten Gott (alter deus), zum gottgleichen Menschen *(homo secundus deus)*,[7] vorgenommen und die Welt prinzipiell zu seinem möglichen Produkt erklärt, das, wenngleich noch nicht voll realisiert, so doch sukzessiv zu realisieren ist. Dieser letzten und radikalsten Form gilt die Natur als Konstruktionsprodukt des menschlichen Geistes, zunächst nur in formaler Hinsicht, zunehmend auch in materialer. Da mit der Aufwertung des Menschen als *technítēs* (Konstrukteur) gleichzeitig die Zurückdrängung Gottes als *technítēs* einhergeht, tritt an die Stelle des Gedankens der göttlichen Schöpfung der Welt mehr und mehr der Gedanke eines menschlichen Machwerks. Diesem Säkularisationsprozeß verdankt sich die neuzeitliche Auffassung von der Natur, die in dieser ein künstliches Produkt des Menschen sieht. Die Konsequenzen dieser Auffassung zeigen sich heute in der Manipulation und Technologisierung der Natur, etwa in der Genmanipulation in der Gentechnologie, in den technischen Raffinessen der künstlichen Intelligenz, in der Computerisierung usw., die hier ihren Ursprung haben. Das *phýsei on* ist auf dem Wege, zum menschlichen *téchnē on* zu werden.

b) Die Identifikation der Natur mit einem maschinellen Artefakt

Die These von der Identifikation der Natur mit einem menschlichen Kunstprodukt ist noch zu allgemein und unspezifisch, als dass sie schon die Redeweise vom mechanistischen Weltbild rechtfertigte. Dazu bedarf es noch eines Schrittes, der die Natur auf das maschinelle Kunstprodukt festlegt. Denn das *téchnē on* oder Artefakt in seiner allgemeinsten Form ist offen für das ganze Spektrum von Interpretationsmöglichkeiten, das vom göttlichen Kunstwerk, der Schöpfung, bis hin zum menschlichen Kunstwerk, der geist- und seelenlosen, klappernden und ratternden Maschine, reicht. Natur als Kunstwerk kann hiernach sowohl Gewordenes, Gewachsenes, Entstandenes wie Gemachtes, Hergestelltes, Fabriziertes sein. Dass auch das erstere gilt, beweist der in der mittelalterlichen Theologie gebräuchliche Schöpfungsbegriff, der die Welt zum *creatum* eines göttlichen Kreators und den Produktionsprozess zum *creare* erklärt. Gerade die frühmittelalterliche Naturvorstellung, wie sie bei Augustin begegnet, sieht in der Natur die Offenbarung und Manifestation Gottes, welche die Vielfalt qualitativer wie quantitativer Eigenschaften, sinn- und bedeutungstragender Elemente, Wertvorstellungen einschließt und nicht auf die geometrisch darstellbare, mathematisch fassbare physikalische Maschine der Neuzeit eingeschränkt ist. In der Entwicklung zur Neuzeit hin und zu ihrer mechanistischen Naturinterpretation findet allerdings eine Reduktion auf die quantitativen, mathematisierbaren Eigenschaften sowie auf das maschinelle, geometrisierbare Produkt statt.

Beleg dafür ist der Bedeutungswandl der *machina-mundi*-Metapher. An der schon mehrfach zitierten Stelle der Chalcidius-Übersetzung und -Kommentierung des platonischen *Timaios* 32 c,[8] an dr die *machina-mundi*-Vorstellung zur Kennzeichnung und Beschreibung des Weltsystems dient und mit dem lebendigen, organischen Weltganzen, Platons *zôon*, identifiziert wird, hat sie noch eindeutig organologischen Charakter, und das gilt auch für die Anwendung auf die astronomische Sphäre. Gerade die Planeten galten als belebte und beseelte, sogar als intelligente Wesen, da sie vernünftigen Kreisbahnen folgen. Das ändert sich seit dem 14. Jahrhundert, was daraus ersichtlich ist, dass der Audruck *machina mundi* mehr und mehr mit *coagmentatio corporum* bzw. *congeries corporum* (Zusammenfügung bzw. Verbindung von Körpern) umschrieben wird.[9] Während der organomorphe Aspekt zurücktritt, tritt der rein geometrische, unbelebte in den Vordergrund, der im *congeries*-Begriff, der »Haufe« bedeutet, selbst noch den Ordnungsgedanken für die Weltmaschine in Zweifel zieht und sie auf die Stufe einer bloßen Anhäufung von Körpern hinuntersetzt.

Wenn Kepler in einem Brief vom 10.2.1605 an Herwart von Hohenburg schreibt:

> »Mein Ziel hierbei ist es zu zeigen, daß die himmlische Maschine nicht eine Art göttlichen Lebewesens ist, sondern gleichsam ein Uhrwerk (wer glaubt, daß die Uhr beseelt ist, der überträgt die Ehre des Meisters auf das Werk), insofern darin nahezu alle die mannigfaltigen Bewegungen von einer einzigen ganz einfachen magnetischen Kraft besorgt werden, wie bei einem Uhrwerk alle die Bewegungen von dem so einfachen Gewicht. Und zwar zeige ich auch, wie diese physikalische Vorstellung rechnerisch und geometrisch darzustellen ist …«,[10]

dann ist hier der Bedeutungswandel bereits manifes. Der *machina-mundi* Ausdruck bezeichnet fortan die Welt als Maschine ud der *machina-coelestis*-Ausdruck speziell den Himmel im Sinne eines zusammengesetzten Systems, das aus isolierten oder isolierbaren Teilen besteht, die äußerlich aneinandergefügt und verbunden sind und deren Funktionieren die Himmelsmechanik ausmacht.

Dem entspricht, dass Gott, wiewohl er im Zuge der Säkularisierung mehr und mehr in den Hintergrund gedrängt wird, als Techniker und Mechaniker auftritt. So heißt es bei H. Monantholius, dass Gott der weiseste, beste und mächtigste *mēchanikós* und *mēchanopoiós* sei.[11] Aus dem Schöpfergott ist der Techniker- und Mechanikergott geworden.

Bei der Charakteristik der Welt als Maschine spielt insbesondere eine bestimmte Maschine eine Rolle, und zwar die Uhr. Seit Oresmes berühmtem Uhrenvergleich erfreut sich diese Metapher zunehmender Beliebtheit.[12] Oresme hatte zuerst den Kosmos mit einer Uhr verglichen:

>Denn würde einer nicht, wenn er eine materielle Uhr herstellte, dafür sorgen, daß alle Bewegungen und Kreisläufe miteinander verrechenbar wären? Um wieviel mehr ist das von jenem Architekten anzunehmen, von dem es heißt, er habe alles nach Zahl, Gewicht und Maß geschaffen?<[13]

In dem schon erwähnten Brief vom 10.2.1605 an Herwart von Hohenburg greift Kepler diese Metapher wieder auf, und Descartes wendet sie in den *Meditationes de prima philosophia* an, indem er jetzt allerdings schon den menschlichen Körper in Beziehung zu dem Wunderwerk »Räderuhr« setzt:

>Ja, ebenso wie eine aus Rädern und Gewichten zusammengesetzte Uhr nicht weniger genau alle Naturgesetze beobachtet, wenn sie schlecht angefertigt ist und die Stunden nicht richtig anzeigt, als wenn sie in jeder Hinsicht dem Wunsche ihres Konstrukteurs genügt, so steht es auch mit dem menschlichen Körper, wenn ich ihn als eine Art von Maschine betrachte, die aus Knochen, Nerven, Muskeln, Adern, Blut und Haut so eingerichtet und zusammengesetzt ist, daß, auch wenn gar kein Geist in ihr existierte, sie doch genau dieselben Bewegungen ausführte, die mein Körper jetzt unwillkürlich ausführt und die also nicht vom Bewußtsein ausgehen.<[14]

Nicht weniger bekannt ist Gottfried Wilhelm Leibniz' (1646–1716) Uhrenvergleich zur Lösung des Leib-Seele-Problems. Schon seine okkasionalistischen Vorgänger Arnold Geulincx (1624–1669) und Nicolas Malebranche (1638–1715) hatten sich dieses Beispiels bedient,[15] indem sie annahmen, dass Gott einem Uhrmacher gleich jedes Mal anlässlich einer *occasio*, sei es einer Erkenntnis, eines Willens, einer Begierde im Subjekt, einen genau korrespondierenden Zustand in der objektiven Welt herstellt und umgekehrt wie bei zwei synchronen Uhren. Dem setzt Leibniz seine Version der Lösung des Dualismusproblems entgegen: die prästabilierte Harmonie. Danach hat Gott einmal bei der Erschaffung der Welt Natur und Geist, physische und psychische Sphäre, so eingerichtet wie ein Uhrmacher zwei vollkommen gleichgebaute Uhren, die, einmal hergestellt und in Gang gesetzt, absolut synchron ablaufen, so dass den Vorgängen und Zuständen in der psychischen Welt ebensolche in der physischen Welt korrelieren und umgekehrt.[16] Während bei den Okkasionalisten Gott jedes Mal eingreift, ist für Leibniz der Vorgang ein für allemal bei der Erschaffung der Welt geregelt worden. Das Uhrengleichnis findet sich noch bei Kant in der *Kritik der Urteilskraft*, indem er die Organismen mit einem kunstvollen, nach einem apriorischen Plan hergestellten Uhrwerk vergleicht, um deren teleologische Struktur zu verdeutlichen, und Gott mit einem Uhrmacher.

Die Präferenz des Uhrenvergleichs dürfte folgenden Grund haben. Obwohl einfache wie kompliziertere Maschinen bereits aus dem Altertum bekannt waren, z. B. Ketten, Zahnräder, Flaschenzüge, Pumpen, brachte doch erst die Technikentwicklung des ausgehenden Mittelalters und der Renaissance eine Vielzahl von Neuerungen und Erfindungen hervor, insbesondere Maschinen mit Zahnrädern, die durch Pferde-, Wind- oder Wasserkraft betrieben wurden, wie Getreide-, Säge-, Wind- und Walkmühlen. Die Renaissanceabhandlungen der Ingenieurskunst und Technik sowie die flämischen Interieur- und Exterieurgemälde legen beredtes Zeugnis davon ab. Neben jenem Maschinentyp, der nicht allein zur Herstellung, sondern auch zur Inbetriebnahme und -erhaltung ständig äußerer Eingriffe, sei es seitens des Menschen, sei es seitens elementarer Kräfte, bedarf und daher als unselbständig, nicht-autonom zu gelten hat, spielte vor allem jener Typ eine Rolle, der, einmal vom Handwerker hergestellt und in Betrieb gesetzt, sich selbständig erhält und daher als autonom zu bezeichnen ist. Repräsentant dieses Typs ist die Uhr, und zwar die Räderuhr, später die Penduluhr, selbstverständlich noch nicht die moderne Quarzuhr oder die auf Batterie laufende Uhr. Die Räderuhr hatte die antike Sonnenuhr und das Stundenglas abgelöst.

Neben der Erfindung des Schießpulvers und der Buchdruckerkunst gilt die Erfindung der Uhr als bedeutendste Innovation der Neuzeit, auch wenn es Jahrhunderte dauerte, bis sie Eingang in das bürgerliche Leben fand. Zuerst als Großuhr gebaut, zierte sie Dome und Münster. Bekannte Beispiele sind die astronomische Uhr im Dom zu Münster und zu Straßburg. Sie zeigen nicht nur die Stunden an, sondern enthalten auch kalendarische Angaben zu Tag, Monat und Jahr, darüber hinaus geben sie den Stand der Planeten wieder und verbinden mit allem noch ein Glockenspiel und einen Reigen aus Kaiser, Fürst, Edelmann, Bürger. Indem sie so ein in sich gegliedertes Ganzes, eine Ordnung aus verschiedenen Subsystemen darstellen, angefangen von der planetarischen Sphäre bis hin zur irdischen und gesellschaftlichen, eignen sie sich besser als irgend etwas sonst zur Repräsentation der kosmischen Ordnung. Es ist daher nicht verwunderlich, dass gerade dieser Maschinentyp, da er Ordnung, Gliederung, Geregeltheit und Autonomie verkörpert, mit der ebenfalls geordneten, gegliederten und geregelten autonomen Welt verglichen wurde.[17]

Zwingende Konsequenz der Identifizierung der Welt bzw. der Natur mit einer Maschine ist die Avancierung der Mechanik, jener Disziplin, die die Gesetze vom Funktionieren von Maschinen thematisiert, zur Physik schlechthin. Das ist keineswegs selbstverständlich, war doch die Mechanik in der Antike der Physik opponiert. Befasste sich die Physik mit den natürlichen Dingen, den *phýsei ónta*, so waren die Gegenstände der Mechanik die künstlichen Geräte, die *téchnē ónta*, insbesondere die komplizierten Werkzeuge. Die Mechanik galt daher als Theorie und Praxis der nicht-natürlichen, widernatürlichen Bewegungen, der Überlistung der Natur zum Zwecke der Erfüllung menschlicher Wünsche und Interessen. Eine Begründung fand diese Auffassung in der aristotelischen, genauer wohl peripatetischen Schrift *Quaestiones mechanicae* (Mechanische Untersuchungen), die zu Ende des 15. Jahrhunderts wiederentdeckt wurde und mit der nicht nur der alte, traditionelle Mechanikbegriff, sondern auch die aristotelische Physikkonzeption wiederbelebt wurde. Zu Beginn dieser Schrift heißt es:

>»Man staunt einerseits über die natürlichen Vorgänge *(katá phýsin)*, wenn ihre Ursache *(aítion)* unbekannt ist, andererseits über die widernatürlichen Vorgänge *(pará phýsin)*, wenn sie durch Kunst *(diá téchnēn)* dem Menschen nützlich werden. In vielen Fällen arbeitet nämlich die Natur dem, was uns nützt, entgegen. Denn die Natur verhält sich immer gleich und einfach, während der Nutzen vielfältig wechselt. Wenn es nun nötig ist, etwas gegen die Natur *(pará phýsin)* zu tun, so verursacht dies wegen der Schwierigkeit eine Verlegenheit und bedarf der Kunst *(téchnē)*. Deshalb nennen wir auch denjenigen Teil der Kunst, der bei solchen Verlegenheiten Hilfe bringt, ein Kunstmittel *(mēchané)*. Denn so wie es der Dichter Antiphon darstellte, so verhält es sich:
> Durch Technik nämlich beherrschen wir das,
> wodurch wir von der Natur besiegt werden.
> So ist es in den Fällen, in denen die schwächeren Dinge die stärkeren beherrschen und die Dinge mit kleinem Gewicht große Massen bewegen und bei fast allem, was wir unter den Aufgaben als mechanische bezeichnen.«[18]

Natur und Kunst (Technik), Physik und Mechanik werden hier einander konfrontiert. Während die Natur immer gleichförmig nach Gesetzen verläuft, wechseln die menschlichen Interessen, Ziele und Zwecksetzungen ständig und lassen sich daher häufig nur gegen die Natur unter Schwierigkeiten durchsetzen. Die Mechanik als Wissenschaft von den Hilfsmitteln und Geräten zur Erfüllung der Wünsche gibt daher Auskunft über die widernatürlichen Kräfte und Bewegungen, über das, was gegen die Natur ist.

Diese Auffassung hält sich in den meisten Kommentaren der peripatetischen Schrift durch. Für Monantholius[19] sind Physik und Mechanik zwei verschiedene Disziplinen, von denen sich die eine mit natürlichen Bewegungen, die andere mit naturwidrigen befasst. Monantholius folgt hierin Alessandro Piccolominis Auffassung und Kommentierung der *Quaestiones mechanicae*, und noch Guidobaldo del Monte,[20] ein Förderer Galileis, rechnet in seinem Mechaniklehrbuch das zur Mechanik, was wider die Gesetze der Natur ist und etwa von Zimmerleuten, Lastenträgern, Baumeistern geleistet wird. Erst zu Galileis Zeit und mit Galilei selbst als prominentestem Vertreter setzt sich ein Wandel in der Mechanikkonzeption durch. Aus dem von Galilei 1593 verfassten Traktat *Le Mecaniche*, der wahrscheinlich auch seinen Vorlesungen an der Universität Padua 1597–1598 über Aristoteles' Mechanik zugrunde lag, geht hervor, dass er die Mechanik nicht länger als Lehre von der Überlistung der Natur versteht wie Aristoteles, sondern als Lehre von der geschickten Anwendung auf die Natur. Das setzt voraus, dass die Gesetze der Mechanik denen der Natur konform sind, ja, dass Mechanik nichts anderes als Naturwissenschaft ist. Damit legt Galilei den Grundstein für die moderne Auffassung von Mechanik und spricht folgerichtig in einem Brief vom 7.5.1610 an Belisario Vinta von einer »völlig neuen Wissenschaft (scienza interamente nuova)«.[21] Ähnlich hatte schon Galileis Amtsvorgänger in Padua, G. Moleti, in einer Mechanikvorlesung, der die *Quaestiones mechanicae* zugrunde lagen, argumentiert.[22] Die Mechanik sei nicht, wie es die aristotelische Tradition lehre, die Überlistung der Natur, sondern deren Nachahmung.

Will man diesbezüglich von einer »*Karriere der Mechanik*« sprechen, wie Jürgen Mittelstraß[23] es tut, so besteht diese darin, dass die Mechanik der Physik gleichgesetzt wird und deren exemplarische Auslegung ist. Mechanische Vorgänge sind nichts anderes als physikalische, wie umgekehrt physikalische nur mechanisch zu erklären sind. Naturerklärung und mechanische Erklärung fallen zusammen, das mechanistische Erklärungsprinzip ist nichts anderes als das Erklärungsprinzip der natürlichen Vorgänge.

d) Die Verabsolutierung der mechanistischen Erklärungsweise

Die letzte und höchste Steigerung erfährt die neue Erfahrung durch ihre Verabsolutierung zum allumfassenden mechanistischen Weltbild. Dies setzt voraus, dass das mechanistische Erklärungsprinzip nicht nur in der Physik Anwendung findet, sondern auch in den Human- und Geisteswissenschaften. Nicht allein die Natur als das dem Menschen gegenüberstehende Andere wird diesem Prinzip unterworfen, sondern auch der Mensch, der als leiblich-seelisches Wesen Teil der Natur ist, desgleichen werden die gesamten menschlichen, sozialen, politischen, ökonomischen Verhältnisse mit einbezogen. Diese Universalitätstendenz, mit der ein Monopolanspruch verbunden ist, erhebt das mechanistische Paradigma zum szientifischen Paradigma überhaupt, Maschinenvorstellung und mechanistische Erklärungsweise avancieren zum alleinigen Interpretament von Rationalität und Wissenschaftlichkeit. Da mit diesem Schritt das mechanistische Modell zum Strukturmodell der abendländischen Ontologie und Epistemologie erhoben wird, kann man hier zu Recht von einer Ideologisierung[24] sprechen.

Ein Beispiel für die Anwendung der Maschinenvorstellung auf den Menschen gibt Descartes in seinem *Traité de l'homme*,[25] zuerst 1662 in lateinischer Sprache erschienen, in dem er den Körper des Menschen mit einer Maschine vergleicht und somit eine mechanistische Physiologie entwickelt. Zwar bringt Descartes in dieser Schrift keine neuen Detaileinsichten bei, sondern fasst nur die zu seiner Zeit bekannten physiologischen Erkenntnisse über den Blutkreislauf und die Nervenbahnen zusammen, präsentiert aber eine ganz neuartige Sicht auf den menschlichen und tierischen Körper als selbständig funktionierende Maschine, die in Zukunft die Redeweise von einer Tier-Mensch-Maschine legitimiert. Die wohl berühmteste Automatentheorie vorcartesianischer Provenienz ist die des Arztes Gómez Pereira mit dem Titel *Antoniana Margarita, opus nempe physicis,medicis ac theologis non minus utile quam necessarium nunc primum in lucem aeditum (Antoniana Margarita, ein für Physiker, Ärzte und Theologen nützliches und notwendiges Werk, jetzt zum ersten Mal herausgegeben)*, Methymnae Campi von 1554.[26]

Im 18. und 19. Jahrhundert kommt die mechanistische Erklärung des Seelenlebens in Form einer inneren Physik hinzu, dergestalt dass jetzt die gesamten Seelenzustände als atomisierte, distinkte Daten aufgefasst und die psychischen Veränderungen und Bewegungen nach mechanischen Regeln erklärt werden. Beispiele hierfür sind aus der Frühzeit David Humes Darstellung im *Treatise of Human Nature* (1738)[27] sowie aus der Spätzeit Johann Friedrich Herbarts mentale Physik, wie sie in seiner *Psychologie als Wissenschaft* (1824/25)[28] entwickelt wird, in der er die inneren Ereignisse wie materielle Ereignisse in Raum und Zeit behandelt und denselben Kategorien, derselben Mathematik, derselben Einheitsbildung unterwirft wie diese.

Auf Thomas Hobbes (1588–1679) geht die Mechanisierung des Staatsmodells zurück, indem er den Maschinenbegriff mitsamt der mechanistischen Methode auf Gesellschaft und Individuen appliziert. Im *Leviathan* (1651), seiner Staatstheorie, gibt er eine Erklärung für das Zustandekommen von Staaten, die für ihn künstliche Gebilde sind. Im Naturzustand ist dem Menschen eine gemeinsame Nutznießung der natürlichen Güter und Ressourcen mit anderen Menschen nicht möglich, da das persönliche Macht- und Gewinnstreben, der persönliche Ehrgeiz und wetteifernde Eigennutz eine gerechte Teilung nicht zulassen. Gemäß der Maxime *homo homini lupus est* (der Mensch ist dem Menschen ein Wolf) vernichten sich die Menschen im Kampf aller gegen alle gegenseitig. Um dieser Konsequenz zu entgehen, schließen sie aufgrund rationaler Erwägungen einen Staatsvertrag, in welchem sie alle Macht einem Souverän übertragen, der die Verträglichkeit und das soziale Zusammenleben garantiert und äußerlich die Verkörperung des vereinbarten Konsenses ist. Gemäß dieser Konzeption wird der Staat vorgestellt als eine überdimensionale Person und in das Bild einer Maschine gekleidet, in der die einzelnen Bürger isolierte oder isolierbare Glieder des Maschinengefüges bilden, die auf äußerliche Weise durch den Abschluss des Vertrags zusammengehalten werden. Der Souverän übernimmt äußerlich die Funktion eines Technikers, der die Einhaltung der ebenfalls äußerlich vereinbarten Regeln kontrolliert wie beim Funktionieren einer Maschine. Von diesem Maschinenstaat heißt es:

> »Denn da das Leben nur eine Bewegung der Glieder ist, die innerhalb eines besonders wichtigen Teils beginnt – warum sollten wir dann nicht sagen, alle *Automaten* (Maschinen, die sich selbst durch Federn und Räder bewegen, wie eine Uhr) hätten ein künstliches Leben? Denn was ist das *Herz*, wenn nicht eine *Feder*, was sind die Nerven, wenn nicht viele *Stränge*, und was die *Gelenke*, wenn nicht viele *Räder*, die den ganzen Körper so in Bewegung setzen, wie es vom Künstler beabsichtigt wurde?«[29]

Um Eigenart, Tragweite und Grenzen des mechanistischen Welt- und Naturbildes näher kennen zu lernen, soll in einem *ersten* Schritt das theoretische Konzept genauer beschrieben, in einem *zweiten* Schritt die auf diesem Theoriekonzept basierende ethische Einstellung expliziert werden, die mit einem Macht- und Herrschaftsanspruch des Menschen über die Natur verbunden ist. Sodann sei in einem *dritten* Schritt auf die Art und Weise der praktischen Umsetzung und Realisation der Theorie im Experiment, wie letzteres für die Neuzeit typisch ist, eingegangen, und in einem *vierten* Schritt seien systemtheoretische Überlegungen angeschlossen.

2. Charakteristik des mechanistischen Naturverständnisses

a) Mos mechanicus – Die mechanische Methode

Da das neuzeitliche Welt- und Naturverständnis das Universum und seine Teile als Maschine interpretiert und Entwurf wie Herstellung einer Maschine sowohl im Alltag wie in den Ingenieurswissenschaften einen rationalen Konstruktionsplan voraussetzen, der weitgehend auf Mathematik bzw. Geometrie basiert, wird man gut beraten sein, Wesen und Eigenart dieser Weltmaschine vonseiten des *mos mechanicus* (mechanische Methode) einschließlich des *mos geometricus* (geometrische Methode) aufzurollen.

Die Entwicklung zur neuen Physik, zur Mechanik, und der sich damit vollziehende Übergang von der antik-mittelalterlichen Geisteshaltung zur neuzeitlichen setzt eine radikale Änderung im Denken und Sichverhalten voraus, die gelegentlich als Wandel von der natürlichen, phänomenologischen Einstellung gegenüber der Welt zu einer widernatürlichen oder unnatürlichen, konstruktivistischen bezeichnet wird. An die Stelle der sokratisch-platonischen Was-ist-*(ti-esti-)*Frage, die dem Wesen der Gegenstände, ihrem inneren Prinzip, nachforscht und dieses im Gesamtkomplex der notwendigen, konstitutiven Merkmale, der sogenannten Klassenmerkmale, erblickt, tritt die reduziertere Frage nach dem äußeren Verhältnis der Gegenstände zueinander bzw. der Teile eines Gegenstands untereinander, d. h. nach den räumlich-zeitlichen Verhältnissen und quantifizierbaren Bestimmungen. Dies lässt sich besonders deutlich an Galileis Fall- und Wurfbewegung studieren. Nicht interessiert ihn mehr die Frage nach dem Wesen der Bewegung, die noch im Zentrum von Aristoteles' Forschung gestanden hatte und von diesem beantwortet worden war als »Verwirklichung des der Möglichkeit nach Seienden[30] oder als innere Kraft und Kraftentfaltung, sondern ihn interessiert ausschließlich die Art und Weise der Bewegung, das Verhältnis des sich bewegenden Gegenstands zu jedem Punkt des umgebenden Raumes in jedem Augenblick, die dahinterstehende Kraft mag sein, welche sie wolle. An die Stelle der Wesensfrage tritt das ausschließliche Interesse an den Verhältnisbestimmungen.

Aufschlussreich für die neue Einstellung ist eine Stelle aus Galileis *Dialogo* von 1632. Wie schon der Titel des Werkes ankündigt, findet in ihm ein Gespräch statt, und zwar zwischen Salviati, dem Sprachrohr Galileis, Sagredo, einem vernünftigen Laien, und Simplicio, einem Aristoteliker. In seinem Verlauf taucht die Frage nach dem Prinzip der Bewegung der Erde in ihrer Kreisbahn auf, ob dies ein inneres oder äußeres Prinzip sei. Salviati erklärt sich bereit, die Frage zu beantworten, sobald ihm Simplicio erklärt habe, durch welches Prinzip die übrigen Weltkörper bewegt werden, ja auch nur, durch welches Prinzip die Teile der Erde nach unten gezogen werden. Dessen Antwort lautet: »Die Ursache dieser Erscheinung ist allbekannt; jedermann weiß, dass es die Schwere ist«, worauf Salviati antwortet:

> »Ihr irrt, Signore Simplicio; Ihr solltet sagen, jedermann
> weiß, daß man sie Schwere nennt. Ich frage Euch aber
> nicht nach dem Namen, sondern nach dem Wesen der

Sache. Über dieses Wesen wißt Ihr nicht im geringsten mehr, als Ihr über das Wesen des bewegenden Princips der Sterne wißt, ausgenommen den Namen, welchen man jenem gegeben hat und der einem geläufig und vertraut ist durch die oft wiederholte Erfahrung, die man tausendfältig den Tag über macht. In der That aber haben wir ebensowenig ein Verständnis für das Prindp oder die Kraft, welche den Stein nach unten treibt, als wir begreifen, was ihn nach oben bewegt, nachdem er die Hand des Schleudernden verlassen, oder was den Mond in seiner Kreisbahn erhält, abgesehen, wie gesagt, von dem Namen Schwere, welchen wir für diesen besonderen und eigenartigen Zweck gewählt haben, während wir sonst mit allgemeinerem Ausdrucke bald von eingeprägter Kraft reden, bald eine informierende oder assistierende Intelligenz annehmen, und bei unendlich vielen anderen Bewegungen als Ursache die Natur bezeichnen.«[31]

Dadurch dass wiederkehrende Erscheinungen mit bestimmten Namen belegt werden, es sei mit Schwere, *virtus* (innewohnende Fähigkeit), *vis impressa* (eingeprägte Kraft), *intelligentia informans* (hineingebildete Intelligenz) oder *intelligentia assistens* (assistierende Intelligenz), bilden wir uns schließlich ein, das Bezeichnete zu verstehen, während unsere Naturerklärung in Wirklichkeit ein Operieren mit Worten ohne wahrhaften Einblick in die Ursache ist. Vorrangig zu studieren gilt es daher nach Galilei das Beobachtbare an der Bewegung, die Verhältnisse. An die Stelle der inneren, dynamischen Erklärungsweise tritt bei Galilei sowie in der gesamten Neuzeit die äußere, rein kinematische.

Mit der Änderung der Weltsicht ist eine bewusste Einschränkung verbunden. Aus der Fülle der Wesensbestimmungen, die nicht nur quantitative Merkmale, sondern auch qualitative, nicht nur äußere, sondern auch innere umfasst, wird eine bestimmte Klasse ausgesondert, die der quantitativen, welche der Messung, Zählung und dem Wägen zugänglich sind. Auf sie konzentriert sich fortan das Interesse. Da den quantitativen Bestimmungen der Größe, Gestalt, Lage und Bewegung Relationen zugrunde liegen, kann man auch sagen, dass an die Stelle der traditionellen Wesensmetaphysik oder, aristotelisch gesprochen, der Ousia- bzw. Substanzontologie die Relationsontologie tritt, die ihre Fundierung in Verhältnisbestimmungen hat. Quantitative und relationale Bestimmungen werden zu typischen Merkmalen der mechanistischen Physik. Die übrigen, meist qualitativen Bestimmungen, nämlich die visuellen, auditiven, taktilen usw., werden uminterpretiert zu bloß subjektiven Erscheinungen, die dem Gegenstand nur relativ auf ein wahrnehmendes Subjekt zukommen, und dies auch nur kontingenterweise. Kennzeichnend für das mechanistische Weltbild ist die Unterscheidung zwischen primären und sekundären Sinnesqualitäten, von denen nur die ersteren, die räumlichen und zeitlichen quantitativen Bestimmungen, dem Objekt an sich zukommen, also notwendig und konstitutiv sind, während die letzteren auf das Konto des Subjekts gehen und dem Objekt nur relativ zum beobachtenden Subjekt zugesprochen werden können. Ohne die Differenz von objektiven, quantitativen und subjektiven, qualitativen Bestimmungen ist die neuzeitliche mechanistische Physik so wenig denkbar wie ohne den Sachverhalt, dass dem subjektiven Empfindungskomplex stets ein formales physikalisches Konstrukt entspricht.

Nun könnte man einwenden, dass die Mathematisierung bzw. Quantifizierung der Natur nur eine bestimmte Behandlungsart derselben sei, ohne für dieselbe konstitutiv zu sein. Man könnte auf Cusanus' Äußerung in *Idiota de mente* verweisen, wonach unser Geist eine lebendige Zahl sei, welche die göttliche Schöpfung in ihrer Harmonie und in ihren mathematischen Verhältnissen spiegle,[32] oder auf Galileis berühmten Ausspruch in *Il Saggiatore*, wonach das Buch der Natur in mathematischer Sprache und Lettern geschrieben sei, die man nur verstehen könne, wenn man sie zuvor deuten gelernt habe.[33] Exakte, präzise Naturerkenntnis, die dem modernen Wissenschaftsideal entspricht, lässt sich nur *more geometrico* (durch die geometrische Methode) gewinnen. Diese Einstellung reiht sich noch ganz in die platonische Tradition ein, für die, wie der *Timaios* zeigte, die Reduktion der realen Natur auf die abstrakten idealtypischen Gebilde der Geometrie und Stereometrie nur den Sinn eines hermeneutischen Verstehensmodells hatte und den Versuch darstellte, sich klare und deutliche Einsicht in die Natur zu verschaffen. Noch nicht aber ist damit die konstitutive Funktion der Mathematik und Geometrie gemeint.

Diese platonisch-cusanische und selbst noch galileische Einstellung ändert sich erst mit dem Ausbau des mechanistischen Weltbildes insbesondere bei Descartes, der hier eine Vorreiterrolle spielt. Die quantifizierbaren geometrischen Bestimmungen ermöglichen für ihn nicht nur klare und distinkte Erkenntnis, wobei *darum et distinctum* bei ihm wohldefinierte Begriffe sind, die die äußere wie innere Wohlunterschiedenheit meinen, nämlich einerseits die Abgrenzung gegen andere, externe Gegenstände, andererseits die interne begriffliche und merkmalsmäßige Differenzierung; sie haben für ihn zugleich eine konstitutive Funktion in bezug auf die natürlichen Gegenstände und rechtfertigen damit Husserls Vorwurf von der »Unterschiebung der mathematisch substruierten Welt der Idealitäten für die einzig wirkliche, die wirklich wahrnehmungsmäßig gegebene, die je erfahrene und erfahrbare Welt – unsere alltägliche Lebenswelt«.[34] Dietrich Böhler[35] spricht von einem Missverständnis Descartes', übersieht dabei aber, dass der Anspruch des mechanistischen

Weltbildes auf die Angabe konstitutiver Bedingungen hinausläuft. Mit der bekannten Formel von der Mathematisierung der Natur ist nichts anderes gemeint als das, was sich erstmals bei Descartes findet, nämlich eine konstitutive Rolle der Mathematik (Geometrie) bezüglich der Natur. Indem Descartes die natürlichen Gegenstände als *res extensae* definiert, als ausgedehnte Dinge, erhebt er nicht nur Ausdehnung und in eins damit Gestalt, Größe, Lage und Bewegung zu konstitutiven Merkmalen dieser Gegenstände, sondern garantiert auch die Applikabilität der reinen Geometrie auf die materielle Natur. Materie ist nicht ohne räumliche Ausdehnung, wie umgekehrt räumliche Ausdehnung nicht ohne Materie ist. Beide fallen zusammen. In dem Maße, in dem der Raum zum Konstituens der Materie wird, wird auch die exakte und präzise Bestimmung des Raumes, wie sie in der Geometrie vorliegt, zur exakten und präzisen Bestimmung der materiellen Natur.

Diese innige Verbindung von Raum und Materie zieht zwangsläufig bestimmte Konsequenzen für die Auffassung der materiellen Natur nach sich. Da der Raum ein Relationssystem ist, d. h. ein Gefüge aus Beziehungen zwischen Beziehungsgliedern, müssen diesen Strukturen ebensolche der Materie korrespondieren. So entsprechen den isolierten bzw. isolierbaren Punkten singuläre, starre, inerte Körper oder ihre Teile und den Relationen die äußerlichen Verhältnisse von Druck und Stoß. Dies erklärt den Rückgriff der Mechanik auf die atomistische Theorie, wie sie von Leukipp und Demokrit formuliert und später von Epikur und Lucretius Carus weitergebildet wurde. 1417 war Lukrez' Lehrgedicht *De rerum natura* (Über die Natur der Dinge) wiederentdeckt worden und hatte eine angeregte Diskussion ausgelöst. 1601 präsentierte der Engländer Nicholas Hill den Epikureismus als philosophisches System, 1621 verwendete der Franzose Sebastian Basso ihn als Argument gegen Aristoteles. 1643 formte der französische Philosoph Claude Berigard, der in Paris und Padua gelehrt hatte, den Epikureismus zu einem vollständigen physikalischen und philosophischen System aus, ebenso widmete sich Gassendi lebenslang dieser Theorie, was einen ersten Niederschlag in seiner Abhandlung *Philosophiae Epicuri Syntagma* (Zusammenstellung der Philosophie Epikurs) von 1649 und einen zweiten in dem 1658 postum erschienenen Werk *Syntagma philosophicum* (Philosophische Zusammenstellung) fand.[36]

Der alte Atomismus war eine Theorie, die auf der Annahme letzter, unteilbarer Teilchen basierte. Der griechische Terminus *átomon*, der sich von dem Verb *témnein* = »zerschneiden« in Verbindung mit dem privativen *a* herleitet, bedeutet das »Unzerschneidbare«, »Unzerteilbare«. Eine zweite Annahme unterstellte die Bewegung der Atome im leeren Raum, und zwar nach keinen anderen Bewegungsgesetzen als den mechanischen von Druck und Stoß, keineswegs nach irgendwelchen sinngebenden teleologischen aufgrund geistig-seelischer Kräfte, Intelligenzen, geistiger Formen u. ä. Insofern waren die Bewegungen, desgleichen die Zusammensetzungen und Trennungen der Atome zufällig, nicht *a priori* strukturiert, was diese Theorie zur Aufnahme in das mechanistische Weltbild qualifizierte. Allerdings können die Probleme nicht übersehen werden, die sich damit ergaben und die niemals hinreichend gelöst wurden.

1. In keiner Version der atomistischen Theorie ist der Grundwiderspruch behoben, der aus dem Postulat kleinster, unteilbarer Partikeln bei gleichzeitiger Annahme ihrer Ausdehnung im Raum resultiert. Denn sofern die Teilchen einen Raum einnehmen, müssen sie wie dieser geometrisch teilbar sein. Insbesondere wenn noch verschiedene Formen und Gestalten der Atome, verschiedene räumliche Konfigurationen angenommen werden, verschärft sich das Problem. Um die materielle Unteilbarkeit in Analogie zur strukturellen Unteilbarkeit (Punktualität) zu garantieren, müssen die Teilchen solide, undurchdringlich, starr gedacht werden, was wiederum zu Schwierigkeiten führt bei der Annahme einer Bewegung im materiell erfüllten, also vollen Raum, wie er von der Grundkonzeption der *res extensa* her verlangt wird. Eine Bewegung im vollen Raum aber ist nur möglich bei Elastizität und verschiedener Dichte der Körper.

2. Ein Problem bleibt auch, wie sich die Annahme kontingenter Bewegungen und der durch sie hervorgerufenen kontingenten Verbindungen und Trennungen mt der *machina-mundi*-Vorstellung vereinen lasse, die das Verhältnis der Teile untereinander und zum Ganzen nach einem vorgängigen, apriorischen Plan als ein notwendiges Verhältnis regelt. Kontingenz und Notwendigkeit, mechanistisches und teleologisches Denken bleiben unverbunden. Dieses Problem zieht das andere von der Inkompatibilität von Unendlichkeit und Endlichkeit nach sich. Denn während die Vorstellung von der Weltmaschine die Vorstellung eines geschlossenen, begrenzten Ganzen, damit eines Endlichen ist, geht das rein mechanistische Denken von der Annahme unendlich vieler materieller Bestandteile und Bewegungen aus.

3. Es ist oft behauptet worden, dass das mechanistische Denken den »Tod der Natur«[37] heraufbeschwöre, da es die lebendige, organische Natur und deren lebendige, organisierende Kräfte durch tote, träge Materie und rein zufällige Bewegungen ersetze, welche letzteren entweder – metaphorisch gesprochen – von Gott initiiert werden müssen oder auf unerklärliche Weise immer schon existieren. Es bleibt die Frage offen, die gerade in der Gegenwart ein eminent wichtiges Thema bildet, ob ein künstliches Produkt und Konstrukt jemals die lebendige Natur erreichen könne oder nicht. Das mechanistische Welt- und Naturbild, das auf den Grundfaktoren von Materie, Raum, Bewegung und bewegenden (materiellen, nicht geistigen) Kräften beruht, scheint diese Aufgabe bei aller Rationalität und Plausibilität nicht leisten zu können.

Es wurde in diesem Buch die These vertreten, dass Theorie und Praxis nicht zuletzt so zusammengehen, dass sie sich wechselseitig bedingen, dass ein bestimmter Begriffsrahmen eine bestimmte ethische Einstellung fordert und umgekehrt eine bestimmte ethische Haltung einen entsprechenden theoretischen Rahmen verlangt. Zu keiner Zeit ist diese Angewiesenheit aufeinander offenkundiger geworden als im Übergang zur Neuzeit. Das mechanistische Welt- und Naturverständnis, das die Natur mittels der Kategorie der Maschine – des künstlichen Gestells – deutet, verbindet sich notwendig mit dem Anspruch auf Macht und Herrschaft des Menschen über die Natur, auf unbeschränkte Verfügungsgewalt. Die Künstlichkeit und Widernatürlichkeit, die sich in dem Machwerk Maschine dokumentiert, rechtfertigt eine widernatürliche, gewaltsame Einstellung gegenüber der Natur. Der Mensch als »maistre et possesseur de la Nature« (Herr und Besitzer der Natur), wie es bei Descartes im *Discours de la méthode*[38] heißt, wird zum Leitbild der neuzeitlichen Weltsicht. Diese Haltung hat sich bis heute nicht geändert; sie ist Ausdruck des neuzeitlichen Lebensgefühls.

Es war Francis Bacon (1561–1626), der erstmals, zumindest was die Wirkungsmächtigkeit betrifft, dieses neuzeitliche Lebensgefühl und insbesondere das neuzeitliche Naturverhalten artikulierte. Er gilt als einer der geistigen Väter der Neuzeit, als Vertreter des Machtanspruchs des Menschen gegenüber der Natur, als Begründer der hierzu erforderlichen induktiven, instrumentell abgesicherten Methode, als Förderer der empirisch experimentellen Forschung, als Wegbereiter der modernen Arbeitsteilung und des Teamwork in der Forschung. Auch wenn das Urteil über ihn unter den späteren Philosophen und Wissenschaftshistorikern weit auseinander klafft, indem die einen – seine Bewunderer – in ihm eine der großen, schöpferischen Gestalten des 17. Jahrhunderts, einen der Initiatoren der modernen Wissenschaft sehen, die anderen – seine Kritiker auf naturwissenschaftlichem Gebiet wie Justus von Liebig[39] und Alexandre Koyré[40] – ihn eher als unselbstständigen Denker einstufen, der mehr der Magie und Alchimie verhaftet gewesen sei als der modernen Wissenschaft, der nicht einen einzigen Begriff, nicht ein einziges Resultat, das nicht schon zuvor bekannt gewesen wäre, aufgeführt habe, muss man bei abgewogener Beurteilung konzedieren, dass Bacon, auch wenn er keine selbstständige naturwissenschaftliche Forschung trieb und keine neuen Einsichten und Resultate zutage förderte, sondern nur das Allgemeinwissen seiner Zeit aufgriff und die dominanten Strömungen und Tendenzen vereinigte, aufgrund seiner exzellenten literarischen Begabung und seiner brillanten Aphoristik,[41] gepaart mit seiner gesellschaftlichen Stellung und politischen Macht als Lord High Chancellor und *spiritus rector* der 1660 gegründeten *Royal Society*, auf seine Zeit und seine Nachwelt derart anregend wirkte, dass er aus der Gründungsphase der neuzeitlichen Naturwissenschaft nicht wegzudenken ist.

Seine Grundüberzeugung lässt sich in der These zusammenfassen, dass der Mensch aufgrund seiner Vernunft zur Herrschaft über die Natur bestimmt sei zum Wohle des einzelnen wie der Gemeinschaft, zur Förderung seiner individuellen wie der allgemeinen Lebensbedingungen und zur Bekämpfung von Sorge, Leid und Not. Hierin dokumentiert sich das Schlüsselerlebnis der neuzeitlichen Naturwissenschaft. Begründet wird die These durch eine bestimmte Anthropologie, in der sich eine bestimmte religiöse Auffassung bekundet. Im ersten Buch des *Novum Organon* nennt Bacon drei Arten von Ehrbegierde: *erstens* die Begierde, seine eigene Macht in seinem Vaterland zu vermehren, *zweitens* die Begierde, die Macht des Vaterlands über das menschliche Geschlecht zu erweitern, und *drittens* die Begierde, die Macht des Menschengeschlechts über die Gesamtheit der Natur zu erweitern. Die Aufzählung lässt eine Hierarchie erkennen, in der die letzte die bedeutendste und würdigste ist.[42] Verstehen und rechtfertigen lässt sich dies nur im Horizont der jüdisch-christlichen Auffassung von der Ebenbildlichkeit des Menschen mit Gott. Durch den Sündenfall hat der Mensch nicht allein seine Unschuld verloren, sondern auch seine ursprüngliche Herrschaft über die Geschöpfe. Beides aber vermag er zurückzugewinnen: die Unschuld durch »Religion und Glauben«, die Herrschaft über die Natur durch »Künste und Wissenschaften«.[43] Es besteht daher die Aufgabe und Verpflichtung für den Menschen, die einst verlorengegangene Stellung wiederzugewinnen, dadurch dass er immer tiefer in die Natur eindringt und so seine Kenntnisse über sie erweitert.

Die Berufung auf das Bild vom Sündenfall und Fluch, den der Mensch auf sich geladen hat, gibt nicht allein Aufschluss über die metaphysische Situation des Menschen, sondern auch über seine Rolle in der Natur. Letztere wird als das dem Menschen Feindliche, Widerstrebende, ja Widerspenstige angesehen und mit lauter negativen Merkmalen versehen. Sie verlangt dem Menschen Mühe und Arbeit ab, heißt es doch nach dem bekannten Bibelwort *Genesis* 3, 19: »Im Schweiße deines Angesichts sollst du dein Brot essen.« Gleichwohl ist die Natur dem Menschen nicht gänzlich verschlossen, nicht gänzlich durch den Fluch resistent geworden. Wie für das christliche Denken überhaupt, so weist auch für Bacon die Natur einen ambivalenten Charakter von Göttlichkeit und Nichtgöttlichkeit auf.

Diese Konstellation rechtfertigt eine bestimmte Methode des Menschen gegenüber der Natur, mittels derer er sie unter seine Botmäßigkeit zu bringen trachtet. Es ist das Gerichtsverfahren mit seiner Inquisitions- und Verhörspraxis. Bacon vergleicht den wissenschaftlichen Umgang des Menschen mit der Natur mit einer Gerichtssituation und führt damit ein

Bild ein, das Schule gemacht hat und auf das selbst noch Kant in der Vorrede zur zweiten Auflage der *Kritik der reinen Vernunft*[44] bei der Beschreibung und Analyse der Experimentalmethode zurückgreift. Der forschende Mensch wird mit einem wahrheitssuchenden Richter verglichen, die zu erforschende Natur mit einem Angeklagten, der die Wahrheit – die Kenntnisse – verbirgt, sich weigert, sie zu offenbaren, und sie nur unter Zwang und Gewaltanwendung, unter Folter, herauszurücken bereit ist. So erfolgt die Befragung und Ausforschung der Natur wie beim juristischen Verhör unter Anwendung der Inquisitions- und Foltermethode. Eine Reihe von Bildern und Ausdrücken weist darauf, dass das Verfahren, der Natur die Geheimnisse zu entlocken, nicht schmerzlos und unglimpflich, nicht ohne Qual und Vergewaltigung abgeht. Nicht nur die Bibelworte vom Schweiße des Angesichts und von der Mühe, sein Brot zu erwerben, deuten darauf, sondern auch Aussagen wie die, dass unter dem Einfluss der mechanischen Künste die Natur ihre Geheimnisse vollständiger verrät als im Genusse ihrer natürlichen Freiheit.[45] Bacon scheut sich nicht, von der Notwendigkeit einer Versklavung der Natur zu sprechen.[46] Vorbild für die neue Klasse von Naturforschern sind Bergleute und Schmiede, weil sie zwei wichtige Methoden entwickelt haben, der Natur ihre Geheimnisse zu entreißen: die ersteren den Bergbau, der ins Innere der Natur eindringt und die »Eingeweide der Natur« untersucht, die letzteren die Schmiedekunst, die die Natur »gleichsam über dem Ambos« zu bearbeiten und zu formen erlaubt.[47]

Der Vergleich der Wahrheitssuche in den Wissenschaften mit der Gerichtssituation macht deutlich, dass bei natürlicher Einstellung zur Natur dem Menschen die Geheimnisse verborgen bleiben; erst die widernatürliche, quasi zwanghafte Einstellung lässt ihn hinter die Geheimnisse kommen. Hier wird klar ausgesprochen, dass die Wissenschaften in Zukunft nicht mehr ohne technische Eingriffe und künstliche Manipulationen auskommen werden, die zwangsläufig das Gesicht der Welt in höherem Maße verändern als alle bisherige Praxis. Zum ersten Male werden hier die Fundamente des neuzeitlichen Verfügungswissens gegenüber dem traditionellen Orientierungswissen artikuliert: Wissenschaft und Technik (Kunst) gehen Hand in Hand. Es gibt keine Wissenschaft ohne Technik und keine Technik ohne Wissenschaft.

In einem Aphorismus sagt Bacon: »Der Menschen Herrschaft ... über die Dinge beruht allein auf den Künsten und Wissenschaften.«[48] Wenn er hinzufügt: »Die Natur nämlich lässt sich nur durch Gehorsam besiegen«,[49] so geschieht die Unterwerfung unter die Gesetze der Natur nicht aus Achtung vor der Natur, sondern ausschließlich um ihrer besseren Beherrschung willen. Man muss ihre Gesetze und Regeln kennen, um sie beherrschen und für die eigenen Zwecke nutzen zu können. Wenn Bacon vom Intellekt *humiliatio* fordert, Demut und Hingabe an die Natur,[50] so fordert er nichts anderes als das, was man auch von jedem Richter verlangt, nämlich, dass er hinhören kann auf die Zeugenaussagen, dass er die Antworten abzuwarten vermag, ohne vorschnell einzugreifen, sie zu verdrehen und zu verstellen. Ohne die sogenannten *idola*, die Trugbilder, welche die Wahrheitssuche erschweren und deren Bacon vier angibt: *erstens* die *idola tribus* (des Stammes), die in der menschlichen Natur als solcher, in den Sinnen und im Verstand, liegen, insofern die ersteren nicht Maß der Dinge sind und der letztere nicht reiner Spiegel des Universums ist, *zweitens* die *idola specu* (der Höhle), die dem einzelnen Menschen zuzuschreiben sind, insofern er als Individuum durch Erziehung, Bildung, Verkehr mit anderen Menschen geprägt ist; *drittens* die *idola fori* (des Marktes), welche dem Menschen aufgrund seiner Gemeinschaft mit anderen zukommen und Folge des Sprachgebrauchs sind, nicht nur der verkehrten Zuordnung von Wörtern, sondern auch falscher Definitionen und wissenschaftlicher Bezeichnungen und sich in leeren Wortgefechten und Streitereien äußern; und *viertens* die *idola theatri* (des Theaters), die dem Geist des Menschen durch philosophische Systeme entstehen, zu denen er sich bekennt und die eine eigene Welt des Scheins und der Einbildung entfalten – ohne diese *idola* muss die Naturforschung vonstatten gehen, wenn sie adäquat sein soll.[51] Allerdings geschieht die Ausblendung und das sachgerechte Hinhören im Horizont der vorgängig abgesteckten und präzisierten Fragestellung.

Um die Rolle der Natur im neuzeitlichen Bewusstsein zu umreißen, gibt Bacon ihre drei möglichen Auftrittsweisen an: Natur *erstens* als freie, *zweitens* als entfesselte, fehlerhafte und *drittens* als gebundene.

> »Denn entweder ist die Natur frey, und erklärt sich durch ihren gewöhnlichen Lauf, wie an den himmlischen Körpern, den Thieren, den Pflanzen und dem ganzen Vorrath der Natur; oder sie wird durch bösartige Ungewöhnlichkeiten eines unbändigen Stoffes und durch die Gewalt der Hindernisse außer ihrem Zustand gestoßen, wie in Misgeburten; oder sie wird endlich von der menschlichen Kunst und Arbeit gebunden, gestaltet, und gleichsam erneuert, wie an Kunstsachen zu sehen.«[52]

Der erste Zustand charakterisiert die Natur in ihren natürlichen, gesetzmäßigen und harmonischen Verhältnissen, etwa im Lauf der Planeten, im Entstehen und Vergehen der organischen Wesen. Der zweite Zustand schildert sie als entfesselte, verirrte Natur, wie sie bei Unwetter, Sturm, Erdbeben, Überschwemmung oder bei Fehlentwicklungen, Missgeburten und Monstrositäten auftritt, und der dritte Zustand beschreibt sie, wie sie durch Wissenschaft und Technik, durch die widernatürliche, künstliche

Einstellung in Beobachtung und Experiment zugerichtet, gestellt ist: die Natur als »Gestell«.

Bacon hat aber nicht nur Überlegungen zur Methode der Einzelwissenschaften angestellt, sondern auch solche zur Methode interdisziplinärer Forschung und Zusammenarbeit. Diesen Überlegungen dient sein Werk *Nova Atlantis* von 1624. In ihm hat er kurz vor seinem Tod seine Wissenschaftsutopie entworfen, die den geistigen Prototyp aller späterer Teamarbeit und Forschungsinstitute abgegeben hat. Insbesondere die in den Sechzigerjahren des 17. Jahrhunderts gegründete *Royal Society* hat sich dem hier aufgestellten Ideal verpflichtet gefühlt. Unter dem Namen »Haus Salomons« wird eine Forschungsinstitution auf der Insel Bensalem vorgestellt, deren Mitglieder man mit Wissenschaftlern, Studenten und Hilfskräften vergleichen könnte. Ihre Forschungsprojekte und Arbeitsabläufe sind streng geregelt und folgen dem Prinzip der Arbeitsteilung. Während eine Gruppe Materialien sammelt und Recherchen durchführt, sei es durch Zusammentragen von Kenntnissen aus fremden Ländern, sei es durch das Studium wissenschaftlicher Literatur, führt eine andere Gruppe Experimente aus und ersinnt neue, wieder eine andere analysiert und tabelliert die Versuchsergebnisse, und noch eine andere denkt über praktische Anwendungsmöglichkeiten nach und zieht daraus theoretische Konsequenzen. Die Methode der Arbeitsteilung, wie sie hier beschrieben wird, hat eine direkte Fortsetzung gefunden im heutigen Wissenschaftsalltag, wie er in Laboratorien und Forschungsinstituten stattfindet.

Bedeutsam und zukunftsweisend in diesem Werk sind darüber hinaus die Überlegungen zu Umfang und Ausmaß experimenteller Betätigung, Manipulation und künstlich-technischer Eingriffe in die Natur. Die Beschreibungen antizipieren auf weite Strecken, was heute in Physik, Medizin, Biochemie usw. Wirklichkeit geworden ist, nämlich die künstliche Erzeugung meteorologischer Erscheinungen wie Licht und Wärme, Wind und Schnee, die Genmanipulation in der Gentechnologie, die künstliche Befruchtung durch Invitrofertilisation, die Reproduktionsmedizin usw., kurzum, den ganzen Zauberkasten der Wissenschaft und Technik.

Eines der Ziele des Hauses Salomons ist es, die natürlichen Phänomene zu beobachten, beispielsweise die astronomischen und meteorologischen Erscheinungen mit Hilfe des Baus von Türmen oder die Strömungen in fließenden Gewässern mit Hilfe der Errichtung von Hindernissen. Ein anderes Ziel ist es, die natürliche Umwelt und ihre Zustände durch Technik nachzuerschaffen, etwa durch den Bau von Gruben, in denen wie in Bergwerken Mineralien synthetisch erzeugt werden oder in denen Abkühlungs-, Gerinnungs- und Konservierungsprozesse stattfinden, durch die Anlage künstlicher Quellen und Brunnen, die Heilung und eine hohe Lebenserwartung versprechen, durch die Anlage von Seen, um Süßwasser aus Salzwasser oder Salzwasser aus Süßwasser zu filtrieren. Auch Vogelflug und rhythmische Bewegungen werden simuliert – womit Bacon an den Wunschtraum der Menschheit seit Ikarus anknüpft –, nicht weniger werden akustische und optische Effekte nachgeahmt, Gerüche und Aromen imitiert usw.

Eingegriffen wird nicht allein in die anorganische Natur, sondern ebenso in die organische durch Züchtung und Manipulation von Pflanzen und Tieren auf dem Wege der Kreuzung, Okulation, Pfropfung u. ä. So werden je nach Belieben und Bedarf größere oder kleinere, schlankere oder dickere, ertragreichere oder weniger ertragreiche Arten gezüchtet, Zwergwuchs wie Riesenformen lassen sich auf diese Weise künstlich erzeugen.

>Wir haben ... Baumschulen und verschiedenartige große Gärten ... In diesen Gärten machen wir auch Versuche mit Pfropfungen und Inokulationen sowohl von Wald- als auch von Obstbäumen, die volle und große Erträge bringen. Auch bringen wir es in diesen Obst- und Baumgärten durch künstliche Mittel zuwege, daß Früchte und Blüten früher oder auch später kommen, als es ihre Zeit ist, ebenso daß sie in rascherer Aufeinanderfolge ausschlagen, sprossen und Früchte tragen, als sie es ihrer Natur nach zu tun pflegen. Wir bringen auch größere Bäume und Pflanzen hervor, als natürlich ist, größere und süßere Früchte, von ihrer gewöhnlichen Art unterschieden an Geschmack, Geruch und Farbe.«[53]

Und in Bezug auf Tiere heißt es:

>Wir machen auch die einen künstlich größer und länger, als sie von Natur aus sind, andere wieder umgekehrt zwergenhaft klein und nehmen ihnen ihre natürliche Gestalt. Außerdem machen wir die einen fruchtbarer und mehrbäriger, als sie ihrer Natur nach sind, die anderen umgekehrt unfruchtbar und zeugungsunfähig. Auch in Farbe, Gestalt und Gemütsart verändern wir sie auf vielerlei Art und Weise.«[54]

Da die Züchtung von Pflanzen nicht nur vom Keimmaterial abhängt, sondern auch von Umweltbedingungen, etwa von der Bodenqualität, wird auch die Zusammensetzung des Bodens und die Düngung Gegenstand der Wissenschaft.

Und nicht nur die Manipulation von Pflanzen und Tieren steht auf dem Arbeitsprogramm, sondern ebenso ihre künstliche Erzeugung selbst, sei es durch Erdmischung und Auswahl der Stoffe, sei es unter Zuhilfenahme von Verwesungs- und Umwandlungsprozessen.

> »Wir kennen auch Mittel, durch die wir Pflanzen nur durch Erdmischungen ohne Samen aufgehen und wachsen lassen, und auch neue und unbekannte Pflanzen ziehen wir, die sich von den gewöhnlichen unterscheiden, so wie wir auch Pflanzen aus einer Art in eine andere umwandeln.«[55]
> »Auch züchten wir viele Arten von Schlangen, Würmern, Mücken und Fischen aus verwesenden Stoffen; von diesen reifen einige zu vollkommenen Gattungen wie Vögeln, Vierfüßlern oder anderen Fischen, die auch zweigeschlechtig werden und sich selbständig fortpflanzen. Jedoch tun wir nichts aufs Gratewohl, sondern wir wissen genau, welches Tier aus welchem Stoff hervorgebracht werden kann.«[56]

Dieses und anderes mehr ist Gegenstand der Forschung in Neu-Atlantis, wobei Bacon die gesamten technischen Fertigkeiten und Errungenschaften seiner Zeit aufzuzählen bemüht ist. Dass er nicht selten Anleihe bei der Magie und Alchimie macht und aus deren Lehrbüchern schöpft, ist unschwer nachzuweisen. Besonders die *Magiae Naturalis* (1558 bzw. 1591) von Johannes Battista Porta[57] diente ihm zum Vorbild. Im zweiten Buch derselben beschreibt Porta die von Bacon erwähnten Zeugungsvorgänge von Würmern, Schlangen und Fischen aus Verwesungsprozessen, auch führt er zahlreiche Beispiele für Geschmacks- und Farbveränderungen pflanzlicher Produkte an: So können süße Mandeln und Granatäpfel in bittere verwandelt werden, weißer Wein in roten, purpurne Rosen und lila Veilchen in weiße usw.

Was hier in den naturmagischen Schriften geschildert und von Bacon aufgegriffen und als Wissenschafts- und Fortschrittsziel proklamiert wird, entspricht offensichtlich einem Wunschtraum der Menschheit: die partiale oder totale Manipulation der Natur in ihrem anorganischen wie organischen Bereich, die künstliche Herstellung aller Dinge, Lebewesen, Zustände und Vorgänge, die bisher unabhängig vom Menschen, oft gegen seinen Willen, auftraten oder verliefen. Über der Faszination der künstlichen Beherrschung der Natur durch Wissenschaft und Technik, wie sie für Bacon und das mechanistische Zeitalter symptomatisch ist, wurden die negativen Auswirkungen übersehen, die damit einhergehen und die sich nicht erst heute zeigen, sondern schon damals sichtbar waren, wenngleich in geringerem Ausmaß, z. B. die durch Waldrodung bedingte Verkarstung der Böden, die Wasser- und Luftverschmutzung, die Entstehung neuer Krankheiten, die Bildung von Krüppeln usw.

c) Das Experiment

Geschichte des Experiments

Wenn nach dem neuzeitlichen mechanistischen Weltbild die vorgefundene Natur nicht nur im weiten und lockeren Sinne in *Analogie* zur Maschine zu setzen, sondern im strengen Sinne mit ihr zu *identifizieren* ist und wenn weiter nicht erst die Produktion von Maschinen einen vorgängigen Plan verlangt, nach dem sie konstruiert werden, sondern bereits die Erkenntnis, nach der die Maschinennatur konstruktivistisch erkannt wird, dann ist die Klärung des Verhältnisses zwischen dem vorgängigen Maschinenplan im Subjekt und der Realisation desselben in der objektiven Welt eine vorrangige Aufgabe der neuzeitlichen Methodologie. Das vorgängige theoretische Konzept und die Realität müssen aufeinander bezogen und in Einklang gebracht werden, und dies geschieht in Experiment und Beobachtung. Die Experimentalanalyse wird daher zu einem vordringlichen Anliegen der neuzeitlichen Naturwissenschaft und ihrer Methodik, so dass ein Blick auf Sinn und Bedeutung des Experiments unerlässlich ist, zumal sich die Frage stellt, warum das Experiment erst in der Neuzeit Relevanz erlangt und nicht schon in der Antike, wiewohl auch diese die Natur als *téchnē on* (Hergestelltes) auffasste. Zumindest Platon hätte im *Timaios* aufgrund seiner konstruktivistischen Erkenntnistheorie auf die Bedeutung des Experiments stoßen müssen, während er im Gegenteil dasselbe nicht nur für überflüssig erklärt, sondern geradezu ablehnt. Im *Timaios* findet sich im Kontext der Farbenerklärung die berühmt berüchtigte Stelle:

> »Wollte aber jemand bei solchen Untersuchungen *(skopoú-menos)* durch Versuche *(érgō)* das nachweisen, dann hätte er wohl den Unterschied der göttlichen und menschlichen Natur verkannt, da zwar Gott vieles zu einem zu vermischen und wiederum aus einem in vieles aufzulösen zur Genüge versteht und zugleich auch vermag, der Mensch aber zu keinem von beiden weder hinreicht noch in der Folge je hinreichen wird.«[58]

Die Stelle bezieht sich auf das Zustandekommen von Farben und Farbdifferenzen, zu deren Erklärung nach Platon nur vage Theorien und Hypothesen ohne großen Plausibilitätswert angeführt werden können, nicht aber sichere, überzeugende Theorien, geschweige denn ihre Erprobtheit in der Realität. So erklärt Platon beispielsweise die Entstehung der kontrastierenden Farben »weiß« und »schwarz« unter Zugrundelegung einer Theorie vom Sehstrahl und von Teilchen, die sich von den Gegenständen ablösen, von unterschiedlicher Größe sind und entweder als größere den Sehstrahl, wenn sie auf ihn treffen, erweitern oder als kleinere ihn restringieren und so zum Hellen oder Dunklen führen. Die meisten der übrigen Farben gehen auf Farbmischung zurück, z. B. das Goldgelbe auf die Kombination von Weiß, Rot und Glänzendem, das Purpurne auf die Zusammensetzung von Rot, Weiß und Schwarz, das Dunkelviolette auf die reichliche Beimischung von Schwarz. Das quantitative Verhältnis der Farbbestandteile anzugeben, macht nach Platon keinen Sinn, da sich die wahrscheinlichen oder gar wahren Ursachen (Gründe) dafür nicht nachweisen lassen. Wegen der reinen Hypothetik der Erklärung sind Experimente auch zur Überprüfung ungeeignet. Die Ablehnung des Experiments beweist einmal mehr, dass für Platon die Natur nur im metaphorischen, nicht im realen Sinne ein *téchnē on* ist und die rationale, mathematische Konstruktion nur eine abstrakte Konstruktion im Geist darstellt, die dem Verstehen der Welt dient. Die Diskrepanz zwischen dem theoretischen System und der Realität bzw. zwischen der intellektuellen Konstruktion und der sinnlichen Erfahrung, der sogenannte *chōrismós*, und das damit verbundene *méthexis*-Problem bleiben bei Platon bestehen.

Obwohl faktisch Experimente seit der Antike bekannt waren, sowohl qualitative in der Medizin und Alchimie wie auch quantitative in der Architektur und Mechanik, und messende Experimente im 11. und 12. Jahrhundert von den Arabern durchgeführt wurden – z. B. findet sich bei Abu-R-Baihân († 1038) eine Tabelle spezifischer Gewichte –, hat doch erst Albertus Magnus die geistigen Grundlagen der empirischen experimentellen Naturforschung gelegt. Er darf als geistiger Vater des Experiments gelten, auch wenn das mittelalterliche Verständnis noch wenig Gemeinsamkeit mit dem modernen zeigt und das Experiment noch nicht im neuzeitlichen Sinne als Instrumentarium und Vorrichtung zur Herstellung bestimmter Aspekte an den Objekten oder zur Manipulation der Objekte verstanden werden darf.

Das lateinische Wort *experimentum = experientia = experiri* war ursprünglich und während des Mittelalters weitgehend gleichbedeutend mit Erfahrung, sinnlicher Wahrnehmung. Eine Grundthese von Albertus Magnus, die er ständig wiederholt, lautet: *fui et vidi experiri*, das heißt: »ich war dabei und sah es geschehen«.[59] Biographisch erklärt sich diese Formel daraus, dass Albertus Magnus viele Reisen unternahm, und zwar gemäß den Regeln seines Dominikanerordens zu Fuß – Hildesheim, Freiburg, Regensburg, wiederholt Straßburg, Köln, Paris, weiter Anagni, Florenz, Lyon standen auf seinem Programm. Es steht zu vermuten, dass er auf diesen Wanderungen über Land mit offenen Augen für die Natur vieles erlebte – im wörtlichen Sinne als fahrender Scholar und Magister »erfuhr« – und dass er daher erstaunliche Kenntnisse der Mineralogie, Physik, Botanik und Zoologie aus eigener Anschauung besaß.

Die Formel weist auf den grundsätzlichen Erfahrungsbezug, auf die empirische Ausrichtung hin. Die konkrete sinnliche Erfahrung und

Wahrnehmung gilt Albertus Magnus mehr als der bloße Glaube und das blinde Vertrauen auf schriftlich oder mündlich Tradiertes. Das Wissen über die Natur besteht nicht darin, dass man einfach hinnimmt, was berichtet wird, sondern dass man den Ursachen der Naturdinge selber nachspürt.[60] Und nicht nur dem Autoritätsglauben wird eine Absage erteilt und ihm die eigene Erfahrung entgegengesetzt, sondern auch dem bloßen Argumentieren und Disputieren ohne Ausweis. Die Erkenntnis rein aus Begriffen, das bloß logische Schließen und rationale Disputieren, wie es die Scholastik pflegte, garantiert noch keine hinreichende Sicherheit. Entscheidend ist vielmehr die Erfahrung. Was ihr widerspricht, ist aufzugeben. Eine Schlussfolgerung, die dem Zeugnis der Sinne nicht konform ist, kann nicht akzeptiert werden, viel eher das Gegenteil.[61]

In allem ist die Erkenntnis nicht nur auf die allgemeine Natur zu beschränken, da diese immer nur potentielle Erkenntnis vermittelt, sondern auf die individuelle auszudehnen, da diese allein reale Erkenntnis zu liefern vermag.[62]

Zum anderen geht Albertus Magnus erstmals auf die methodenmäßige Anstellung von Versuchen ein, was die Reproduzibilität und Variabilität von Versuchskonstellationen einschließt. Da der Beweis durch die sinnliche Erfahrung in der Naturwissenschaft höher zu bewerten ist als die bloße Argumentation ohne Experiment, ist auf das Experiment viel Zeit zu verwenden. Es muss allen Anforderungen genügen. Auch ist nicht nur auf eine einzige Weise zu experimentieren, sondern unter verschiedenen Umständen, um eine sichere Grundlage zu gewinnen.[63]

Selbst wenn hier erstmals in der Geschichte auf die Relevanz des Experiments hingewiesen wird, bleiben die Ausführungen noch recht vage. Ein Fortschritt in der Experimental- und Beobachtungsanalyse findet sich erst bei Francis Bacon, und zwar hinsichtlich der beiden schon bei Albertus Magnus in den Blick tretenden Momente: des Erfahrungsbezugs und der Methodologie.

Was das erste Moment betrifft, so haben wir Bacon bereits als Empiristen und Induktivisten kennen gelernt, der dezidiert die Notwendigkeit der Erfahrungsbasis für die wissenschaftliche Erkenntnis betont. Sinnliche Wahrnehmung, Beobachtungsmaterial, Erfahrungsdaten sind für ihn unerlässlich, allerdings nicht wie für den reinen Empiristen hinreichend. Sie müssen als nur mehr notwendige Bedingungen wissenschaftlicher Erkenntnis ergänzt werden durch Verstand und Vernunft (ratio). Denn die Sinne, auf die sich der reine Empirist beruft, sind selbst, wenn sie durch Apparate verfeinert und verschärft werden, mangelhaft: Zum einen lassen sie uns im entscheidenden Moment im Stich, zum anderen führen sie uns nicht selten irre. Was erforderlich ist, ist eine auf Rationalität gestützte Methode, die fachkundig und nach Regeln der Kunst zur Erreichung des Ziels ausgeübt wird und gleichsam wie ein Ariadnefaden dem

Denken den Weg weist und vor Irrtum schützt. Aus der Verbindung dieser beiden Momente, des empiristischen und des rationalistischen, ergibt sich das wissenschaftliche Programm. Es beruht weder einseitig auf dem Empirismus noch einseitig auf dem Rationalismus, sondern auf beiden.

Was das zweite Moment betrifft, das Verhältnis von Theorie und technisch-instrumenteller Umsetzung, so macht Bacon auf die fundamentale Bedeutung der methodischen Ausrichtung für die wissenschaftliche Erkenntnis aufmerksam. Von der Erfahrung heißt es: »Begegnet man ihr so obenhin, so heißt sie Zufall, sucht man sie, so nennt man sie Experiment.«[64] Erst methodisch angestellte, regelgeleitete Versuche bilden die Grundlage für eine systematisch-wissenschaftliche Beherrschung der Natur.[65] Die Methode, die Bacon speziell entwickelt, ist die sogenannte Listenmethode. Nach ihr werden Beobachtungsdaten systematisch gesammelt und gesichtet. Im *Novum Organon* unterscheidet Bacon drei Listen: *erstens* die Liste der positiven Fälle *(tabula essentiae et praesentiae)*, *zweitens* die Liste der negativen Fälle *(tabula declinationis, sive absentiae in proximo)* und *drittens* die Liste der graduellen Unterschiede *(tabula graduum sive comparativae)*, wie sie in den positiven Fällen je nach den Umständen auftreten.[66]

Um diese an einem Beispiel zu demonstrieren: Geht es um die Auflistung derjenigen Phänomene in der Natur, denen die Eigenschaft der Wärme zukommt, so werden in die erste Liste eingetragen: Sonnenstrahlen, Feuer, Blitze, heiße Quellen, kochende Flüssigkeiten, Dämpfe, heißer Rauch, das Aneinanderschlagen von Stahl, das Reiben von Mineralien, das Übergießen von ungelöschtem Kalk mit Wasser, Gewürze, brennende Kräuter usw.; in die zweite Liste: Mondstrahlen, Wasser, kalte Winde, Schnee, Frost, die Luft im Keller während des Sommers usw.; und in die dritte: die vom Stand der Sonne abhängende Sonnenwärme oder die je nach Bewegung, Anstrengung, Fieber, Schmerz und Genuss von Wein und Speisen variierende Körperwärme. Durch aufmerksame Betrachtung dieser Listen wird nach einer bestimmten Technik, jedoch ohne besondere Begabung, nahezu automatisch das erschlossen, was Bacon die Form (Essenz, Quidditas) bzw. das Gesetz der untersuchten Phänomene nennt. Im Falle der Wärme soll dies die Bewegung der Korpuskeln sein, wobei sich Bacon auf eine im 17. Jahrhundert verbreitete kinematische Theorie beruft, die aus der Reibung und dem Aufeinanderstoßen kleiner Körperteilchen die Entstehung von Wärme erklärt.

Reicht die Drei-Listen-Methode nicht aus, dann stehen noch weitere Hilfsmittel zur Verfügung, vor allem die sogenannte Liste der Vorzugsfälle *(praerogativae instantiarum)*, in der diejenigen Fälle registriert werden, die durch ihre besondere Art mehr lehren als die gewöhnlichen Fälle. Bacon unterscheidet 27 solche besonderen Arten, die er mit eigenen Namen versieht.[67]

In *De Dignitate et Augmentis Scientiarum (Über die Würde und den Fortgang der Wissenschaften)*[68] beschreibt Bacon außerdem planmäßig variierte Versuchsreihen, bei denen die Bedingungen, unter denen ein bestimmtes Phänomen untersucht wird, systematisch modifiziert werden. Es ist die Idee des planmäßig modifizierten Experiments, die hier erstmals expliziert wird.

Versucht man eine Bewertung der von Bacon vertretenen Experimentalmethode, so handelt es sich um ein empirisch induktives Verfahren, allerdings um ein solches, das methodisch geleitet und technisch instrumentell gestützt ist. Es knüpft an die seit der Antike bekannte und besonders von Aristoteles im *Organon* herausgearbeitete Induktionsmethode an, die von empirischen Beispielen ausgeht und durch Generalisation auf den Oberbegriff bzw. die Form (modern: das Gesetz) schließt, das allen Fällen dieser Art zukommt. In der *Topik*, I. Buch, 12. Kapitel, hatte Aristoteles die Induktion als Verfahren definiert, das vom Besonderen zum Allgemeinen aufsteigt, und dafür das Beispiel gebracht:

> »Wenn der beste Steuermann der ist, der seine Sache versteht, und Gleiches auch für den Wagenlenker gilt, so ist generell der der Beste, der seine Sache versteht«,[69]

und er hatte dort diese Methode dem Syllogismus konfrontiert, der aus bestimmten Prämissen etwas anderes als das Vorausgesetzte mit Notwendigkeit folgert. Wenngleich das letztere Verfahren zwingender und bei Widerlegungen wirkungsvoller ist als das erstere, ist dieses überzeugender, weil sinnlich fassbarer und der Menge vertrauter.

Diese induktive Methode liegt auch Bacons Vorgehen zugrunde, ergänzt um systematisch angestellte Versuchsreihen. Beim Vergleich zwischen theoretischen Erwägungen und praktischer Realisierung zeigt sich jedoch, dass das faktische Vorgehen Bacons bei der Erschließung der allgemeinen Gesetze aus den aufgelisteten, klassifizierten Fällen nicht dem beschriebenen Verfahren entspricht. Denn tatsächlich folgert Bacon nicht, wie seine Wärmetheorie zeigt, die Bewegung der Korpuskeln aus den Listen, sondern supponiert eine ihm zu seiner Zeit bekannte Theorie als Hypothese, die lediglich der Erfahrung nicht widerspricht.[70] Faktisch ist experimentelle Naturforschung sowieso nie in der Weise vor sich gegangen, wie Bacon sie beschreibt, vielmehr geht sie stets von einem vorab gefassten Konzept oder einem vorläufigen Theorieentwurf aus, um diesen anhand der Erfahrung zu verifizieren oder zu falsifizieren oder gegebenenfalls zu modifizieren. Zudem sind wissenschaftliche Phantasie und Einfallsreichtum gefragter als ein reiner Automatismus, und was die methodisch angestellten Versuchsreihen betrifft, so ähneln sie mehr einer technisch instrumentellen Methodisierung des Naturverstehens als im modernen konstruktivistischen Sinne der Methode der Naturkonstruktion und Naturverfügung, die nach einem vorgängigen, apriorischen Konzept die Versuchsanordnung bestimmt und mit ihr die zu untersuchende Natur. Hier liegen Defizite, die die Weiterentwicklung der Experimentalmethode zu beheben hat.

Im Grunde verbinden sich in Bacons Methode zwei inkompatible Vorgehensweisen, zum einen die induktive, zum anderen die konstruktive. Sie werden in Zukunft mehr und mehr auseinander treten. Die induktive Methode wird fortgesetzt und präzisiert von John Stuart Mill (1806–1873), der auf der Basis der von Bacon unter dem Titel *Interpretatio Naturae* entwickelten Lehre von den instantiae oder »Fällen« die dort aufgestellten methodischen Prinzipien zur induktiven Gewinnung von Kausalaussagen nach folgenden Aspekten ordnet:

1. »Wenn zwei oder mehr Fälle einer zu erforschenden Naturerscheinung nur einen einzigen Umstand gemein haben, so ist nur der Umstand, in welchem alle Fälle übereinstimmen, die Ursache (oder die Wirkung) einer gegebenen Naturerscheinung« – dies ist die »Methode der Uebereinstimmung«.

2. »Wenn ein Fall, in welchem die zu erforschende Naturerscheinung eintrifft, und ein Fall, worin sie nicht eintrifft, alle Umstände, mit Ausnahme eines einzigen, gemein haben, und dieser eine nur in dem ersten Falle vorkommt, so ist der Umstand, durch welchen allein die zwei Fälle sich unterscheiden, die Wirkung, oder Ursache oder ein nothwendiger Theil der Ursache der Naturerscheinung« – dies ist die »Differenzmethode«.

3. »Von irgend einer Naturerscheinung ziehe man denjenigen Theil ab, der durch frühere Inductionen als die Wirkung gewisser Antecedentien bekannt ist, der Rückstand (Rest) der Naturerscheinung ist die Wirkung der übrigbleibenden Antecedentien« – dies ist die »Rückstandsmethode«.

4. »Eine Naturerscheinung, die sich verändert, wenn sich eine andere Naturerscheinung in irgend einer besondern Weise verändert, ist entweder eine Ursache oder eine Wirkung dieser Naturerscheinung, oder durch irgend einen Causalzusammenhang damit verknüpft« – dies ist die »Methode der sich begleitenden Veränderungen«.[71]

Der andere, wichtigere und zukunftsträchtigere Aspekt, der konstruktiv-experimentelle, findet eine Weiterentwicklung in der paduanischen Schule, vor allem bei Giacomo Zabarella (1532–1589) in seinen Werken *De Natura Logicae* und *De Methodis*,[72] die auch von Galilei benutzt wurden. Es geht um die zweigliedrige Methode der naturwissenschaftlichen Forschung, um die Unterscheidung dessen, was Zabarella *methodus resolutiva* (analytische Methode) und *methodus demonstrativa* (demonstrative Methode)[73] nennt. Die beiden Glieder dieser Methode verhalten sich komplementär zueinander. Während der *methodus resolutiva* im mehr oder weniger zufälligen, ratenden Aufspüren von Erklärungsgründen zu den zu erforschenden Erscheinungen besteht, besteht der *methodus demonstrativa* im deduktiven Nachweis, dass die vorliegenden Erscheinungen wirklich aus den angenommenen Prinzipien folgen.

Um ein Beispiel zu nennen: Man beobachtet, dass Gas in einem geschlossenen Raum eine Spannung ausübt, und sucht die Ursache bzw. den Grund dafür. Die *resolutio* als das erste Glied der zweigliedrigen Methode führt zum Erwägen diverser Möglichkeiten, etwa dazu, dass abstoßende Kräfte, welche die Teile des Gases gegeneinander ausüben, dafür verantwortlich seien oder die Stöße der bewegenden Teile gegen die Wand. In der *demonstratio* als dem zweiten Glied der Methode muss erwiesen werden, dass aus solchen Annahmen tatsächlich die Phänomene und ihre Verhaltensweisen – in diesem Falle die Spannung – herleitbar sind. Oder um ein anderes Beispiel anzuführen: Man beobachtet verschiedene hydrostatische Erscheinungen, wie sie bei kommunizierenden Röhren, im hydrostatischen Paradox, im Gesetz des Archimedes usw. vorliegen, und gelangt durch die *resolutio* zu der These, dass alle die Folge der Grundeigenschaft von Flüssigkeiten sein könnten, dass ein auf sie ausgeübter Druck sich nach allen Richtungen gleichmäßig fortpflanzt. In der *demonstratio* gilt es dann, aus diesem Prinzip jene Erscheinungen wirklich zu deduzieren.

Zabarella unterscheidet bei der resolutiven Methode noch zwischen diversen Allgemeinheitsstufen und Präzisionsgraden: So können die Erklärungsprinzipien der Erscheinungen sehr allgemein und fern liegend sein, wie die *prima materia* oder der erste Beweger des Aristoteles oder, um ein Beispiel unserer Tage zu nehmen, die Elektrizität, oder wirklichkeitsnäher und spezieller, z. B. der elektrische Strom, der eine zwischen zwei Magnetpolen aufgehängte Drahtspule durchfließt und Ursache für den Ausschlag des Galvanometers ist.

Selbst wenn es in mancher Hinsicht den Anschein haben könnte, als seien die methodologischen Überlegungen der paduanischen Schule lediglich eine Neuauflage oder Erläuterung der von Aristoteles in der *Zweiten Analytik* angestellten Überlegungen zum Beweisverfahren der Wissenschaften, so ist dies nicht der Fall. Aristoteles erweckt den Eindruck, als könnte man die durch Analyse aufgespürten Erklärungsgründe für Erscheinungen, von denen in der deduktiven Methode als von Axiomen ausgegangen wird, obwohl sie aus der Sinneswahrnehmung stammen, hinterher als evident ansehen. Die paduanische Schule demgegenüber hebt auf den fundamentalen Unterschied zwischen dem axiomatischen Verfahren der Mathematik und dem hypothetisch deduktiven der Naturwissenschaft ab. Es wird anerkannt, dass über die Erklärungsprinzipien der Erscheinungen niemals vollständige Sicherheit besteht. Die Erscheinungen kennen wir aus der sinnlichen Wahrnehmung mit Gewissheit. Ihre Ursachen dagegen bleiben, selbst wenn sich die Erscheinungen deduktiv aus ihnen gewinnen lassen, stets eine mehr oder weniger wahrscheinliche Vermutung.[74]

Die methodologischen Überlegungen der paduanischen Schule finden bei Galilei ihren Abschluss und Höhepunkt.[75] Die Bedeutung Galileis für die Wissenschaftsgeschichte und insbesondere für die Geschichte des Experiments besteht weniger in genauen methodologischen Analysen als vielmehr in der prinzipiellen Einstellung und Haltung gegenüber dem Experiment, in der Erkenntnis seiner fundamentalen Bedeutung für die neuzeitliche Physik, die sich nicht mehr im aristotelischen Sinne auf die phänomenale Erfahrung bezieht, sondern auf die instrumentale. Zwei Präzisierungen bzw. Erneuerungen gehen auf Galilei zurück:

1. Während die im *methodus resolutiva* aufgestellten Erklärungsgründe der Erscheinungen bei Zabarella noch offen sind für eine qualitative Interpretation, schränkt Galilei sie ausdrücklich auf Quantitäten ein. In Zabarellas definitiver Formulierung der naturwissenschaftlichen Methode findet sich noch kein Hinweis auf eine exklusiv mathematische Formulierung; seine Beispiele stammen zumeist aus den biologischen Schriften des Aristoteles, wie überhaupt die Erklärungsprinzipien mehr in Formen, Kräften und Ursachen als in quantitativen Bestimmungen gesehen werden. Dies ändert sich mit Galilei. Einerseits war die Erinnerung an die sogenannten *Oxfordschen Calculationes* und die graphischen Darstellungen Oresmes noch wach, andererseits trat bei Galilei eine grundsätzlich platonische Ausrichtung hervor, die das Quantitative über das Qualitative setzte und in der Mathematik nicht nur ein abstraktes, probables Hilfsmittel sah, sondern einen wesentlichen, konstitutiven Bestandteil der Naturforschung.

Verdeutlichen lässt sich dies an Galileis Beschreibung des Fallgesetzes. In bewusster Opposition zu Aristoteles rückt Galilei von der Betrachtung der Bewegungsproblematik unter dem Gesichtspunkt des Wesens ab. Er erhebt die Forderung, auf die Was-Frage ebenso zu verzichten wie auf die teleologische Frage nach dem Wozu und statt dessen ausschließlich der Frage nach dem Wie nachzugehen. An die Stelle der Erklärung wird die reine Beschreibung gerückt. Wenn Galilei in seinen Schriften das Gesetz des freien Falls ($s = \frac{1}{2}gt^2$) zu fassen versucht, so versucht er lediglich, das Verhältnis des durchlaufenen Weges zur verflossenen Zeit zu bestimmen. Die Fallbewegung selbst löst er in eine Reihe von Raum- und Zeitkomponenten auf und ordnet diese nach einer Regel, dem mathematisch gefassten Naturgesetz, und zwar in der Weise, dass jedem Punkt der Wegstrecke ein bestimmter Moment der Zeitstrecke entspricht. Dieselbe Grundidee der Auflösung einheitlicher Bewegungsfiguren zugunsten eines Bildungsgesetzes, das die Bewegungsvollzüge als Zusammenhänge und Zuordnungen von Punkten versteht und deren Abfolge in einer Funktion regelt, liegt auch der Entdeckung der analytischen Geometrie durch Descartes und der Erfindung der Differentialrechnung durch Leibniz und Newton zugrunde. Bewegung tritt nicht mehr als natürliche Einheit auf, sondern in Gestalt vieler einzelner Punkte, die erst zu einem Bewegungsganzen zu vereinen sind, dadurch dass die gesetzmäßigen Beziehungen zwischen ihnen hergestellt werden müssen. Entsprechend spielt in den neuzeitlichen Naturwissenschaften die Frage nach der Ursache der Bewegung im Sinne der antiken Aitiologie keinerlei Rolle mehr.

2. Die zweite entscheidende Neuerung, die Galilei einführt, besteht in der Bewertung des Experiments für die neuzeitliche Physik, in der Anerkennung seiner fundamentalen Rolle bei der Erschließung der Natur. Die Bedeutung des Experiments erschöpft sich nicht darin, ein Kontrollmittel für physikalische Hypothesen zu sein, vielmehr besteht seine Leistung darin, eine bestimmte Natur, und zwar die für die Naturwissenschaft relevante, überhaupt erst zu erschließen. Bei dieser Natur handelt es sich nicht um die phänomenal gegebene, sondern um die technisch erzeugte und technisch beherrschte, die entsprechend den Experimentalbedingungen manipuliert und mit den Mitteln der technischen Praxis kontrolliert wird. Ging es in der aristotelischen Physik um die Stabilisierung des alltäglichen, vorwissenschaftlichen Erfahrungswissens, um die Verallgemeinerung und Objektivation des im alltäglichen Umgang gewonnenen individuellen Wissens über die Zusammenhänge der Natur, so geht es in der galileischen Physik um die experimentelle und technische Erzeugung der Natur, quasi um die Erzeugung einer widernatürlichen Natur, welche die natürliche Ordnung auf den Kopf stellt.

Diese radikale Änderung in der Einstellung ist als »galileische Wende« in die Physik eingegangen.[76] Sie lässt sich an zwei Beispielen verdeutlichen, am Fallgesetz und am Trägheitsgesetz. Behauptete die aristotelische Physik in Übereinstimmung mit dem Augenschein, dass Körper unterschiedlichen Gewichts, etwa ein Stein und eine Feder, mit unterschiedlicher Geschwindigkeit fallen, so behauptet die galileische Physik das Gegenteil und beweist dies durch Fallbewegungen im Vakuum, denen sich die Fallbewegungen im Plenum annähern, wenn das spezifische Gewicht des Mediums gegen Null strebt. Ebenso lehrt die aristotelische Physik, dass ein bewegter Körper, auf den keine Kräfte mehr einwirken, zur Ruhe kommt, während die galileische Physik mit dem Trägheitsgesetz, das bei Newton seine abschließende Formulierung findet, behauptet, dass jeder Körper im Zustand der Ruhe oder der gradlinigen, gleichförmigen Bewegung verharrt, sofern er nicht durch äußere Kräfte gezwungen wird, diesen Zustand zu verlassen.

Die fundamentale Rolle, die Galilei theoretisch dem Experiment zumisst, scheint nicht selten unterminiert zu werden durch den tatsächlichen Gebrauch oder, besser, Nichtgebrauch, den er vom Experiment macht. Ist eine Argumentation überzeugend, so ist die Durchführung des Experiments eigentlich überflüssig. Es wird zwar dann noch beschrieben als reines Gedankenexperiment, aber nicht mehr ausgeführt. Aufschlussreich in dieser Beziehung ist eine Stelle aus einem Brief Galileis an Francesco Ingoli, an der es heißt:

>Ich habe das Experiment durchgeführt, indessen mich vernünftige Überlegungen bereits zuvor fest davon überzeugt hatten, dass die Wirkung genauso eintreten muß, wie sie eben eingetreten ist.<[77]

Der Verzicht auf die faktische Durchführung des Experiments erklärt sich aus dem Umstand, dass der gesamte experimentelle Vorgang gedanklich durchschaut und in seinem Ablauf klar ist. Tatsächlich dient das Experiment sowohl in der klassischen wie in der modernen Physik weniger der Auffindung und Entdeckung gänzlich neuer, unbekannter Erscheinungen als vielmehr der letzten Bestätigung mehr oder weniger fest begründeter Vermutungen oder der Entscheidung zwischen konkurrierenden Modellen. Galileis Verzicht auf konkrete Durchführung bedeutet insofern keine Beeinträchtigung und Schwächung der theoretischen Stellung des Experiments, im Gegenteil, seit Galilei setzt sich immer mehr die Meinung durch, die gesamte Physik sei ein einziges Experiment, durch das eine bestimmte Natur überhaupt erst eröffnet werde.

Analyse des neuzeitlichen Experiments
Eine eigentliche Experimentalanalyse und Reflexion auf die Bedingungen der experimentellen Methode finden sich erst bei Immanuel Kant (1724–1804), wie überhaupt Kant zwar nicht als Innovator der neuzeitlichen Naturwissenschaft, wohl aber als ihr Begründer und eigentlicher Theoretiker gelten kann. Kant hat die neuzeitliche Naturwissenschaft zwar nicht eingeführt, wohl aber ihre theoretischen Grundlagen geliefert. So findet sich der *locus classicus* der Experimentalanalyse in der zweiten Auflage der *Kritik der reinen Vernunft*:

>Als *Galilei* seine Kugeln die schiefe Fläche mit einer von ihm selbst gewählten Schwere herabrollen, oder *Torricelli* die Luft ein Gewicht, was er sich zum voraus dem einer ihm bekannten Wassersäule gleich gedacht hatte, tragen ließ, oder

in noch späterer Zeit *Stahl* Metalle in Kalk und diesen wiederum in Metall verwandelte, indem er ihnen etwas entzog und wiedergab: so ging allen Naturforschern ein Licht auf. Sie begriffen, daß die Vernunft nur das einsieht, was sie selbst nach ihrem Entwurfe hervorbringt, daß sie mit Principien ihrer Urtheile nach beständigen Gesetzen vorangehen und die Natur nöthigen müsse auf ihre Fragen zu antworten, nicht aber sich von ihr allein gleichsam am Leitbande gängeln lassen müsse; denn sonst hängen zufällige, nach keinem vorher entworfenen Plane gemachte Beobachtungen gar nicht in einem nothwendigen Gesetze zusammen, welches doch die Vernunft sucht und bedarf. Die Vernunft muß mit ihren Principien, nach denen allein übereinstimmende Erscheinungen für Gesetze gelten können, in einer Hand und mit dem Experiment, das sie nach jenen ausdachte, in der anderen an die Natur gehen, zwar um von ihr belehrt zu werden, aber nicht in der Qualität eines Schülers, der sich alles vorsagen läßt, was der Lehrer will, sondern eines bestallten Richters, der die Zeugen nöthigt auf die Fragen zu antworten, die er ihnen vorlegt. Und so hat sogar Physik die so vortheilhafte Revolution ihrer Denkart lediglich dem Einfalle zu verdanken, demjenigen, was die Vernunft selbst in die Natur hineinlegt, gemäß dasjenige in ihr zu suchen (nicht ihr anzudichten), was sie von dieser lernen muß, und wovon sie für sich selbst nichts wissen würde. Hierdurch ist die Naturwissenschaft allererst in den sicheren Gang einer Wissenschaft gebracht worden, da sie so viel Jahrhunderte durch nichts weiter als ein bloßes Herumtappen gewesen war.«[78]

Kant vergleicht hier die menschliche Erkenntnissituation in Bezug auf die Natur mit einer Gerichtssituation, indem er den erkenntnissuchenden Menschen in der Rolle eines wahrheitssuchenden Richters sieht und die zu erkennende, zu erforschende Natur in der Rolle eines die Wahrheit zwar wissenden, aber nicht preisgebenden Angeklagten. Das Bild ist von Bacon übernommen, und es dürfte nicht zufällig sein, dass Kant im Vorspann zur zweiten Auflage der *Kritik der reinen Vernunft* sich auf Bacons *Instauratio Magna* (Große Erneuerung) beruft. Das Bild von der Gerichtssituation ersetzt das ältere, in den Kontext des *legere in libro naturae* gehörende Bild vom Lehrer-Schüler-Verhältnis zwischen Natur und Mensch, das der Natur die Rolle eines Lehrers und dem Menschen die Rolle eines Schülers zuweist. Dem letzteren entspricht die Ansicht des *common sense* über die Erkenntnisgewinnung; ihr zufolge hat sich die Erkenntnis an der

Natur als vorgegebener zu orientieren, diese als Leitfaden und Richtschnur zu nehmen. Drückt dieses Bild ein rezeptives Verhältnis des Menschen gegenüber der Natur aus, das die Fakten schlicht konstatiert, so dient das Bild von der Gerichtssituation dazu, das umgekehrte Verhältnis zu explizieren: Nicht der Mensch orientiert sich an der Natur, sondern die Natur am Menschen und seinen Erkenntnisintentionen. Der Mensch fungiert hier als Maßstab und Richtschnur der Naturerkenntnis und -beherrschung. Er stellt die Fragen gleich einem Richter und zwingt die Natur, diese alternativ mit Ja oder Nein zu beantworten, ähnlich wie ein Zeuge exakt und präzise Auskunft zu geben hat über eine im Rechtsstreit verhandelte Sache, wenn Fragen an ihn gerichtet werden. Dieses aktive, konstruktivistisch-operationalistische Verfahren steckt den Rahmen ab, innerhalb dessen die Antworten aus der Natur zu erwarten sind. Es nötigt der Natur bestimmte Fragestellungen und vorformulierte Antworten auf. Es präpariert sie und instrumentalisiert sie, es macht sie zu einem künstlichen und technischen Produkt des Menschen.

Bezüglich der Experimentalmethode, wie sie durch die Gerichtssituation repräsentiert wird, lassen sich eine Reihe von Merkmalen herauskristallisieren:[79]

1. Dem Experiment fällt innerhalb der neuzeitlichen Naturwissenschaft grundsätzlich eine erkenntnistheoretische Aufgabe zu. Als methodisches Instrumentarium bildet es ein konstitutives Moment im Erkenntnisprozess und gehört damit in den Kontext der Beziehung zwischen dem erkenntnissuchenden Subjekt und der zu erkennenden Natur. Es ist Bestandteil der Subjekt-Objekt-Relation.

2. Jedes Experiment setzt auf seiten des Subjekts eine bestimmte Einstellung, eine bestimmte Perspektive, voraus, unter der die Natur betrachtet werden soll, aufseiten des Objekts einen bestimmten Horizont. Der Ausdruck »Horizont« leitet sich von dem griechischen *horízōn* her und meint das Umgrenzende. *In concreto* ist damit Folgendes gemeint. Habe ich vor mir auf einem weißen Blatt Papier zwei schwarz gedruckte Zeichen A = A, so können sie auf verschiedene Weise Gegenstand meines Interesses sein. Entweder kann ich sie als schwarze Striche auf einem weißen Untergrund sehen oder als Moleküle betrachten und hinsichtlich ihrer Molekularstruktur untersuchen oder als Zeichen nehmen oder gar als Ausdruck des Satzes der Identität. Im ersten Falle ist das Gegebene Gegenstand der Wahrnehmung, im zweiten Gegenstand der Physik, im dritten Gegenstand der Semiotik, im vierten Gegenstand der Logik. Die Art und Weise, wie das scheinbar schlicht Gegebene Gegenstand meiner Betrachtung ist, hängt von der grundsätzlichen Wahl der Einstellung und des Sinnentwurfs ab. Einer bestimmten Einstellung, einem bestimmten Sinnentwurf entspricht auf Seiten des Objekts ein bestimmtes geschlossenes System, eben das durch den Horizont Bezeichnete.

Freilich genügt die Festlegung der Perspektive und des ihr korrespondierenden Horizonts nicht, um das spezifische Objekt der Naturwissenschaft hervorzubringen; denn auch die magische Natureinstellung, die theologische Naturdeutung sind ebenso fundamentale Sinnentwürfe und Einstellungen wie die naturwissenschaftliche. Auch sie verlangen das Festhalten des von ihnen umrissenen Horizonts, wenn ihre Sinndeutung konsistent und kohärent sein soll. Auch sie müssen den Wechsel zwischen verschiedenen Horizonten vermeiden, wenn nicht Umfang und Grenzen einer bestimmten Auslegung sich verwischen sollen. Zur Fixierung des naturwissenschaftlichen Objekts, wie es von der Naturwissenschaft intendiert wird, müssen demnach weitere spezifizierende Bedingungen hinzukommen.

3. Innerhalb des prinzipiellen Rahmens bedarf es eines bestimmten Planes, nach dem das Experiment ausgerichtet wird. Diesen Plan oder Entwurf erstellt wiederum das Subjekt. Es bestimmt, unter welchem Aspekt sich das experimentell zu behandelnde Objekt zeigen soll. Auch hier ist klar, dass dem vorgängigen, seitens des Subjekts entworfenen Plan das Objekt entsprechen muss und dass es nur insofern und so lange Objekt der experimentellen Physik sein kann, wie es ihm entspricht. Wir haben es nicht mit der Natur an sich, sondern mit der nach einem bestimmten experimentellen Plan präparierten Natur, dem künstlichen Objekt der Wissenschaft, zu tun.

4. Bei jenem dem Experiment zugrundeliegenden Plan handelt es sich um die wissenschaftlichen Hypothesen der Physik, die im Experiment bestätigt oder widerlegt werden sollen. Es kann sich dabei um einzelne oder zu Theoriesystemen – Teilsystemen oder letztlich zum Gesamtsystem – zusammengefasste Hypothesen handeln. Sowohl an sich wie auch in ihrem Verhältnis untereinander müssen sie gewissen logischen Bedingungen genügen, etwa dem Gesetz der Konsistenz und Kohärenz. D. h. jede Hypothese muss an sich logisch widerspruchsfrei sein und darüber hinaus widerspruchsfrei in ein umfassendes System integrierbar. Solche Bedingungen sind zwar noch nicht zureichend für den Geltungsanspruch von Hypothesen, wohl aber unerlässlich. Sie bilden die *conditio sine qua non*.

5. Die experimentell zu erprobenden Hypothesen müssen nicht nur gewissen logischen und systemtheoretischen Bedingungen genügen, sondern auch gewissen mathematischen. Gerade die Hypothesen der neuzeitlichen Naturwissenschaft sind dadurch charakterisiert, dass sie sich auf die quantitativen Bestimmungen der Objekte stützen, die durch mathematische Gleichungen explizierbar sind. Aus der konkreten Fülle der Merkmale grenzen sie die quantitativen Bestimmungen aus und versuchen, soweit wie möglich, auch die Übrigen darauf zu reduzieren. An den Objekten interessiert nur das, was der Quantifizierbarkeit unterliegt und in mathematischen Formeln explizierbar ist. Hierin ist auch der Grund zu

sehen, weswegen die Objekte der Naturwissenschaft einen so widernatürlichen, künstlichen Eindruck erwecken. Das naturwissenschaftliche Objekt ist das nach quantitativen Bestimmungen präparierte und experimentell erzeugte Objekt.

6. Die Ausrichtung der theoretischen Perspektive im weiten wie engen
Sinne, desgleichen die Herstellung des bestimmten Aspekts am Objekt
geschieht durch gewisse Operationen, die man als Objektivationsmethode zu bezeichnen pflegt. Durch sie wird überhaupt erst das Objekt der
Wissenschaft geschaffen und dem Subjekt konfrontiert. Genauer besehen
besteht die Objektivationsmethode in einer logischen Abblendung.
Indem die Perspektive seitens des Subjekts festgelegt wird, wird automatisch auch das Objekt unter einem bestimmten Aspekt präsentiert und
gleichzeitig alles Übrige, nicht hierher Gehörige abgeblendet. Nur ein solches Ausgrenzungs- und Abblendungsverfahren ermöglicht jene Exaktheit und Präzision, die das Ideal der neuzeitlichen Naturwissenschaft ausmachen. Nur innerhalb dieses Rahmens ist exakte, präzise Begriffsbildung von der Art der »Termini« und »Definitionen« möglich, die schon
durch ihre Herkunft von lateinisch *terminare* und *definire* = »abgrenzen«,
»begrenzen«, »beschränken«, »einschränken« auf den Grenzziehungscha-
rakter der Wissenschaftssprache aufmerksam machen. Der Nachteil dieser Methode besteht in der schon erwähnten Künstlichkeit der Objekte,
aufgrund deren diese als widernatürlich ausgegrenzte, artifiziell geschlossene Systeme erscheinen.

7. Der Abblendungsmethode wird nun nicht allein das Objekt unterworfen, sondern auch das Subjekt, das als Experimentator und Beobachter in das Experiment eintritt. Wer immer das Experiment durchführt,
muss sich dessen Bedingungen unterwerfen und von seiner Individualität
und Personalität, von seiner Jemeinigkeit, abstrahieren. Er muss werden
wie jeder andere unter denselben experimentellen Bedingungen. Eingebunden in die vorgezeichnete Perspektive, kann er nicht länger mehr als
empirisch individuelles Subjekt in der ganzen Fülle seiner konkreten Bestimmungen auftreten, sondern nur noch als abstraktes, anonymes, aper-
sonales Subjekt, als das transpersonale oder intersubjektive Subjekt der
Wissenschaft. Durch die Einbindung in die Perspektive und durch die
damit verbundene logische Abblendung reduziert sich die Vielzahl individueller Betrachter auf die Einzahl eines immer gleichen Subjekts.

8. Das Experiment erlaubt nur die Annahme oder Verwerfung der an-
gesetzten Hypothese. Es gestattet keine Ausweichmöglichkeit. Im Falle
der Affirmation bedeutet dies freilich noch keine zureichende Verifikation der Hypothese, sowenig wie die Negation auf eine definitive Widerlegung schließen lässt. Es kann immer nur von einer besseren oder
schlechteren Bewährung gesprochen werden,[80] was damit zusammen-
hängt, dass eine vollständige Verifikation zum einen die Durchführung

unendlich vieler Experimente voraussetzte, was wegen der Endlichkeit und Beschränktheit der menschlichen Natur undurchführbar ist, und zum anderen ein Totalitätssystem, in dem jede Einzelaussage ihren definitiven systematischen Ort hätte. Ein solches Universalsystem ist menschlicher Erkenntnis jedoch entzogen. Infolgedessen kann auch nicht von einer definitiven Widerlegung und Falschheit der Hypothese die Rede sein; denn im Rahmen endlicher Erkenntnis sind stets mehrere gleichberechtigte Modelle möglich, so dass bei einer andersartigen Integration der Hypothese in ein System diese durchaus ihre theoretische Berechtigung und praktische Bestätigung finden kann. So sind z. B. das ptolemäische geozentrische Weltbild und das kopernikanische heliozentrische zwei miteinander konkurrierende Systeme, von denen auch das erstere kinematisch unwiderlegbar ist. Den Ausschlag für die Präferenz des letzteren gibt die Simplizität des Systems und der Verzicht auf Subsidiärhypothesen, also letztlich nicht einmal ein physikalisches, sondern ein ästhetisches Prinzip.

9. Das Experiment ist beliebig iterierbar, d. h. wiederholbar. Unter denselben Voraussetzungen können zu jeder Zeit und für jedes beliebige Subjekt, das sich den Experimentalbedingungen unterwirft, dieselben Ergebnisse reproduziert werden. Die beliebige Reproduzibilität einer bestimmten Hypothese oder eines bestimmten Hypothesensystems ist Ausdruck der Gesetzmäßigkeit der Natur, freilich nicht der Natur an sich, sondern der gemäß der experimentellen Grundkonstellation präparierten Natur. So kann Kant sagen, dass wir selbst – genauer unser Verstand – Schöpfer der Naturgesetze sind, von denen wir doch wähnen, sie aus der Natur durch Erfahrung gelernt zu haben.

> »So übertrieben, so widersinnig es also auch lautet, zu sagen: der Verstand ist selbst der Quell der Gesetze der Natur und mithin der formalen Einheit der Natur, so richtig und dem Gegenstande, nämlich der Erfahrung, angemessen ist gleichwohl eine solche Behauptung.«[81]
> »Es ist also der Verstand nicht blos ein Vermögen, durch Vergleichung der Erscheinungen sich Regeln zu machen: er ist selbst die Gesetzgebung für die Natur, d. i. ohne Verstand würde es überall nicht Natur, d. i. synthetische Einheit des Mannigfaltigen der Erscheinungen nach Regeln, geben …«[82]
> »Die Ordnung und Regelmäßigkeit also an den Erscheinungen, die wir *Natur* nennen, bringen wir selbst hinein und würden sie auch nicht darin finden können, hätten wir sie nicht oder die Natur unseres Gemüths ursprünglich hineingelegt.«[83]

Im *Opus postumum* wird die Formel, dass wir die Erfahrung selber machen, zum ständig wiederkehrenden Topos.

Mit dieser Experimentalanalyse hat Kant das methodische Verfahren der neuzeitlichen Naturwissenschaft, die technische Vorgehensweise, auf Begriffe gebracht und den neuzeitlichen Konstruktivismus und Operationalismus in der Erkenntnis- und Wissenschaftstheorie vorbereitet. Die These, dass die Vernunft bezüglich der Natur nur das einsieht, was sie selbst nach einem vorherigen Plan hervorbringt, drückt das Programm und Selbstverständnis der neuzeitlichen Naturwissenschaft aus. Ihr entspricht die These von der Künstlichkeit des Objekts, die das Seiende nicht an sich nimmt, sondern es unter bestimmte Hinsichten stellt und es konstruiert. So darf Kant gleicherweise als geistiger Vater des neuzeitlichen Konstruktivismus und Operationalismus wie des neuzeitlichen methodischen Objektivismus gelten.

Wird nun die der Physik abgeschaute Experimentalmethode zur Methode der Vernunfterkenntnis überhaupt hochstilisiert und zum Paradigma jeder Art von Erkenntnis deklariert, so wird nicht nur der Schritt von einer Einzelmethode innerhalb einer bestimmten Disziplin zur Universalmethode vollzogen, sondern auch eine Ideologisierung vorgenommen, die das neuzeitliche mechanistische Weltbild vollendet: Die Natur tritt als experimentell bedingte und jederzeit reproduzierbare Maschine auf.

3. Kants Transzendentalphilosophie als Experimentalmethode

Da Kant mit seiner theoretischen Philosophie die Grundlegung der neuzeitlichen Naturwissenschaft intendiert und das, was die neuzeitlichen Physiker wie Kopernikus, Kepler, Galilei bereits praktisch realisiert hatten, theoretisch zu begründen versucht, ist bei ihm am ehesten genauerer Aufschluss über das theoretische Konzept, das im allgemeinen wie im besonderen dem Experiment zugrunde liegt und den Begriff der Objektivität bestimmt, einschließlich der systemtheoretischen Bedingungen zu erwarten. Das Ziel, das Kant in seinem kritischen Hauptwerk, der *Kritik der reinen Vernunft*, verfolgt, ist die Rehabilitierung der Metaphysik, freilich einer Metaphysik, die nicht wie bisher in der Tradition sich als Kampfplatz endloser Streitigkeiten, Reibereien und Widersprüche erweist, sondern den sicheren Gang der Wissenschaft geht. So lautet denn auch der Titel seiner populärwissenschaftlichen, den Inhalt der *Kritik der reinen Vernunft* zusammenfassenden Schrift von 1783 *Prolegomena zu einer jeden künftigen Metaphysik, die als Wissenschaft wird auftreten können*. Die Absicht ist die Grundlegung einer wissenschaftlichen Metaphysik und, da Metaphysik Erkenntnis des Seienden überhaupt bedeutet, die Grundlegung einer wissenschaftlichen Erkenntnis des Seienden. Zum Vorbild dienen Kant die mathematischen Naturwissenschaften der Neuzeit, deren ungeheure Erfolge nicht zu bestreiten sind und daher eine Faszination ausüben. So wie Logik und Mathematik seit den frühesten Zeiten, nämlich »in dem bewundernswürdigen Volke der Griechen[,] den sichern Weg einer Wissenschaft gegangen«[84] sind, wie die Physik seit Galilei, Torricelli und Stahl den »Heeresweg der Wissenschaft«[85] fand, indem diesen Naturforschern bei ihren Experimenten »ein Licht«[86] aufging, so soll nun auch der Metaphysik der Königsweg der Wissenschaft gewiesen werden. Da sich die erstaunlichen Erfolge der mathematischen Naturwissenschaften zum einen ihrem *Erkenntnisbegriff*, zum anderen ihrem *Methodenbegriff* und zum dritten ihrem *Objektbegriff* verdanken, verspricht die Applikation dieser drei auf die Philosophie, dass auch sie zu gesicherten Erkenntnissen gelangen werde.

a) Der Erkenntnis- bzw. Erfahrungsbegriff

Mit dem dem Experiment zugrunde liegenden Erkenntnis- bzw. Erfahrungsbegriff – dem wissenschaftlichen – und seiner Übertragung auf die Philosophie sind bestimmte Präjudizien gefällt, die zum Ausscheiden aller anderen Erfahrungsweisen führen. Zu den Letzteren zählt einmal die vorwissenschaftliche, alltägliche Erfahrung, der natürliche Umgang mit den Dingen, unser lebensweltliches Verhalten mit all seinen Gefühlen, Empfindungen, Stimmungen, aber auch seinen praktischen Handlungsintentionen, jener Erfahrungstyp, der von Heidegger in *Sein und Zeit* als der ursprüngliche beschrieben wird. Weiter gehören hierzu auch alle Erkenntnisweisen, die sich nur auf *einen* Bestandteil der wissenschaftlichen Erfahrung, die für Kant aus Begriff *und* Anschauung besteht, stützen, entweder nur auf das Denken im Sinne des Ausdenkens und Phantasierens oder nur auf die Anschauung im Sinne des Versunkenseins in die Objekte und der Auslöschung des Bewusstseins, wie es die Beispiele des Vertieftseins in die Lektüre eines fesselnden Buches oder das Aufgegangensein im Anhören einer Melodie dokumentieren. Konkret denkt Kant insbesondere an die mystische Erkenntnis, die er stets der rationalen Begriffsarbeit konfrontiert. Weiter gehören hierzu aber auch alle Erkenntnisarten, die zwar im vulgären, nicht jedoch im strengen Sinne wissenschaftlich genannt werden und insofern lediglich zur »Naturlehre« oder »Naturkunde« zählen und in der bloßen Sammlung und Sichtung von Fakten, in der Registrierung und Klassifikation von Daten unter bestimmten Aspekten bestehen, aber weder systematische Vollständigkeit noch mathematische Konstruierbarkeit für sich reklamieren können, welche für Kant unabdingbare Kriterien von Wissenschaftlichkeit sind.

Zu diesen Erkenntnissen gehören nach Kant im Grunde die gesamten Geisteswissenschaften, wie die Geschichte, die empirische Psychologie, die Soziologie usw., aber auch ein Teil der Naturwissenschaften wie die

Chemie in ihrer damaligen Gestalt. Während den Ersteren das Kriterium der Vollständigkeit fehlt, mangelt es der Letzteren an mathematisch konstruierbaren Gesetzen, etwa solchen der Annäherung und Entfernung der Teile proportional zu ihrer Dichte.[87] Allenfalls könnte man von einer »systematische[n] Kunst«[88] bei der Chemie sprechen.[89]

b) Der Methodenbegriff

Was die Anwendung der den neuzeitlichen mathematischen Naturwissenschaften abgeschauten Experimentalmethode auf die Philosophie betrifft, so bedeutet dies, dass die experimentelle Methode zum Paradigma von Erkenntnis überhaupt erhoben wird, mit anderen Worten, dass die an den mathematischen Naturwissenschaften gewonnenen methodischen Einsichten zur Methodologie von Erkenntnis überhaupt avancieren; denn da philosophische bzw. metaphysische Erkenntnis als Erkenntnis des Seienden überhaupt die Grundlage auch der naturwissenschaftlichen Erkenntnis bildet, die jener gegenüber lediglich eine Spezifikation darstellt, muss die Ausdehnung dieser speziellen Methode auf die Erkenntnis des Seienden überhaupt zur Verabsolutierung der wissenschaftlichen Erkenntnis führen. Alle anderen Weisen von Erkenntnis fallen als irrelevant aus. Im Grunde stellt dies eine zirkuläre Argumentation dar, die nicht von der vorfindlichen Erfahrung oder den – sei es im Alltag, sei es in den Wissenschaften – gebräuchlichen Erfahrungsbegriffen ausgeht und diese analysiert, sondern ein bestimmtes Verständnis von Erfahrung supponiert und alles nicht hierher Gehörige ausklammert.

Diesem Sachverhalt entspricht die Tatsache, dass die von der Experimentalmethode zugrunde gelegten allgemeinen Sätze von Kant »Grundsätze« genannt und ausdrücklich abgegrenzt werden einerseits von den sogenannten Lehrsätzen, andererseits von den wissenschaftlichen Hypothesen. Von den Ersteren unterscheiden sie sich dadurch, dass sie nicht wie jene nur auf begrifflicher Erkenntnis und vermeintlich intuitiver Gewissheit basieren, also Dogmen sind, sondern in der Natur bewiesen werden müssen, von den Letzteren dadurch, dass sie zwar wie diese bewiesen werden müssen, aber nicht wie sie verifiziert oder falsifiziert werden können, sondern stets verifiziert werden.

Was sind das für merkwürdige Sätze, die zwar experimentell ausgewiesen werden müssen, aber immer nur zu einem positiven, niemals zu einem negativen Entscheid führen? Kant sagt in der *Kritik der reinen Vernunft:*

> »Er heißt aber *Grundsatz* und nicht *Lehrsatz*, ob er gleich bewiesen werden muß, darum weil er die besondere Eigenschaft hat, daß er seinen Beweisgrund, nämlich Erfahrung, selbst zuerst möglich macht und bei dieser immer vorausgesetzt werden muß.«[90]

Die Grundsätze sind grundlegende Sätze, insofern sie den Grund legen, d. h. den Rahmen abstecken, innerhalb dessen Natur allein erscheinen kann. Weil sie den Ermöglichungsgrund einer bestimmten Art von Natur – der wissenschaftlichen – bilden, werden sie im Experiment, das nach ihnen ausgerichtet ist und entsprechend die Objekte bestimmt, von diesen stets bestätigt. Dieser redundante Charakter der Grundsätze ist allerdings nicht als *circulus vitiosus* anzusehen, sondern als notwendiger Kreisgang, bei dem die Grundsätze bewiesen werden »im Rückgang auf das, dessen Hervorgang sie ermöglichen«.[91] In Abwandlung von Heideggers Worten[92] könnte man sagen: Der Grund, den sie legen, das Wesen der Natur, ist kein vorhandenes Ding, auf das man nur zurückkommen und auf dem man dann einfach stehen könnte. Die Naturerfahrung ist ein in sich kreisendes Geschehen, wodurch das, was innerhalb des Kreises liegt, erst eröffnet wird. Dieses Offene aber ist nichts anderes als das Zwischen – zwischen uns und dem Ding.

Kritisch in Frage stellen lässt sich ein solcher Ansatz grundsätzlich von zwei Seiten: zum einen bei einer Einstellungsänderung, z. B. bei einem Wechsel von der naturwissenschaftlichen zur mythologischen oder theologischen oder ästhetisch dichterischen Einstellung, ganz allgemein, bei einem Wechsel zu einem anderen Sinnentwurf; zum anderen im Falle der Nichtkonformität der Natur mit der wissenschaftlichen Ausrichtung. Denn was garantiert, dass überhaupt etwas an der Natur der spezifisch naturwissenschaftlichen Einstellung entspricht? Was garantiert, dass die Natur, sei es partial, sei es total, Strukturen aufweist, die den wissenschaftlichen Forderungen genügen? Diese Überlegung geht von einem Dualismus zwischen subjektiver und objektiver Sphäre, zwischen Theorie und Realität aus und unterstellt, dass es in der Natur an sich als einer unerschöpflichen Fülle von Möglichkeiten Strukturen gibt, die einer bestimmten – hier der wissenschaftlichen – Einstellung entsprechen, während andere es nicht tun, und durch die Experimentalmethode herausfiltriert werden.

Dieser Möglichkeit sucht Kants transzendentalphilosophischer Ansatz dadurch zu entgehen, dass er die Natur an sich als ein gänzlich unbekanntes Ding, als x, betrachtet, mit dem weder Singularität noch Pluralität, weder Qualität noch Relation noch sonst eine Kategorie in Verbindung gebracht werden kann, da alle diese bereits unsere subjektiven Bestimmungen sind. Was immer erkannt wird und für die Erkenntnis relevant ist, entspricht der wissenschaftlichen Einstellung, die mit unserem subjektiven Erkenntnisvermögen, dem menschlichen Erkenntnisapparat, identifiziert wird. Alles darüber Hinausgehende ist erkenntnistheoretisch irrelevant.

Allerdings hat schon in der unmittelbaren Kant-Nachfolge der sogenannte Trendelenburg-Fischer'sche-Streit hinsichtlich der Anschauungsformen von Raum und Zeit deutlich gemacht, dass der kantische transzendentalphilosophische »Monismus« die erste Alternative ignoriert; denn wie im Blick auf Raum und Zeit nicht auszuschließen ist, dass ihnen als subjektiven Anschauungsformen objektive Strukturen korrespondieren, so könnten auch allen anderen subjektiven Formen objektive Konstellationen in der Natur an sich entsprechen.[93]

c) Der Objektbegriff: Objekt als System der Grundsätze, Spezifikation und Integration in ein offenes Theoriesystem

Wie sieht nun die Objektivität aus, die durch das transzendentale Experiment erschlossen wird; welches sind die Kriterien derselben? Aufschluss hierüber gibt folgende Stelle:

> »Wir finden aber, daß unser Gedanke von der Beziehung aller Erkenntniß auf ihren Gegenstand etwas von Nothwendigkeit bei sich führe, da nämlich dieser als dasjenige angesehen wird, was dawider ist, daß unsere Erkenntnisse nicht aufs Gerathewohl oder beliebig, sondern a priori auf gewisse Weise bestimmt sind: weil, indem sie sich auf einen Gegenstand beziehen sollen, sie auch nothwendiger Weise in Beziehung auf diesen unter einander übereinstimmen, d. i. diejenige Einheit haben müssen, welche den Begriff von einem Gegenstande ausmacht.«[94]

Das Objekt ist also das Dawider der vielfältigen Vorstellungen, dasjenige, was verhindert, dass diese unverbunden, diffus, erratisch auftreten. Es gibt ihnen durch die Beziehung auf sich objektive Einheit. Diese Synthesis der mannigfaltigen Anschauungsinhalte zur Einheit des Objekts geschieht auf eine bestimmte festgelegte Weise, die als »Regel« oder, im Falle der Notwendigkeit der Synthesis, als »Gesetz« bezeichnet wird.

> »Nun heißt aber die Vorstellung einer allgemeinen Bedingung, nach welcher ein gewisses Mannigfaltige (mithin auf einerlei Art) gesetzt werden kann, eine Regel und, wenn es so gesetzt werden *muß*, ein Gesetz.«[95]

Mit dem Begriff der Objektivität verbindet Kant den Begriff der Regelhaftigkeit oder Gesetzmäßigkeit.

Da die Regelung der Einheitsstiftung für *alle* Objekte, für die Objektivität schlechthin, gilt, ist sie ausnahmslos und durchgängig gültig, und da sie nicht als willkürlich und zufällig angesehen werden kann, ist sie notwendig gültig, d. h. sie lässt sich bezüglich der Objektivität gar nicht anders denken. Weiter ist festzuhalten, dass sie nicht privatsubjektiv, sondern intersubjektiv ist, für alle experimentierenden und beobachtenden Subjekte gleiche Verbindlichkeit hat. So beinhaltet für Kant der Begriff der Objektivität außer dem Begriff der Regel- bzw. Gesetzmäßigkeit noch den der Allgemeinheit, Notwendigkeit und Intersubjektivität. Hinzu kommen die Merkmale der Klarheit und Deutlichkeit, d. h. der exakten Grenzziehung gegenüber anderen Gesetzmäßigkeiten sowohl nach außen wie nach innen. Darauf beruht nicht zuletzt die Eindeutigkeit der Begriffsbildung, die dem neuzeitlichen Wissenschaftsideal entspricht.

Doch damit nicht genug! Die Synthesis und Einheitsstiftung lässt sich nicht nur auf eine einzige Art denken, sondern auf mehrere, die systematisch in einem System von Gesetzen explizierbar sind. Aus diesem Grunde versteht Kant unter der verobjektivierten Natur letztlich nicht bloß unbestimmt »das *Dasein* der Dinge, so fern es nach allgemeinen Gesetzen bestimmt ist«,[96] oder »den Zusammenhang der Erscheinungen ihrem Dasein nach nach nothwendigen Regeln, d. i. nach Gesetzen«,[97] sondern präziser die Gesamtheit der Erscheinungen, sofern sie einem System von Gesetzen unterstehen.

Entsprechend der Experimentalanalyse muss das System der objektkonstituierenden Bestimmungen, das System der Naturgesetze, im Subjekt fundiert sein. Bei diesem handelt es sich im Rahmen der transzendentalen Experimentalanalyse um das allgemeine transzendentale, nicht um das individuelle empirische Subjekt. Aufgrund seines Vermögens der Selbstreflexion ist es imstande, die ihm innewohnenden Gesetze zu eruieren. Wenn Kant im Titel seines Hauptwerkes von der *Kritik der reinen Vernunft* spricht, so meint er damit nichts anderes als die Doppelfunktion der Vernunft im Sinne eines *genitivus subjectivus* wie *genitivus objectivus*: Es ist die Vernunft, die qua Subjekt sich selbst qua Objekt kritisch durchmustert und sich auf ihre objektkonstituierenden Bedingungen hin befragt.

Fundiert wird das System der Naturgesetze genauerhin im Verstand, dem Vermögen zu denken oder, was dasselbe besagt, dem Vermögen zu urteilen, da Denken im diskursiven, analytisch-synthetischen Verständnis nichts anderes als Urteilen ist. Mit dieser Reduktion der objektiven Bestimmungen auf subjektive geht eine Reduktion der ontologischen Bestimmungen auf logische einher. Da Urteilen im einfachsten Falle in der Verbindung von Subjekt- und Prädikatbegriff besteht, in komplizierteren Fällen in der Verbindung von Satzteilen oder Sätzen, kurzum, in der Synthese einer Mannigfaltigkeit zur Einheit, so sind die möglichen, überhaupt denkbaren Formen der Einheitsstiftung in der Urteilstafel impliziert. Letztere nennt quantitative, qualitative, relationale und modale Aspekte mit ihren weiteren triadischen Unterteilungen als Grundformen aller Urteile. Auf ihnen basiert das System der Grundsätze des reinen Verstandes, das nichts anderes beinhaltet als das System der allgemeinsten und notwendigen Naturgesetze: die Axiome der Anschauung, die sich unter quantitativem Aspekt auf die räumlich-zeitliche Extension der Objekte beziehen und diese hinsichtlich ihrer Größe bestimmen; die Antizipationen der Wahrnehmung, die unter qualitativem Aspekt den empfindungsmäßigen Inhalt zum Thema haben, den sie auf messbare Intensitäten, Grade, reduzieren, die von Null bis Unendlich reichen können; die Analogien der Erfahrung, die das Dasein der Objekte unter relationalem Aspekt betrachten, wie der Substanzsatz, der in allen Objekten eine durchgängig beharrliche Substanz im Wechsel der Akzidenzien unterstellt; das Kausalitätsgesetz, welches das Verhältnis der Objekte zueinander in Form von Ursache und Wirkung regelt, und das Gesetz der Wechselwirkung, das auf die wechselseitige Kausalität abhebt und die Beziehung der Objekte zueinander als *actio = reactio* bestimmt; und schließlich die Postulate des empirischen Denkens, die unter modalem Aspekt auf die Seinsart der Objekte eingehen, auf ihre Möglichkeit, Wirklichkeit oder Notwendigkeit.

Alle Grundsätze zusammen konstituieren erst das Objekt im Vollsinne, das »als *bestimt* in ansehung *nicht allein einer*, sondern *aller logischen Functionen in Urtheilen*«[98] vorgestellt werden muss: Im Hinblick auf seine quantitative Ausdehnung muss es gleicherweise als Einheit wie als Vielheit wie als Allheit bestimmbar sein, was auch möglich ist, da sich eine bestimmte Größe stets aus einer Vielheit von Einheiten zusammensetzt, die in ihrer Totalität die Allheit ausmachen und in dieser Form zugleich zum Ausgang einer neuen Zählung dienen und so als Einheitsprinzip auftreten. Ebenso muss es sich in qualitativer Hinsicht als positiv wie negativ wie als limitiert betrachten lassen, was auch hinwiederum möglich ist, da jede Qualität bzw. jeder Grad etwas Bestimmtes – Limitiertes – ist, das sowohl Positives wie Negatives enthält, indem es einerseits ein Etwas anzeigt, andererseits alles andere, das dieses Etwas nicht ist, ausschließt. *Omnis determinatio est negatio* (Jede Bestimmung ist zugleich Negation), lautet schon bei Spinoza die Formel. Und ebenso muss es in relationaler Hinsicht gleicherweise als Substanz von Akzidenzien bestimmt werden können wie als diese Akzidenzien selbst, die in dependenten wie interdependenten Zusammenhängen stehen; und schließlich muss das Objekt in modaler Hinsicht nicht nur als Mögliches bestimmbar sein, als eines, das niemals wirklich werden kann, geschweige denn notwendig, sondern als eines, das möglich ist hinsichtlich seiner formalen Strukturen, wirklich hinsichtlich seines materiellen Daseins, wie es durch die Empfindung angezeigt wird, und notwendig, sofern es in diesem Dasein nach notwendigen Gesetzen geregelt ist.

Bezüglich des Systems der allgemeinen und notwendigen Gesetze unterscheidet Kant zwei Arten, die sogenannten mathematischen und die sogenannten dynamischen Grundsätze, von denen sich die Ersteren auf die rein formalen, quantifizierbaren anschaulichen Bestimmungen der

Objekte beziehen, die Letzteren auf das empfindungsmäßig gegebene, nicht mehr quantifizierbare Dasein der Objekte und dessen Regelung. Denselben Unterschied versucht er auch bezüglich der Objekte selbst auszudrücken, etwa durch die Unterscheidung von »Wesen« und »Natur«,[99] von denen das erstere das noch unvollständig bestimmte und insofern nur mögliche (niemals existente) Objekt bezeichnet, das letztere das vollständig bestimmte, daseiende Objekt; oder er gebraucht in Bezug auf das Ganze der Objekte die Distinktion von »Welt« und »Natur«,[100] mit der Ersteren »das mathematische Ganze aller Erscheinungen und die Totalität ihrer Synthesis im Großen sowohl als im Kleinen, d. i. sowohl in dem Fortschritt derselben durch Zusammensetzung, als durch Theilung« bezeichnend, mit der Letzteren das dynamische Ganze, das nicht nur »auf die Aggregation im Raume oder der Zeit« geht, »um sie als eine Größe zu Stande zu bringen, sondern auf die Einheit im *Dasein* der Erscheinungen«.[101] Objektivität im Vollsinne, Natur in eigentlicher Bedeutung, ist erst mit dem Gesamtsystem der Grundsätze bzw. Naturgesetze gegeben.

Dieses System ist in zweierlei Hinsicht weiterzuverfolgen, zum einen in Hinsicht auf seine interne Gliederung, zum anderen in Hinsicht auf sein externes Verhältnis.

1. Die durch das System der Grundsätze des reinen Verstandes formulierte Objektivität bildet den allgemeinsten Rahmen, innerhalb dessen jede spezifische Objektivität überhaupt erst möglich wird. Geht es Kant im Grundsatzkapitel der *Kritik der reinen Vernunft* zunächst einmal um das System der Prinzipien von Objektivität, so hat er an anderen Stellen, etwa im Architektonikkapitel, in der Vorrede der *Metaphysischen Anfangsgründe der Naturwissenschaft und im Opus postumum*, eine Einteilung desselben im Auge. Die objektivierte Natur, sofern sie erfahrbar und nicht nur imaginierbar ist, zerfällt danach in eine innere und äußere Natur, letztere hinwiederum in eine anorganische und organische Natur und diese wiederum in eine pflanzliche und tierische usw. Jeder Objektbereich enthält seinen genau festgelegten Merkmalskomplex, sein System spezifischer Bestimmungen, das sich graduell aus dem vorangehenden ergibt. Auf diese Weise entsteht ein Klassifikationssystem nach Gattungen, Arten, Unterarten usw., wie es aus den Begriffspyramiden der Logik oder den Wissenschaftssystemen der Wissenschaftstheorie bekannt ist. Der Aufbau folgt dem Gesetz zunehmender Spezifikation bzw. bei umgekehrter Perspektive zunehmender Generalisation. Je spezieller die Objekte sind, desto inhaltsreicher ist ihr Merkmalskomplex, desto eingeschränkter freilich ihr Geltungsumfang, und je allgemeiner sie sind, desto inhaltsärmer ist ihre Wesensbestimmung, allerdings desto größer und weiter ihr Geltungsumfang.

Die angeführte Einteilung ist nicht mehr *a priori*, unabhängig von aller Erfahrung und ohne Hinblick auf die Gegebenheiten der Natur durchführbar. Was garantiert unter dieser Bedingung den durchgängigen systematischen Zusammenhang der besonderen Gesetze? Ist es nicht ganz zufällig, dass sich die besonderen Gesetze den allgemeinen subordinieren lassen? In der Einleitung zur *Kritik der Urteilskraft*, wo dieses Problem thematisiert wird, heißt es:

>»Allein es sind so mannigfaltige Formen der Natur, gleichsam so viele Modificationen der allgemeinen transscendentalen Naturbegriffe, die durch jene Gesetze, welche der reine Verstand a priori giebt, weil dieselben nur auf die Möglichkeit einer Natur (als Gegenstandes der Sinne) überhaupt gehen, unbestimmt gelassen werden, daß dafür doch auch Gesetze sein müssen, die zwar als empirische nach *unserer* Verstandeseinsicht zufällig sein mögen, die aber doch, wenn sie Gesetze heißen sollen (wie es auch der Begriff einer Natur erfordert), aus einem, wenn gleich uns unbekannten, Princip der Einheit des Mannigfaltigen als nothwendig angesehen werden müssen.«[102]

Die Lösung, die Kant vorschwebt, besteht nicht in einem konstitutiven System, sondern lediglich in einem regulativen. Die reflektierende Urteilskraft, die vom Besonderen zum Allgemeinen innerhalb der Natur aufsteigt, betrachtet die Natur so, »als ob gleichfalls ein Verstand (wenn gleich nicht der unsrige) sie zum Behuf unserer Erkenntnisvermögen, um ein System der Erfahrung nach besonderen Naturgesetzen möglich zu machen, gegeben hätte«.[103] Der Verstand schreibt hier der Natur nicht in einem nomothetischen Akt das System der besonderen empirischen Gesetze vor, sondern reflektiert lediglich auf sie, tut so, als ob er sie dem Bedürfnis seiner Einheit und Systematik gemäß fände. Selbstverständlich kann er auf diese Weise nur eine »Als-ob-Philosophie« begründen. Die Natur zeigt sich formal als zweckmäßig, dem teleologischen Prinzip der Konformität mit unserem subjektiven Systembedürfnis folgend. Diese Zweckmäßigkeit ist aber keine objektive, in der Natur selbst gelegene, sondern eine subjektive Betrachtungsart der Natur, ein heuristisches Prinzip.

2. Nicht nur die interne Systematik, die durchgängige Bestimmung des »Objekts«, sondern auch die externe Integration des Systems in sein Umfeld führt zu methodologischen Überlegungen heuristischer Art. Das System der Grundsätze des reinen Verstandes artikuliert ein in sich geschlossenes System objektiver Bestimmungen und Gesetze. Soll dasselbe immer und überall gelten, wie es der Charakter von Gesetzen verlangt, die einen notwendigen und allgemeinen Geltungsanspruch haben, so müssen sie beliebig und ohne jede Ausnahme applikabel sein. Über jede quantitative Bestimmung des Objekts in Raum und Zeit muss hinausge-

gangen werden können zu einer größeren, d. h. jeder vom Objekt einge-
nommene Raum muss überschreitbar sein zu einem noch umfassenderen, jede Zeit zu einer noch ferneren Zukunft oder Vergangenheit und so
beliebig fort. Jede Teilung des Objekts muss zu kleineren Teilen führen,
ohne an letzte, unteilbare Bestandteile zu stoßen. Zu jeder Ursache muss
sich eine noch frühere Ursache finden lassen und so *in infinitum*.

Das Problem der unendlichen Applikabilität wirft die Frage nach einer
unendlichen Welt auf. Sie ist das Thema der Vernunft im dialektischen
Teil der *Kritik der reinen Vernunft*, wobei die Vernunft das Vermögen ist,
den Gebrauch des Verstandes und seiner Systematik zu regeln. Die aufge-
worfene Frage kann wiederum nicht konstitutiv und definitiv beantwortet
werden, sondern lediglich regulativ, da uns das Universum in seiner Totalität nicht gegeben, sondern nur zu erforschen aufgegeben ist. Wiewohl
das System objektbedingender Gesetze als solches konstitutiv ist, folgt es
in seinem Gebrauch nur regulativen Prinzipien.

Kant kennt bei der Regulierung des Vernunftgebrauchs verschiedene
Maximen je nach dem Interesse der Vernunft. So zielt das Interesse der
theoretischen Vernunft auf größtmöglichen Wissenserwerb und damit
auf unbegrenzte Erweiterung bei gleichzeitiger Wahrung der systematischen Einheit. »Größte Einheit neben der größten Ausbreitung«[104] ist das
Ziel der theoretischen Vernunft. Als *focus imaginarius* (Vorstellungsziel)
dient das Totalitätssystem, das im Unterschied zur bisherigen distributi-
ven Einheit die kollektive Einheit vorzeichnet und den Verstand zu
immer neuen grenzüberschreitenden Forschungen anhält.

Demgegenüber zielt das Interesse der praktischen Vernunft auf Begrenzung des Wissens, um auf diese Weise dem Glauben Platz zu verschaffen. »Ich mußte ...das *Wissen* aufheben, um zum *Glauben* Platz zu
bekommen«, sagt Kant in der Vorrede zur *Kritik der reinen Vernunft*.[105]
Sollen die moralischen Ideen von Freiheit, Unsterblichkeit der Seele und
Gott, die phänomenal nicht zu erweisen sind, überhaupt einen Sinn
haben, so bedürfen sie eines intelligiblen, nur denkbaren, wiewohl nicht
wahrnehmbaren Bereichs zu ihrer Realisation.

Da beide Maximen weder beweisbar noch widerlegbar sind, weil sie die
Erkenntniskompetenz des endlichen menschlichen Geistes überschreiten,
haben sie keine konsumtive, sondern nur eine regulative Funktion; sie enthalten lediglich die Anweisung zum Weitermachen. Vereinen lassen sie
sich derart, dass die Supposition einer intelligiblen Sphäre, die das intelligible Wesen der Naturdinge ausdrückt, dem phänomenalen Bereich und
der ihn bestimmenden Gesetzmäßigkeit keinen Abbruch tut. So können
die Naturerscheinungen einem durchgängigen Determinismus unterliegen, jede Wirkung eine Ursache und diese wiederum eine andere Ursache
haben, und gleichwohl in intelligibler Hinsicht frei genannt werden, d. h.
auf eine spontane, ursprünglich initiierende Handlung zurückgehen.

Fasst man die bisherigen Überlegungen zusammen, so führt Kants Objektbegriff auf ein System genereller wie spezieller Gesetze und Regeln, das die durchgängige Bestimmung des Objekts zum Ausdruck bringt, allerdings so, dass ein Teil der Bestimmungen konstitutiv, ein anderer nur regulativ ist. Es handelt sich um ein im Kern geschlossenes, stabiles, invariantes System, dem der Gedanke der Entwicklung und Evolution von Arten und Gattungen fern liegt, das aber sowohl hinsichtlich seiner Spezifizierung wie seiner universellen Anwendbarkeit offen ist. Kant vergleicht dieses System genereller und spezieller Naturgesetze nicht selten mit einem Gliederbau, der wie alle Organismen zwar innerlich *(per intus susceptionem)*, nicht aber äußerlich *(per appositionern)* wachsen kann. Wie ein tierischer Körper beim Wachsen seiner Glieder deren Proportionen bewahrt, so auch das gegliederte und nicht nur angehäufte Ganze des Wissenschaftssystems.

Mit der Aufnahme der Organismusmetapher und der Identifikation der Natursystematik mit einem organischen Ganzen greift Kant eine alte, im Grunde platonisch-aristotelische Vorstellung wieder auf, jedoch mit dem Unterschied, dass er die Naturgesetzgebung und -Systematik im Gliederbau der Vernunft fundiert. Naturerkenntnis ist für ihn letztlich Vernunfterkenntnis. Die Einsicht in die Natur ist Selbsteinsicht der Vernunft, die sich als ein gegliedertes Ganzes versteht.[106]

d) Systematik und Mathematik

Auch das Verhältnis von philosophischer – metaphysischer – und mathematischer Objektbestimmung wird von Kant nicht ausgespart. In unserem Kontext ist Kants Bewertung dieses Verhältnisses um so aufschlussreicher, als die neuzeitlichen Naturwissenschaften ausschließlich quantifizierbare Objektbestimmungen akzeptieren und alle anderen ausklammern oder auf quantitative reduzieren.

Es dürfte gewiss nicht zufällig sein, dass Kant seine *Metaphysischen Anfangsgründe der Naturwissenschaft* von 1786 genau 100 Jahre nach dem Erscheinen von Newtons *Philosophiae naturalis principia mathematica* (1687) veröffentlicht hat, um damit nicht nur seine Bewunderung für Newton, sondern auch seine Kritik zum Ausdruck zu bringen. Während Newton wie selbstverständlich von einer mathematischen Grundlegung der Naturwissenschaft ausgeht, anerkennt Kant, tieferdringend, nur eine philosophische, die die mathematische fundiert. Für ihn besteht eine Präferenz der Philosophie vor der Mathematik. In dieser Einstellung unterscheidet er sich nicht wesentlich von Platon, der in der *Politeia* anhand des Liniengleichnisses der Ideenerkenntnis einen Primat vor der mathematischen Erkenntnis einräumt und denselben damit begründet, dass die mathematische Erkenntnis als axiomatische stets von einer bestimmten Anzahl von Axiomen ausgeht, die innerhalb ihrer für gewiss und sicher gehalten und nicht mehr hinterfragt werden, von einer tieferdringenden Fragestellung wie der philosophischen aus aber hinterfragt und auf höhere und allgemeinere Sätze reduziert werden müssen, und zwar so lange, bis ein absoluter Grund erreicht ist. Auch wenn es zwischen Platon und Kant bezüglich der Leistung der auf die Sinnenwelt angewandten Mathematik erhebliche Differenzen gibt, insofern für den einen diese Erkenntnisse nur approximativ gültig sind, für den anderen exakt und präzise, so besteht in dem ersteren Punkt prinzipieller Konsens.

Für den Primat der Philosophie gegenüber der Mathematik sprechen zwei Gründe: Zum einen versteht Kant unter mathematischer Erkenntnis die Konstruktion von Begriffen in der Anschauung,[107] mag es sich um geometrische oder arithmetische Erkenntnisse handeln. Nicht nur im ersteren Falle werden Konstruktionen in Raum und Zeit vorgenommen, indem beispielsweise zum Erweis des Satzes von der Winkelsumme eines Dreiecks innerhalb der ebenen Geometrie die eine Dreiecksseite verlängert wird, so dass ein Innen- und ein Außenwinkel entstehen, durch den Schnittpunkt eine Parallele zur anderen Dreiecksseite gezogen wird, womit Parallel- und Wechselwinkel auftreten, deren Addition der Summe der Innenwinkel des Dreiecks entspricht; auch im letzteren Falle sind die arithmetischen Operationen unter Verwendung der Anschauung durchzuführen. Denn der Additions- und Subtraktionsvorgang, die Grundoperationen der Arithmetik, gehen als Hinzufügung einer Einheit zur anderen bzw. als Wegnahme einer Einheit von der anderen auf den sukzessiven Prozess des Fingerabzählens oder idealtypisch auf den des Punkteabzählens zurück. Konstruktion ist grundsätzlich die Ausführung einer im Begriff gelegenen Konstruktionsanweisung, sofern dieser Begriff als eine bestimmte Weise der Synthetisierung einer Mannigfaltigkeit zur Einheit verstanden wird. Die Konstruktion in der Anschauung, sei es in der reinen oder empirischen, setzt damit die zu konstruierenden Begriffe voraus, und diese, für sich genommen, sind Gegenstand der philosophisch-diskursiven Erkenntnis.

Der zweite Grund besteht darin, dass mathematisch konstruierbare Verhältnisse in Raum und Zeit nur dann als objektive Bestimmungen gelten können, zudem als erweiternde, wenn die Gegenstände, denen sie zukommen, bereits konstituiert sind. Die Objektkonstitution aber erfolgt durch das Kategoriensystem, wie es in der metaphysischen Deduktion erschlossen und in der transzendentalen auf Anschauung bezogen wird. Zum Objekt im Vollsinne gehört nicht nur die formale, rein anschauliche räumlichzeitliche Beschaffenheit, wie sie in den sogenannten mathematischen Grundsätzen artikuliert wird, sondern auch und gerade das mögliche Dasein der Gegenstände, wie es in den sogenannten dynamischen Grundsätzen ausgesprochen wird. Nur innerhalb dieses Gesamtsystems objektkonstituierender Bedingungen hat die Mathematik ihren systematischen Ort und ist ihr die Applikation auf reale Objekte garantiert. Nur auf der Basis des Systems begrifflicher Objektbestimmungen und in ihrem Rahmen ist die Anwendung der Mathematik sinnvoll und zulässig.

Trotz oder gerade wegen dieses Verhältnisses spielt die Mathematik in den Naturwissenschaften eine nicht zu unterschätzende Rolle. Bekannt ist Kants These aus der Vorrede der *Metaphysischen Anfangsgründe der Naturwissenschaft*, »dass in jeder besonderen Naturlehre nur so viel *eigentliche* Wissenschaft angetroffen werden könne, als darin *Mathematik* anzutreffen ist«.[108] Der Mathematik wird hier eine fundamentale Rolle im Rahmen wissenschaftlicher Erkenntnis zugesprochen. Im Kontext des bisher Erörterten wie auch im Blick auf Kants eigene argumentative Begründung kann dies nur so viel heißen, dass jeder besondere Objektbereich einer bestimmten naturwissenschaftlichen Disziplin ein ganz spezifisches System begrifflicher Konstituenten verlangt, in dessen Rahmen mathematische Konstruktionen möglich sind, die wegen ihres Anschauungsbezugs objektive Realität verheißen. Soweit im abgesteckten Begriffsrahmen mathematische Konstruktionen möglich sind, d. h. Anwendung der Begriffe auf Anschauung, so weit gibt es stringente apriorische Objekterkenntnis.

Die These artikuliert zugleich die Kriterien für den Ausschluss nicht streng wissenschaftlicher Erkenntnis. So kann z. B. die Psychologie als Wissenschaft von der inneren Natur, der Seele und ihren Zuständen, nicht eigentlich als Wissenschaft gelten, da sich ihre streng mathematischen Erkenntnisse zu denen der Physik als Wissenschaft von der äußeren Natur, der Materie, wie die Erkenntnisse einer Linie zur gesamten Geometrie verhalten. Während die anschauliche Grundlage der Physik Raum und Zeit und deren Verbindung zu Bewegung sind, stellt die entsprechende anschauliche Grundlage der Psychologie allein die eindimensionale Zeit dar, bezüglich deren Ablaufs nichts weiter *a priori* konstruierbar ist als das Gesetz der Stetigkeit in der Sukzession der Erscheinungen. Und auch die Chemie kann nicht als Wissenschaft akzeptiert werden, da sich die chemischen Wirkungen der Materien aufeinander nicht mathematisch konstruieren lassen, etwa im Sinne eines Gesetzes der Annäherung oder Entfernung ihrer Teile, vielleicht noch unter Berücksichtigung von deren Dichte usw. Mag diese Ansicht auch für die Chemie zu Kants Zeit gelten, nicht mehr jedoch für die heutige. Diese hat sich vielmehr in ihren Grundlagen derart der Physik angenähert, dass beide einen gemeinsamen Grundlagenbereich mit denselben quantitativen Methoden haben.

e) Systemkritik

Kants Ausführungen entlassen uns mit einer Reihe von Fragen. Diese waren es denn auch, die in der weiteren, über Kant hinausgehenden Entwicklung teils aus philosophisch-wissenschaftstheoretischer, teils aus physikalischer, teils aus psychologischer Sicht das kantische System in Misskredit brachten und entweder Versuche zu seiner Rettung durch Abwandlung von Theoremen hervorriefen oder zu seiner gänzlichen Ablehnung führten. Zu den kritischen Fragen gehört einmal die nach der Verbindlichkeit und Plausibilität des Systems, sowohl des Systems der Urteilsformen wie desjenigen der Kategorien wie auch desjenigen der Grundsätze. Wie lässt sich gerade diese Zahl von Formen rechtfertigen, wie diese bestimmten Arten der Verbindung und wie gerade diese Einteilung?

Der Vorwurf der Willkür und Kontingenz, den Kant gegen seine philosophischen Vorgänger, vorab Aristoteles, erhebt, wenn er diesem eine nur rhapsodische Aufsammlung ohne hinreichendes Deduktionsprinzip vorwirft,[109] fällt auf ihn selbst zurück; denn nirgends hat Kant einen Vollständigkeits- und Exhaustitionsbeweis erbracht, vielmehr konzediert er selbst:

>»Von der Eigenthümlichkeit unsers Verstandes aber, nur
> vermittelst der Kategorien und nur gerade durch diese Art
> und Zahl derselben Einheit der Apperception a priori zu
> Stande zu bringen, läßt sich eben so wenig ferner ein
> Grund angeben, als warum wir gerade diese und keine an-
> dere Functionen zu Urtheilen haben, oder warum Zeit und
> Raum die einzigen Formen unserer möglichen Anschauung
> sind.«[110]

Schon Kants unmittelbare Nachfolger konstatierten dieses Defizit und versuchten, es zu beheben: Fichte in seiner *Grundlage der gesamten Wissenschaftslehre* von 1794 dadurch, dass er mit der transzendentalen Deduktion der Kategorien zugleich eine metaphysische verband, d. h. mit der Legitimation des Geltungsanspruchs der Kategorien eine Herleitung ihrer Systematik; oder Hegel in der *Wissenschaft der Logik* und in der *Enzyklopädie*, indem er in Form einer Selbstexplikation des selbstreferentiellen Geistes eine stringente Gedankenentwicklung vorzunehmen suchte. Ob die Durchführung dieses Programms gelungen ist, muss bezweifelt werden, da Hegel bereits in den Anmerkungen zum Haupttext und in den verschiedenen Ausgaben seiner Schriften mit den verschiedenartigsten Kombinationen gespielt und nicht nur eine Umdisposition der Kategorien, sondern auch eine Erweiterung derselben vorgenommen hat. Von den Kant-Interpreten hat Klaus Reich[111] unter Heranziehung unpublizierter Notizen Kants, insbesondere Reflexionen, den Versuch unternommen, das System in seiner vorliegenden Form aus dem Selbstbewusstsein zu deduzieren, wobei er von den Relationskategorien als den basalen ausgeht.

Es mag nicht wenig erstaunen, dass das Kategoriensystem in seinen Grundzügen trotz aller Erweiterung, Reduktion oder Modifikation, die es in der Geschichte der abendländischen Philosophie erfahren hat, eine gewisse Konstanz bewahrt hat. Die ersten kategorialen Aufstellungen bei den Pythagoreern und Eleaten zeigen antithetische Begriffspaare wie:

1) Grenze und Unbegrenztes
2) Ungerades und Gerades
3) Einheit und Vielheit (Menge)
4) Rechtes und Linkes
5) Männliches und Weibliches
6) Ruhendes und Bewegtes
7) Gerades und Krummes
8) Licht und Finsternis
9) Gutes und Böses
10) gleichseitiges und ungleichseitiges Viereck,[112]

wobei bereits Grundbegriffe auftreten, die auch später wiederkehren. Platons im zweiten Teil des *Parmeniáes*-Dialogs ständig repetiertes System von Genera mit der Grundeinteilung in quantitative, qualitative, zeitlich relationale und modale Bestimmungen und den weiteren Unterteilungen in Einheit und Vielheit, Ganzes und Teil, Identität und Differenz, Ähnlichkeit und Unähnlichkeit, Gleichheit und Ungleichheit, Bewegung und Ruhe, Früher, Später und Zugleichsein, Erkenntnis (Wahrnehmung, Denken) und Sein, zeigt in der quantitativen, qualitativen, relationalen und modalen Grundeinteilung bereits eine auffallende Analogie zu dem kantischen Kategoriensystem, worauf bereits Paul Natorp[113] hingewiesen hat. Und auch wenn Hegel in seiner Kategorienabfolge Quantität und Qualität vertauscht und eine Anzahl neuer Kategorien einführt, die das System fast bis zur Unkenntlichkeit verstellen, oder Nicolai Hartmann eine neue Kategoriendeduktion versucht, so liegt doch auch diesen Systemen das kantische Gerüst zugrunde. Gleichwohl ist es bis heute nicht gelungen, die Notwendigkeit der kategorialen Formen zu begründen oder auch nur plausibel zu machen.

Außerdem hat die faktische Entwicklung der Physik seit Kant zur Infragestellung eines Teils seines Systems der Grundsätze geführt. Im Begriffsrahmen der Relativitätstheorie ist der Satz von der ubiquitären Gleichzeitigkeit, der für die klassische Physik gilt und auf dem Gesetz der Wechselwirkung beruht, nicht länger haltbar. Ebenso ist die Annahme eines durchgängigen Determinismus, dem das Kausalgesetz zugrunde liegt, nicht länger aufrechtzuerhalten. Die Quantentheorie schließlich bestreitet das Substanz-Akzidens-Modell und mit ihm das kantische Objektschema. Sie kann nicht länger mehr, wie die klassische newtonische Physik, von einem durchgängig bestimmten Objekt mit einer einzigen, einheitlichen Substanz und einer Vielzahl ihr zukommender Prädikate ausgehen, sondern nur von der Komplementarität heterogener Bestimmungen wie Teilchen und Welle. Und ob das Gesetz der durchgängigen Kontinuität der Extension noch Gültigkeit hat, lässt sich angesichts der Möglichkeit kleinster Längen bezweifeln.

Darüber hinaus hat die Grundlagenkrise der Logik und Mathematik zu Ende des letzten, zu Beginn dieses Jahrhunderts zu einer tiefgreifenden Erschütterung der begrifflichen wie anschaulichen Fundamente der kantischen Philosophie geführt. War zu Kants Zeit nur die euklidische Geometrie bekannt und waren andere Raumvorstellungen allenfalls denkbar,[114] so traten mit der Entwicklung der riemannschen Geometrie und ihres Kugelraumes andere Raummodelle und Geometrien als konkrete Möglichkeiten auf. In der Logik ließ sich die zweiwertige klassische Logik nicht länger halten; sie wurde durch eine Vielzahl anderer Logiktypen ersetzt, worunter die mehrwertige Zeitlogik eine noch nicht abzuschätzende Bedeutung für die Physik hat.[115]

Die Infragestellung soll an einem Beispiel, dem Substanzmodell, demonstriert werden.[116]

Empirische Beobachtungen im atomaren Bereich und ihre theoretische Ausdeutung in der Quantentheorie führten zu der Einsicht, dass im Beobachtungs- und Experimentalprozess die empirisch-physikalischen Bedingungen, die von der klassischen Mechanik vernachlässigt oder gar ignoriert worden waren, nicht länger unterschlagen werden dürfen. Ähnlich wie im makrokosmischen Bereich nach der speziellen Relativitätstheorie die endliche Ausbreitung des Lichts bei der Messung bewegter Systeme von hoher Geschwindigkeit nicht außer Acht gelassen werden darf, so darf auch im mikrokosmischen Bereich bei der Messung atomarer Systeme die Wechselwirkung zwischen Messinstrument und Objekt nicht länger unbeachtet bleiben. Theoretisch ergibt sich daraus die Konsequenz, dass eben dieselbe Theorie, die zur Beschreibung des durch das Experiment eröffneten Naturgeschehens dient, auch auf den Experimentalvorgang selbst und die darin verwendeten Messinstrumente anwendbar sein muss, um die innere Konsistenz der Theorie zu wahren. Denn die Messgeräte unterliegen denselben physikalischen Gesetzen wie das durch sie Gemessene und müssen daher nach derselben Theorie beschrieben werden können. Diese Theorie ist die der Quantenmechanik, die davon ausgeht, dass alle Materie aus Elementarteilchen besteht und dass auch das elektromagnetische Strahlungsfeld eine quantenhafte Natur aufweist. Demzufolge hat man hier mit dem gleichzeitigen Vorliegen von Wellen- bzw. Feld- und Quantennatur zu rechnen. Die theoretischen Konsequenzen aus diesen Überlegungen haben zu einem radikalen Umdenken und zur Suspendierung des traditionellen Substanzbegriffs, des durchgängig bestimmten Objekts der klassischen Mechanik, geführt.

In der klassischen und relativistischen Mechanik wird die Substanz durch die Gesamtheit der ihr zukommenden Eigenschaften bestimmt und diese durch den Zustandsvektor symbolisiert. Die Kenntnis desselben gestattet, die zeitlichen Veränderungen sämtlicher Eigenschaften exakt vorauszusagen. Dabei ist es nicht erforderlich, alle Eigenschaften –

im Prinzip unendlich viele – zu kennen, sondern es genügt bereits die Angabe des Ortes x und des Impulses p bzw. eines beliebigen anderen Paares kanonisch konjugierter Variabler. Ihre zeitlichen Veränderungen werden durch die Hamiltonschen Gleichungen expliziert. Strenggenommen hat der Zustand der Substanz nur dann einen physikalischen Sinn, wenn er experimentell ermittelt wird. Die faktische Ermittlung spielt jedoch in der klassischen Mechanik keine Rolle, da ideale Bedingungen im Messprozess unterstellt werden, die eine beliebige Steigerung der Genauigkeit zulassen. Dies ändert sich mit den Untersuchungen im atomaren Bereich, bei denen die empirisch experimentellen Bedingungen für den Ausfall des Experiments nicht länger vernachlässigt werden dürfen.

Bei der Messung atomarer Systeme, die Gegenstand der Quantenmechanik sind, unterscheidet man zwischen kommensurablen, objektivierbaren Eigenschaften im traditionellen Sinne, die sich ohne Schwierigkeit einer Substanz zuordnen lassen, wie beispielsweise Ruhemasse, Ladung, Spin, und solchen, die sich nicht mehr auf eine gemeinsame Substanz beziehen lassen. Während die Ersteren bei der Feststellung im Messprozess die Substanz unverändert lassen, so dass ihre Kenntnisnahme lediglich einen Wechsel im Zustand des Subjekts anzeigt, nämlich den Übergang von Nichtwissen zu Wissen, ändert die Kenntnisnahme der Letzteren die Substanz aufgrund der im Messprozess stattfindenden irreversiblen Wechselwirkung zwischen Messendem und Gemessenem, so daß hier nicht mehr von einer von Beobachtung und Experiment independenten An-sich-Existenz der Eigenschaften an einer einzigen Substanz gesprochen werden kann, sondern nur noch von einer beobachteten Substanz mit dieser und einer beobachteten Substanz mit jener Eigenschaft. Man hat es hier mit zwei wohldefinierten Phänomenen zu tun anstatt, wie im vorigen Falle, mit einer einzigen Substanz und ihr gleichzeitig zukommenden Akzidenzien.

Will man beispielsweise Ort und Impuls eines Elektrons unter einem Mikroskop mit Licht (einem Gammastrahl) messen, so ist sowohl der Wellen- wie der Quantennatur des Lichts Rechnung zu tragen. Gemäß der Wellentheorie weist das Licht Wellennatur auf, stellt also ein Wellenpaket mit einer bestimmten Wellenlänge λ oder Frequenz υ dar. Im Rahmen der Wellentheorie des Lichts ergibt sich dann bei der Ortsbestimmung des Elektrons bei einem Beobachtungswinkel ε eine unscharfe Ortsbestimmung in x-Richtung von

$$\Delta x \sim \frac{\lambda}{\sin \varepsilon}.$$

Je kleiner die Wellenlänge des auf kleinstem Raum zusammengedrängten Wellenpakets ist, desto schärfer fällt die Ortsangabe aus, je größer sie ist, desto unschärfer fällt die letztere aus.

Da nun das Licht nicht nur gemäß der Wellentheorie als Welle zu interpretieren ist, sondern auch gemäß der Quantentheorie als Teilchen, das einen bestimmten Impuls bzw. eine bestimmte Energie hat, so ist damit zu rechnen, dass bei der Ortsmessung das Elektron durch das Photon einen Rückstoß erfährt, den sogenannten Compton-Rückstoß, dessen Richtung nicht genau bekannt ist, da die Richtung des Photons innerhalb des Einfallswinkels variieren kann. Je größer der Rückstoß bei kleiner Wellenlänge oder hoher Frequenz ist, die für eine möglichst genaue Ortsbestimmung erfordert wird, desto ungenauer ist die Impulsangabe. Zur exakten Impulsbestimmung bedarf es daher eines zweiten Versuchs, nun mit einer möglichst großen Wellenlänge oder niedrigen Frequenz, die dann allerdings eine ungenaue Ortsangabe zur Folge hat.

Diese Zusammenhänge hat Heisenberg 1927 in der nach ihm benannten Unschärfe- oder Unbestimmtheitsrelation artikuliert. Sie besagt, dass je genauer die Ortsmessung ausfällt, desto ungenauer die Impulsmessung, und umgekehrt je genauer die Impulsmessung, desto ungenauer die Ortsmessung.

Welche theoretischen Konsequenzen resultieren hieraus? Beruht die Unmöglichkeit einer gleichzeitig exakten Angabe von Ort und Impuls nur auf Schwierigkeiten der subjektiven Kenntnisnahme im experimentellen Vorgang, und existieren beide Eigenschaften objektiv als verborgene Parameter an der einen Substanz, oder ist der klassische Substanzbegriff zu revidieren? Die Quantentheorie hat sich für die letztere Alternative entschieden und auf eine gleichzeitige Objektivierbarkeit beliebiger Eigenschaften, d. h. eine gleichzeitige Referenz von Eigenschaften auf eine einzige Substanz, verzichtet und statt dessen den Gedanken der Komplementarität eingeführt.

Dies widerspricht entschieden der herkömmlichen Substanzvorstellung, wonach Substanz ein Beharrliches im Wechsel der Erscheinungen ist, das als Referent von Eigenschaften fungiert, welche nach dem Grundsatz der durchgängigen Bestimmung der Substanz prinzipiell gleichzeitig und ohne jede Veränderung derselben zukommen und ebenso festgestellt werden können. Das Gesetz der durchgängigen Bestimmung besagt nämlich, dass von allen möglichen kontradiktorischen Prädikaten entweder das eine oder das andere der Substanz zukommt. Die unendliche Verschiedenheit der Substanzen ergibt sich vor dem Hintergrund der Idee einer *omnitudo realitatis*, d. h. der Vorstellung von der Gesamtheit des Seienden, indem durch kontinuierliche, graduelle Einschränkung der Seinsprädikate die Menge individueller Substanzen als je verschiedenartige Totalitätssysteme ableitbar gedacht wird. Die Existenz der Eigenschaften und ihre Kenntnisnahme stehen hier in keinem problematischen Verhältnis zueinander.

Nun könnte man versucht sein, die Unschärfe im atomaren Bereich, nämlich die Unmöglichkeit gleichzeitig exakter Bestimmung der Eigenschaften, als eine Zustandsstörung zu betrachten, die das Messinstrument auf das beobachtete Objekt ausübt, und man könnte den Fehler experimentell oder rechnerisch eliminieren wollen. Dies aber ist unmöglich, weil jede Feststellung letztlich nicht auf einer intellektuellen Registrierung, sondern auf einer empirischen Messung basiert und hierbei empirische Bedingungen eine Rolle spielen, die wegen ihrer Kleinheit und geringen Wirkung zwar in bestimmten Bereichen vernachlässigt werden dürfen, aber nicht in allen. Um den Rückstoß, den das beobachtete Objekt durch das Messinstrument erfährt, auszuschalten, müsste er gemessen werden, was nur durch ein zweites Messinstrument geschehen könnte, das wieder aus Materie und Strahlung bestünde und damit dasselbe Problem aufwürfe. Auf diese Weise lässt sich das Problem nicht beheben, nur verschieben.

Auch logische Gründe vereiteln die Elimination des angeblichen Fehlers. Nimmt man an, dass eine Eigenschaft objektivierbar sei, und fasst man wahrscheinlichkeitstheoretisch die Wahrscheinlichkeit ihres Auftritts als Maß für die Kenntnis, die das Subjekt von dem zu erwartenden Zustand des Systems hat, so folgt nach der klassischen Wahrscheinlichkeitstheorie, dass neue Informationen die Wahrscheinlichkeit vergrößern oder verringern. Nach der Quantentheorie, insbesondere der Theorie des Messprozesses, ändert sich mit der Gewinnung neuer Informationen nicht nur die Wahrscheinlichkeit für die erwartete Eigenschaft, die inzwischen in Gewissheit übergegangen sein kann, sondern auch die Wahrscheinlichkeit aller anderen Eigenschaften, insbesondere der schon bekannten. Hieraus resultiert das zumindest für die klassische Logik paradoxe Phänomen, dass erworbene Kenntnisse unter Umständen wieder verloren gehen und falsch werden können.

Die Paradoxie schwindet sofort, wenn man bedenkt, dass das Wissen nicht auf schlichter Kenntnisnahme, sondern auf modifizierender Messung basiert. Das Wissen bezieht sich jeweils auf eine Situation nach dem Messprozess, nicht auf eine *vor* ihm, so dass Eigenschaften, die das System vormals besaß, zu einem späteren Zeitpunkt schon nicht mehr existieren können. Existenz und Kenntnisnahme der Eigenschaften lassen sich hier nicht voneinander trennen. Dieser Umstand hat zur Folge, dass das Vorliegen einer Eigenschaft vor dem eigentlichen Messprozess objektiv unentschieden ist und nicht nur als wahrscheinlich im Sinne eines subjektiven Unwissens interpretiert werden darf.

Die Frage, ob die Kritik am traditionellen Substanzbegriff, wie er der klassischen Mechanik zugrunde liegt, auch Kant trifft, bedarf einer subtileren Beantwortung. Zwar ist auch Kants Substanzvorstellung prinzipiell an dem durchgängig bestimmten Substanzmodell der klassischen Physik orientiert, doch unterscheidet Kant grundsätzlich zwischen dem allgemeinen, konstitutiven apriorischen Rahmen und dessen kontingenter

Ausfüllung, die nur regulativen Charakter hat. Kants Substanzsatz artikuliert als Grundsatz lediglich die Rahmenbedingungen jeder möglichen Substanz. Er besagt nur, dass es irgendein Einheitsprinzip geben müsse, das sich im Wechsel der Phänomene konstant erhält und in bezug auf das die Veränderung der Phänomene allein konstatierbar ist, genauso wie die Konstatierung des Fließens eines Flusses qua Fließens ein invariantes Bezugssystem voraussetzt, respektive dessen das Fließen überhaupt feststellbar ist; denn solange man sich gleichförmig mit dem Fluss fortbewegt, ist das Fließen nicht feststellbar. Was aber dieses einheitliche, konstante Prinzip sein soll, darüber wird nichts ausgesagt. Die Festlegung des Repräsentanten bleibt *a priori* unbestimmt und nur *a posteriori* ausmachbar.

Sah die aristotelische Physik als letztes Substrat die *hýlē* oder *materia prima* an, so die atomistische der Neuzeit die Atome oder gar deren Bestandteile: Protonen, Neutronen, Elektronen, Quarks usw. Was jeweils als letzter Träger gilt, dependiert vom Stand der empirischen Physik. So erweist sich Kants Substanzschema, wiewohl es konstitutiv ist, nur als regulatives Prinzip für die Suche nach einem adäquaten Repräsentanten.

Würde man auch auf diesen allgemeinen Rahmen verzichten, so ließe sich die Möglichkeit von Übergang und Verbindung überhaupt nicht mehr erklären. Das von Kant in der *Kritik der reinen Vernunft* in der »Ersten Analogie der Erfahrung« angeführte Beispiel, dass das Quantum einer Substanz, beispielsweise das bestimmte Quantum Holz, auch nach seiner Verbrennung in Rauch und Asche dasselbe bleibt, folglich die Substanz, was immer diese sein mag, sich durchhält, lässt sich *mutatis mutandis* auch auf die Quantentheorie übertragen. Hätten die komplementäre Orts- und Impulsangabe, die auf zwei verschiedene beobachtbare Phänomene weisen, keinerlei Beziehung aufeinander, so wäre nicht einmal der Gedanke der Komplementarität möglich. Die Welt zerfiele in eine Pluralität, aber so, dass die Disparatheit der Bestandteile keinen Übergang von einem zum anderen gestattete. Da man sich immer nur in einem von ihnen befände, wüsste man nicht einmal von dem anderen, geschweige denn von einer Pluralität.

So setzt selbst der Gedanke von Komplementarität, Pluralität, Disparatheit usw. den Gedanken eines letzten gemeinsamen Horizonts voraus; und nichts anderes formuliert das kantische Substanzprinzip, das nur als Regulativ für die konkrete, stets empirisch und vorläufig bleibende Suche nach einem Repräsentanten fungiert. Die quantentheoretische Kritik trifft zwar bestimmte Substanzen in bestimmten Bereichen, nicht aber den Gedanken von Substantialität schlechthin im Sinne eines konstanten, invarianten Bezugssystems gegenüber dem Wechsel der Erscheinungen.

FÜNFTER TEIL

Modernes Naturverständnis

1. Technokratisches Zeitalter

Die Analyse der kantischen Experimentalmethode und Systematik ist geeignet, zwei fundamentale Fragestellungen freizulegen, die für die weitere Wissenschafts- und Technikentwicklung von entscheidender Bedeutung sind und als Direktiven betrachtet werden können. Die eine betrifft das Verhältnis von mechanistischer zu organizistischer Ansicht, die andere das Verhältnis von theoretischem System zu realer Natur (von subjektivem zu objektivem System) sowie, damit zusammenhängend, den formalen Systemtyp. Beide Problemkomplexe sind nicht Kant-spezifisch, sondern von prinzipieller Art, so dass die Bezugnahme auf Kant hier nur zum Ausgangspunkt dient.

1. Kants Absicht war es gewesen, die newtonische Physik zu begründen und sie in den generellen Rahmen der menschlichen Erkenntnisbedingungen bezüglich der Natur einzuordnen. Zu diesem Zweck musste sie ihren genauen systematischen Ort innerhalb der allgemeinen Metaphysik der Natur erhalten, die die grundsätzlichen Weisen der Naturerkenntnis artikuliert. Hier ergab sich nun ein Widerspruch. Die newtonische Physik ist Mechanik und hat, sofern sie mit dem Anspruch auf universelle Naturerklärung auftritt, das mechanistische Naturverständnis zur Folge, das die Natur mit einer Maschine identifiziert und aus einzelnen, isolierten, inerten Teilen aufgebaut denkt, welche durch innere wie äußere Kräfte zusammengehalten werden, wobei insbesondere die letzteren, Druck und Stoß, eine Rolle spielen. Das dominante Prinzip dieser Physik ist das der Kausalität, der einseitigen wie wechselseitigen.

Im Gegensatz dazu beschreibt Kant die Vernunft als System menschlicher Erkenntnisbedingungen organologisch. Wiederholt bezeichnet er sie als Gliederbau in Analogie zu tierischen Organismen und sagt von ihr, dass sie nicht *per appositionem*, also durch bloße Akkumulation, sondern nur *per intussusceptionem*, d. h. in Proportion ihrer Glieder, wachsen könne.[1] Ihre Struktur wird im Architektonikkapitel teleologisch interpretiert als ein Ganzes aus Teilen, bei dem der Plan vom Ganzen den Teilen vorhergeht, deren Umfang, Stellung und Verhältnis zueinander bestimmt, damit sie zu einem gemeinsamen Zweck, nämlich der Einheit des Ganzen, zusammenwirken. Wie bei Organismen ist es auch hier die Selbstzuwendung und Selbstbeziehung, kraft deren sich die Vernunft erfasst und als autonomes Gebilde erhält.

Da beide Erklärungsweisen Anspruch auf Vollständigkeit machen, erhebt sich die Frage nach dem Verhältnis von Mechanismus und Organizismus. Mechanistisches versus organizistisches Weltbild oder umgekehrt – hierauf spitzt sich das Problem zu.

In diesem Kontext ist daran zu erinnern, dass Mechanismus und Organizismus sich nicht von vornherein ausschließen. Das bewies die Chalcidius-Übersetzung des platonischen *Timaios*,[2] in der der *machina*-Begriff zur Beschreibung des Kosmos[3] diente, der bei Platon das wohlgeordnete Ganze meinte und mit dem *zôon horatón*[4] identifiziert wurde. Die Vorstellung von einer toten, geistlosen Maschine lag dem frühen Denken fern und gehört erst der neuzeitlichen Sichtweise an.

Dass auch Kant ähnlich wie seine Vorgänger die Maschinenvorstellung in enge Beziehung zur Organismusvorstellung setzt, beweist die Tatsache, dass er pflanzliche, tierische und menschliche Organismen analog zu Kunstprodukten, insbesondere zum Uhrwerk, beschreibt. Ihre Anordnung und Funktionsweise können wir uns nicht anders verständlich machen als in Analogie zu Artefakten. Wie ein Handwerker oder Künstler eine Maschine nach einem vorgängigen Plan anfertigt, alle Teile – Räder, Federn, Drähte usw. – entsprechend dem Plan arrangiert, so hat auch Gott bei der Erschaffung der Welt die Organismen nach einem vorgängigen Plan konzipiert und erschaffen. Wenngleich der Finalismus bei Kant nur als regulativer, nicht als konstitutiver auftritt, nur ein Verstehens-, nicht ein Erklärungsprinzip ist, wenngleich Kant es entschieden ablehnt, ein Newton des Grashalms zu werden, weil sich Aufbau und Funktion eines organischen Körpers nicht ebenso a priori einsehen lassen wie die eines physikalischen, bleibt keine andere Möglichkeit, sich Anlage und Funktion des Organismus plausibel zu machen, als in Analogie zu künstlichen Produkten. Nicht im begrifflichen Konzept als solchem besteht die Differenz zwischen Maschine und Organismus, sondern in der Art und Weise ihrer Produktion, die im Falle der Artefakten eine äußere Ursache ist, im Falle der Organismen eine innere, genuine. Unter Verwendung einer modernen, von Humberto R. Maturana[5] stammenden Terminologie lässt sich hier von »allopoietischen« und »autopoietischen« Maschinen sprechen.

Weit entfernt, dass zwischen künstlicher Maschine und natürlichem Organismus eine unüberwindliche Kluft bestünde, sind beide vielmehr konzeptuell identisch, zumindest insoweit, als sie unter Zugrundelegung des Verhältnisses von Teil und Ganzem vom Primat des Ganzen ausgehen. Sowenig der Organismus ein zusammengestücktes Ganzes ist, sowenig ist es auch die Maschine: Auch sie ist keineswegs eine bloß nachträgliche Zusammenfügung ursprünglich getrennter Teile, d. h. ein bloßes Aggregat, sondern basiert auf einem Bauplan, der die Zusammensetzung der Teile leitet und bei dessen Störung oder gar Zerstörung z. B. durch Hinzufügung nicht vorgesehener Teile oder Wegnahme vorgesehener das Ganze zunichte wird, zumindest Schaden erleidet. Die Maschine ist ebenso wie der autarke, suisuffiziente Organismus ein eigenständiges Gebilde – nicht zufällig wird sie »Automat« genannt nach dem griechischen *autómatos* –, nur mit dem Unterschied, dass ihre Herstellung, Inbetriebnahme und Instandhaltung einer Fremdursache bedarf, während der Organismus dies selbst zu leisten vermag.

Die Einsicht, dass Maschinen und Organismen hinsichtlich ihres begrifflichen Konzepts nicht wesentlich differieren, nur in der Art und Weise seiner Realisation, hat die moderne Wissenschaft und Technik vor die Aufgabe gestellt, diese Differenz zu überwinden. Ziel ist es, durch künstliche Verfahrensweisen die Natur in ihren organischen Produkten, Vorgängen und Leistungen, kurzum, in allen Erscheinungen, die wir als Leben bezeichnen und der lebendigen Natur zusprechen, zu imitieren. Zwar ist es das Bestreben der Technik seit ihren Anfängen im vorwissenschaftlichen, magisch-mythischen Zeitalter, durch Erfindung künstlicher Gerätschaften oder durch planvollen Einsatz von natürlichen wie künstlichen Mitteln die Natur zu imitieren, zu überbieten und zu überlisten, zwar hat gerade die auf dem Cartesianismus basierende Automatentheorie, die den menschlichen und tierischen Organismus mit einem Automaten vergleicht, die Vorstellung vom künstlichen Menschen, vom Homunkulus oder Retortenbaby und seiner künstlichen Produktion im Reagenzglas wachgerufen, aber erst die Technikentwicklung dieses Jahrhunderts, insbesondere der letzten Jahrzehnte, hat die Erfüllung dieses Menschheitstraums ein großes Stück vorangebracht.

Auf dem Wege der Substitution der Natur durch Kunst und Technik lassen sich verschiedene Stufen unterscheiden: a) die Ersetzung *anorganischer* Naturprodukte und *rein physikalischer* Vorgänge durch Kunststoffe und künstliche Prozesse, b) die Ersetzung *organischer* Naturprodukte und -Vorgänge durch künstliche Apparate und künstliche Abläufe, wobei hier wiederum zwei Möglichkeiten denkbar sind, zum einen *Eingriffe* und *Manipulationen* am *lebendigen biologischen* Material, also unter Beibehaltung der Autonomie des natürlichen Organismus wie in der Gentechnologie, zum anderen durch *totale Imitation* und *Substitution* wie bei Kühlschränken, Waschmaschinen, Rechenmaschinen, Computern, Robotern usw., die verschiedene menschliche und tierische Leistungen – manuelle wie intellektuelle – nachahmen. Eine Leistungssteigerung und Perfektionierung der Natur, die über deren grundsätzliche Möglichkeiten hinausgeht, kann darin durchaus eingeschlossen sein. Ein Ende dieser Entwicklung ist nicht abzusehen. Die Entstehung einer Reihe neuer Wissenschaftsdisziplinen in diesem Jahrhundert, der Kybernetik, Informatik, Spieltheorie usw., sowie die rasanten Fortschritte innerhalb ihrer geben Anlass zu der Vermutung, dass wir uns einer totalen Technisierung der Natur nähern. Natur und Kunst bzw. Natur und Technik wären dann keine Gegensätze mehr. Beide Glieder der Formel »Künstlichkeit der Natur« und »Natürlichkeit der Kunst« fielen zusammen.

2. Ein weiterer Problemkomplex, der sich bei der Analyse der kantischen Systematik ergibt, betrifft den Geltungsanspruch von Systemen sowie die Typik derselben. Das kantische System enthält recht unterschiedliche Systembestandteile, teils konstitutive, teils regulative, solche, die im Gegenstandsbereich ein objektives Pendant haben, und solche, die lediglich der subjektiven Orientierung dienen, ohne auf ein objektives Pendant verweisen zu können. Damit taucht die Frage nach dem Verhältnis zwischen subjektivem und objektivem System auf, des weiteren die Frage nach der Formation des Systems.

Unabhängig von Kant lässt sich das Problem so exponieren: Betrachten wir Kumuluswolken am Himmel und versuchen sie zu gruppieren, so kann dies auf verschiedene Weise geschehen gemäß unserer jeweiligen subjektiven Absicht und Zwecksetzung. Die Gruppierung ist eine momentane, willkürliche, die sich bald wieder auflöst, ohne objektiv begründet zu sein. Ähnlich verhält es sich mit dem linnéschen Klassifikationssystem. Auch dieses war in der Absicht unternommen worden, die ungeheure Fülle von Pflanzen nach gewissen Kriterien zu ordnen. Obwohl es sich durchgängig um ein Klassifikationssystem nach Gattungen, Arten und Unterarten handelt, das dem Prinzip der Spezifikation genügt, erhebt es keinen Anspruch, ein Ableitungssystem zu sein. Vielmehr stellt es ein subjektives Ordnungsschema, eine Morphologie, dar, wiewohl es später durch Einführung des genetischen Prinzips in eine Abstammungslehre und damit in ein objektives System transferiert werden konnte.

Zieht man den von Leibniz im Kontext seines Entwurfs einer *scientia generalis* angestellten Vergleich heran, der unsere Kenntnisse mit einem Kramladen vergleicht, welcher mit einer Vielzahl von Waren bestückt ist, die sich jedoch in gänzlicher Unordnung befinden und daher von geringem Nutzen sind, so wird verständlich, dass es gewisser Ordnungsprinzipien bedarf, um sich einen Zugang und Überblick zu verschaffen. Denkt man an die gewaltige Menge des bis zum heutigen Tag gesammelten Wissens, etwa an die niedergeschriebene Literatur oder die gespeicherten Daten, so wird klar, dass sich ein Zugang zu einer derart großen, unüberschaubaren Menge nur über Ordnungsschemata eröffnet. Mit ihnen wird aber noch keineswegs das subjektive System dem Gegenstand implantiert. Mögen subjektive Orientierungen nun auch in gewisser Hinsicht sinnvoll sein, so bleibt doch eigentliches und letztes Ziel die objektive Systematik. Ein System will nicht nur subjektive Gliederung ermöglichen, sondern objektive Ableitung; es will Dependenzen aufdecken. Sein Anspruch zielt auf Erklärung und Begründung. Vom bloß subjektiven, willkürlichen Anordnungs- und Klassifikationssystem unterscheidet es sich durch seine Erklärungsintention.

Damit wird die epistemologische Frage nach der Beziehung zwischen subjektivem und objektivem System virulent. Ermöglicht das objektive

System, die Natur, das subjektive im Sinne eines realistischen Erkenntnisansatzes oder umgekehrt das subjektive System das objektive gemäß Transzendentalphilosophie, Konstruktivismus und Experimentalanalyse, oder sind beide parallel zu denken aufgrund eines Dualismus? Und noch eine weitere Frage stellt sich in diesem Kontext, die nach der Angemessenheit und Richtigkeit des Systems. Sie läuft auf eine Untersuchung des Systemtyps, der formalen Verfassung des Systems, hinaus.

Bisher wurde von der Prämisse ausgegangen, dass die Natur ein absolut geschlossenes System sei und entsprechend auch das theoretische Konzept von ihr. Es war dies die seit der Antike dominierende Natur- und Weltsicht, von Ausnahmen einmal abgesehen.[6] Angenommen wurde eine ewige, unentstandene, unvergängliche und unwandelbare Welt, die Ausdruck von Stabilität, Konstanz und Perfektion war. Wenn Veränderung vorkam, betraf sie nur die Individuen, nicht die Arten und Klassen und schon gar nicht das Ganze. Selbst bezüglich der Individuen ließ sich noch zwischen ihrem ewigen, unveränderlichen Wesen und den kontingenten materiellen Bedingungen ihres Auftretens unterscheiden. Entstehen und Vergehen war kein genuines Moment des Wesens, sondern eine kontingente Bedingung der Existenz und ein Tribut an die Korruptibilität der Materie. An dieser unhistorischen Auffassung änderte auch das mittelalterliche christliche Weltbild mit seinem Schöpfungsbericht und der damit verbundenen scheinbar temporalen Auslegung nichts, galt doch diese lediglich als mythologische Einkleidung eines an sich von Ewigkeit zu Ewigkeit bestehenden, atemporalen Sachverhalts. Gottes Schöpfertat konnte und durfte nicht mit einem menschlichen Akt identifiziert werden. Auch die frühneuzeitliche Naturauffassung blieb metaphysisch der Idealvorstellung der Griechen verhaftet und vermochte sich noch nicht aus deren Bannkreis zu lösen, wenngleich ihre Kosmologien und Wirbeltheorien (Descartes, Laplace, Kant) zunehmend in Spannung zu ihr gerieten.

Seit Mitte des letzten Jahrhunderts hat sich diese Situation radikal geändert, bedingt durch das Aufkommen des Historismus und Relativismus und das zunehmende Bewusstsein der Fragmentarität der Erkenntnis. An die Stelle des ahistorischen, statischen Denkens ist das historisch-genetisch-prozessuale getreten, das sich nicht so sehr interessiert für das, was ist, sondern für die Art, wie es zu dem geworden ist, was es ist. Eine diachrone Betrachtungsweise hat die synchrone, strukturanalytische abgelöst; in ihrer Folge tritt die Natur als Naturgeschichte auf, als gewordene und sich wandelnde. Nicht mehr wird sie als perfektes, absolutes System angesehen, sondern als offener, relativer Prozess; denn was garantiert, dass das angeblich konstante, ewig sich gleichbleibende Sonnensystem – Paradigma des geschlossenen, invarianten Systemtyps – nicht in Wahrheit das Endprodukt einer Entwicklung oder auch nur die Durchgangsphase eines permanenten Veränderungsprozesses des Universums ist.

Seine gleichförmige Periodizität könnte nur der Reflex menschlicher Dauermaßstäbe sein. Physikalische Erkenntnisse wie die aus der Thermodynamik bekannte Entropie, derzufolge alles einem Gleichgewichtszustand zusteuert, machen diese Hypothese mehr als nur wahrscheinlich. Und was garantiert, dass die keplerschen Planetenellipsen nicht in Wahrheit eine unmerkliche Spiralbewegung sind, indem das Universum einschließlich Raum und Zeit unmerklich expandiert oder sich kontrahiert? Die Konstanz und Harmonie der traditionellen Ontologie und Kosmologie, von Leibniz in der *Theodizee* noch herangezogen zur Rechtfertigung der Vollkommenheit des Universums, könnte nur »die langausgezogene Geschichte seiner Selbstwiderlegung, der hinausgezögerte Beweis der Bestandsunmöglichkeit des gegliederten ‚Einen im Vielen‘, das umwegige Unterwegs zum Nichts des unterschiedslosen Gleichen«[7] sein.

Nicht nur im Ganzen, auch in den Teilen zeigt sich die Natur als Prozess. Die biologische Forschung des 19. Jahrhunderts entdeckte neben der Ontogenese – der Entwicklung des Individuums – die Phylogenese – die Entwicklung der Art und Gattung – und bewies, dass alle jetzt vorkommenden Arten und Gattungen eine Stammesgeschichte haben und insofern keineswegs konstant sind. In die Psychologie fand der genetische Gedanke Eingang durch Jean Piagets Untersuchungen zur Entwicklung der kindlichen Seele. Auch in die Geistes- und Humanwissenschaften wie Soziologie, Kulturanthropologie und Ethnologie, ebenso in die Wirtschaftswissenschaften drang historisch-genetisches Denken ein. Selbst die Erkenntnistheorie blieb von diesem Gedanken in Gestalt der evolutionären Erkenntnistheorie nicht verschont. Die Wissenschaftstheorie schließlich hat an die Stelle der *einen* Wissenschaft eine Wissenschaftsgeschichte mit einer Sequenz von Theorien gesetzt. Das bisherige Vollkommenheitsideal der einen, absoluten Wissenschaft mit den entsprechenden Wissenschaftskriterien ist einer Pluralität historischer Ausgestaltungen mit oft heterogenen, inkompatiblen Kriterien gewichen. In Fluss geraten ist der Begriff von Wissenschaftlichkeit als solcher.

Stand hinter der klassischen Auffassung die ontologische Überzeugung, dass sich das *Sein* vor dem *Werden* auszeichne und dass zu seiner Auszeichnung der Ausschluss von Veränderung aus seinem Wesen gehöre, so hat sich das Verhältnis jetzt umgekehrt. An die Stelle des Seins im Sinne der Unveränderlichkeit, allenfalls der ständigen Wiederkehr des Gleichen, und damit der Geschichtslosigkeit ist das Werden in allen seinen Formen, dem Entstehen und Vergehen, der Veränderung, Entwicklung, Evolution u. ä., getreten.

Damit hängt ein Wandel des Interesses der Wissenschaft zusammen. Die traditionelle Wissenschaft konzentrierte sich auf die Invarianz der Gesetze, welche Ausdruck der Gleichförmigkeit der Abläufe, ihrer ständigen Wiederkehr, ist. Wie ein Gradnetz, das über die Natur geworfen wird, sollten die Gesetze die Natur rational beherrschbar und hinsichtlich ihrer zukünftigen Ereignisse prognostizierbar machen. Damit hing auch das Interesse am Universellen, nicht am Partikularen oder gar Individuellen, zusammen. Von Bedeutung war nur die ausnahmslose Geltung von Gesetzen, generellen wie speziellen.

Dieses Interesse an Universalität und Uniformität ist in der Gegenwart dem an Besonderheit und Individualität gewichen. Es geht nicht mehr um die Exploration der für alle möglichen Welten und somit für das *eine* Universum geltenden Gesetze, sondern um die Exploration der Konstituenten *dieses* Kosmos, *dieses* Ökosystems, *dieses* Menschen hier und jetzt. Es geht um das Einzelne in seiner Singularität und historischen Bedingtheit und Gewordenheit. Nicht die abstrakte, universelle, in sich konsistente Gesetzmäßigkeit ist von Belang, sondern die je besondere, einmalige, konkrete, in sich auch widersprüchliche Fülle in ihrer historischen Dimension.[8] Gegenüber der ahistorischen Sichtweise der Antike und des Mittelalters und zum Teil der Neuzeit bekundet sich hierin eine grundsätzlich historische bzw. historisierende Einstellung, die zu einem dynamischen, offenen System – besser noch: zu Systemen – führt gegenüber dem statischen der Tradition.

Mit der Dynamisierung von Natur und Naturwissenschaft wird erkenntnis- und wissenschaftstheoretisch ein Problem akut, das bislang eher verdeckt blieb, das der Beziehung zwischen objektiver und subjektiver Sphäre, zwischen Natur und Wissenschaft von ihr. Die klassische Vorstellung basierte auf der idealen Einheit beider, dadurch dass entweder im realistischen Sinne die Einheit der Natur die Einheit der Wissenschaft ermöglichte oder im transzendentalphilosophischen die Einheit der Wissenschaft die Einheit der Natur. Dieses Verhältnis wird spannungsreicher im Falle der Historisierung beider. Denn klar ist, dass Naturgeschichte und Wissenschaftsgeschichte nicht konform zu sein brauchen. Naturgeschichte meint die Entstehung, Entwicklung und Veränderung, eventuell Evolution des Kosmos, seiner Gattungen, Arten und Individuen, allgemein: den Prozess des Objekts. Wissenschaftsgeschichte bezeichnet die Entstehung und den Wandel von Theorien über das Objekt, das statischer wie dynamischer Art sein kann, wobei es im letzteren Falle darum geht, eine dynamische Theorie zu finden, die nicht nur die Dynamik des Objekts, sondern auch die ihrer eigenen wissenschaftshistorischen Entstehung und Wandlung mit abdeckt. Hier drängt sich allerdings die Frage auf, ob die Wissenschaftsgeschichte mit ihrer Vielzahl heterogener Modelle vielleicht nur ein Ausdruck für die Begrenztheit unserer Erkenntnisfähigkeit ist, das Objekt definitiv zu erfassen.

Den hier aufgezeigten Strängen, dem zunächst genannten technisch-technologischen wie dem zuletzt genannten systemtheoretischen, soll im Detail nachgegangen werden.

2. Technisierung der Natur

a) Kybernetik als radikalste Form der Technisierung

Unser Zeitalter ist ein durch und durch technisches. Das Adjektiv »technisch« sowie die dazugehörigen Substantive »Technik«, »Techniker« sind hier im ursprünglichen Sinne gemeint gemäß der etymologischen Herkunft des Wortes aus dem Griechischen. *Téchnē, technítēs, technikós* und ähnliche Begriffe bezeichnen den künstlichen Schaffens- und Verfertigungsprozess, sei es den handwerklichen oder den künstlerischen, sowie den daran beteiligten Handwerker oder Künstler und die Art und Weise seines Tuns.[9]

Schauen wir uns in der Welt, in der wir leben, einmal um und versuchen bezüglich unserer näheren und ferneren Umgebung einschließlich der Menschen anzugeben, wie viel Natürliches und wie viel Künstliches hier begegnet, so werden wir mit nicht geringer Verwunderung, eventuell sogar mit Erschrecken, konstatieren, wie viel Künstlichkeit uns umgibt. Wir wohnen in Häusern – künstlichen Behausungen –, die bei moderner Bauweise aus zumeist Fertigteilen, nicht aus erst zu bearbeitenden Steinen zusammengesetzt sind. Die Fertigteile ihrerseits bestehen fast durchweg aus Kunststoffen, nicht mehr aus Naturmaterialien. Unsere Wohn- und Arbeitsräume sind angefüllt mit künstlichen Geräten. Das gesamte Mobiliar ist künstlich, maschinell fabriziert, nach dem neuesten Design gestylt. Jeder Gegenstand, den wir in die Hand nehmen, jede Tasse, jeder Kugelschreiber, jedes Buch, ist angefertigt und stellt ein künstliches Produkt dar. Erleuchtet sind unsere Wohn- und Arbeitsräume durch künstliches Licht – Glühbirnen, Neonlampen –, künstlich erwärmt durch Öfen und Heizungen, künstlich klimatisiert durch Kühl- und Klimaanlagen, künstlich belüftet durch Ventilatoren, die wir auf jeden beliebigen Grad einstellen und regulieren können. Wo wir diese künstliche Welt noch durch ein natürliches organisches Produkt zu schmücken wähnen, etwa durch Blumen oder Topfpflanzen, da sind auch diese durch Seidenblumen und künstliche Gewächse – imitierte Palmen, Farne und Bambus – ersetzt. Unsere natürlichen physischen Bewegungen und Arbeitsabläufe sind uns weitgehend abgenommen durch künstliche Vorrichtungen und Apparate. Das Auto erspart uns die körperliche Fortbewegung, die Rolltreppe das Treppensteigen, die Waschmaschine und Trockenschleuder die manuellen Arbeitsvorgänge beim Waschen. Wirft man einen Blick in moderne Fabriken und Werkstätten, so vermitteln sie einen Eindruck von dem Grad der Technisierung. Statt arbeitender Menschen finden wir menschenleere Räume, angefüllt hingegen mit Robotern und Computern, die vollautomatisch arbeiten und sämtliche menschlichen Arbeitsgänge verrichten, steuern und kontrollieren. Flaschen werden rein maschinell abgefüllt, verkorkt, etikettiert, Autos computergesteuert durch

Roboter aus Fertigteilen zusammengeschweißt, Flugzeuge vollautomatisch gesteuert und richtig auf die Landebahn gelenkt – und all dies wesentlich präziser, fehlerfreier, als menschliche Tätigkeit es vermag.

Nicht nur rein physische, anorganische Körper- und Funktionsweisen werden imitiert, sondern auch organische. Wir ersetzen oder unterstützen Körperteile und ihre Funktionen durch künstliche Geräte wie Brillen, Zahnprothesen, Hörgeräte, Herzschrittmacher u. ä. Die natürlichen biologischen Leistungen können von künstlichen Maschinen vollzogen werden. Die Apparatemedizin liefert eindrucksvolle Beispiele dafür, wie der Kreislauf künstlich aufrechterhalten, die Lunge künstlich beatmet werden kann durch die Herz-Lungen-Maschine, die Nieren künstlich gereinigt werden können durch die Nierenmaschine usw. Schaltet man diese Apparate ab, so tritt automatisch der Tod ein, was die Abhängigkeit des Lebens von der Technik drastisch dokumentiert. Wo wir die biologischen Vorgänge noch nicht gänzlich zu imitieren imstande sind, helfen wir zumindest künstlich nach: Wir beschleunigen das Wachstum von Pflanzen und Tieren durch Hormone, wir vergrößern die Menge der Getreideernte durch künstliche Düngung, wir verstärken die Haltbarkeit von Nahrungsmitteln durch Beigabe chemischer Mittel, wir verändern die Erbanlagen durch Genmanipulation usw.

Die überall zu konstatierenden künstlichen Eingriffe in unsere natürliche Lebenswelt, die weitgehende Substitution der Naturvorgänge durch maschinelle Prozesse, kurzum, die immer weiter um sich greifende Technisierung der Natur wirft die Frage auf, wie viel an der Natur bzw. am Menschen überhaupt noch original und wie viel bereits artifiziell ist und wie viel künstlich-technisch sein darf, um noch natürlich genannt werden zu können.

Wenngleich der technische Fortschritt, sowohl was die Einführung neuer Produkte wie neuer Produktionsweisen betrifft, zunehmend rasanter wird und sich die Innovationen nicht selten überschlagen, wenngleich die damit einhergehenden strukturellen Änderungen immer tiefer in unsere Welt eingreifen, so stellt doch der Prozess eine einzige, ununterbrochene Entwicklung dar. Zwar ist man bei jeder fundamentalen Neuerung geneigt, von einer Revolution zu sprechen: Wie einst die Erfindung der Buchdruckerkunst und des Schießpulvers die Lebensweise der Menschen – ihre Kommunikations- und Verteidigungsweise – radikal veränderte, so hat in jüngerer Zeit die Erfindung der Dampfmaschine und des Dieselmotors die Mobilität der Menschen grundlegend verändert; zudem hat die Erfindung des Fernmeldewesens die Nachrichtenübertragung revolutioniert, nicht weniger die Erfindung der Fernsehwellen die visuelle Medienlandschaft umstrukturiert; in jüngster Zeit hat die elektronische Industrie eine vergleichbare Wirkung gehabt, indem sie die Arbeitsweise und Datenspeicherung, was Schnelligkeit, Umfang und Präzision betrifft, total wandelte. Gewisse Berufszweige sind im Begriffe, überflüssig zu werden. Dennoch stellen alle diese Änderungen, so radikal sie im Einzelnen sein mögen, den schrittweisen Prozess der Entfaltung, Perfektionierung und Optimierung des mechanistischen Weltbildes dar, bei dem es nicht nur darum geht, die Vision von der Natur als Maschine zu projektieren, sondern darum, diese Vision zu realisieren.

Das eigentliche Novum unseres Jahrhunderts, das uns berechtigt, von einem technischen bzw. technologischen Zeitalter im Unterschied zum mechanistischen zu sprechen, ist nicht die wachsende Zahl technischer Geräte und Verfahrensweisen, sondern die Tatsache, dass die Technik nicht nur wie bisher physikalische Gegenstände und Vorgänge imitiert, sondern in zunehmendem Maße den biologischen Bereich okkupiert, für den bisher Begriffe wie Organizität und Leben reserviert waren. Spezifisch organische Vollzüge, die wir als vegetative, sensitive und intellektuelle zu klassifizieren pflegen, werden heute von der Technik ersetzt und sogar überholt. Vegetative Vorgänge wie Wachstum und Wachstumsregulierung, Anpassung, Reaktion, aber auch zielgerichtete Tätigkeiten wie Planung, Steuerung, Entscheidung, spezifisch intelligente Leistungen wie Lernen, Rechnen, Sprechen, Schreiben usw. sind Tätigkeiten, die heute weitgehend künstlich simuliert werden. Das Symbol unseres Jahrhunderts ist der intelligente Roboter, der lesen, schreiben, rechnen und Schach spielen kann.

Zu verdanken sind diese Leistungen vor allem zwei modernen Forschungsdisziplinen, der Kybernetik, die zur Technikwissenschaft zählt und aus der Automatentheorie, der Informatik und der Kommunikationstheorie hervorgegangen ist, und der Gentechnologie, die einen Zweig der Biologie darstellt und zur Grundlagenforschung gehört. Die erstere wurde durch Norbert Wiener[10] (1894–1964) und seinen Kreis begründet und ist heute nach seinem aufsehenerregendsten Erfolg auch unter dem Namen »künstliche Intelligenz« *(artificial intelligence)* bekannt, die letztere geht auf Entdeckungen verschiedener, vor allem amerikanischer Wissenschaftler in den Fünfziger- bis Siebzigerjahren zurück. Versucht die Kybernetik, auf rein physikalisch-mechanische, vollautomatische Weise organische Prozesse zu imitieren, so bedient sich die Gentechnologie dazu des lebendigen biologischen Materials, das durch Selbsterhaltung und Selbstreproduktion gekennzeichnet ist. Unter Beibehaltung der natürlichen Reproduzibilität werden hier organische Vorgänge simuliert. Da die erste Forschungsrichtung vom Ansatz her weit radikaler ist als die zweite, auch wenn diese gegenwärtig die Schlagzeilen füllt und beim momentanen Erkenntnisstand effizienter ist und unsere Welt von Grund auf »umzukrempeln« verspricht, soll sie, nicht diese in ihren Grundzügen exponiert werden.

Die Kybernetik stellt eine Weiterentwicklung der älteren cartesianischen Automatentheorie dar. Von dieser unterscheidet sie sich nicht nur durch die größere Perfektion der Automaten und automatischen Prozesse, sondern durch eine prinzipielle Innovation, nämlich die frei variablen Steuerungsvorgänge, bei denen nur noch das Ziel definiert wird, nicht mehr aber der Weg, der zu ihm führt. Von hier erklärt sich auch der Name »Kybernetik«, der von dem griechischen *kybernētēs* = »Steuermann« herrührt. Während die ältere Automatentechnik nur geschlossene Systeme zu imitieren vermochte, solche, die ihre Umwelt künstlich ignorierten und sich daher auch nicht reziprok zu ihr verhielten, imitiert die kybernetische Technik offene Systeme, die in Wechselbeziehung zu ihrer Umwelt stehen, sei es in einem Materie-, Energie- oder Informationsaustausch, und die daher auf diese Einflüsse reagieren und sich den wechselnden Situationen anpassen. Gegenüber den auf sie eindringenden und zerstörenden Umwelteinflüssen versuchen diese Systeme, ihre Systemeigenschaften zu behaupten, indem sie die Fähigkeit zur Regenerierung, Reproduktion, Anpassung u.ä. haben. Während bei den geschlossenen künstlichen Systemen Ziel und Ablauf eindeutig definiert und programmiert sind, ist bei den offenen zwischen endgültige Aufgabenerfüllung und vorläufige Leistung ein Rückmelde- und Regulationssystem eingeschaltet. Nicht mehr nur wird wie in der klassischen Automatentechnik ein bestimmtes Leistungssystem zur Erfüllung einer vordefinierten Aufgabe in Ansatz gebracht, sondern gekoppelt ist mit ihm ein Rückmelde- und Informationssystem, ein sogenanntes *feedback*, das das jeweilige Leistungsergebnis – Erfolg oder Misserfolg – von der Peripherie zum Zentrum übermittelt und dort gegebenenfalls einen Regulator in Bewegung setzt, der irrtumsausgleichend wirkt, und zwar so lange, bis das Handlungsziel erreicht ist. An die Stelle des ein für allemal fixierten Ablaufs im klassischen Maschinenmodell tritt hier eine flexible, sozusagen improvisatorische, durch *feedback* und Steuerung ermöglichte Anpassung an wechselnde Situationen, wiewohl auch sie vollautomatisch abläuft. Auf diese Weise wird das für organische Systeme typische zielgerichtete Verhalten imitiert, das oft nicht in einem einzigen Anlauf, sondern sukzessiv über *trial and error* sein Ziel erreicht.

Von entscheidender Bedeutung ist die Einführung des Feedback-Begriffs und seine Applikation auf das Zusammenspiel von Melde- und Leistungsapparat. Die Institutionalisierung und Koppelung von Rückmeldung und irrtumsausgleichender Steuerung dürfte der wichtigste Beitrag der Kybernetik zum Verständnis und zur Imitation organischer Systeme sein. Die Rückmeldeeinrichtung übernimmt in den kybernetischen Systemen funktional die Rolle, die die Wahrnehmung im organischen Bereich innehat. Sie stellt die perzeptive Offenheit des Systems für die Umwelteinflüsse dar, auf die das jeweilige Verhalten abgestellt wird. Die Tatsache, dass nicht nur Wahrnehmung, sondern auch Steuerung, Kommando, Anpassung, Information u. ä. in der Kybernetik nachgeahmt werden, hat dazu geführt, diese organischen Begriffe auch hier zu verwenden; so ist die Rede von Sensoren, Fühlern, Steuerungsorganen usw. innerhalb der Kybernetik üblich geworden.

Im Folgenden soll die Funktionsweise der Kybernetik anhand dreier kybernetischer Systemtypen vorgestellt werden, anhand *erstens* des geregelten, *zweitens* des programmierten und *drittens* des lernfähigen Systems. An diese knüpft sich *viertens* – freilich in Frageform – ein evolutionäres System. Einzeln oder zusammen, zumeist in komplizierter Vernetzung, imitieren diese Systeme organische Funktionsweisen wie vegetative, sensitive und intellektuelle.[11]

1. Ein einfaches, plausibles Beispiel für geregelte Systeme ist der Kühlschrank. Er stellt einen Regelkreis dar, bestehend aus einem elektrisch angetriebenen Kühlaggregat, das die Aufgabe hat, eine bestimmte niedrige Temperatur unter Normalwert herzustellen, beispielsweise den Gefrierpunkt, welcher den Soll-Wert bildet, einem Thermometer, das die tatsächliche Binnentemperatur des Kühlschranks anzeigt, wie sie sich im Wechselspiel mit der Außentemperatur ergibt und den Ist-Wert verkörpert, und einem Schalter, der je nach Bedarf an- oder abgeschaltet werden kann. Besteht nun hinsichtlich der Temperatur eine Differenz zwischen Ist- und Soll-Wert, so wird mittels des Schalters ein geschlossener Stromkreis erzeugt, der das Kühlaggregat anwirft und bei Erreichen der Soll-Temperatur wieder ausschaltet. Dieser Regelkreis lässt sich mittels der entsprechenden Termini beschreiben: Als *Regler* oder *Regulator* fungiert der Kontaktteil des Thermometers, der mit der Quecksilbersäule sowie mit dem Stromkreis in Verbindung steht und im Falle des Temperaturanstiegs über den Gefrierpunkt den Stromkreis schließt, im Falle des Erreichens der gewünschten Temperatur den geschlossenen Stromkreis wieder aufhebt; als *Regelstrecke* gilt der gesamte Kühlschrank außer dem Regulator. *Regelgröße* heißt die Zustandsgröße – die normale Temperatur –, die geregelt, d. h. auf einen bestimmten Soll-Wert gebracht werden soll. *Störgröße* wird diejenige genannt, die auf die Regelgröße modifizierend einwirkt, jedoch mit Hilfe des Regulators und der von ihm ausgelösten Gegenreaktion minimiert und schließlich eliminiert werden kann. – Während in diesem Beispiel die Stellgröße einfachheitshalber nur zwei Werte, 0 und 1, annehmen können soll, ist bei komplizierteren Systemen eine Einstellung auf Zwischenwerte möglich und üblich.

Dieses kybernetische Modell lässt sich ohne weiteres auf vegetative Vorgänge übertragen, z. B. auf die Regulierung der Körpertemperatur, des Blutdrucks usw. Als geregeltes offenes System, das die Umweltbeeinflussung – hier: die Störung seiner Temperatur – in Betracht zieht, vermag es diese durch geeignete Regulation zu kompensieren und damit seinen normativen Wert aufrechtzuerhalten.

2. Den zweiten Typ kybernetischer Systeme repräsentiert das programmierte System. Während biologischen Systemen das Programm ge-

nuin in der Erbanlage mitgegeben ist, ist es kybernetischen Systemen von außen durch den Programmierer vorgegeben.

Einfachstes Beispiel ist das fixierte Zeitprogramm. Mit seiner Hilfe kann innerhalb bestimmter Zeitintervalle, die von einer Scheibe abgetastet werden, beispielsweise eine chemische Mischung gezielt einer bestimmten Wärmezufuhr unterworfen werden in der Absicht, sie optimal auszubeuten. Komplizierter sind die sogenannten Zeitfolge-Programme, die in der Hintereinanderschaltung verschiedener Programme bestehen. Wir kennen sie von Waschmaschinen, die nacheinander verschiedene Operationen wie Vorwaschen, Waschen, Spülen und Trocknen durchführen.

Vorgänge im organischen Bereich, wie etwa das Heranwachsen von Jungvögeln, das Flüggewerden an einem bestimmten, genetisch fixierten Tag, die Geschlechtsreife usw., sind analog zu verstehen, nämlich als Zeitfolge-Programme.

Eine kompliziertere Form der Programmierung stellt das System mit eingebautem Alternativprogramm dar, bei dem das Gesamtsystem situationsbedingt alternativ zwischen verschiedenen Programmen wählen kann. Muss z. B. ein Betrieb wegen Rohstoffmangel mit halber Kapazität arbeiten, so sind die Soll-Werte seiner Teilsysteme zwangsläufig andere als bei voller Kapazitätsauslastung. Das alternativ programmierte Gesamtsystem rechnet dann selbstständig die passenden Soll-Werte der Teilsysteme aus.

Auch dieser Vorgang simuliert Funktionsweisen aus dem organischen Bereich, wie z. B. die Anpassung des Körpers an die Umweltbedingungen bei Winterschlaf oder bei extremer Hitze und Kälte.

Besondere Beachtung verdienen die Systeme mit Suchprogrammen bzw. mit optimierender Programmierung. Sie antworten mittels Suchstrategien auf Ziele, die dem Programmierer selbst zunächst unbekannt sind. Gilt es z. B. die größtmögliche Ausbeute in einem chemischen Reaktionsgemisch aus zwei Substanzen zu ermitteln, bei dem Temperatur und Konzentration und möglicherweise noch andere Faktoren wie Rohstoffqualität, Rührgeschwindigkeit u. ä. eine Rolle spielen, aber unbekannt ist, bei welcher Temperatur und Konzentration die optimale Ausbeute erfolgt, so wird das System so programmiert, dass die Soll-Werte für die Temperatur und das Konzentrationsverhältnis schrittweise einer Veränderung unterworfen werden, die ein Analyseschreiber festhält. War ein Teilergebnis positiv, so erfolgt der nächste Schritt in derselben Richtung, war er negativ, so in einer anderen Richtung. Die Ermittlung der zunächst unbekannten optimalen Ausbeutung geschieht hier per *trial and error*.

Diese Funktionsweise weist Ähnlichkeit auf mit Verhaltensmustern von Organismen bei Such- und Lernvorgängen, die ebenfalls nicht selten über ein Ausprobieren innerhalb eines bestimmten festgelegten Rahmens erfolgen (vergleichbar der Temperatur- und Konzentrationsskala).

Erinnert sei an das illustrative Beispiel, das Platon im *Menon* schildert. Die Aufgabe ist dort eine mathematische, bestehend in der Quadratverdoppelung. Der mathematikunkundige Sklave gelangt schließlich zur richtigen Lösung, indem er sich über eine Reihe falscher Lösungsvorschläge vortastet. Die hier geübte Methode ist eine Ausklammerungsmethode, die über die sukzessive Elimination falscher Resultate zum richtigen vorstößt.[12]

3. Einen weiteren Systemtyp bilden die sogenannten lernfähigen Systeme. Sie sind nach dem Muster des pawlowschen bedingten Reflexes konstruiert. Der pawlowsche Versuch besagt, dass ein Hund, dem Fleisch gezeigt wird, daraufhin automatisch Speichel absondert (unbedingter Reflex). Verbindet man mit dem Fleischzeigen einen Glockenton und wiederholt diesen kombinierten Reiz hinreichend oft, so sondert der Hund schließlich auch beim bloßen Glockenton Speichel ab (bedingter Reflex). Nach diesem Vorbild hat Karl Steinbuch[13] seine Lernmatrix konstruiert. Sie verbindet senkrechte Signalleitungen mit waagerechten Bedeutungsleitungen, die bestimmte Symbole – Buchstaben und Ziffern – ausdrucken. Die Signalleitungen können nun in wechselnder Kombination unter Strom gesetzt werden, wobei jeder Kombination eine bestimmte Bedeutung entspricht.

Während der Lernphase – der Programmierung – wird dafür gesorgt, dass die Kreuzungsstellen zwischen Signal- und Bedeutungsleitungen bleibend verknotet werden, so dass bei späterem Wiederauftritt des speziellen Signals, d. h. der speziellen Kombination von Signalleitungen, die dazugehörige Bedeutungsleitung ebenfalls unter Spannung gesetzt wird und den entsprechenden Impuls zum Drucken des Symbols auslöst. Dies entspricht genau dem Lernvorgang, bedeutet doch Lernen, eine bleibende Veränderung von Fähigkeiten aufgrund einer Lernsituation herzustellen, die später in gleichen Situationen zu denselben Reaktionen führt. Die Kombination von Signal- und Bedeutungsleitungen entspricht dem kombinierten Reiz von Fleischzeigen und Glockenton im pawlowschen Versuch, das Ausdrucken der Zeichen der Speichelabsonderung, das wiederholte Auftreten derselben Reizkonstellation und Reaktion hat sein Pendant im bedingten Reflex.

Wird nun das gesamte System unter Strom gesetzt und von verschiedenen Impulsen überflutet, so vermag das System aus dieser Flut die »gelernten« Signalkombinationen herauszusondern und die entsprechenden Schriftzeichen auszudrucken. Jedes System erkennt nur diejenigen Kombinationen wieder, die es gelernt hat; für ein anderes System sind sie belanglos. Diese Lernmatrix demonstriert, dass Lernen nicht nur ein menschlicher, eventuell tierischer Vorgang ist, sondern auch von außermenschlichen, informationsverarbeitenden kybernetischen Systemen vollzogen werden kann.

Aufsehen erregt haben in den letzten Jahrzehnten insbesondere Systeme, die spezifisch menschliche intelligente Leistungen vollbringen, wie Rechnen, Schreiben, Lesen, Sprechen, Musizieren, Schachspielen u. ä. Wir bezeichnen Computer dieser Art geradezu als »Denk- und Rechenmaschinen«, als »künstliche Gehirne«, »Elektronengehirne« u. ä.

Der heutige Rechencomputer hat einen Vorläufer in der Rechenmaschine des 16./17. Jahrhunderts.[14] Erste Rechenmaschinen stammen von dem schottischen Mathematiker John Napir (1550–1617), dem französischen Philosophen und Mathematiker Blaise Pascal (1623–1662), von Leibniz und anderen Naturwissenschaftlern des 17. Jahrhunderts. Damals begann man, das Gehirn und seine Operationen mit einer Rechenmaschine sowie mit Additions- und Subtraktionsvorgängen zu vergleichen.

»*Denken* heißt nichts anderes als sich eine Gesamtsumme durch *Addition* von Teilen oder einen Rest durch *Subtraktion* einer Summe von einer anderen vorstellen. Geschieht dies durch Wörter, so ist es ein Vorstellen dessen, was sich aus den Namen aller Teile für den Namen des Ganzen, oder aus den Namen des Ganzen und eines Teiles für den Namen des anderen Teiles ergibt ... Diese Rechnungsarten sind nicht nur Zahlen eigen, sondern allen Arten von Dingen, die zusammengezählt oder auseinandergenommen werden können. Denn wie die Arithmetiker lehren, mit *Zahlen* zu addieren und zu subtrahieren, so lehren dies die Geometriker mit *Linien*, festen und künstlichen *Figuren, Winkeln, Proportionen, Zeiten*, Graden von *Geschwindigkeit, Kraft, Stärke* und Ähnlichem. Dasselbe lehren die Logiker mit *Folgen aus Wörtern*, indem sie zwei *Namen* zusammenstellen, um eine *Behauptung* aufzustellen, zwei *Behauptungen*, um einen *Syllogismus* zu bilden, *viele Syllogismen*, um einen *Beweis* zu führen, und von der *Summe* oder der *Schlussfolgerung* aus einem *Syllogismus* ziehen sie eine *Aussage* ab, um die andere zu finden. Schriftsteller, die über Politik schreiben, addieren *Verträge*, um die *Pflichten* der Menschen zu finden, und Richter *Gesetze* und *Tatsachen*, um herauszufinden, was bei Handlungen von Privatleuten *recht* und *unrecht* ist. Kurz: Wo *Addition* und *Subtraktion* am Platze sind, da ist auch *Vernunft* am Platze, und wo sie nicht am Platze sind, hat *Vernunft* überhaupt nichts zu suchen. Auf Grund von allem, was bisher gesagt wurde, können wir definieren, das heißt bestimmen, was mit dem Wort *Vernunft* gemeint ist, wenn wir sie zu den Fähigkeiten des Geistes rechnen. Denn *Vernunft* in diesem Sinne ist nichts anderes als *Rechnen*, das heißt Addieren und Subtrahieren ...«[15]

Die heutigen Rechencomputer unterscheiden sich nicht im Prinzip von den früheren Rechenmaschinen, sie sind ihnen nur an Schnelligkeit, Schwierigkeitsgrad und Komplexität überlegen. Man hat herausgefunden, dass sich die Effizienz der Rechencomputer alle 20 Jahre vertausendfacht. Besondere Erfolge erzielen auch die Schachcomputer.[16] Der beste von ihnen, der von Feng-Hsiung Hsu und Murray Campbell konstruierte *Deep Thought*, erreicht bereits Elo-Wert, d. h. Großmeisterklasse. Gegen ihn tun sich die besten Spieler der Welt schwer. Einzig der Weltmeister Garry Kasparow hat dieses Rechengenie in einem Match schlagen können. Die Stärke oder sogar Überlegenheit des Computers erklärt sich aus der ungeheuren Rasanz der Informationsverarbeitung. Während der Schach spielende Mensch die Situation holistisch überschaut und dann entsprechend seinem Schachgefühl und seiner Erfahrung den nächsten Zug wählt, wobei er langfristig eine bestimmte Strategie verfolgt, rechnet der Computer stur sukzessiv im Detail die möglichen Schritte durch. Im Unterschied zum weitsichtig operierenden Menschen operiert er kurzsichtig, allerdings mit ungeheurer Geschwindigkeit. Gefüttert mit den Schachpartien der besten Meister – *Deep Thought* z. B. mit 900 Partien –, rechnet letzterer pro Sekunde 720 000 Stellungen durch. So schafft er in der heute üblichen Bedenkzeit von drei Minuten 129 600 000 Stellungsbewertungen. Zwar reicht dies bei weitem noch nicht für das Durchrechnen aller Möglichkeiten aus; denn bei zehn Halbzügen (fünf schwarzen und fünf weißen) gibt es theoretisch bereits rund 40^{10}, also 10 Billiarden Varianten, die unsinnigen Züge mit eingerechnet. Aber mittels einer raffinierten Methode, des sogenannten Alpha-Beta-Algorithmus, der aus dem Variantenbaum »taube Äste« herausschneidet, die für die Bewertung ignoriert werden können, und mittels des bisher erreichten Tempos gelingt es schon jetzt, die besten Schachspieler zu schlagen. Man erhofft sich naturgemäß eine weitere Steigerung.

Im Bostoner Computermuseum werden Computer, Roboter, Maschinen vorgeführt, die mit Menschen diskutieren können, die Fragen stellen, Antworten geben, kurzum, sich wie in einer normalen Sprechsituation mit dem Partner unterhalten können aufgrund des eingespeicherten Programms. – Lese- und Schreibautomaten gehören bereits heute zum Alltag und werden in allen Druckereien benutzt, sei es um Texte von Disketten zu übernehmen oder sie auf andere Systeme zu transferieren. – Die *Eiserne Lady* wird seit Jahrzehnten im Telefondienst zur Zeitansage eingesetzt.

Bei den hier vollzogenen Operationen handelt es sich um rationale Prozesse, die auf logisch deduktive Schritte reduzierbar sind – dies gilt auch für das Rechnen mit Ziffern –; diese ihrerseits können mechanisch durch Relaisschaltungen dargestellt werden. Hierauf basiert im Prinzip die Computertechnik.

4. Selbst wenn man konzedieren müsste, dass die Kybernetik erst am Beginn eines unabsehbaren Weges steht, da es bislang nur gelungen ist, die primitivsten intellektuellen Vorgänge zu imitieren, die sich auf logische Grundoperationen reduzieren lassen, welche durch binäre Systeme wiedergegeben werden, noch nicht jene komplexeren und komplizierteren intellektuellen Leistungen, welche in unserem Gehirn räumliche Vernetzungen voraussetzen, so berechtigen die bisherigen Erfolge und das rasante Tempo der Innovationen zu der Annahme, dass in nicht allzu ferner Zukunft auch kompliziertere biologische Vorgänge vegetativer, sensitiver und intellektueller Art simuliert werden können. Warum sollten in Zukunft nicht auch Maschinen konstruierbar sein, die nicht nur wie bisher bei Defekt auf eine Reparatur von außen angewiesen sind, sondern aufgrund ihrer Informations- und Steuerungssysteme sich selbst wieder erstellen? Warum sollten nicht auch Maschinen erdacht werden können, die nicht nur wie bisher Fremdobjekte produzieren oder an solchen bestimmte Zustände herstellen und Prozesse einleiten, sondern sich selbst produzieren, indem sie Stoff und Energie von außen verarbeiten und in selbsteigene Stoffe transformieren? Nichts hindert den Gedanken, dass diese Systeme eines Tages auch durch Fehler in der Reproduktion, sozusagen durch Mutation, in prinzipiell andere Systeme übergehen, mithin in einen evolutionären Prozess eintreten wie Organismen. All dies sind keine bloßen Zukunftsvisionen und Phantastereien, sondern aufgrund der bisherigen Fortschritte wohlbegründete, zumindest nicht auszuschließende Annahmen.

Damit wird die Frage akut, ob die Systeme, die durch quasi-mutative Prozesse entstehen und sich selbst zu erhalten, zu vermehren, eventuell sogar zu mutieren fähig sind, noch denselben Rationalitätstyp verkörpern wie wir, also von uns abhängig bleiben, da sie ursprünglich von uns programmiert sind, oder ob sie einem anderen Rationalitätstyp folgen. Man pflegt, um die Abhängigkeit solcher Computer zu demonstrieren, darauf hinzuweisen, dass es genügt, den Stecker aus der Steckdose zu ziehen und den Strom abzuschalten, um ihre Funktionen zum Erliegen zu bringen. Dem kann jedoch entgegengehalten werden, dass es nicht unmöglich erscheint, Computer zu erfinden, die solare oder atomare Energie umwandeln wie lebendige organische Zellen und so ihre Prozesse unabhängig von uns aufrechterhalten.

Zur Klärung der anstehenden Frage ist zu unterscheiden zwischen Computern, die demselben Rationalitätstyp unterstehen wie wir, aber unendlich viel perfekter sind und insofern auch uns überlegen sind. Von dieser Art ist bereits die heutige Rechencomputergeneration. In Sekundenschnelle vermögen moderne Computer Rechnungen durchzuführen, für deren Vollzug oder nachträgliche Kontrolle ein Leben schon nicht mehr ausreicht, ganz zu schweigen von den Fehlern, die dem Menschen unterlaufen. Obwohl sie faktisch im Detail schon nicht mehr kontrollierbar sind, bleiben sie prinzipiell von uns abhängig und für uns verständlich. Perfektion, die menschliche Fähigkeit übersteigt, bedeutet nicht andere Rationalität. Anders steht es mit den sogenannten »mutierten« Computern. Im Moment ihres Entstehens löst sich ihr Rationalitätstyp von unserem und kann nicht weiter verfolgt werden. Der Vorgang bleibt für uns nur bis zur Bruchstelle verständlich. Objektiv könnten solche Computer schlechter oder besser sein, etwa so unsinnig wie ein defektes Kopiergerät für einen Laien, das plötzlich und unerwartet nur noch leere, unkopierte Blätter in rascher Folge ausspuckt, sie könnten aber auch besser der Natur angepasst sein als wir. Der Computer, einst von uns erfunden und hergestellt, würde damit zu unserem Konkurrenten im Kampf ums Überleben werden.

An dieser Stelle legt sich ein Vergleich mit der Mehrweltentheorie H. Everetts nahe, die dieser allerdings im speziellen Rahmen der Quantentheorie entwickelt hat und mit der er das Problem der Komplementarität, der gleichzeitigen Geltung von Teilchen und Welle zu klären versucht.[17] Everett schlägt vor, das Wellenpaket, das den einen Bestandteil der Welle-Teilchen-Funktion bildet, nicht wie nach der üblichen Theorie zu reduzieren, sondern als Ganzes beizubehalten und als objektive Beschreibung der realen Welt zuzulassen. Wo immer dann nach der herkömmlichen Theorie ein Messresultat durch Reduktion des Wellenpakets ausgedrückt wird, treten nach Everett alle möglichen Messresultate gleichzeitig auf. Diese quantentheoretische Superposition kann jedoch der jeweilige Beobachter nicht wahrnehmen, da für ihn nach der üblichen Theorie der Messprozess irreversibel ist und die Festlegung des Ortes den Verlust der Kenntnis der Phase nach sich zieht. Für ihn verengt sich die Welt auf das, was aus einem wahrgenommenen Messresultat folgt. Obwohl in Wahrheit alle Zweige der Gesamtwellenfunktion gleichzeitig existieren, erkennt er nur einen einzigen. Nur einem Theoretiker vom Status eines omnipräsenten, allwissenden Gottes wären alle Messresultate zugänglich, nur er wüsste um die Vielheit koexistierender, aber nicht miteinander kommunizierender Welten.[18]

Die Situation, die hypothetisch in unserem Computerbeispiel bei Mutation der Systeme vorliegt und physikalisch durch die Everettsche Mehrweltentheorie demonstriert wird, ist im Prinzip dieselbe: Es sind mehrere heterogene Systeme denkbar, die koexistieren, aber nicht miteinander kommunizieren und daher auch von einem bestimmten programmierten System aus nicht erkennbar sind. Jedes System versteht nur innerhalb seines vorgegebenen Horizonts. Allenfalls ein hypothetisch angesetzter all-

wissender Gott vermöchte alle heterogenen Systeme und Rationalitätsty-
pen zu begreifen.

b) Die Frage nach dem Sinn von Technik

Die Möglichkeit von Computern, die sich selbst organisieren, reproduzieren und mutieren, die also sämtliche Vorgänge autopoietischer Systeme imitieren, stellt uns vor die Frage nach dem Sinn von Technik und
technischem Fortschritt. Sie lässt sich auf die Alternative bringen, ob
Technik für den Menschen ein Mittel zur Naturbeherrschung oder ein
Selbstzweck und somit ein Ersatz der Natur sei. Obwohl Technik von
ihrem Ursprung her in die erstere Richtung weist, scheint sie mit fort-
schreitender Entwicklung immer mehr in die zweite zu gehen. Heute
haben wir uns weitgehend in einer artifiziellen Welt eingerichtet, in einer
Plastiklandschaft mit künstlichen Gewässern, künstlichen Rasen und
Pflanzen, künstlich zwitschernden, auf Batterie laufenden Vögeln, Neon-
beleuchtung, Vollklimatisierung, sterilen, staubfreien Räumen und dergleichen, und scheinen uns darin sogar wohl zu fühlen. Welche Faszination üben Roboter, Spielautomaten und Computerspiele bereits auf Kinder und Jugendliche aus, mit welcher Begeisterung erlernen Schüler und
Studenten den Umgang mit elektronischer Technik? Und welches Gefühl
überkommt einen, wenn man sich in dem schon erwähnten Bostoner
Computermuseum mit einem Roboter wie mit einem menschlichen Dis-
kussionspartner unterhalten kann? Noch herrscht offensichtlich das Gefühl vor, spielend Herr dieser artifiziellen Welt zu sein, sie per Knopf-
druck oder Handbewegung an- und abschalten und steuern zu können.
Nicht selten jedoch beschleicht einen Frustration, das Gefühl der Leere
und die Erkenntnis, es doch nur mit Ersatzmenschen, leblosen, gefühl-
und empfindungslosen Maschinen zu tun zu haben, denen dasjenige
fehlt, was für uns Leben und Wärme ausmacht. Steigt nicht hier das Me-
phistopheles-Wort in einem auf: »Dir wird gewiss einmal bei deiner Gott-
ähnlichkeit bange«?[19]

Der Ursprung der Technik lässt sich bis in die früheste Menschheitsgeschichte zurückverfolgen. Es gibt Technik, solange es Bedürfnisse, Wünsche und Interessen des Menschen gibt sowie den Versuch zu ihrer Befriedigung, wobei erfahrungsgemäß nicht selten die Befriedigung von
Wünschen neue Wünsche evoziert, was zu einer ständigen Ausweitung
und Optimierung der Technik führt.

> »Nackt, bloß, ohne natürliche Waffe, ohne Reißzähne,
> Pranken, Rüssel, Giftzahn, Stoßzahn, schützendes Fell,
> wäre er [der Mensch] in dem hunderttausendjährigen Exis-
> tenzkampf den weit stärkeren Tieren erlegen«, »aber er erlag
> nicht, er wurde sogar Meister – durch die Technik«,

schreibt Friedrich Dessauer in seinem Buch *Streit um die Technik*.[20] Aus diesem Grunde deklariert Dessauer die Technik auch zum »Urhumanum«, mittels deren der Mensch als *homo investigator, homo inventor* und *homo faber*, d. h. als Forscher, Erfinder und Pionier, die vorgefundene Umwelt zu seinen Gunsten umformt. Mittels der Technik versucht der Mensch im Kampf ums Überleben und in Auseinandersetzung mit der Natur, seine Kräfte, Fähigkeiten und Vermögen zu steigern, einerseits um die negativen, zerstörerischen Mächte der Natur abzuhalten, andererseits um sich die positiven nutzbar zu machen, sei es zur Erfüllung seiner Grundbedürfnisse wie Essen, Kleiden und Wohnen, sei es zur Lebensverlängerung und Steigerung der Lebensqualität. Technik dient ihm zur Entlastung von schwerer körperlicher und geistiger Arbeit sowie zur Erleichterung des täglichen Lebenskampfes.

Ein Urhumanum ist die Technik für Dessauer aber auch noch aus einem zweiten, spezifisch humanen Grunde, sofern sie nicht nur die vitalen Bedürfnisse des Menschen befriedigt, sondern auch die Voraussetzung für seine Selbstverwirklichung schafft. Indem sie den Menschen von seiner ständigen Existenzsorge befreit, führt sie ihn seinen eigentlichen Aufgaben zu, die kultureller Art sind. »Technik bedeutet ... Freiheit in doppeltem Sinne: Freiheit *von* der Untertänigkeit, Freiheit *zum* eigenen Entwurf, zur Gestaltung der Zukunft.«[21]

Da die Natur nicht selten den Bedürfnissen des Menschen feindlich gegenübersteht und da zudem die menschlichen Wünsche und Interessen häufig wechseln und den vorhandenen Verhältnissen nicht entsprechen, hat sich die Technik den Nimbus des Widernatürlichen erworben. Aufgrund ihrer artifiziellen Produkte, Instrumente und Prozesse unterscheidet sie sich nicht nur von der Natur, sondern steht oft geradezu in Gegensatz zu ihr. So galt die Mechanik als Teil der Technik bis weit in die Neuzeit hinein als Kunst der Überlistung, indem durch scheinbar widernatürliche Kräfte und Bewegungen die Natur im Sinne des Menschen verändert, umgestaltet, optimiert werden konnte. Dass es sich hierbei nicht um Widernatürliches, sondern um die Ausnutzung der natürlichen Gesetze, Kräfte und Bewegungen handelt, diese Einsicht geht erst auf Galilei zurück, die ihn zum Vater der modernen Wissenschaft und Technik hat werden lassen.

Auch die Technik ist einer Entwicklung und Wandlung unterworfen. Von der vorindustriellen Technik unterscheidet sich die industrielle und von dieser wiederum die postindustrielle. War die erste eine Form der Lebenspraxis und -bewältigung, die auf handwerklicher Tätigkeit und dem Einsatz von handgefertigten Werkzeugen beruhte und als perfektionierte, routinierte Handwerkskunst beschrieben werden kann, so kommen in der zweiten nur noch Maschinen und in der heutigen postindustriellen Technik nur noch Computer zum Einsatz, während das handwerkliche Moment in den Hintergrund tritt. Industrielle und postindustrielle Technik laufen weitgehend automatisiert und computergesteuert ab, so dass sich das menschliche Tun auf die Betätigung eines Knopfes oder Hebels beschränkt. Aus den ehemaligen Handwerkern und Bastlern sind Schreibtischstrategen geworden. Und beruhte die vorwissenschaftliche Technik auf *empeiría*, auf erfahrungsmäßigem, im praktischen Umgang mit den Dingen erworbenem Wissen, das von Generation zu Generation tradiert wurde, vom Vater auf den Sohn, vom Meister auf den Lehrling, vom Lehrer auf den Schüler, so sind die neueren Technikformen weitgehend verwissenschaftlicht. Während der Anteil an praktischer Erfahrung rückläufig ist, steigt der Anteil an wissenschaftlicher Erkenntnis. Seit Galilei, für den erstmals die Mechanik nicht im Gegensatz zur Physik steht, sondern eine Disziplin derselben bildet, ist eine zunehmende Verwissenschaftlichung und Theoretisierung der Technik zu beobachten. Basiert die Naturwissenschaft auf theoretischer Einsicht in die Naturgesetze, so stellt die Technik deren empirische Applikation oder Realisation dar. Sie wendet an, was jene erkennt. Mit der Verwissenschaftlichung der Technik wie andererseits der Technisierung der Naturwissenschaft verliert der traditionelle Unterschied von abstrakter, empirisch zu verifizierender Theorie und Technik als praktischer Umsetzung mehr und mehr seine scharfen Konturen. Beiden Erscheinungen: erstens der Verwissenschaftlichung der Technik und *zweitens* der Technisierung der Naturwissenschaft, ist genauer nachzugehen.

1. Zweifellos gibt es auch im heutigen postindustriellen Zeitalter noch weite Bereiche der Technik, in denen der Anteil der Theorie und Wissenschaft relativ gering ist, hingegen die praktische Erfahrung großgeschrieben wird, so beim Transport- und Bauwesen, beim Bergbau, in der Schwermetallurgie.[22] Hier ist das theoretische *know-how* nicht immer Voraussetzung für das Gelingen. Selbst in Bereichen moderner Spitzentechnologie, die ohne Wissenschaft nicht denkbar sind, wie Reaktorbau und Raketentechnik, bestimmt nicht immer theoretische Detailkenntnis den Ausgang des Experiments. Die komplexen Prozesse, die sich in den Brennkammern von Raketen bei der Vermischung, Verbrennung, Verdunstung, Dissoziation usw. in extrem kurzer Zeit abspielen, sind nicht bis ins Letzte bekannt, um hier von einer Applikation der Theorie auf die Empirie sprechen zu können, und dennoch garantiert das praktische Erfahrungswissen zumeist den Erfolg. Die Diskrepanz zwischen Theorie und Praxis stellt nicht selten einen Impuls für den wissenschaftlichen Forschungsprozess dar. Oft eilt die Technik der wissenschaftlichen Erkenntnis voraus und gibt ihr die Fragestellung vor. Dass die Technik funktioniert, auch wenn die theoretischen Grundlagen noch nicht oder nicht hinreichend bekannt sind, bedeutet nicht, dass jene gegen diese auszuspielen wäre und gegen die Naturgesetze verliefe, sondern dass die theore-

tische Erklärung noch nicht genügend durchschaut ist und nachgeliefert werden muss, genauso wie die ursprüngliche handwerkliche Praxis, die ohne theoretisches Wissen vonstatten ging, nicht gegen die Naturgesetze, sondern nur ohne Einsicht in sie verfuhr. Zu unterscheiden ist zwischen dem logischen Dependenzverhältnis von Theorie und Praxis, bei dem die Theorie vorausgeht und die Technik folgt, und dem praktischen Prozess der Entdeckung naturwissenschaftlicher Gesetze sowie der Rolle der Technik innerhalb desselben.

Ungeachtet der Problemfälle und Ausnahmen ist die Verwissenschaftlichung der Technik heute im allgemeinen weit fortgeschritten. Verwissenschaftlichung der Technik bedeutet, dass die Technik auf einem wissenschaftlichen Fundament basiert und dessen Anwendung ist. Was die Wissenschaft als gesetzmäßigen Zusammenhang von Ereignissen und Zuständen erkennt und als Bedingungsverhältnis von der Art »A ist Bedingung von B« formuliert, nimmt in der Technik die Gestalt einer Mittel-Zweck-Relation an: »A ist Mittel von B«. Der Techniker, dem die Realisierung von B als technische Aufgabe vorgegeben ist, muss zunächst im Besitz von A sein, um B herbeiführen zu können. Das wissenschaftliche Gesetz und die darin ausgedrückte Gleichförmigkeit der Verhältnisse betrachtet er als Anweisung zum technischen, d. h. gemäß denselben Voraussetzungen beliebig reproduziblen Handeln.

Im Wechselverhältnis von Wissenschaft und Technik sind drei Momente zu beobachten: einmal die strenge Bindung von Wissenschaft und Technik an Naturgesetze, zum anderen die Realisierung naturwissenschaftlicher Erkenntnisse durch Bearbeitung, Formung, Manipulation der Materie und ihrer Kräfte, d. h. die technische Umsetzung, und zum dritten die Entdeckung neuer Gesetze aufgrund technischer Konstellationen und Errungenschaften.

2. Die Formel von der »Technisierung der Naturwissenschaft« hat zwei Bedeutungen, eine schwächere und eine stärkere. Im ersteren Falle ist gemeint, dass sich die Wissenschaft technischer Apparate und Abläufe als Hilfsmittel zur Erkenntnisgewinnung und Erkenntnissteigerung bedient. Beobachtungen und Experimente auf allen Gebieten, sowohl im normalen Wahrnehmungsbereich wie im mikroskopischen und makroskopischen Bereich, machen Gebrauch von Verstärkungs-, Präzisions- und Messgeräten, von Mikroskopen und Teleskopen, von Gammastrahlen und Satelliten zur Informationsübermittlung. Die Registration von Daten geschieht über Speichergeräte, die Datenauswertung über Computer. Man wirft der modernen medizinischen Forschung oft vor, dass sie nur noch Laborforschung und Apparatemedizin sei, weil sie beim Studium nicht mehr vom beseelten, lebendigen Menschen ausgehe, sondern die Untersuchung nur noch über Analysegeräte, Reagenzgläser und Datenkarteien betreibe und die Lebensverlängerung nur noch über Apparate

vornehme. Diagnosen lassen sich schneller und sicherer per Computer als auf herkömmliche Weise durch den Arzt erstellen. Trotz des massiven Einsatzes von Apparaten fungieren diese hier als Erkenntnismittel, nicht als Erkenntniszweck. Sie dienen der Erweiterung und Vertiefung wissenschaftlicher Erkenntnisse, ihrer quantitativen und qualitativen Optimierung, aber sie bleiben Hilfsmittel.

Anders im zweiten Falle, wo die künstlichen Apparate und Prozesse zum Selbstzweck avancieren und die Natur, insbesondere ihre biologischen Systeme und Vorgänge, substituieren. Die modernen Wissenschaftsdisziplinen der Kybernetik, Informatik, Spiel- und Automatentheorie scheinen sich in diese Richtung zu entwickeln, werden doch Roboter und Computer oft nur noch um ihrer selbst willen konstruiert in spielerischer Absicht, ohne dass sich damit ein Sinn für den Menschen verbinden ließe. Hierzu vergegenwärtige man sich der von Joseph Weizenbaum in seinem *Zeit-Magazin*-Artikel, allerdings in kritischer Absicht, unternommenen Schilderung sozialisierbarer Computer:

>»Angenommen, ein Computer könnte beides: seine Umgebung wahrnehmen und gleichzeitig beeinflussen. Dann wäre es möglich, daß man ihn, in einem begrenzten Sinne, ‚sozialisieren‘ könnte. Ein Roboter könnte sogar ein Bewußtsein seiner selbst entwickeln. Er könnte zum Beispiel lernen, zwischen seinen Bestandteilen und Teilen der übrigen Welt zu unterscheiden. Er könnte dann dem Schutz seiner Bauteile Vorrang einräumen gegenüber dem Schutz anderer Objekte. Er könnte in gewisser Weise ‚selbstbewußt‘ werden.«[23]

Wenn es durch die moderne Technik möglich ist, Maschinen ebenso wie Menschen zu sozialisieren, dann stellt sich notgedrungen die Frage, welchen Sinn die Technik noch haben solle. Wenn Computer Menschen und menschliche Leistungen zu ersetzen vermögen, kann dies zwar in einer Reihe von Fällen vorteilhaft und sinnvoll sein, sofern es der Entlastung von körperlicher Mühsal, der Abkürzung langwieriger, komplizierter geistiger Prozesse oder der Erhaltung und Unterstützung vegetativer Vorgänge dient. Welchen Sinn aber soll eine postbiologische, transnaturale technische Welt noch haben, die, wenn man den Gedanken zu Ende denkt, alle Menschen und ihre Handlungen ersetzte? Ist sie nur noch für einen einzigen Menschen da oder für eine Gruppe mit dem gerade höchsten Standard an Computerwissen und -technik unter Verdrängung aller anderen?

Ausgegangen war von der These, dass Technik dem Menschen bei der Naturbeherrschung dient. Was aber geschieht, wenn wir Maschinen konstruieren können, die aufgrund ihrer Imitation autopoietischer Prozesse in Konkurrenz zu uns treten, sei es, dass sie uns gleichwertig oder sogar überlegen sind? Was geschieht, wenn Maschinen erfunden werden, die nicht wir mehr beherrschen, sondern die uns beherrschen und eventuell sogar vernichten? Diese Schreckensvorstellung, verbunden mit der Einsicht, dass Technik nicht nur zum Wohle der Menschheit gereicht, sondern sich auch in ihr Gegenteil verkehren und ihrer ursprünglichen Absicht zuwiderlaufen kann, ist heute Anlass einer Welle von Katastrophentheorien, chiliastischen Vorstellungen und pessimistischen Untergangsstimmungen.

Martin Heidegger hat verschiedentlich – so in seinem Technik-Aufsatz[24] – auf die Herrschaft der modernen Technikauffassung und ihres Leitbegriffs, des »Gestells«, sowie die daraus resultierende Bedrohung für den Menschen hingewiesen. Das Wesen der Technik sieht Heidegger in dem oft belächelten Begriff*Gestell*«,[25] mit dem er die spezifische Weise der Erschließung der Wirklichkeit durch Technik meint, nämlich jene, die die Natur herausfordert, »stellt«. Natur degradiert in der Praxis neuzeitlicher Technik zum »bestellbaren« Objekt, das »bestellt [ist], auf der Stelle zur Stelle zu stehen und zwar zu stehen, um selbst bestellbar zu sein für ein weiteres Bestellen«,[26] mit anderen Worten, zur totalen Verfügbarkeit. So wird der Forstwald durch die Holzverwertungsindustrie zur »Bestellbarkeit von Zellulose«,[27] der Rhein durch die Urlaubsindustrie zum »bestellbaren Objekt der Besichtigung durch eine Reisegesellschaft«.[28] Diese Errungenschaft gilt Heidegger nicht als Gewinn und Befreiung, sondern als Verhängnis und Bedrohung; denn die Herrschaft der Technik verhindert seiner Meinung nach den ursprünglichen Zugang des Menschen zum Seienden, das Entbergen der Wahrheit, indem sie die Wirklichkeit zum »Bestand«[29] werden lässt und die Wahrheit »verstellt«.[30] Zudem hindert sie den Menschen an der Selbstbegegnung mit seinem Wesen und bringt ihn in die Gefahr der Preisgabe seiner Freiheit.[31] In dieser Herrschaft sieht Heidegger eine mögliche Konsequenz des von der abendländischen Metaphysik eingeschlagenen Weges, die radikalste Ausformung und Steigerung, ja Verstiegenheit der instrumentellen Vernunft. Im Sinne seiner nihilistischen, an Friedrich Nietzsche anknüpfenden Geschichtsinterpretation schildert er die von der Technik herbeigeführte Erdherrschaft des Menschen als höchste Absurdität, die ihn an den »äußersten Rand des Absturzes«[32] führe.

Eine Korrektur oder gar Umkehr von diesem verhängnisvollen, schicksalshaften Weg, eine »Rettung«, die der Technik-Aufsatz noch anzudeuten scheint, wird für Heidegger zunehmend unwahrscheinlicher. Sie ist weder der Philosophie noch der Technik zuzutrauen, der Ersteren deshalb nicht, weil sie selbst in Gestalt der abendländischen Metaphysik diese Herrschaft eingeleitet hat, der Letzteren deshalb nicht, weil sie nicht zu einer Selbstaufhebung fähig ist. In dem bekannten postum erschienenen *Spiegel*-Interview, in dem die Journalisten Heidegger immer wieder zu konkreten Ratschlägen für die Steuerung der Technik drängten, heißt es:

>»Die Philosophie wird keine unmittelbare Veränderung des jetzigen Weltzustandes bewirken können. Dies gilt nicht nur von der Philosophie, sondern von allem bloß menschlichen Sinnen und Trachten. Nur noch ein Gott kann uns retten. Uns bleibt die einzige Möglichkeit, im Denken und im Dichten eine Bereitschaft vorzubereiten für die Erscheinung des Gottes oder für die Abwesenheit des Gottes im Untergang; daß wir im Angesicht des abwesenden Gottes untergehen.«[33]

Wenn Heidegger hier sagt, dass nur noch ein Gott uns retten könne, so bedeutet dies, dass der Anstoß zur Um- und Abkehr vom einmal eingeschlagenen Weg von außen kommen müsste, was vom Standpunkt endlicher menschlicher Möglichkeiten an ein Wunder grenzte; der Untergang im Angesicht des abwesenden Gottes scheint vorprogrammiert zu sein.

Unter Rückgriff auf das christliche Bild vom *deus absconditus*, vom verborgenen Gott, sieht Heidegger die Selbstzerstörung des Menschen, die alles mit in ihren Strudel reißt, unausweichlich kommen.

Muss die Konsequenz der abendländischen, auf Platons Theorie vom Verfügungswissen zurückgehenden Metaphysik Selbstzerstörung und Weltuntergang sein? Kann sie nicht vielmehr Zeugnis ablegen von der Größe, Macht und Herrlichkeit des menschlichen Geistes, seinen intellektuellen Fähigkeiten und technischen Möglichkeiten, Gott gleich zu werden? Für Heidegger muss, gemessen an seinem Wahrheitsverständnis, jeder Zugang zur Natur, der nicht Seinsentbergung, sondern Konstruktion und »Gemächte des Menschen«[34] ist, in einem negativen Licht erscheinen. Doch was hindert uns, einen anderen Wahrheitsbegriff zu unterstellen und einen anderen Sinnbegriff anzusetzen?

Um Heideggers Analysen und Bewertungen richtig einzuschätzen, muss man sie im Horizont seiner Prämissen sehen. Sie setzen das christliche Weltverständnis voraus: die Vorstellung von Gott bzw. dem Sein als dem Allumfassenden und Geheimnisvollen, die Leibnizische Idee von unserer Welt als der besten aller Welten und den biblischen Gedanken vom Menschen als Krone der Schöpfung. Ihr Hintergrund ist die Anthropozentrik der christlichen Welt und die Verherrlichung des Lebens, selbst beim späten Heidegger noch. Macht man sich frei davon und sieht wie der Informatiker Douglas Hofstaedter »die menschliche Rasse alles in allem nicht [als] das Wichtigste im Universum«[35] an, stellt man noch dazu wie der amerikanische Philosoph Dan Dennett die These auf: »Wir müssen uns befreien von unserer Ehrfurcht vor dem Leben, wenn wir mit der künstlichen Intelligenz Fortschritte machen wollen«,[36] dann ist die Vorstellung eines postbiologischen, durch künstliche Intelligenz und andere Techniken bestimmten Zeitalters weder etwas intellektuell Erschreckendes noch etwas moralisch Anstößiges. Hier wäre zudem die aristotelische These realisiert, dass vollendete Technik und Natur letztlich auf dasselbe hinauslaufen, die Technik die natürlichen Prozesse vollzieht und die Natur die technischen.[37]

3. Systemtheoretische Betrachtungen

a) Statische und dynamische Modelle

Das zweite wesentliche Novum der modernen Naturwissenschaft neben der erwähnten Technisierung ist die systemtheoretische Behandlung der Natur.

Systemtheorie ist der Name für eine relativ junge Wissenschaftsdisziplin, die erst Mitte des 20. Jahrhunderts entstanden ist und besonders in Nordamerika Verbreitung gefunden hat. Von dem Biologen Ludwig von Bertalanffy (1901–1972) in den Vierzigerjahren auf den Begriff »allgemeine Systemlehre«[38] gebracht, ist sie heute unter dem Namen *general system theory* bzw. unter dem entsprechenden deutschen geläufig.[39] Ihren Ausgang genommen hat sie von der Biologie und von dem Versuch, lebendige Organismen auf den Systembegriff zu bringen. Bekanntlich stehen Organismen in einem permanenten und umfassenden Austausch mit ihrer Umgebung, sei es einem Stoff-, Energie- oder Informationsaustausch, wobei sie die Tendenz haben, ihre Struktur und Funktion gegen die Umwelt zu behaupten, zu regenerieren und zu reproduzieren. Dies veranlasste Bertalanffy, nach einer Abgrenzung organischer Systeme von mechanischen zu suchen und für die ersteren den Begriff »offene Systeme« und mit ihm das Schema »System – Umwelt« einzuführen im Unterschied zu den geschlossenen Regelkreisen der Mechanik. Damit unterschied er zugleich eine organizistische Richtung von einer mechanistischen, auf der die Kybernetik aufbaut. Begriffe wie »Fließgleichgewicht« *(steady state)*, womit im Unterschied zum statischen Gleichgewicht (Homöostase) die dynamische Erhaltung und ständige Wiederherstellung der Organisation lebender Organismen in ihrer Auseinandersetzung mit der Umwelt bezeichnet wird, »Äquifinalität«, womit die Erreichung des gleichen Endzustands bei verschiedenen Ausgangsbedingungen gemeint ist, und »negative Entropie«, was wachsende Ordnung und zunehmende Differenzierung bedeutet, wurden zu Fundamentalbegriffen seiner Theorie.

Aufgegriffen und fortgeführt wurde diese Theorie von dem chilenischen Neurophysiologen und Bioepistemologen Humberto R. Maturana.[40] Sein entscheidender Fortschritt über Bertalanffy hinaus besteht in der Einführung des Begriffs der Selbstorganisation *(self organization)*, der sogenannten Autopoiese, sowie dem Ausbau der Theorie zu einer auto-poietischer Systeme im Unterschied zu allopoietischen Systemen. Mit dem Begriff der Selbstorganisation soll zum Ausdruck gebracht werden, dass biologische Systeme sich gegenüber ihrer Umwelt durch die Selbstre-ferenz ihrer Elemente und elementaren Operationen konstituieren. Dies schließt eine Selbstbegrenzung ebenso wie eine »Wiedererkenntnis« ihrer Momente ein. Das Schema »offenes System – Umwelt« wird damit um den Begriff der Selbstbeziehung und Selbstbegrenzung biologischer Sys-teme erweitert.

Das Interessante und für unseren Kontext Entscheidende ist, dass nicht nur Objekte einschließlich der Natur im ganzen systemtheoretisch interpretiert werden können, sondern auch das Wissen von ihnen. Auch unser Wissen bzw. unsere Erkenntnis ist ein organisiertes und sich organi-sierendes System, sei es ein Subsystem im Verbund mit anderen, sei es ein Ganzheitssystem mit Inklusion der anderen oder Deckungsgleichheit mit anderen, so dass alle Strukturmerkmale, die für objektive Systeme gelten, auch für das subjektive Wissen in Betracht kommen. Die Anwendbarkeit auf das Wissen und darüber hinaus auf das Handeln und Verhalten er-klärt, dass die Systemtheorie Eingang in die verschiedensten Wissenschaf-ten gefunden hat, neben der Biologie in die Epistemologie, Soziologie,[41] Psychologie und Psychiatrie.[42] Systemtheorie ist heute der Sammelname für eine Vielzahl von Systembeschreibungen. Die Tatsache, dass diese auf den unterschiedlichsten Gebieten mit Erfolg verwendet werden, ist Indiz dafür, dass es hier ausschließlich um eine strukturelle Betrachtungsweise geht, die unabhängig von den materiellen Applikationsbedingungen ist und damit die Komparabilität diverser Systeme biologischer, epistemolo-gischer, soziologischer, psychologischer Art usw. zulässt.

Systemtheoretische Reflexionen als solche sind indessen keineswegs neu, sondern, wie ein Blick auf die Geschichte lehrt, spätestens seit Platon bekannt, der im *Timaios* im Rahmen seiner kosmologischen Untersu-chungen die Frage nach dem Aufbau und der Ordnung des Kosmos stellt. Das massive Auftreten des Systembegriffs und seiner Synonyme in be-stimmten Passagen dokumentiert, dass sich hier ein *terminus technicus* ab-zuzeichnen beginnt. Wenngleich Aristoteles andere Termini für *sýstasis* und *sýstēma* präferiert, nämlich *táxis* und *sýntaxis*, zielen seine Untersu-chungen auf dasselbe. Seitdem beherrscht der Systembegriff die Kosmo-logie, vor allem die Astronomie. Er dient als *systema mundi* zur Bezeich-nung des Universums und als *systema caelestis* zur Bezeichnung des Plane-tariums als eines ausgezeichneten Teils des ersteren.

Das zweite Anwendungsgebiet neben der Physik ist seit der Antike die Musiktheorie. Hier bezeichnet *sýstēma* die aus Intervallen zusammenge-setzten Tonarten. Ihren Ursprung hat diese doppelte Verwendungsweise in Physik und Musiktheorie in der pythagoreischen Vorstellung von der

Sphärenharmonie, derzufolge die Planeten in ihren mathematisch berechenbaren Umlaufbahnen Töne abgeben, die in ihrer Gesamtheit einen harmonischen Klang bilden. Formale mathematische Verhältnisse liegen sowohl den planetarischen wie den musikalischen Bewegungen zugrunde. Beide lassen sich auf abstrakte Zahlenverhältnisse reduzieren, in denen sie ihre Gemeinsamkeit haben. – In der Musiktheorie bleibt der Systembegriff auch in römisch-lateinischer Zeit erhalten. Martianus Capella[43] z. B. widmet in seiner Enzyklopädie der Frage *quid sit systema* (»was ein System sei«) ein ganzes Kapitel.

Wegen seines rein formalen Charakters ist der Systembegriff seit frühester Zeit Gegenstand der Logik, später der Wissenschaftstheorie. In diesen Disziplinen wird untersucht, was ein System ist oder sein soll, worin die normativen Kriterien bestehen und wie die diversen Arten von Zusammenhang zu denken sind. In diesem Sinne schreibt Bartholomäus Keckermann eine *Systema Logicae* (1600),[44] in deren Einleitung er eine Definition des Systembegriffs gibt, und Clemens Timpler eine *Metaphysicae systema methodicum* (1604),[45] in der er auf die Kunst *(ars)* der methodischen Darstellung der Metaphysik eingeht; Johann Heinrich Lambert verfasst ein *Fragment einer Systematologie* (1787).[46]

Sofern systemtheoretische Betrachtungen nicht nur als logische oder methodologische Deskriptionen des Seienden aufgefasst werden, sondern in ihrer konstitutiven transzendentalphilosophischen Rolle für die objektive Welt anerkannt werden, spielen sie in allen großen Systemkonzeptionen, sei es des Rationalismus bei Leibniz und Wolff, sei es des Transzendentalismus bei Kant, sei es des Idealismus bei Fichte, Schelling und Hegel, eine Rolle.[47]

Was bedeutet nun »System« sowohl im allgemeinen wie im Speziellen? »System«, hergeleitet von dem griechischen *sýstēma* oder *sýstasis*, meint das Zusammengestellte, Zusammengenommene, Verbundene. Im Unterschied jedoch zur unbeabsichtigten, willkürlichen und zufälligen Zusammenstellung – gewöhnlich »Aggregat« genannt – repräsentiert das System eine beabsichtigte, planvolle Zusammenstellung. Da stets eine Vielheit von Momenten zusammengestellt wird, zumindest aber zwei, da dies zudem einen einheitlichen Aspekt verlangt und da ferner die Art und Weise der Verbindung der Zweiheit zur Einheit methodisch erfolgt, sind damit bereits alle drei systemkonstituierenden Momente genannt: *erstens* Vielheit, *zweitens* Einheit und *drittens* die den Übergang zwischen beiden vermittelnde Methode. Während Einheit und Vielheit die beiden Extreme jedes Systems bilden, dient die Methode zur Überwindung ihrer Kluft und zum geregelten Übergang, der jederzeit und für jedermann nachvollziehbar und damit rational einsichtig ist.

Die Grundalternative, vor die sich die Systemtheorie gestellt sieht, ist die, ob nur ein einziges, allumfassendes, ein Totalitätssystem existiert, das alle anderen als Subsysteme in sich begreift, oder eine Pluralität heterogener, mithin relativer Systeme, die entweder unverbunden nebeneinander bestehen oder verbunden sind durch ein gemeinsames Medium.

Ein Totalitätssystem, das nicht nur eine unbestimmte, mehr oder minder große Anzahl von Gliedern zu umfassen hat, sondern die Gesamtheit, und diese unter einem einheitlichen Aspekt vereinen muss, ist nur auf zweierlei Weise denkbar, entweder als klassifikatorisches oder als dialektisches. Das erstere folgt der axiomatischen Logik, das letztere der dialektischen. Beide intendieren Vollständigkeit und Perfektion, womit die Prädikate *absolutum* und *perfectum* Anwendung finden.

Im ersteren Falle wird die Kluft zwischen Einheit und Allheit überwunden durch die Methode der Dihairesis (Unterscheidung), im Idealfall durch die dichotomische, dergestalt dass die oberste Gattung in Arten zerlegt wird, und zwar in zwei und nur zwei, diese wiederum in zwei und nur zwei Unterarten usf., bis die Einteilung vollendet ist. Die Spezifikation erfolgt nach dem Schema von *genus proximum per differentiam specificam* (nächsthöhere Gattung durch spezifischen Unterschied). Aus umgekehrter Perspektive zeigt sich das Verfahren als Klassifikation, indem die niederen Arten der nächsthöheren Gattung subordiniert werden, was mit Hilfe der logischen Operationen der Komparation, Reflexion und Abstraktion, d. h. der Vergleichung der subordinierten Arten auf ein gemeinsames Merkmal hin unter Abstraktion aller Differenzen, geschieht. Auf diese Weise resultiert ein hierarchisches System durchgängiger Klassifikation bzw. Spezifikation. Dabei gilt das Gesetz: Je inhaltsreicher die Artbegriffe sind, desto eingeschränkter ist ihr Geltungsumfang, und umgekehrt je ärmer und karger der Inhalt ist, desto allgemeiner und weiter der Geltungsumfang.

Das klassifikatorische Absolutheits- oder Totalitätssystem hat mindestens mit zwei Schwierigkeiten zu kämpfen, die es letztlich scheitern lassen. Zum einen ist das System nach beiden Richtungen – unten wie oben – offen. Es ist eine Illusion zu glauben, dass sich durch zunehmende Spezifikation der Gattungen in Arten und Unterarten schließlich ein *átomon eídos*, eine letzte, unteilbare Art, erreichen ließe, die dann mit dem Individuum zusammenfiele. Immer lässt sich noch ein weiteres Merkmal finden, das die Art weiter unterteilt; denn das Individuum, das eine je einmalige Kombination der Gesamtheit von Merkmalen darstellt, ist hinsichtlich dieser unerschöpflich. *Individuum est ineffabile*, lautet eine bekannte scholastische Formel. Es gibt keine absolut gleichen Individuen.[48] So bleibt zwischen allgemeiner Gattung und konkretem Individuum stets ein unüberwindlicher Hiat, der die Idee der durchgängigen formalen Bestimmung eines Gegenstands, die mit dessen Existenz zusammenfällt, unrealisierbar macht.

Ebenso illusorisch ist die Meinung, ein einziges höchstes Prinzip finden zu können, das schlechthin einfach und allumfassend ist; denn entweder erweist sich der vermeintliche Kandidat von einem anderen philosophischen Standpunkt doch als transzendierbar, z. B. die Gattung »Gegenstand«, wenn sie im kantischen Sinne als Erfahrungsgegenstand genommen wird, durch die höhere Gattung »Seiendes«, die nicht nur Reales, sondern auch rein Gedankliches umfasst, oder er ist für den Fall, dass er sich als nicht weiter übersteigbar zeigt, zumindest im Rahmen unseres Denkens niemals einfach. Diese Erkenntnis findet sich bereits bei Platon im *Sophistes* und *Parmenides* in der Formel von der *symplokê tôn genôn*, der Vernetzung der höchsten Gattungen einschließlich der Gattung »Erkenntnis«, ausgesprochen. Denn neben dem Sein müssen gleichberechtigt das Nichtsein, die Einheit und Vielheit, die Identität und Differenz, die Ruhe und Bewegung und eine Reihe anderer höchster Gegensätze angenommen werden, da das Sein immer auch eines, mit sich identisch, von anderen Genera wie der Einheit, Identität, Differenz verschieden, in sich ruhend usw. ist und damit durch eine Vielheit von Prädikaten bestimmt, also auch Vieles, Nichtseiendes usw. ist. Ebenso kann jeder der anderen höchsten Begriffe als Subjekt einer Prädikation fungieren, Identität etwa dadurch, dass von ihr ausgesagt wird, dass sie ist, *eines* ist, *verschieden* von anderen Genera, dadurch auch Vieles, Nichtseiendes, Differentes usw. Aufgrund der Gleichoriginarität und Gleichuniversalität lässt sich die Mehrzahl höchster Genera nur als Überlagerung und Wechselimplikation denken. Expliziert werden kann diese nur dialektisch im Ausgang vom einen Genus und im Übergang zum anderen, wobei die Explikation trotz der Beliebigkeit des Ausgangs innerhalb des abgesteckten Rahmens bleibt. So erweist sich jeder vermeintliche Kandidat hinsichtlich seines Anspruchs auf Simplizität als inadäquat.

Hinzu kommt, dass sich der Idealfall dichotomischer Einteilung, der allein eine durchgängige Gliederung und Erfassung des Seienden garantiert, in der Realität nur selten einstellt. Zumeist begegnen trichotomische oder polytomische Einteilungen.

Um der erstgenannten Schwierigkeit, der beidseitigen Offenheit und Unabschließbarkeit, zu entgehen, unterstellt die zweite Form des Totalitätssystems, die dialektische, eine Selbstbezüglichkeit und damit eine Geschlossenheit des Systems. Damit fällt das, was im Klassifikationssystem in Extreme auseinander bricht, Allgemeinheit und Einzelheit, Abstraktheit und Konkretheit, zusammen. Dies hat zur Konsequenz, dass sich die Analyse und Spezifikation des Ganzen in seine Teile zugleich als Synthese und Klassifikation der Teile zum Ganzen erweist und umgekehrt, so dass der Fortgang von einfachen Bestimmungen zu immer komplexeren zugleich ein Rückgang in den Grund ist. Dadurch dass die Idee des erst am Ende zu erreichenden Ganzen bereits im Anfang leitend ist, enthüllt sich der Progress vom Einzelnen zum Ganzen in Wahrheit als eine Selbstexplikation des Ganzen. Das hier wirksame Gesetz ist das der dialektischen

Trias von These, Antithese und Synthese, wobei die Synthese wieder als These eines neuen Dreischritts fungiert. Damit schlingt sich das Ende in den Anfang zurück. Bekanntlich hat Hegel dieses Konzept in seiner Philosophie mit äußerster Konsequenz und Virtuosität gehandhabt.

Die Meinung, das selbstreferentielle dialektische System entgehe der Offenheit und Unabschließbarkeit, erweist sich als Irrtum. Wenngleich die dialektische Trias stets an den Anfang zurückführt, so ist doch jeder neue Anfang nur formal identisch mit dem ersten, inhaltlich hingegen weiterbestimmt. In diesem Prozess der Bestimmung ist kein Ende abzusehen, sowenig wie beim umgekehrten Vorgang, da vor jedem Anfang, da dieser beliebig gewählt werden kann, inhaltlich ein neuer Anfang liegt und vor diesem wieder ein neuer usf. Die Offenheit und Unabschließbarkeit stellt sich hier intern im Rahmen des Selbstbezugs der Bestimmungen ein.

Hinzu kommt, dass ein auf Selbstreferenz basierendes geschlossenes Ganzes sich einem externen Betrachter als ein endliches System präsentiert; denn ein geschlossenes System zeigt sich immer nur vor einem offenen, unendlichen und unbestimmten Feld wie eine Figur auf einem Grund; es erfüllt damit nicht mehr die Bedingung der Totalität. Und für einen internen Betrachter wäre die Selbstbeziehung und Geschlossenheit wegen der Zirkularität nicht erkennbar.

Aus alledem folgt, dass die Konzeption eines absoluten Systems zugunsten einer Pluralität relativer Systeme aufzugeben ist, die entweder völlig unverbunden koexistieren oder verbunden und vermittelt sind durch ein gemeinsames Substrat wie Raum und Zeit. Da die erste Annahme auf eine Mehrweltentheorie im Sinne Everetts hinausläuft, zu der wir aber als Erkenntniswesen, die an ein bestimmtes System gebunden bleiben, wegen der Nichttranszendierbarkeit desselben keinen Zugang haben, kommt für uns nur die zweite Annahme in Betracht. Hier interessieren uns vorab die durch Zeit verbundenen »fluktuierenden« Systeme, die sogenannten »Prozesssysteme«.

Diese pflegt man zu unterscheiden nach ihrer kontinuierlichen oder diskontinuierlichen Verlaufsform. Zu den Ersteren zählen unendliche wie endliche Prozesse, solche, bei denen die Momentansysteme, in die sie bei Querschnitten entlang der Zeitachse zerlegbar sind, sich in unabsehbarer Folge aneinander reihen, und solche, bei denen diese zu einem Abschluss gelangen. Die unendlichen Prozesse werden gebildet a) aus Systemen, die dieselbe Struktur aufweisen, sich aber quantitativ voneinander unterscheiden und in ihrer zeitlichen Aufeinanderfolge einen Prozess der Zu- oder Abnahme darstellen, und b) aus Systemen, die qualitativ, strukturell verschieden sind und in ihrer zeitlichen Folge einen Prozess gradueller Veränderung ausmachen. Zur zweiten Gruppe zählen a) Systeme, die zwar quantitativ wie qualitativ voneinander differieren, aber auf ein Ziel zusteuern, in dem sie ihr Ende und ihre Vollendung finden, und damit als teleologische oder finalistische Prozesse auftreten, und b) Systeme, die ihre Vollendung nicht erst am Ende erreichen, sondern im und während des gesamten Verlaufs haben und folglich rhythmische Vorgänge periodischer oder nicht-periodischer Art abgeben.

Was die diskontinuierlich aufeinanderfolgenden Systeme betrifft, so handelt es sich um heterogene Systeme, die nur durch Sprünge ineinander übergehen. Hier lassen sich Sequenzen mit und ohne Richtungssinn unterscheiden je nachdem, ob der Transzensus von einem System zum anderen eine bestimmte Tendenz, sei es einen Fortschritt oder Rückschritt, erkennen lässt oder nicht.

Wenn nach bisheriger Sprechweise innerhalb der verschiedenen Verlaufsformen von einer *Pluralität* von Systemen die Rede war – einer Sprechweise, die sich nahe legt, wenn man durch die Zeitreihe Querschnitte zieht und so in jedem Augenblick auf ein Momentansystem stößt –, so kann derselbe Sachverhalt unter Zugrundelegung der Redeweise eines *einzigen* Systems innerhalb einer Verlaufsform auch so ausgedrückt werden, dass sich dieses kontinuierlich oder diskontinuierlich ändert. Man spricht dann entweder von der quantitativen oder qualitativen, genetischen, periodischen bzw. nicht-periodischen Veränderung usw. des *einen* Systems. Hieraus ergibt sich folgende Schematik:

I. Absolutes (statisches) System:
    a) Klassifikationssystem
    b) Dialektiksystem
II. Relative (dynamische) Systeme:
  A. Kontinuierliche Systeme:
    1. Unendlich kontinuierliche Systeme:
      a) quantitativ variable Systeme
      b) qualitativ variable Systeme
    2. Endlich kontinuierliche Systeme:
      a) genetische Systeme
      b) rhythmische Systeme
  B. Diskontinuierliche Systeme:
    a) evolutionäre Systeme mit Fortschritt
    b) evolutionäre Systeme ohne Fortschritt

Diese Modelle sind zunächst formal zu explizieren, bevor der materialen Frage ihrer Anwendbarkeit nachgegangen werden kann. Die Explikation kann sich auf die relativen Systeme beschränken, da das absolute System bereits zur Diskussion stand.

Unter quantitativ variablen Systemen sind solche zu verstehen, die einer Vergrößerung oder Verkleinerung fähig sind. Als Prototyp dient der

Aufbau der natürlichen Zahlenreihe, bei dem es sich insofern um ein signifikantes Beispiel handelt, als es generellen Aufschluss über diesen Systemtyp gewährt. Der Aufbau erfolgt nach dem Schema n und n+1, wobei über jede erreichte Zahl durch Addition zur nächsthöheren hinausgegangen werden kann. Jede Zahl außer der Eins stellt ein System aus Einheiten dar, das nach rückwärts das vorangehende Zahlensystem involviert, erweitert um eine neue Einheit, und nach vorwärts die Basis für ein neues Zahlensystem bildet. Jede Zahl steht retro- wie prospektiv mit allen anderen in Verbindung. Der Additionsprozess geht auf die beschriebene Weise ins Unendliche fort. Da der Prozess vorgängig durch eine Regel festgelegt ist, lässt er sich im Prinzip schon nach wenigen Schritten abbrechen und durch ein »usw.« ersetzen; denn grundsätzlich Neues steht nicht zu erwarten. Hier begegnet eine Methode, die das Unendliche durch das Endliche beherrschbar macht.

Im Unterschied zu quantitativ variablen Systemen haben wir es bei qualitativ variablen mit solchen zu tun, deren Gestaltqualität einem Wandel unterliegt. Diese beruht auf der Struktur und Organisation des Systems. Nimmt daher die Komplexität und Durchstrukturiertheit des Systems graduell zu oder ab, wird die Ausdifferenzierung zunehmend reicher oder ärmer, so dokumentiert sich hierin eine qualitative Veränderung. Das Zustandekommen derselben erklärt sich aus der Applikation des Verhältnisses »System – Umwelt« auf das System selbst, so dass das letztere, das sich gewöhnlich von der offenen Umwelt abgrenzt, nun selbst zum offenen Innenhorizont wird, zu einer »Binnenwelt« oder »inneren Umwelt«,[49] die die Möglichkeit zur Strukturierung bietet und durch wiederholte Anwendung des Schemas zunehmend differenziert und organisiert wird. Auf diese Weise bilden sich in der Innensphäre Subsysteme mit weiteren Subsystemen, die entweder hierarchisch oder zentralistisch gegliedert sein können.

Der Begriff »genetisches System« stammt ursprünglich aus dem organischen Bereich und bezeichnet dort Organismen, die eine Entwicklung durchmachen, Pflanzen, die aus dem Samen zur voll entfalteten Pflanze heranwachsen (z. B. die Eiche aus der Eichel), Tiere und Menschen, die aus der befruchteten Eizelle über verschiedene Stadien heranreifen. Niedergang, Verfall wie der Alterungsprozess und das Absterben ist Entwicklung nur mit negativem Vorzeichen. Ebenso gehört der Begriff »rhythmisches System« ursprünglich dem biologischen Kontext an, insofern das Aus- und Einatmen, der Pulsschlag, die Gehbewegungen als rhythmisch angesprochen werden können; er kommt aber gleicherweise in anderen Bereichen vor, z. B. zur Bezeichnung einer Melodie, eines Gedichts, eines Verses.

In beiden Fällen haben wir es mit geschlossenen, endlichen Prozesssystemen, mit sogenannten Prozessgestalten zu tun, die zwischen Grenzen eingespannt sind, wobei im Falle der Entwicklung die eine Grenze zugleich das Ende und die Vollendung des Prozesses und in eins damit der Gestaltwerdung bedeutet. Insofern ist Entwicklung ein zielgerichteter Prozess. Von Anfang an tendiert er auf ein bestimmtes Ziel, das anfangs nur *in nuce* vorliegt, sich aber zunehmend über Stufen und Grade bis zur vollen Ausprägung realisiert. Man kann sich teleologische Prozesse nicht anders verständlich machen als so, dass ihnen von Beginn an ein bestimmtes Konzept zugrunde liegt, das den Gesamtprozess steuert. Anfangs ist es nur potentiell vorhanden, erst am Ende voll aktualisiert, der Verlauf selbst ist die sukzessive, graduelle Aktualisierung desselben.

Im Unterschied dazu wird bei rhythmischen Bewegungsgestalten das Systemganze nicht erst am Ende erreicht, sondern ist bereits während des gesamten Verlaufs voll präsent; es ist nichts anderes als der Verlauf selbst. Erkennen lässt sich dies daran, dass z. B. eine Melodie, sofern sie nur weit genug vorangeschritten ist, bei plötzlichem Abbruch aufgrund des immanenten Systemzwangs ergänzt werden kann. Rhythmische Prozesse sind extensional erstreckte Ganzheiten, die in jedem Moment ihres Ablaufs Anfang und Ende sowie alle Zwischenstadien festhalten, in Edmund Husserls Terminologie: retinieren und protinieren. Sie konstituieren sich aus der Überlagerung von Momentanphasen mit Retentionen und Retentionen der Retentionen sowie Protentionen und Protentionen der Protentionen usw.

Mit genetischen und rhythmischen Prozesssystemen haben wir nicht nur Bewegungs-, sondern auch Zeitgestalten vor uns. Für diese gilt, dass die Teile der Zeit beim Aufbau des Systems eine fundamentale Rolle spielen. Das System konstituiert sich nicht nur aus simultanen Raumteilen, sondern ebenso aus sukzessiven Zeitteilen, die in jedem Moment der Zeitreihe die bestehende Einheit der simultanen Mannigfaltigkeit modifizieren und variieren. Kontrastierend stelle man sich die gleichförmige Wiederkehr eines bestimmten Systems, etwa den Umlauf eines Planeten, vor. Legt man hier in bestimmten Zeitintervallen einen Querschnitt durch das System, so trifft man stets auf dieselbe Vektoranalyse. Alle Querschnitte sind durch Äquivalenz charakterisiert, so dass jeder als Repräsentant der ganzen Serie auftreten kann. Anders, wenn es sich nicht um die Iteration schon konstituierter Systeme, sondern um die Systemkonstitution selbst handelt.

Könnte man im Falle der Entwicklung eines Systems noch meinen, dass es sich durchgehend um dasselbe System handle, das dem Prozess zugrunde liegt und sich in ihm nur explizier – bezüglich eines sich entwickelnden Wesens spricht man von demselben Wesen trotz unterschiedlicher Entwicklungsstadien –, so muss der Gedanke einer numerisch identischen Trägerschaft des Systems spätestens im Falle der Rhythmik suspekt werden, da wir es hier mit ständig wechselnden Systemanordnungen zu tun haben, was genaugenommen auch schon für die Entwicklung gilt. Zusammengehalten wird das dynamische Ganze im einen wie im anderen Falle weder materiell durch einen identisch sich durchhaltenden Träger noch formal durch eine identisch sich durchhaltende Systemeigenschaft, sondern allein funktional durch ein den Gesamtprozess bestimmendes identisches Verhalten. Die Einheit des Systems bei ständig wechselnder Anordnung der Systemteile kommt nicht zustande durch den Bezug auf einen identischen Referenten mit synthetisierender Funktion außerhalb des Systems, sei es eine Substanz oder ein Subjekt oder eine abstrahierbare Systemeigenschaft oder -formation, sondern allein durch ein immanentes synthetisches Systemverhalten. An die Stelle der Differenz zwischen System und Träger tritt der Zusammenfall beider; das System avanciert zum Träger seiner selbst; seine Einheit und Identität ist keine andere als die des Gesamtverlaufs.

Evolutionäre Systeme machen im Unterschied zu genetischen keinen kontinuierlichen Prozess, vielmehr einen diskontinuierlichen durch, der Einschnitte und Sprünge in der Aufeinanderfolge der Systeme aufweist. Die Hiate können allerdings im Rahmen und mit den Mitteln unserer Erkenntnis nur nachträglich konstatiert, nicht vorab prognostiziert und schon gar nicht erklärt werden, es sei denn durch den nichtssagenden Begriff der Mutation, mit dem das plötzliche, unerwartete, damit aber auch unerklärliche Auftauchen grundlegender Systemveränderung gemeint ist. Die aufeinanderfolgenden heterogenen Systeme sind somit gegeneinander selbständig und nicht aufeinander reduzierbar; sie sind in sich geschlossen, selbst wenn sie interne Entwicklungen durchmachen. Bei evolutionären Prozessen lassen sich solche mit und ohne Richtungssinn unterscheiden. Im letzteren Falle geschieht der Übergang von einem System zum anderen völlig gesetz- und regellos. Er ist durch kein Schema fassbar; man kann nur feststellen, dass er erfolgt ist, nicht aber, wie. Allenfalls ließe sich noch das vage Gesetz formulieren, dass er zu erfolgen habe, nicht aber, in welcher Form. Im Vergleich zum Aufbau der natürlichen Zahlenreihe, wo a priori per Gesetz feststeht, nicht nur dass, sondern wie überzugehen ist, nämlich durch Addition einer Einheit nach der anderen, bleibt hier die Richtung offen und die Art und Weise indeterminiert und variabel.

Der Vorgang hat ein Analogon in der mengen- bzw. zahlentheoretischen Interpretation des Kontinuums. Wie sich das kontinuierliche Feld nicht durch einen einsinnigen Prozess erschöpfen lässt, so auch nicht die unausdenkliche Mannigfaltigkeit der Systeme. Da die möglichen Punkte bzw. Zahlen des Kontinuums in ihrer Vollständigkeit nicht durch wiederholte Teilung zu erreichen sind – gelangt man doch auf diese Weise nur zu Halbierungspunkten, nicht zu drittelnden oder fünftelnden usw. –, so muss, um jeden möglichen Punkt bzw. jede mögliche Zahl zu erreichen, die Wahl der Methode bei jedem Schritt neu festgelegt werden bis ins Unendliche hinein. Hier lässt sich das Unendliche nicht mehr durch das Endliche, nämlich durch ein einziges Gesetz, beherrschen, sondern nur noch durch eine unendliche Vielzahl. Die Mathematiker haben hierfür den Begriff der »freien Wahlfolge« geprägt.[50] Man könnte unter Zugrundelegung spieltheoretischer Elemente auch von einer »freien Variation der Möglichkeiten« sprechen.

Anders verhält es sich mit den evolutionären Prozesssystemen, die einen bestimmten Richtungssinn aufweisen, der entweder in einem Fortschritt oder Rückschritt bestehen kann. Begreifen lassen sich solche Prozesssysteme als quasi-finalistische nach Analogie von Entwicklungsvorgängen. Man erklärt sich ihr Zustandekommen so, dass nicht wie im vorigen Falle bei jedem Übergang der Spielraum der Möglichkeiten gleich groß bleibt, nämlich unendlich, sondern zunehmend eingeengt wird, so dass ein Selektionsdruck entsteht, mittels dessen sich ein Richtungssinn herausbildet. Das Ausleseergebnis der Vergangenheit schränkt den Spielraum der für die Zukunft noch verbleibenden Alternativen immer mehr ein, so dass aus einem Minimum an Ordnung ein Maximum an Ordnung, aus »Gesetzlosigkeit« »Gesetz« entsteht. Das, was geschehen ist, wird zum Gesetz für das, was geschehen wird. Da sich der Vorgang mit jeder neuen Selektion der selber schon selektierten Möglichkeiten wiederholt, werden einerseits die Bedingungen der Kompossibilität zunehmend schärfer und damit die Mechanik der Auslese immer einsinniger, andererseits werden die vorkommenden Gelegenheiten und damit das der Auslese dargebotene Material immer spezifischer, kurz, Möglichkeit wie Gelegenheit werden mehr und mehr in einer bestimmten Richtung kanalisiert, bis das vollendete System nur noch seine eigene Möglichkeit übrig lässt: seine ständige Reproduktion. Die Prämissen dieser These sind *erstens* ein begrenzter, endlicher Ausgangsspielraum und *zweitens* ein Selektionsprinzip.

Zur Illustration sei auf ein Beispiel von Bernd-Olaf Küppers[51] verwiesen. Es handelt sich um ein Computermodell, das die biologische Evolution und den ihr zugrunde liegenden Selektionsmechanismus in Anlehnung an eine Idee von Manfred Eigen simuliert. Ausgangsgrundlage bilden die Buchstaben unseres Alphabets in binärer Kodierung. Ziel ist es, eine bestimmte Buchstabenfolge, wie sie etwa in dem Wort EVOLUTIONSTHEORIE vorliegt, aus einer nicht sinnverwandten Anfangskombination mit der Zufallssequenz ULOWTRSMIKLABTYZC herzustellen. Geschehen soll dies mittels einer computererzeugten Reproduktion der Anfangssequenz und einer programmierten Fehlerrate, wodurch die biologischen Phänomene der Selbstreproduktion und Mutation imitiert werden. Wie in biologischen Systemen Mutationen durch fehlerhafte Selbstreproduktion zustande kommen, so ist auch hier von Fehlern in der Reproduktion auszugehen. Vorgegeben ist ferner ein bestimmter Selektionswert, der festlegt, dass jede Sequenz, die nach binärer Kodierung um ein *bit* besser mit der Zielsequenz übereinstimmt, sich um einen bestimmten Faktor, den sogenannten differenziellen Vorteil, schneller reproduziert als die ursprüngliche Kopie. Die Anwendung des Selektionswertes übt einen fortwährenden Selektionsdruck auf das System aus. Um die Gesamtpopulation im Zeitmittel konstant zu halten, wird jeweils bei einer Gesamtpopulation von 100 Kopien dieselbe nach einem rein zufälligen Verfahren auf 10 Kopien reduziert. Die Computersimulation zeigt dann in der ersten Generation die Sequenzen:

CLOWTBCKIKLAFTYJ: / ELWWCBCKIKTAFTYJ: / ELOWTBCKIKLAJVYI: /
ELWWSBCKIKLIFTUJ: / ELWWSBCKIKLAFTYJ: / ELWWSRCLAKL!FTYJ: /
ELWWSBCKEKLIJTYJ: / CLOWTBCKIKLA,VYJ: / ELWOSBCKEKLAJTYJ: /
CLOOTBCKIKLAFTY J: /

in der fünfzehnten Generation die Sequenzen:

EVQLVDGONS?HEOQUI / EVOKVDGONSLHE,QIC / ETOLVDGONS?HEOQIE /
EVOLVDGONS?LUOQUC / EVQLVDGONC?HEOQIE / EVOLVDIONKLHEKQIC /
EVOLVDGONSLHEOQIC / EVOLVDGONS?HEOQIE / EVOLVEDONSLHEOQIC /
EVOLVDGONS?HEOQIE

in der dreißigsten Generation die Sequenzen:

EVOLUTIONSTHEORIE / EVOLUTIONSTHEORIE / EVOLUTIONSTHEORIE /
EVOLUTIONSTHEORIE / EVOLUTIONSTHEORIE / EVOLVDIONSTHEORIE /
EVOLUTIONSTHEORIE / EVOPUTIONSTHEORIE / EVOLVTIONSTHEORIE /
EVO?UTIONSKXHEORI

Der Computerausdruck gibt drei verschiedene Phasen der Evolution wieder: die erste, fünfzehnte und dreißigste Reproduktionsgeneration. In der dreißigsten hat sich bereits ein Selektionsgleichgewicht hergestellt, indem fünf Kopien das Wort in der gewünschten Buchstabenfolge wiedergeben. Das geschilderte Optimierungsverfahren lässt verständlich werden, was durch reine Zufallsmutation unverständlich bliebe, nämlich die Herausbildung einer bestimmten Zielsequenz aus einer ursprünglich völlig andersgearteten. Wäre die Erwartungswahrscheinlichkeit bei einer Zufallsmutation praktisch gleich Null, da die intendierte Sequenz eine von 10^{26} Alternativen ist, so rückt sie bei der Kanalisierung des Vorgangs in den Bereich des Möglichen und Erklärbaren.

Im folgenden sollen die aufgeführten Systeme hinsichtlich ihrer Realisierung in Natur und Naturwissenschaft als den beiden hier in Betracht kommenden Bereichen für Systeme diskutiert werden.

b) Absolutes System als definitive Wissenschaft von der Natur

Auch wenn heute im Zuge der Historisierung des Bewusstseins die Meinung überwiegt, dass nur relative Wissenschaftssysteme von der Natur möglich seien, taucht doch immer wieder die Vorstellung eines letzten, absoluten Systems auf, sei es als feste Überzeugung, sei es als Wunschdenken. Der Gedanke eines allumfassenden Systems ist unausrottbar und basiert auf zwei Quellen, einer wissenschaftsanalytischen und einer wissenschaftshistorischen.

Während das mythische Denken partielle, meist lokale Erklärungs- und Orientierungsmuster annimmt und die in ihrer Wirklichkeitsnähe für uns oft überraschenden und unverständlich bleibenden Bilder und Erzählungen nebeneinander stehen lässt, zielt das wissenschaftliche Denken auf einen einheitlichen, konsistenten und kohärenten argumentativen Begründungszusammenhang, in welchem die Folgen auf Gründe und diese wiederum auf höhere Gründe reduziert werden. Die Naturphänomene selbst sind vielgestaltig, chaotisch, in ihrer konkreten Lebensfülle oft in sich widersprüchlich. Das mythische Denken trägt dem dadurch Rechnung, dass es die uns geläufige Trennung von Generellem und Speziellem, Abstraktem und Konkretem, mit sich Identischem und in sich Widersprüchlichem noch nicht vornimmt, sondern die Ebenen ineinander fallen lässt und so die individuellen, konkreten, in sich widersprüchlichen Instanzen in die Funktion allgemeiner Paradigmen bringt. Das wissenschaftliche, auf Rationalität basierende Denken hingegen versucht, durch Scheidung der Ebenen und durch Subsumption der individuellen, konkreten, widersprüchlichen Instanzen unter generelle, abstrakte, widerspruchsfreie Momente ein logisch konsistentes System zu errichten, was auch möglich ist, da die Generalisation immer nur bestimmte Aspekte betrifft und die Widersprüchlichkeit so immer weiter zurückgeschoben wird. Auf diese Weise entsteht ein in sich transparenter, logisch deduktiver Systemaufbau, der in seiner Tendenz universalistisch ist und die gesamte Natur erfassen soll.

Wissenschaftlich rationales Denken ist seinem Wesen nach systematisch, und dieses wiederum zielt notwendig auf Einheit und Ganzheit. So ist es nicht verwunderlich, dass alle wissenschaftlichen Erklärungsversuche seit Platon und Aristoteles über Descartes, Spinoza und Leibniz, über Hegels und Schellings Naturphilosophie, über den universalistischen Physikalismus des Wiener Kreises bis hin zu Quines Holismus umfassende Erklärungsversuche der Natur vom Typ der Einheitsmodelle sind. Wenn die gegenwärtig dominierende Pluralitäts- und Relativitätsthese von diesem historischen Trend abweicht, so könnte dies im Prinzip, was zu überprüfen wäre, eine Fehlinterpretation sein oder Indiz für eine noch nicht abgeschlossene Suche nach einem Totalitätskonzept und nicht nur, worauf ihr Anspruch geht, eine Radikalisierung des kritischen Unternehmens.

Unterstellen wir ein einziges System, dann drängt sich die Aufgabe der Vermittlung zwischen objektiver und subjektiver Seite, zwischen vorgefundener Natur und Theorieentwurf, auf. Bildet die Einheit der Natur die Grundlage für die Einheit der Wissenschaft, oder ist die Einheit der Natur in der Einheit der Wissenschaft fundiert? Mit Carl Friedrich von Weizsäcker[52] lässt sich die Alternative auch so formulieren, ob die Einheit der Physik in der Einheit der Natur gründet oder umgekehrt, wobei Physik hier allerdings in einem weiteren Sinne als heute üblich zu verstehen ist, nämlich im ursprünglichen Sinne als Wissenschaft von der Natur überhaupt noch vor jeder Spezifikation.

Aus realistischer Sicht kann die Einheit der Theorie nur in der Einheit der Natur verankert sein; denn was sonst sollte die Einheit der Wissenschaft ermöglichen, wenn nicht die Natur selbst. Wäre sie disparat und diffus, so wäre es auch die Wissenschaft von ihr. Unabhängig vom Subjekt bildet sie den Ermöglichungsgrund der Einheit der Wissenschaft. Auch lässt sich argumentieren, dass eine bloß subjektive Klassifikation und Ordnung im Sinne der Denkökonomie nicht genügt, um die Gültigkeit von Naturgesetzen zu legitimieren. Die Gleichförmigkeit des Naturgeschehens bildet vielmehr die Voraussetzung für die unverbrüchliche Geltung von Naturgesetzen. Es gehört zu unserer Lebenswirklichkeit, dass wir aus der Vergangenheit für die Zukunft lernen können, wissenschaftlich ausgedrückt, dass wir aufgrund vergangener Ereignisse Prognosen über den Eintritt zukünftiger Ereignisse stellen können. Dies aber ist nur möglich, wenn das Naturgeschehen selbst konstant ist; denn wie sonst sollten wir uns verständlich machen, dass das, was in der Vergangenheit gegolten hat, auch in der Zukunft gelten werde.

Andererseits muss man sich die Frage vorlegen, was mit der Einheit der Natur überhaupt gemeint sei. Zeigt die Natur überhaupt von sich aus eine Einheit, wenn sie doch zunächst, für uns wenigstens, chaotisch, vielgestaltig und vielschichtig auftritt und erst mit Hilfe des Wissenschaftssystems geordnet wird? Nach transzendentalphilosophischem Ansatz erhält die Natur ihre Einheit erst durch die Fundierung in der Einheit des Subjekts und seiner einheitlichen Betrachtungsweise. »Die Bedingungen der *Möglichkeit der Erfahrung* überhaupt sind zugleich Bedingungen der *Möglichkeit der Gegenstände der Erfahrung*«, heißt es bei Kant.[53] So wie die Einzelobjekte als synthetische Einheiten einer Mannigfaltigkeit sinnlicher Daten nicht an sich gegeben sind, sondern immer schon im Horizont unserer subjektiven Betrachtungsweise stehen, mithin theorieimprägniert sind, so gilt dies auch von der Natur im ganzen. In diesem Sinne hat nicht nur Descartes das Programm einer *mathesis universalis* verfolgt, nicht nur Leibniz eine *scientia generalis* entworfen, sondern auch Kant seine transzendentalphilosophische Grundlegung der Natur aus der Einheit des Subjekts vorgenommen.

Den wohl am weitesten gehenden Versuch hat der Wiener Kreis – Moritz Schlick (1882–1926), Otto Neurath (1882–1945), Rudolph Carnap (1891–1970) – unternommen und dreißig Jahre lang verfolgt. Sein Ziel war die Aufstellung einer Universaltheorie mit Hilfe der physikalistischen Dingsprache, welche das gemeinsame formallogische Instrumentarium aller Wissenschaften, nicht nur der Naturwissenschaften, sondern auch der Geistes- und Humanwissenschaften, sein sollte. Einer Zwiebel gleich sollte sich die Einheits- und Universalwissenschaft um dieses Zentrum herum ausbilden. Allerdings bestand von Anfang die Schwierigkeit – die letztlich das Programm scheitern ließ –, wie eine mit subjektiv gefärbten, empfindungs- und gefühlsbetonten Wörtern durchsetzte Alltagssprache sich in eine rein objektive, formalistische Sprache transferieren lassen sollte. Hinzu kam, dass in dem Maße, in dem der Wahrheitsanspruch wissenschaftlicher Hypothesen entfiel und zum alleinigen Kriterium der sprachanalytische Zugriff mit seinem Sinnkriterium wurde, der Physikalismus zu einem bloßen Methodologismus degradierte.

Wenn sich auch bisher das Programm einer Universalwissenschaft nicht hat verwirklichen lassen, so ist doch die Hoffnung geblieben, irgendwann in Zukunft, vielleicht in nicht allzu ferner, eine solche Wissenschaft realisieren zu können. Diese Hoffnung hat Weizsäcker ausgesprochen.[54] Historisch gesehen reiht er sich damit in die Zahl der bis auf die Antike zurückgehenden Theoretiker ein, die von einer einzigen, absoluten Wissenschaft überzeugt sind.

Seine Überzeugung lässt sich in zwei Grundthesen artikulieren: 1. Physik ist prinzipiell vollendbar, 2. ihre Vollendbarkeit ist eine endliche Aufgabe.[55] Beide Thesen bedürfen einer Erläuterung und Begründung.

1. Die Meinung, dass Physik vollendbar sei und ein umfassendes Erklärungsschema der Natur abgeben könne, impliziert einen sehr viel weiteren Physikbegriff, als er heute im gewöhnlichen wie wissenschaftlichen Sprachgebrauch üblich ist, einen, der an die ursprüngliche griechische Bedeutung anknüpft. Unter dieser Physik müsste die gesamte Wissenschaft der anorganischen wie organischen Natur verstanden werden. Zu ihr müsste nicht nur die Physik im engeren Sinne zählen, sondern auch die Chemie, wie dies heute schon in der Quantentheorie der Fall ist, sodann, um den gesamten makro- wie mikrokosmischen Bereich einzubeziehen, die Astronomie ebenso wie die Elementarteilchenphysik, des weiteren außer den erklärenden Wissenschaften die deskriptiven wie die Geologie, und nicht genug damit, diese Physik müsste auch einen Beitrag leisten zur Analyse und Deutung des organischen Lebens, der Seele und des Bewusstseins und damit als Biologie, Psychologie und Bewusstseinstheorie auftreten.[56]

Die These von der Vollendbarkeit der Physik zielt auf eine letzte, abschließende Theorie. Eine »abgeschlossene« Theorie nennt Weizsäcker im Anschluss an Heisenberg eine solche, »die durch kleine Änderungen nicht verbessert werden kann«.[57] Da »klein« bzw. »groß« relative Begriffe sind, präferiert Weizsäcker statt einer Definition eine Erläuterung an Beispielen. Als »kleine« Veränderung soll die von Materialkonstanten gelten, als »große« die Einführung völlig neuer Begriffe. Sucht man in der Vergangenheit nach Exempeln für abgeschlossene Theorien, so sieht man sich auf die newtonische Mechanik, die klassische Elektrodynamik, die spezielle Relativitätstheorie und die Quantentheorie verwiesen.[58] Wenn sie in der Geschichte durch Nachfolgetheorien überholt wurden, so in der Weise, dass sie zumindest innerhalb eines eingeschränkten Bereichs, quasi als Grenzfall der neuen Theorie, gültig blieben, wie die newtonische Mechanik, die weiterhin im Anschauungsbereich unserer Erfahrung gilt. Ihre Begrenztheit vermag erst auf der nächsthöheren Stufe einzuleuchten, nicht innerhalb ihrer selbst. Wie steht es dann aber mit einer letzten abgeschlossenen Theorie? Ist es nicht ein Paradox, ihre Allumfassendheit und Abgeschlossenheit, d. h. Begrenztheit, zu postulieren,[59] wo dies doch kontradiktorische Begriffe sind? Weizsäckers Antwort geht in die Richtung, dass die letzte Physik zwar die Struktur echter Abgeschlossenheit haben solle, aber ihre Gültigkeit innerhalb ihrer selbst nur noch erahnen lasse. Die Erfahrungsweise dieser Wissenschaft könnte möglicherweise nicht mehr die übliche objektivierbare sein, sondern eine andere, vielleicht eine meditative.[60]

Obwohl einerseits die Abschließbarkeit der Einheitswissenschaft behauptet wird, soll andererseits eine gewisse Unabschließbarkeit nicht ausgeschlossen sein. Bezieht sich die erstere auf die begriffliche, strukturelle Einheit, die vollendbar gedacht wird, so die letztere auf die unbegrenzte Menge konkreter Einzelerfahrungen, die den unerschöpflichen Anwendungsbereich der Physik ausmacht und mit der Einheit des Begriffsapparats durchaus kompatibel ist.[61] Man könnte den Sachverhalt auch so formulieren, dass die generellen Strukturen – Begriffe oder Gesetze – definitiv angebbar sind, die speziellen hingegen immer weiter differenzierbar und ebenso das Material immer weiter ausdehnbar.

2. Was veranlasst Weizsäcker zu der Annahme, dass die Physik in endlicher Zeit, d. h. in einem überschaubaren Zeitraum, vollendbar sein könne?

Ein erstes, noch ganz allgemeines und vages Argument operiert mit der Unmöglichkeit unendlich vieler physikalischer Theorien. Angenommen, die Physik sei unvollendbar, so hieße das, dass wir mit einer unendlichen Folge abgeschlossener Theorien zu rechnen hätten. Bei einem Zeitraum von einer Million Jahren und drei Entdeckungen vom Range der Relativitäts-, Quanten- und Elementarteilchentheorie pro Jahrhundert wäre der Vorrat an Theorien jedoch begrenzt.[62] Freilich ist die *via negativa*, welche die Absurdität unendlich vieler Theorien beweist, noch keine *via positiva*, welche die Ausschließlichkeit einer einzigen Theorie garantiert. Vielmehr handelt es sich um ein *argumentum ad hominem*, nicht zuletzt deswegen, weil hier eine Bewertung von Theorien vorgenommen wird, nach der bestimmte als unüberholbar gelten, während sie von einer späteren Warte aus wie alle früheren Theorien durchaus überholbar sein dürften.

Das zweite Argument ist historischer Art und rekurriert auf den faktischen Wissenschaftsprozess seit Einführung der newtonischen Mechanik. Nach Weizsäcker tendiert die Wissenschaftsentwicklung seither auf eine einheitliche Physik. Dies zeigt sich nicht nur respektive der Begrifflichkeit, sondern auch respektive der Extension. Wie die newtonische Physik scheinbar ganz heterogene, einander völlig fremde und fernliegende Phänomene wie den Fall eines Apfels und den Mondumlauf in einer einheitlichen Gravitationstheorie vereinigte, so hat auch die nachfolgende Physik immer entferntere Gebiete zusammengeschlossen. Die Elektrodynamik vereint Elektrizität, Magnetismus und Licht, die Quantentheorie Mechanik und Chemie, die allgemeine Relativitätstheorie Raumstruktur und Schwerkraft.[63] Darüber hinaus lässt sich eine zunehmende begriffliche Vereinheitlichung konstatieren. Kennt die newtonische Physik noch vier irreduzible Entitäten: Körper, Kräfte, Raum und Zeit, so stellen die nachfolgenden Theorien Versuche einer kategorialen Reduktion dar. Mit der speziellen Relativitätstheorie nähert sich Albert Einstein (1879–1955) der Verminderung der Anzahl der Instanzen zunächst dadurch, dass er den Raum, der bisher als Ermöglichungsgrund ubiquitärer Ereignisse galt und noch bei Newton als Absolutum fungierte, zum mathematischen Konstrukt erklärt. Der Raum wird an den Bewegungszustand des zugrunde liegenden Systems relativ zueinander ruhender Körper gebunden und von diesem abhängig gemacht. Ähnlich, wenn auch nicht genau analog, wird mit der Zeit verfahren. Auch sie verliert ihren Absolutheitscharakter, den sie noch bei Newton hatte, indem sie zu einem vom Bewegungssystem dependenten Konstrukt degradiert. Die Zeit ist zunächst die Zeit eines einzelnen Körpers und wird durch die mitbewegte Uhr gemessen, sie ist nicht mehr die Zeit aller Körper.

In der allgemeinen Relativitätstheorie und der daran anschließenden Feldtheorie versucht Einstein, den Kraftbegriff mit dem des Raum-Zeit-Kontinuums zu verschmelzen und schließlich auch die Körper als Singularitäten der Kraftfelder zu verstehen. Wenngleich diese Theorie unvollendet blieb, gehen die Bemühungen um eine begriffliche Reduktion und Vereinheitlichung von anderer Seite weiter. Die Quantentheorie leistet insofern einen Beitrag zu diesem Programm, als sie den Gegensatz von Teilchen und Feld, unter dem die Beschreibung jedes physikalischen Objekts steht, im Begriff der Wahrscheinlichkeit aufhebt; denn Wahrscheinlichkeitsfelder sind es, die den Zusammenhang der komplementären Beschreibungsweisen herstellen, dadurch dass sich die Wahrscheinlichkeit für das zukünftige Antreffen eines Teilchens an einem bestimmten Ort errechnen lässt. Außerdem liegt im Wahrscheinlichkeitsbegriff, vermittelt über den Begriff der Zukunft, der Begriff der Zeit.[64] Die Frage, wie die Einheit der Physik schließlich strukturiert sei, lässt sich nur schemenhaft beantworten und als konstruktive Aufgabe formulieren. Weizsäckers Grundüberzeugung besteht in Anlehnung an Kant darin, dass wir bei der Konstruktion von der »Erfahrung« ausgehen müssen; denn Erfahrung meint unser natürliches Vertrauen auf die Wiederkehr des Naturgeschehens und auf die Wiedererkennbarkeit desselben durch wiederholbare Begriffe.

»Wer mit hinreichendem Denkvermögen analysieren könnte, unter welchen Bedingungen die Erfahrung überhaupt möglich ist, der müßte zeigen können, daß aus diesen Bedingungen bereits alle allgemeinen Gesetze der Physik folgen. Die so herleitbare Physik wäre gerade die vermutete einheitliche Physik.«[65]

Dass die Zeit dabei eine fundamentale Rolle spielt, da sie als Ermöglichungsgrund von Iteration und Reidentifikation fungiert, dürfte einleuchten. Sie hat Weizsäcker zur Ausarbeitung einer Logik zeitlicher Aussagen veranlasst.

Die deduktive Struktur der einheitlichen Physik hätte mit der Quantenmechanik zu beginnen als jener Theorie, die die Bewegung *beliebiger* möglicher Objekte zum Thema hat und nur mit den Begriffen »Objekt« und »Zeit« operiert. Daran hätte die Elementarteilchenphysik anzuschließen als eine Theorie der *wirklich* vorkommenden Objekte und daran wiederum die Kosmologie als eine Theorie der *Gesamtheit wirklich* existierender Objekte. Da das Zentralproblem der Letzteren die Frage nach dem Weltmodell ist, muss die Lösung der allgemeinen Bewegungsgleichungen so ausfallen, dass die Welt im ganzen, wie sie faktisch besteht, dabei herauskommt.[66]

Kritisch sei angemerkt, dass es höchst fraglich erscheint, ob sich Weizsäckers Idee einer Einheit der Physik jemals in der Zeit wird erfüllen lassen. Die kritischen Bedenken resultieren weniger aus internen physikalischen Überlegungen als vielmehr aus prinzipiellen philosophischen Erwägungen. In jede abgeschlossene Theorie, auch in die vermeintlich letzte, gehen unreflektierte Prämissen ein, die die Theoriegestalt mitbestimmen. Auch in Weizsäckers Erfahrungsbegriff, auf dessen Implikationen die gesuchte Physik basieren soll, gehen ganz bestimmte Vorstellungen z. B. über Zeit ein, die als selbstverständlich und unhinterfragt vorausgesetzt werden. Mit der Änderung dieser Begriffe würde sich zwangsläufig auch die Theorie ändern. Bedenkt man, dass die Zeit nicht nur als einsinnig, offen gedacht werden kann mit der Unterscheidung von Vergangenheit, Gegenwart und Zukunft, Potentialität und Aktualität, sondern auch als geschlossen, sei es eschatologisch oder zyklisch, mit dem Zusammenfall von Vergangenheit, Gegenwart und Zukunft oder in jedem Moment in eine Vielzahl diverser Möglichkeiten aufgespreizt, so ist klar, dass von der jeweiligen Zeitgestalt auch die jeweilige Physikgestalt abhängt. Darüber hinaus lässt sich in keiner Weise absehen, ob die heute als fundamental geltenden Theorien wie die Quantenmechanik und Elementarteilchenphysik immer dieselbe Gestalt behalten werden, ja ob sie sich überhaupt durchhalten und nicht als genauso überholbar erweisen werden wie einst die Phlogiston-Theorie oder die ptolemäische Theorie. Bei dem Tempo des heutigen Theoriewandels ist Letzteres mehr als nur wahrscheinlich.

Und noch ein weiterer Einwand erhebt sich. Wenn zwar die generellen Strukturerkenntnisse als vollendbar supponiert werden, nicht aber die konkreten Detailerkenntnisse, die im Rahmen der generellen Strukturerkenntnisse möglich sind, könnte es sein, dass neue Entdeckungen auch eine Änderung des allgemeinen Begriffsrahmens nach sich ziehen und damit die Unabgeschlossenheit und Unabschließbarkeit der Physik dokumentieren. Dass kleine Ursachen oft große Wirkungen zeitigen, ist ein Faktum. Alle revolutionären Umwälzungen in der Physik sind auf diese Weise erfolgt. Kleine, anscheinend belanglose, aber resistente Phänomene wie z. B. die Fixsternschleifen zwangen schließlich zur Aufgabe eines bestimmten Theorierahmens, hier des ptolemäischen Weltbildes. Die Unvollendbarkeit nach »unten« zieht zwangsläufig die nach »oben« nach sich.

Ist es daher nicht ein »Ausdruck intellektuellen Hochmutes und überdies eine irrationale Verabsolutierung der heute üblichen Methoden sowie der heute für gültig angesehenen Auffassungen«,[67] eine abschließende Theorie annehmen zu wollen? Der Glaube an die *eine* Wissenschaft ist genauso ein Irrglaube wie der, dass Wissenschaft *die* Wahrheit ans Licht bringen könne.

Mit der Suspendierung des Gedankens von der Realisierbarkeit des absoluten Einheitssystems treten die beiden Teilbereiche: Natur und Wissenschaft von ihr auseinander und begegnen fürderhin als heterogene Domänen, denen je eigene Strukturen zu konzedieren sind, die nicht miteinander zu harmonisieren brauchen. Im Grunde zeigt sich diese Diskrepanz schon bei der Suche nach der noch nicht realisierten, erst in Zukunft erhofften Einheit der Physik. Die vielen Systeme, die jetzt anstelle des einen absoluten Systems simultan oder sukzessiv auftreten, können als tastende Versuche gewertet werden, die Strukturen der Natur zu eruieren. Möglicherweise ist die Pluralität von Systemen die dem Menschen allein zukommende Zugangsweise zu einer objektiv wie immer beschaffenen Natur. Selbst für den Fall, dass nicht nur die Wissenschaft, sondern auch die Natur als Prozess auftreten sollte, sei es als expandierender oder variierender, als teleologischer, evolutionärer, offen dynamischer oder wie immer gearteter, brauchte ihr Prozess nicht dem der Wissenschaft konform zu sein, sondern könnte eine andere Verlaufsgestalt haben. Da das dem Subjekt allein Zugängliche allerdings seine eigenen Theorieentwürfe sind, sieht sich die Interpretation auf das Subjekt zurückverwiesen. Aus diesem Grunde hat sich die methodologische Reflexion weniger auf die Natur als Objekt der Wissenschaft als vielmehr auf die Wissenschaft selbst und ihren Prozess zu konzentrieren, wie er Thema der Wissenschaftstheorie, genauer, der Wissenschaftsgeschichte ist, zumal sich in seinem Verlauf das Bild von der Natur als Objekt ändert. Da bezüglich dieses Wissenschaftsverlaufs eine Vielzahl von Interpretationen möglich ist, die die Wissenschaft selbst erstellt, wird er sich systemtheoretisch nur ipsoreflexiv erschließen lassen.

c) Quantitativ variable Systeme

Es ist eine im Alltag nicht weniger als in den Wissenschaften weitverbreitete Meinung, dass das Wissen über die Natur nicht als definitives, ein für allemal gegebenes vorliege, sondern sich in einem ständigen, unabschließbaren Prozess der Wissenserweiterung befinde. Erkenntnis wird an Erkenntnis gereiht, immer neue Entdeckungen werden gemacht, immer größere Gebiete erforscht (additive These). Man denkt sich die Wissensakkumulation gewöhnlich als einen linear fortschreitenden, kontinuierlichen Prozess, der ins Unendliche geht und dem keine Grenzen gesetzt sind. Selbst wenn es gelegentlich zu einem inhaltlichen Rückschritt kommen sollte, indem ein Forschungsresultat sich als unhaltbar erweist oder eine Theorie zurückgenommen oder eingeschränkt werden muss, wie z. B. Newtons Optik, die auf der Voraussetzung basiert, dass sich alle optischen Phänomene eindeutig und zureichend auf mechanische Weise durch Korpuskularbewegung erklären lassen, stellt dies in formaler Hinsicht einen Fortschritt dar; denn auch die negative Einsicht, »dass etwas nicht der Fall ist«, und zwar hier, dass das Licht nicht oder nicht nur aus Partikeln besteht, sondern auch aus Wellen, ist eine Erkenntnis und damit eine Wissenserweiterung.

Beispiele für Erkenntnisfortschritt lassen sich auf allen Gebieten der Naturforschung konstatieren, wie ein Blick auf die Geschichte lehrt. Kannte die phänomenologisch eingestellte Naturforschung der Antike nur unser Sonnensystem, so sind seither durch Teleskope immer neue Sternsysteme entdeckt worden. Die Raumfahrt hat zudem völlig neue Möglichkeiten der Exploration des Universums eröffnet. Nicht nur bei der Durchdringung des Makrokosmos, auch bei der des Mikrokosmos sind Fortschritte zu verzeichnen. Kannte die antike Atomtheorie Demokrits, Leukipps, Epikurs als letzte, irreduzible Bausteine der Welt nur die Atome, die in Analogie zu den sichtbaren Stoffen als unendlich kleine, nicht weiter teilbare materielle Bausteine gedacht wurden, so nimmt die Kopenhagener Deutung eine Zusammensetzung des Atoms aus dem Kern, bestehend aus Neutronen und Positronen, und den umkreisenden Elektronen an. Inzwischen sind weitere, ungeheuer kurzlebige, nur Bruchteile von Sekunden dauernde Teilchen und Kräfte bekannt geworden und werden ständig neu entdeckt, Jukawa-Kräfte, Mesonen usw.

Man denke aber nicht nur an die expansiven, raumerobernden Erkenntnisse, sondern auch an die auf Intensivierung beruhenden, zeitverkürzenden Fortschritte, etwa in der Nachrichtenübermittlung, Informatik usw. Wenn im Zeitalter der Fußmärsche die Überbringung von Botschaften Tage, Monate, Jahre dauerte, je nach Entfernung, wenn sie sich im Zeitalter von Pferd und Wagen proportional zur PS-Stärke verkürzte und im Zeitalter der Motorisierung noch weiter abnahm, so hat sie sich durch die Entdeckung von Radio- und Fernsehwellen auf Sekunden reduziert. Direktübertragungen von Wort und Bild durch Telefon, Rundfunk und Fernsehen sind global über Tausende von Kilometern in Sekundenschnelle möglich. Einen wichtigen Beitrag zur Steigerung der Kapazität hinsichtlich Speicherung und Abrufbarkeit von Daten leistet die moderne Computertechnik.

Nicht weniger beachtlich sind die Fortschritte in der Chemie, wenn man die heutige, weitgehend computerisierte Laborforschung mit den Laboratorien der Alchimisten vergleicht. Unsere Erkenntnisse von der chemischen Zusammensetzung des Universums, vom Verhalten der Grundstoffe und vom Aufbau synthetischer Stoffe wachsen beständig. Zugleich finden sie Nutzanwendung in Bereichen, die bisher mehr praktisch als theoretisch ausgerichtet waren: in der Agrarwirtschaft, Viehzucht usw. Wie erfolgreich die Anwendung theoretischer Erkenntnisse hier ist, belegt die beträchtliche Steigerung der Ernteerträge seit der Dreifelderwirtschaft im Mittelalter durch künstliche Düngung, Anwendung von Herbiziden und Pestiziden oder der Erfolg bei der Viehzucht durch Einspritzen von Hormonen und Beigabe anderer wachstumssteigernder Mittel bei der Fütterung.

Ein weiteres eindrucksvolles Beispiel für den wissenschaftlich-technischen Fortschritt ebenfalls mit praktischer Nutzanwendung bietet die moderne Medizin, wenn man sie mit der Naturheilkunde und den Beschwörungen der Medizinmänner und Schamanen früherer Jahrhunderte vergleicht. Moderne Diagnostik und Therapie, Hygiene, Apparate-, Nuklearmedizin u. ä. haben teils zur Überwindung, teils zur Beherrschung einer Reihe von Krankheiten geführt sowie zur Verlängerung der durchschnittlichen Lebenserwartung. Dies lässt sich statistisch durch das Anwachsen der Alterspyramide sowie durch den Anstieg der Weltpopulation belegen. Zugleich liefert die Medizin den Beweis, wie nicht allein die Erfindung und Einführung neuer Apparate wie Tomographen, Szintigraphen, Elektroanalysen, Röntgenstrahlen u. ä. zu neuen Einsichten in den Bau des menschlichen Körpers und in die Zellstruktur führt, sondern auch die Erkenntnisse anderer Gebiete wie der Physik, Chemie, Grundlagenforschung mit einbezogen werden.

Die Beispiele ließen sich beliebig vermehren. In all diesen Fällen haben wir es mit einem quantitativen Erkenntniszuwachs zu tun, sei es, dass immer größere, immer entferntere Gebiete erobert werden, sei es, dass innerhalb bestimmter Gebiete immer minutiöser geforscht wird. Zukunftsorientierte, progressive Zeitalter huldigen daher dem Glauben an einen unendlichen, unabsehbaren Erkenntniszuwachs.[68]

d) *Qualitativ variable Systeme*

Mit der Erkenntnisvermehrung geht zumeist, insbesondere wenn sie innerhalb des abgesteckten Rahmens einer bestimmten Wissenschaftsdisziplin erfolgt, ein Komplexitätszuwachs einher. Wissenschaftlicher Fortschritt hat im allgemeinen zwei Aspekte, einen quantitativen und einen qualitativen, wobei sich jener auf den Umfang der Erkenntnisse, dieser auf ihre Struktur bezieht. Wolfgang Stegmüller[69] unterscheidet in diesem Kontext eine Breiten- und eine Tiefendimension und bestimmt die erstere als empirische Komponente, die den realen Anwendungsbereich einer Theorie betrifft, die zweite als logische, welche die theoretische Verknüpfung der Gesetze durch Logik und Mathematik anbelangt.

Je umfassender der Überblick über ein Gebiet ist, desto tiefer ist im allgemeinen auch die Einsicht in die strukturellen Zusammenhänge. Mit zunehmender Erkenntnis erschließt sich auch deren Feinstruktur. Immer speziellere, differenziertere, sublimere Zusammenhänge und Gesetzmäßigkeiten werden sichtbar. Da diese durch die Einheit der Theorie gebunden sind, erscheinen sie als fortschreitende strukturelle Ausdifferenzierung und Organisation des betreffenden Gebiets. Der Wissenschaftsprozess verläuft in diesem Sinne parallel zu Vorgängen, die auch in anderen Bereichen zu beobachten sind. Wie in der Natur die Entwicklung von Einzellern zu hochkomplexen Organismen voranschreitet oder im sozialen Leben die Entwicklung der Staaten von einfachen Agrargesellschaften zu hochkomplizierten Industriestaaten oder im ökonomischen Bereich die Entwicklung vom simplen Warenaustausch zu komplizierten Handelsverflechtungen auf der Basis monetärer Systeme, so verhält es sich auch in der Wissenschaft. Auch sie schreitet von einfachen Organisationsformen zu immer reicheren voran.

Dass mit zunehmender Spezifikation die Übersicht und Wahrung der Einheitlichkeit der Wissenschaft immer schwieriger wird, versteht sich. Da die Postulate der Spezifikation und Vereinheitlichung konträr sind, kann das eine oder das andere auf Kosten des Oppositums überwiegen. Der historische Wissenschaftsprozess ist faktisch in Richtung einer Spezifikation und Differenzierung verlaufen. Spezialistentum heißt heute die Devise. Priorität hat das Fachwissen, das nicht selten an Fachidiotie grenzt. Die Konsequenz dieser Entwicklung ist doppelter Natur: Zum einen, da etablierte Wissenschaftsdisziplinen mit fest umrissenem Inhalt und Umfang nicht unbegrenzt für immer neue Wissenszuwächse aufnahmefähig sind, kommt es, sobald die Detailerkenntnisse und ihre strukturelle Ausformulierung ein gewisses Maß erreicht und überschritten haben, zur Abspaltung und Verselbständigung neuer Forschungsgebiete. Auf diese Weise sind Statistik, Informatik, Aerodynamik, Halbleitertheorie u. a. als selbständige Disziplinen entstanden. Zum anderen, da immer subtilere Spezifikationen um den Preis der Übersichtlichkeit und Einheit erkauft werden, muss der Verlust auf andere Weise ausgeglichen werden. Dies geschieht in Form interdisziplinärer Zusammenarbeit. Da freilich die an solchen Projekten beteiligten Wissenschaftler Fachvertreter und Spezialisten sind, scheitert das Zustandekommen übergreifender Einsichten nicht selten am Verhaftetbleiben an der eigenen Fachterminologie und an dem durch die Fachdisziplin vorgegebenen beschränkten Blickwinkel.

Die Beobachtung, dass es bei einer Erkenntnismaximierung, sei sie quantitativer oder struktureller Art, notwendig zur Abspaltung und Einrichtung neuer Forschungszweige kommt, basiert auf einer Prämisse, die in der Forschung nicht unangefochten ist. Sie wirft die grundsätzlichere Frage nach dem Ort des Erkenntnisfortschritts auf. Ist er nur innerhalb eines schon ausgebildeten Wissenschaftsparadigmas möglich, oder bezieht er sich auch auf die Entstehung neuer Wissenschaftsparadigmen? Vertreten werden in der Wissenschaftstheorie zwei Thesen, die eine von Thomas S. Kuhn[70] und Wolfgang Stegmüller,[71] die andere von G. Holton.[72] Kuhn und in seiner Nachfolge Stegmüller unterscheiden zwischen normaler und außerordentlicher, revolutionärer Wissenschaft,[73] wobei die erstere im Ausbau eines Paradigmas, die zweite in der Etablierung eines neuen Paradigmas besteht. Der lineare, sukzessive, kontinuierliche Erkenntnisfortschritt quantitativer oder struktureller Art ist für sie ausschließlich an den ruhigen, normalen Wissenschaftsprozess gebunden. Nach der Aufstellung eines neuen Paradigmas geht es darum, dieses theoretisch auszubauen und empirisch auf breiter Front anzuwenden. Der extraordinäre, revolutionäre Wissenschaftsprozess hingegen, der in der Formulierung eines neuen Paradigmas besteht, ist nicht durch sukzessive Wissensakkumulation zu erreichen, sondern durch totale Neustrukturierung. Holton hingegen vertritt die These einer kumulativen Wissensanreicherung für die gesamte Wissenschaftsgeschichte und somit auch für die Entstehung neuer Paradigmen.

Eine interessante Beobachtung bezüglich des Zeitphänomens bei Informations- und Innovationszuwächsen, die Komplexitätszuwächse einschließen, hat Hermann Lübbe[74] gemacht und in der These von der Gegenwartsschrumpfung formuliert. Sie besagt, dass wir in immer kürzeren Zeiträumen immer mehr Daten erfassen, immer mehr Informationen verarbeiten sowie immer komplexere und kompliziertere Strukturen durchschauen müssen, um Entscheidungen treffen zu können. Die Komplexität unseres Wissens akzeleriert ständig und strebt unaufhaltsam gegen Unendlich, während sie zeitlich gegen Null tendiert. Konkret heißt das, dass die Spanne der Gegenwart, in der Einsichten Verbindlichkeit besitzen, immer kürzer wird, folglich immer neue und immer mehr Erkenntnisse in immer rascherer Folge die Leerstelle ausfüllen müssen, um wenigstens auf demselben Niveau zu bleiben. Es fragt sich, ob dieser Prozess angesichts der begrenzten menschlichen Möglichkeiten nicht zum Kollaps führt.

e) Genetische Systeme

Der ursprünglich aus dem biologischen Bereich stammende Begriff des genetischen Systems wird zunehmend auch innerhalb der Wissenschaftstheorie verwendet. Wie er in der Biologie in zweierlei Sinne auftritt, zum einen zur Bezeichnung der Individualgeschichte von Lebewesen, zum anderen zur Bezeichnung der Stammesgeschichte von Gattungen – es sei denn, dass zur klareren Abhebung die letztere »Evolution« genannt wird –, so tritt der Begriff auch in der Wissenschaftstheorie in zweierlei Bedeutung auf, zum einen in Bezug auf die Entstehung von Einzelwissenschaften oder Einzeltheorien, zum anderen in bezug auf die gesamte Wissenschaftsgeschichte, vorausgesetzt, dass nicht auch hier zum Zwecke der genaueren Distinktion zwischen Entwicklung und Evolution unterschieden wird. Die Verwendungsweise »Entstehung und Entwicklung einer Theorie bzw. eines Paradigmas« ist ebenso geläufig wie die »globale Entwicklung der Wissenschaft«.[75]

Entwicklung bedeutet unserer definitorischen Festlegung nach einen ruhigen, allmählich fortschreitenden, aber endlichen Prozess, der eine Grenze hat, die nicht von außen durch willkürlichen Abbruch bestimmt wird, sondern von innen heraus. Sie macht das genuine Ziel des Prozesses aus, auf das dieser von Beginn an zusteuert, das somit von Anfang an leitend und strukturierend ist. Im Ziel, das Ende und Vollendung zugleich ist, findet das von Beginn an latent vorhandene, aber unaktualisierte Systemganze seine volle Aktualisierung. Die Erreichung dieses Zustands wird durch drei Grenzkriterien näher bestimmt: ein quantitatives, ein formales (qualitatives) und ein kräftemäßiges. Werden diese Kriterien verletzt, sei es durch eine zu große Anhäufung der Teile oder eine zu große Variation der Struktur oder eine zu große Verschiebung der Kräfte, so bricht das

System zusammen. Über eine gewisse Anzahl der Teile hinaus, über eine gewisse Variation der Anordnung und über eine gewisse Modifikation der Kräfte hinaus wird ein System instabil. Die Grenze des Höchstmaßes erweist sich zugleich als Grenze des Umbruchs. Danach schlägt das positive Kriterium der Perfektion in das negative der Destruktion um. Insofern bestimmen diese drei Kriterien zugleich die Kompossibilität der Systemmomente, durch welche die Existenz und das Gleichgewicht des Systems garantiert wird.

Die Anwendung dieser Merkmale auf die Wissenschafts- und Theoriegenese bestätigt *grosso modo* die generellen Beobachtungen. Wissenschafts- und Theoriesysteme stehen nicht von Anfang an als fertige, unüberholbare Gebilde da, sondern durchlaufen einen Prozess bis zu ihrer abschließenden Formulierung, der diverse Stadien umfasst, deren zumeist drei unterschieden werden:

1. das Auffälligwerden von Phänomenen, wobei diese zunächst noch mittels des traditionellen Begriffsapparats und der traditionellen Theoriesprache beschrieben werden, jedoch ihre Nichtintegrierbarkeit in die herkömmliche Theorie deutlich erkennen lassen,

2. die dadurch bedingte Suche nach einer adäquaten theoretischen Formulierung, die zur provisorischen Aufstellung einer neuen Theorie führt,

3. die Vervollkommnung und Ausgestaltung dieser Theorie, sei es durch Präzisierung der Prämissen, sei es durch Explikation der theoretischen Implikationen.[76]

Als konkretes Beispiel für die Genese einer Theorie sei die Entstehung der Quantentheorie angeführt, deren Geschichte Weizsäcker[77] in drei Phasen einteilt:

1. in die Periode der Deutungsprobleme der unvollendeten Quantentheorie (zwischen 1900 und 1924),

2. in die Periode der Vollendung der Quantentheorie und der Entstehung der Kopenhagener Deutung (zwischen 1925 und 1932) und

3. in die »Nachhutgefechte« (nach 1935 bis heute).

Um diese Gliederung auf unser Schema abbilden zu können, ist zu bedenken, dass die zweite Phase, die durch die Kopenhagener Deutung charakterisiert ist und für Weizsäcker bereits die Vollendung der Theorie bedeutet, in unserem Sinne erst mit der Aufstellung der Theorie identisch ist und die dritte Phase, von Weizsäcker als bloße Nachhutgefechte bezeichnet, aufgrund der begrifflichen Klärung und Durchdringung allererst die Vollendung der Theorie bringt. Sie sollte nicht zu gering geschätzt werden.

Diese Stadien lassen sich im Einzelnen so beschreiben: Als Einstein 1905 die Unumgänglichkeit der Annahme von Lichtquanten erkannte und in seiner Lichtquantenhypothese formulierte, entstand damit im Rahmen der klassischen Wellentheorie des Lichts ein nicht mehr zu lösendes Problem, das durch den Dualismus von Teilchen und Welle bezeichnet wird. Teilchen oder Körper sind lokalisierbare Objekte im Raum, Felder oder Wellen den ganzen Raum erfüllende Zustände. Nach der klassischen Theorie wies das Licht Wellenstruktur auf, während Teilchenstruktur der Materie zukam. Formulierte man den Dualismus bezüglich des Lichts als vollständige Alternative, so resultierte daraus das Paradox seiner Doppelnatur: Licht wies sowohl die für Wellen charakteristischen Interferenzphänomene auf wie auch die für Teilchen charakteristische Lokalisierbarkeit. Auf der Suche nach einer Lösung wurden zunächst die drei klassischen Modelle diskutiert, wonach es entweder nur Teilchen oder nur Felder oder beides in Wechselbeziehung gibt. Dieses Stadium bezeichnet die Phase der Problemstellung und inadäquaten Lösungsversuche. Erst mit der Aufstellung einer neuen, unkonventionellen Hypothese, der Kopenhagener Deutung der Quantentheorie, war ein adäquater Lösungsansatz gegeben, dadurch dass demselben Objekt sowohl Teilchen- wie Feldstruktur zugeschrieben wurde. Nach der provisorischen Aufstellung dieser Theorie musste ihre theoretische wie empirische Absicherung erfolgen. Dem dient die seither stattfindende Diskussion, die sich weniger auf die Änderung der Grundannahmen bezieht, die definitiv zu sein scheinen, als vielmehr auf die Präzisierung der Begrifflichkeit, in der die Grundannahmen ausgesprochen werden und der noch klassische Vorstellungen anhaften. Die Hauptschwierigkeit ist die Substitution der alten Begrifflichkeit durch eine neue, durch welche die Theorie allererst vollkommen wird.

Was die Anwendung des Entwicklungsgedankens auf die Theorieentstehung rechtfertigt, ist *erstens* die Zielstrebigkeit, mit der der Wissenschaftsprozess seit der Entdeckung des widerspenstigen, rätselhaften Phänomens auf dessen adäquate begriffliche Fassung zusteuert, *zweitens* die implizite Beherrschung des Prozesses durch die zu suchende Theorie, auch wenn die Suche oft tastend und die Aufstellung von Hypothesen oft sprunghaft verläuft, und *drittens* die Endlichkeit und Abschließbarkeit des Prozesses.

Wendet man den Entwicklungsgedanken nicht nur auf die Entstehung von Einzelwissenschaften und Einzeltheorien an, sondern auf die Wissenschaftsgeschichte insgesamt, dann wäre die Wissenschaftsgeschichte als Hinführung auf eine letzte, umfassende Theorie zu deuten, wie sie unter Punkt b. geschildert wurde. Alle früheren Theorien und Wissenschaften würden unter diesem Aspekt zu Entwicklungsstadien der supponierten letzten Theorie. Gegen diese Auffassung spricht jedoch, dass sich die tatsächliche Wissenschaftsgeschichte nicht als eine kontinuierliche Abfolge von Theorien bzw. Wissenschaften darstellt, sondern eher als eine abrupte, dissonante evolutionäre Entwicklung, die beim Übergang von einem System zum anderen ein radikales Umdenken verlangt.

f) Rhythmische Systeme

Während die Anwendung von Begriffen wie Dynamik, Rhythmik, Periodizität, Nicht-Periodizität, Phase, Wellentheorie u. ä. auf die Naturwissenschaften – sei es auf naturwissenschaftliche Einzelsysteme, sei es auf die Geschichte der Naturwissenschaft insgesamt – befremdlich, wenn nicht gar absurd erscheint und bisher auch unüblich ist, ist eine solche in den Geisteswissenschaften: Literaturwissenschaft, Kunst- und Musiktheorie, Architektur, Kulturwissenschaft nicht nur gebräuchlich, sondern geradezu typisch. Hier sprechen wir von einem wellenförmigen Auf und Ab mit literarischen, künstlerischen und kulturellen Höhepunkten und Tiefständen, mit Aufstieg und Verfall, und zwar sowohl im Schaffensprozess eines einzelnen Künstlers wie in der gesamten Geistes- und Kulturgeschichte. In der Literaturwissenschaft z. B. wird die These vertreten, dass im europäischen Großraum alle siebenhundert Jahre eine Klimax mit epochalen literarischen Leistungen zu verzeichnen sei: die karolingische Renaissance, die Goethezeit.

Die Periodisierung der Geistes-, Kultur- und Kunstgeschichte, sofern sie nicht auf einer bloß willkürlichen Epocheneinteilung beruht, sondern auf einer nach Stilen und Kunstrichtungen, erfolgt nach den eminentesten Leistungen einer Zeit. Diese drücken einer bestimmten Zeitspanne ihren Stempel auf und wirken so epochen- und stilbildend. Sie bestimmen den Typus, das dominante Paradigma, nach dem sich Aufstieg und Niedergang mit allen Zwischenstufen und Übergangsformen bemessen. So unterscheiden wir Frühhumanismus, Humanismus, Späthumanismus, Vorklassik, Klassik, Nachklassik usw. Obwohl die jeweiligen Höhepunkte für uns nur Abstraktionen, quasi Momentaufnahmen innerhalb eines kontinuierlichen Flusses bilden, bezeichnen sie extensive Zeitgestalten und vereinen die für diese typischen Merkmale auf sich.

Der Vergleich mit der Aktualgenese, d. h. der Gestaltwerdung, in der Psychologie bietet sich an. Auch hier bestimmen wir innerhalb einer kontinuierlichen Reihe z. B. von Rechtecken, die auf ein Quadrat zusteuern und sich ebenso wieder von ihm entfernen, diese nach der für uns markantesten Gestalt, dem Quadrat, und beurteilen die mehr oder minder abweichenden Formen bis zu einem gewissen Grade auch noch als Quadrate, bis der Übergang zu einer anderen Gestalt, dem Rechteck, unumgänglich wird. Der Blick zentriert, Vor- und Nachgeschichte umfassend, in der Hauptgestalt. In den Geisteswissenschaften ist hierfür der Begriff »Typologese« gebräuchlich.

Man hat bislang zwischen Natur- und Geisteswissenschaften einen tiefen Graben gezogen. Es waren insbesondere die Hermeneuten Ende des letzten, Anfang und Mitte dieses Jahrhunderts, Wilhelm Dilthey (1833–1911), Martin Heidegger (1889–1976), Hans-Georg Gadamer (1900–2002), die die Eigenständigkeit der Geisteswissenschaften gegenüber den

Naturwissenschaften betonten und die ersteren aus dem Schatten der letzteren zu befreien suchten, in welchem sie bis dahin gestanden hatten. Denn aufgrund ihrer strengen Methode und der Überprüfbarkeit ihrer Resultate hatten die Naturwissenschaften stets eine besondere Faszination ausgeübt und als Maßstab von Wissenschaftlichkeit überhaupt gegolten. Bei der Feststellung der Differenzen zwischen beiden Wissenschaftsarten verwies man vor allem auf zwei Momente, auf die Verschiedenheit der Methode, die im einen Falle verstehend und idiographisch ist, im anderen erklärend und nomothetisch, sowie auf die Verschiedenheit des Objekts, das im einen Falle der Typus, im anderen das Gesetz ist.

Die Geisteswissenschaften verfahren bei der Interpretation von Texten, Kunstwerken, psychischen und historischen Situationen u. ä. in der Weise, dass der Interpret mit einer bestimmten Vormeinung (von Gadamer auch »Vorurteil« genannt im Sinne des Vorwegurteils) an die Auslegung geht. Die Erwartungshaltung wird entweder erfüllt oder nicht erfüllt, zumeist aber modifiziert und korrigiert, so dass man die Untersuchung mit einem besseren, tieferen Verständnis verlässt, als man hineinging. Die neue, revidierte Meinung dient wiederum in einem neuen interpretatorischen Durchgang als Grundlage, wobei sich der Vorgang wiederholt, nämlich, dass vonseiten des Objekts eine Korrektur der schon korrigierten Vormeinung erfolgt und so *in infinitum* (hermeneutischer Zirkel). Auf diese Weise vertieft sich das Verständnis zunehmend und gewinnt immer schärfere Konturen. Freilich handelt es sich bei dieser Darstellung um eine grobe Abbreviatur; denn gewöhnlich begnügt sich die Interpretation nicht mit einem einzigen Vorentwurf, sondern überzieht das Werk mit einer Vielzahl rivalisierender Entwürfe, die in jedem Stadium latent zur Verfügung stehen und beständig korrigiert werden. Der hermeneutische Zirkel – besser: die hermeneutische Spirale – artikuliert das Grundverhältnis zwischen subjektiver Interpretation und zu interpretierendem Objekt: beide beeinflussen sich gegenseitig.

Identifiziert man die Vormeinung mit einem System von Hypothesen, das im zirkulären oder spiralförmigen Durchgang sukzessiv modifiziert wird und immer klarere Konturen annimmt, aber ebenso auch wieder verdunkelt werden kann, so leuchtet der dynamische, historische Charakter des Systems unmittelbar ein. Man kann der objektiven Historisierung des Systems nicht dadurch entgehen, dass man zwischen an sich seiendem System und der Geschichte seiner subjektiven Zugangsweise und Entwicklung unterscheidet und behauptet, es gäbe in Wahrheit nur das eine herauszukristallisierende ideale System, während das übrige der kontingenten Vielfalt von Bewusstseinszuständen und subjektiven Explikationsstadien angehöre. Das System ist ein zeitlich expandiertes Kontinuum, das sich zu schärferen oder schwächeren Konturen zusammenzieht.

Von ganz anderer Art sind Methode und Objekt der Naturwissenschaften. Die Naturwissenschaften verfahren erklärend und begründend in der Weise, dass sie das Vorfindliche, handle es sich um Simultanes oder Sukzessives, Gesetzen unterwerfen und als Anwendungsfall derselben betrachten. Durch die Subsumption werden die je besonderen Fälle im Horizont der allgemeinen, formalen Gesetze verständlich. Die Gesetze selbst können wieder höheren subordiniert und so aus ihnen begründet und erklärt werden. Das Verhältnis zwischen Theorie und Empirie vollzieht sich hier nicht in Form einer ständigen Auseinandersetzung und wechselseitigen Beeinflussung, sondern in Form einer eindeutigen Subsumption der empirischen Erscheinungen unter die formalen Gesetze. Das setzt voraus, dass die letzteren invariant sind. Das Reich der Formen innerhalb der Naturwissenschaften – Gesetze, Zahlen, mathematische Formeln – ist ein Reich ewiger, atemporaler, unverbrüchlicher Geltung, auch wenn es sich im Bewusstsein der Menschen historisch herausgebildet hat. Auf dieser Invarianz beruht die universelle Geltung der naturwissenschaftlichen Gesetze und Systeme. Naturgesetze gelten nicht nur für diesen einen singulären Fall, sondern ausnahmslos für alle vergangenen, gegenwärtigen und zukünftigen Fälle; sie sind immer und überall applikabel.

Würden die Gesetze, welche invariante Beziehungen zwischen Variablen ausdrücken, temporalisiert, mithin selber als variabel gedacht werden, so bedürfte es neuer invarianter Gesetze, in deren konstante Gleichungen jene eingesetzt werden könnten, und würden auch diese wieder variabel gedacht werden, so bedürfte es noch höherer, allgemeinerer invarianter Gesetze und so *in infinitum*. Um diesem Regress zu entgehen, ist die Invarianz der Formen zu unterstellen.

Dies ist die bislang dominierende Ansicht in Natur- wie Geisteswissenschaften. Ist sie überhaupt berechtigt? Wie jahrhundertelang die Geisteswissenschaften an den Naturwissenschaften und deren geometrischer Methode *(mos geometricus)* orientiert waren, wie Ende des 19., Anfang des 20. Jahrhunderts seitens der Hermeneutik die Eigenständigkeit der Geisteswissenschaften neben den Naturwissenschaften betont und ihre Irreduzibilität vertreten wurde, so könnte als dritte Möglichkeit die Orientierung der Naturwissenschaften an den Geisteswissenschaften und ihren Zeitobjekten angenommen werden. Denn auch die Naturwissenschaften haben eine Geschichte. Es gibt nicht die eine allein verbindliche Physik, sondern nur eine Vielzahl historischer Ausgestaltungen, deren jede zudem sich schrittweise herausgebildet hat. Auch die sogenannten klassischen, für einen gewissen Zeitraum als verbindlich akzeptierten Wissenschaften sind Typen, in denen ein Kontinuum oder Spielraum von Varianten zusammengefasst ist. So schälte sich in der Antike aus einem Spektrum mathematischer und physikalischer theoretischer Versuche teils die platonische, teils die aristotelische Physik heraus. Die newtonische Mechanik stellt ebenfalls nur eine von mehreren gleichrangigen Physiken dar: der cartesischen, galileischen und huygensschen. Und was die Kopenhagener Deutung der Quantentheorie betrifft, so ist auch sie nur eine Formulierung unter anderen.

Entsprechend könnte für die angeblich atemporalen, ewigen Gesetze gelten, dass sie Idealisierungen innerhalb eines Spielraumes, einer Bandbreite von Abweichungen sind. Denn auch Gesetze haben ihre Geschichte, wie der Erhaltungssatz zeigt, der zunächst als Materie-, dann als Bewegungs-, dann als Energieerhaltungssatz artikuliert wurde und prinzipiell offen ist für die Einsetzung von Instanzen wie Bewegung, Energie, Spin u. ä. Und beim Studium von Galileis Bemühungen um die adäquate Formulierung des Fallgesetzes wird man feststellen, dass er diverse Formeln und Herleitungen ausprobiert hat.

g) Evolutionäre Systeme mit Fortschritt

Seit Kuhn ist der Begriff der Evolution aus der Wissenschaftstheorie, vor allem aus der Paradigmendiskussion der Wissenschaftsgeschichte, nicht mehr wegdenkbar. Wie schon ausgeführt wurde, stammt der Begriff ursprünglich aus dem biologischen Bereich, wo er im Unterschied zur Entstehung der Individuen den Hervorgang der Gattungen und Arten bezeichnet. Während jene kontinuierlich verläuft und in einer allmählichen, graduellen Explikation ursprünglich mitgegebener Anlagen besteht, stellt dieser einen diskontinuierlichen, sprunghaften Prozess dar, in dem sich die biologischen Muster, nach denen sich die Individuen entwickeln, überhaupt erst herausbilden. Im Laufe der Stammesgeschichte tauchen plötzlich, ohne erkennbaren Grund Mutationen auf, die divergente Prozesse einleiten, von denen sich einige durchsetzen, andere verdrängt werden. Jene schwenken zumeist in konvergente Prozesse, in Phasen ruhiger Vermehrung, ein, in deren Verlaufe wieder Zufallsmutationen auftreten, die divergente Prozesse initiieren usf. Darwin hat diesen Prozess unter Vermeidung jeglicher finalistischen Sichtweise und Terminologie, die dem Prozess von Anfang an einen Plan und Richtungsverlauf unterstellt, als einen Konkurrenzkampf ums Überleben beschrieben, bei dem der Bestangepasste sich behauptet. Das Telos des finalistischen Denkens wird hier substituiert durch die optimale Angepasstheit der Mutanten und die Zielgerichtetheit des Prozesses durch den natürlichen Kampf ums Dasein. Zudem fungieren die Begriffe ausschließlich als Beschreibungs-, nicht als Erklärungsmittel.

Diese Fassung qualifiziert den Evolutionsbegriff nach Kuhn besonders zum Gebrauch innerhalb der Wissenschaftstheorie, und zwar zur Beschreibung der Wissenschaftsgeschichte, wobei Kuhn wie die meisten Theoretiker primär die Geschichte der Naturwissenschaften im Auge hat.

Diese stellt sich für ihn als ein sprunghafter Prozess dar, in dem ein Wissenschaftssystem das andere ablöst. Aristotelische Physik, newtonische Mechanik, klassische Feldtheorien, Quantentheorie usw. folgen aufeinander, wobei jede die ihr vorausgehende Theorie verdrängt. Mit seiner These einer revolutionären Wissenschafts- und Theoriendynamik verfolgt Kuhn zwei Intentionen, eine negative und eine positive: Während die erste in der Abwehr gängiger Interpretationsschemata besteht, besteht die zweite in der Substitution dieser durch eine adäquatere Beschreibungsweise.

Kuhns Verdikt trifft die in Wissenschaft und Alltag geläufige Vorstellung, wonach die Wissenschaftsgeschichte eine sukzessiv fortschreitende Erkenntnisakkumulation ist, bei der jede Nachfolgetheorie die ursprüngliche integriert und zumindest als Grenzfall gelten lässt. Als Beispiel wird zumeist das Verhältnis von Quantenphysik zu newtonischer Physik angeführt: Die newtonische Mechanik bleibt auch nach Einführung der Quantenmechanik gültig, wenngleich in eingeschränktem Maße, nämlich im mittleren Bereich der Phänomene, und stellt somit einen Grenzfall der Quantentheorie dar. Diese Ansicht setzt die grundsätzliche Reduzibilität bzw. Deduzibilität von Theorien auf- bzw. auseinander voraus. *In concreto* besagt das, dass sich *erstens* die Begrifflichkeit der ursprünglichen Theorie T_1 definitorisch auf die Begrifflichkeit der nachfolgenden Theorie T_2 zurückführen lassen muss und *zweitens* die Lehrsätze von T_1 aus der Axiomatik von T_2 ableiten lassen müssen. Dies ist jedoch nach Kuhn nicht der Fall, wie die Verwendung anscheinend gleichlautender Begriffe wie Raum, Zeit, Masse, Energie in verschiedenen Theorien zeigt. Obwohl es sich um dieselben Ausdrücke handelt, bedeuten sie z. B. in der newtonischen und in der relativistischen Mechanik Unterschiedliches. Für die einsteinsche Formel $E = mc^2$, die Masse mit Energie verknüpft, gibt es in der klassischen Mechanik kein Analogon.[78] Das Beispiel ähnelt der aus der Gestalttheorie bekannten Auffassung der Teile eines Ganzen. Im Unterschied zur gängigen Meinung, wonach die Teile eines Ganzen selbstständige, konstante Momente sind, die beliebig und unbeschadet ihrer Gestalt Verbindungen eingehen und aus diesen wieder austreten können, nimmt die Gestalttheorie ihre Abhängigkeit vom jeweiligen Kontext und Strukturzusammenhang an. Es macht einen Unterschied, ob z. B. ein Bogen Träger einer Figur ist wie im großgeschriebenen lateinischen S oder bloßer Appendix einer Schleife, die den Hauptakzent trägt wie im griechischen φ.

Nach Kuhn sind Wissenschafts- und Theoriesysteme grundsätzlich inkomparabel, weil souverän und autark. Mit der von ihm so genannten These der Inkommensurabilität verabschiedet er die grundsätzliche Reduzibilität von Theorien aufeinander.

Eine zweite ebenfalls verbreitete, von Kuhn kritisierte Auffassung ist die von Karl Popper und seiner Schule vertretene Falsifizierbarkeit von

Hypothesen und Theorien. So wie sie in dessen Buch *Logik der Forschung* beschrieben und zur Generalmethode der Wissenschaften und des wissenschaftlichen Fortschritts hochstilisiert wird, stellt sie ein Negativverfahren zur Wahrheitsfindung dar. Durch zunehmenden Ausschluss von Möglichkeiten, die experimentell erprobt werden, schält sich mehr und mehr die Richtung auf die zu suchende Wahrheit heraus. Die asymptotische Wahrheitsapproximation hält – ob sich selbst bewusst oder nicht – zum einen am Ideal der Wahrheit fest, das, wenn auch nur imaginär, als Ziel gesetzt wird, und zum anderen an der Überschaubarkeit des Tatsachenbereichs, selbst wenn dieser unendlich groß sein sollte, ansonsten könnte nicht von einer Wahrheitsapproximation gesprochen werden. Im Sinne dieses Wissenschaftsfortschritts ist die Einführung neuer Theorien nur dann legitim, wenn sich die alten als unzulänglich erweisen, sei es, dass sie in ihrer bestehenden Form widerlegt werden oder in ihrem Geltungsbereich und damit auch in ihren Prämissen einzuschränken sind. Letzteres macht sie grundsätzlich in die neue Theorie integrierbar. Obwohl Hypothesen nach Popper nicht definitiv verifizierbar sein sollen, allenfalls besser oder schlechter bewährbar, weil die Menge positiver Fälle unendlich ist und niemals gegeben werden kann, sollen sie definitiv falsifizierbar sein. Die Aufgabe der Wissenschaft wird geradezu in das Bestreben nach Falsifikation gesetzt, um durch immer größere Ausgrenzung von Interpretationen den Spielraum gültiger Theorien immer mehr einzuschränken und so die Richtung auf die letzte, wahre Theorie freizugeben.

Wir kennen diese negative, kritische Methode aus dem Alltag. Will man z. B. ein Kleid kaufen, hat aber noch keine richtige Vorstellung von dem, was man sucht, so sagt man bei der Auswahl:»das nicht, jenes nicht, das da auch nicht«, wodurch sich die in Betracht kommenden Möglichkeiten immer mehr einschränken und schließlich nur noch das Gesuchte übrigbleibt.

Kuhn lehnt diese mit offenem oder verdecktem Anspruch auf asymptotische Wahrheitsapproximation auftretende Falsifikationsmethode ab, da sie auf unhaltbaren Prämissen basiere. Zum einen unterstellt sie einen archimedischen Standpunkt außerhalb unserer Erkenntnis, der die Beurteilung der graduellen Wahrheitsannäherung des Wissenschaftsprozesses gestatten soll, zum anderen beruht sie auf der Annahme neutraler Daten, welche in Beobachtungs- oder Protokollsätzen ausgesprochen werden und imstande sein sollen, Hypothesen und Theorien zu bewähren oder definitiv zu falsifizieren. Diese Annahme decouvriert sich als eine Illusion der Empiristen und Positivisten, da jedes Datum theorieimprägniert und theorieabhängig, d. h. immer schon aus der Sicht einer bestimmten Theorie verstanden ist. Ob die Schwingung eines an der Schnur hängenden Steines als gehemmte Bewegung oder als Pendelbewegung aufzufassen ist, hängt von der jeweiligen Physik ab, im ersten Falle von der aristotelischen, im zweiten von der galileischen. Selbst die scheinbar so exakten und präzisen quantitativen Bestimmungen, auf die in den Naturwissenschaften alle Qualitäten reduziert werden und die folglich zum Maßstab dienen, erweisen sich als relativ, wenn sie von Naturphänomenen abgeleitet und als konkrete Maßstäbe benutzt werden.

Paul Feyerabend[79] hat Beispiele für solche relativen Größen angeführt. Die Antwort auf die Frage, wie viele Sternbilder es gebe, hängt von den Figuren ab, die man verwendet. Ebenso wird die Frage, wie viele Sterne unsere Milchstraße enthalte, unter Berücksichtigung des Spektralbereichs beantwortet werden müssen: Was sich in einem Bereich wie zwei verschiedene Sterne ausnimmt, erscheint im anderen als ein einzelner Fleck. Und die Frage, wie viele Menschen Jesus bei der Speisung in Kapernaum sättigte, variiert mit der jeweiligen Interpretation. Fasst man Jesus als Menschen auf und den Vorgang als einen normalen, so muss es sich um eine endliche Anzahl gehandelt haben, fasst man ihn nach den Doketen als Phantom mit Scheinleib auf, so war es eine andere, und fasst man ihn als Gott und den Vorgang als symbolischen auf, so handelt es sich überhaupt nicht um eine Zahl. Könnte man im letzteren Falle noch auf die heterogenen Interpretationshorizonte hinweisen, so differieren auch bei demselben Interpretationshorizont wie in den ersten beiden Beispielen die Quantitätsangaben. Die Beobachtungsdaten einschließlich ihrer quantitativen Bestimmung sind, was ihre Bedeutung für die Bestätigung oder Widerlegung einer Theorie anlangt, relativ. Wie ein Phänomenkomplex stets durch mehrere miteinander konkurrierende Modelle interpretierbar ist, so gibt es auch zu jeder Theorie stets mehrere Gegenbeispiele, die sie in Frage stellen. Jede Theorie ist zu jeder Zeit nicht nur durch Beispiele belegbar, sondern auch durch Gegenbeispiele widerlegbar. Daraus folgt, dass jedes Phänomen jede Theorie zu jeder Zeit bestätigt wie auch negiert. Wenn Kuhn die Inkommensurabilität von Theorien behauptet, so ist dies nur die Kehrseite ihrer nicht definitiven Falsifizierbarkeit.[80] Theorieparadigmen sind nach Kuhn prinzipiell unwiderlegbar.

Stegmüller[81] hat diese Immunitätsthese Kuhns in dreifacher Hinsicht präzisiert, zum einen hinsichtlich der theoretischen Grundlagen, zum anderen hinsichtlich des empirischen Anwendungsbereichs und zum dritten hinsichtlich der theoretischen Begriffe.

Im Unterschied zur herkömmlichen aussagenlogischen Auffassung von Theorien, wonach diese ein Satzsystem bilden, vertritt Stegmüller eine strukturalistische Auffassung, die ebenso wohl mathematische Strukturen wie Intuitionen, Einstellungen u. ä. zuläßt.[82] Theorien setzen sich aus einem stabilen, immunen Strukturkern und einer instabilen, variablen Strukturerweiterung zusammen, wobei jener aus einem Fundamentalgesetz sowie grundlegenden Nebenbedingungen besteht,[83] diese aus speziellen Gesetzeshypothesen und spezifischen, nur für bestimmte Anwendungen geltenden Nebenbedingungen. Eine Theoriefalsifikation über die Widerlegung der Kernerweiterung ist dann *eo ipso* ausgeschlossen, weil aus ihr nicht auf die Untauglichkeit des Kerns geschlossen werden kann.

Und was die den Theoriekern definierenden Begriffe angeht, so werden sie systemintern und theorierelativ eingeführt. Unter der Voraussetzung, dass es eine erfolgreiche Anwendung der Theorie gibt, lässt sich dann keine empirische Falsifikation der Begriffe denken, da diese selbst definieren, was empirisch zu ihnen gehört und was nicht.

Ebenso verhält es sich mit der Menge der empirischen Anwendungsfälle: Sie setzt sich aus einer paradigmatischen Ausgangsmenge zusammen, die stets garantiert sein muss, und einer vagen, unbestimmten, offenen Menge intendierter Anwendungen, die größer oder kleiner sein kann, wenn nur der paradigmatische Bereich nicht tangiert wird. Die Vagheit verhindert ein Scheitern der Theorie, hingegen würde die Preisgabe der paradigmatischen Menge per *definitionem* zur Aufhebung der Theorie führen.

Die Ablehnung der gängigen Interpretation der Wissenschaftsgeschichte als eines sukzessiven Erkenntnisfortschritts, vor allem der Affront gegen den Popperianismus mit seiner Falsifikationsmethode hat Kuhn zu einer neuen Beschreibung der Wissenschaftsgeschichte motiviert. Neben dem ruhigen Entwicklungsprozess der »Normalwissenschaft« nimmt er einen unruhigen Prozess der »außergewöhnlichen Wissenschaft« an, den er als evolutionär beschreibt unter Heranziehung des begrifflichen Instrumentariums der biologischen Evolutionstheorie: der Zufallsmutation, des Konkurrenzkampfes, der Selektion des Bestmöglichen usw. Der Prozess stellt sich für ihn als eine Abfolge autarker und damit irreduzibler Theorien dar, die einander ablösen. Er lässt sich auf die Formel einer Theorienverdrängung bzw. Paradigmensubstitution oder revolutionären Theoriendynamik bringen.

Genauer besehen ist der Wissenschaftsprozess wie folgt zu beschreiben: In jeder herrschenden Theorie gibt es eine Anzahl änigmatischer, von der Theorie unbewältigter Probleme. Widersetzen sich diese über einen längeren Zeitraum dem Lösungsbestreben, so werden sie zumeist als von der Theorie nicht lösbare Probleme ignoriert und als marginal abgeschoben. Erlangen sie jedoch aus irgendeinem theoretischen oder praktischen Grunde Bedeutung, so avancieren sie zu Anomalien, die die Wissenschaft zu beunruhigen beginnen. Verstärken sich diese und treten gehäuft auf, so kommt es zu Grundlagenkrisen in der betreffenden Wissenschaft, die eine radikale Umorientierung erzwingen.

Wissenschaftssoziologisch sind es meist junge, einfallsreiche Forscher, die neue, oftmals phantastisch anmutende, weil dem gewöhnlichen Denken widerstreitende Konzepte entwickeln. So hat man beispielsweise die

Erfinder der Quantentheorie als die Generation der Zwanzigjährigen bezeichnet. Durchgesetzt werden die neuen Lösungsvorschläge nicht, wie man vermuten würde, mittels rationaler Argumente und Beweise, sondern im Gegenteil mittels Überredung, Propaganda und Suggestivkraft, ähnlich wie in politischen Kämpfen. Sie werden mit quasi-religiösem Eifer verfochten, führen zu Gruppierungen und Parteibildungen mit Anhängern und Gegnern, zu Richtungskämpfen. Meist ist es die ältere Forschergeneration, die am alten, bewährten Paradigma festhält, nicht aus Borniertheit, altersbedingter Starrheit oder mangelnder geistiger Flexibilität, sondern aufgrund der Einsicht in die Lösungskompetenz des alten Paradigmas. Denn das neue Paradigma ist gerade im Anfangsstadium mit einer Fülle von Problemen behaftet, die größer sind als die alten. So setzt es sich auch nicht durch Überzeugung der Gegner durch, sondern, wie Max Planck einmal resignierend festgestellt hat, durch das Aussterben der älteren Generation.[84] Da sich der Streit um Paradigmen aus dem dogmatischen Festhalten der jeweiligen Überzeugung speist, verlaufen die Kontroversen stets in Form des Aneinander-Vorbeiredens. Einen Beleg dafür bietet Einsteins Diskussion mit den Quantentheoretikern: In dieser widerlegt Einstein die indeterministische Ansicht nicht, sondern stellt ihr einfach seine deterministische Ansicht entgegen, wie sie in dem berühmten Ausspruch gipfelt:»Gott würfelt nicht!«

Der Prozess der Wissenschafts- bzw. Paradigmenverdrängung weist Ähnlichkeit auf mit dem aus der Gestaltpsychologie bekannten Prozess des Gestaltwandels. Wenn z. B. im Falle von Vexierbildern aus dem Gewirr von Strichen plötzlich eine Figur hervorspringt, etwa die Umrisse eines Gesichts, und ebenso plötzlich wieder verschwindet oder im Falle der Rubinschen Becherfigur sich einmal ein Becher, dann zwei Profile zeigen, so sind hierfür keine objektiven Gründe verantwortlich, schon gar nicht solche der Unzulänglichkeit oder Falschheit der verdrängten Figur bzw. der Richtigkeit der an ihre Stelle getretenen, sondern einzig und allein subjektive, die mit Akzentverlagerung und Interessensverschiebung zu tun haben. Ähnlich verhält es sich beim Wissenschaftsprozess.

Da die von Kuhn zur Beschreibung der Wissenschaftsgeschichte herangezogenen Begriffe wie Überredung, Propaganda, Konkurrenzkampf, religiöser Eifer, Tod, Absterben u. ä. allesamt irrationale Vorgänge bezeichnen, erweckt seine Theorie den Eindruck der Irrationalität. Wenn anstelle von logischer Beweisführung, Experimentalmethode, Verifikations- und Falsifikationsverfahren von einer mehr oder weniger zufälligen Aufstellung von Theorien, von Immunität und Inkommensurabilität dieser Theorien, von Konkurrenzkampf und Durchsetzung aufgrund von Interessen die Rede ist, so scheinen in der Theoriendynamik rationale Kriterien zu fehlen; vor allem scheint es der Abfolge der Theorien an einem Richtungssinn zu mangeln.

Die Beurteilung dieses Eindrucks fällt unterschiedlich aus. Gegenwärtig werden zwei Positionen diskutiert, von denen die eine die Verträglichkeit, die andere die Unverträglichkeit eines Richtungssinns mit der kuhnschen Theorie der Paradigmensubstitution annimmt. Der ersteren zufolge wird beim Übergang von einer Theorie zur anderen ein Richtungssinn unterstellt, der zweiten zufolge ist der Übergang grundsätzlich offen, unbestimmt und zufällig nach Art des Spiels. Die Positionen lassen sich auch als Wissenschaftsevolution *mit* und *ohne* Erkenntnisfortschritt kennzeichnen. Zum genaueren Verständnis der Ersteren müssen vorab die Bedingungen genannt werden, aufgrund deren in einer evolutionär gedeuteten Wissenschaftsgeschichte von Fortschritt gesprochen werden kann.

1. Zu vermeiden ist jede teleologische Erklärungsweise, die ein immanentes Prinzip unterstellt, das den Prozess von Anfang an auch über Sprünge hinweg dirigiert. Da sich ein solches *a priori* zugrunde liegendes Prinzip nicht nachweisen lässt, kann es bei der Analyse des Prozesses auch nicht als Erklärungs-, allenfalls als nachträgliches Beschreibungsprinzip fungieren.

2. Um einen eindeutigen Richtungssinn, wie er in Fortschritt oder Rückschritt besteht, ausmachen zu können, bedarf es mindestens dreier Vergleichsstadien und zweier Übergänge. Der Ansatz von nur zwei Stadien und einem Übergang genügt nicht, könnte doch der beobachtete Übergang nicht allein zu einer Fortschritts- oder Rückschrittsreihe gehören, sondern zu einem x-beliebigen Wechsel. Erst bei drei Stadien bzw. zwei Übergängen lässt sich eine Tendenz erkennen.

In der Wissenschaftstheorie werden gegenwärtig drei verschiedene Möglichkeiten der Konkretisierung wissenschaftlichen Fortschritts diskutiert.

Bei der *ersten* handelt es sich um das Prinzip der Leistungssteigerung. Eine Theorie gilt dann für fortschrittlicher als eine andere, wenn sie leistungsfähiger ist als diese. Das bedeutet, dass sie nicht nur den Gesamtkomplex von Problemen lösen können muss, die von dieser gelöst werden, sondern darüber hinaus auch Probleme, die in dieser ungelöst bleiben. Sie muss die gesamte Dimension der letzteren plus weiterer Bereiche mit ihrem Erklärungspotential abdecken. Um ein Beispiel zu nennen: Eine Theorie, die die Doppelnatur des Lichts als Partikel und Welle erklärt wie die Quantentheorie, erweist sich als leistungsfähiger als die newtonische Optik, die allein auf der Partikelannahme und der Mechanik basiert.

Da die These von der größeren Leistungsfähigkeit einer Theorie zunächst nur eine intuitive Vorstellung ist, bedarf sie weiterer Präzisierung. Gibt es ein Kriterium, an dem die größere Leistungsfähigkeit gemessen werden kann? Im Falle zweier aussagenlogisch konzipierter Theorien ist die Antwort einfach: Es gilt diejenige Theorie für leistungsfähiger, die Deduktionsgrundlage der anderen ist. Für strukturell gefasste Theorien, die *per iefinitionem* irreduzibel sind, hat Stegmüller[85] unter Bezugnahme auf eine unveröffentlichte Dissertation von E. W. Adams[86] den Vorschlag unterbreitet, diejenige für leistungsfähiger zu halten, die zumindest Teilstrukturen der anderen Theorie, und zwar aus der Kernerweiterung, aufzunehmen fähig ist.

Das *zweite* Definiens von wissenschaftlichem Fortschritt im Rahmen einer evolutionären Wissenschaftsgeschichte ist das Komplexitätsprinzip. Eine Theorie wird dann für fortgeschrittener als eine andere erachtet, wenn ihre Strukturen komplexer sind als die jener. Wie die Evolution in der Biologie von primitiven Gebilden zu komplexen verläuft, so geht auch in der Wissenschaft der Prozess von einfachen zu immer komplizierteren Systemen. Die Erfahrung lehrt zudem, dass sich der Komplexitätszuwachs ständig beschleunigt, d. h. in immer kürzeren Zeiten auf immer größere Werte ansteigt.

Versucht man die Komplexitätssteigerung zu präzisieren, so sieht man sich auf systemtheoretische Überlegungen verwiesen, wie sie z. B. Niklas Luhmann[87] angestellt und soziologisch gewendet hat. Er demonstriert die Steigerung an der Aufeinanderfolge dreier Modelle: dem geschlossenen, dem offenen und dem selbstreferentiellen System, von denen jedes spätere das frühere strukturell voraussetzt und umbaut. Während das geschlossene System, das seine Umwelt ignoriert, lediglich mit der Vorstellung von Ganzem und Teil operiert, ist das offene, das das Schema »System – Umwelt« benutzt, insofern reicher strukturiert, als es nicht nur auf die Umwelt Bezug nimmt, sondern sich selbst *qua* Gesamtsystem zur Umwelt macht und durch Binnendifferenzierung zu den Teilen gelangt. In diesem Sinne schließt es das erste Modell ein und bestimmt es weiter. Das selbstreferentielle System bringt darüber hinaus den Gedanken der Selbstbeziehung ein. Das offene System mit seiner Umwelt ist nicht nur Fremdobjekt für ein Erkenntnissubjekt, sondern ist sich selbst Objekt zum Zwecke abhebender Unterscheidung von anderen, wie dies die Selbstorganisation und -reproduktion verlangt. Selbstorganisation, Autopoiesis, basiert auf Selbstreferenz.

Komplexität und Leistung stehen in interdependentem Zusammenhang. Je komplexer ein System ist, desto leistungsfähiger ist es in der Bewältigung seiner Aufgaben und umgekehrt. Allerdings steigt mit der Komplexität auch die Instabilität eines Systems. Hochkomplexe Systeme sind anfälliger und weniger robust als einfache. Damit hängt zusammen, dass der Komplexitätsgrad ständig zunehmen muss, wenn sich das System im ganzen durchhalten soll; denn nur durch Maximierung der Komplexität lässt sich die größer werdende Fragilität ausgleichen.

Das *dritte* Kriterium für wissenschaftlichen Fortschritt ist das der Einfachheit, das den Eindruck von Eleganz und Leichtigkeit vermittelt. Eine

Theorie gilt dann als fortgeschrittener als eine andere, wenn sie hinsichtlich ihrer Prämissen einfacher und übersichtlicher und hinsichtlich des darauf basierenden Gesamtsystems umfassender ist. Konkurrieren zwei Modelle miteinander, so setzt sich stets das einfachere durch. Dafür gibt das heliozentrische Weltbild im Vergleich zum geozentrischen ein illustratives Beispiel ab. Als Kopernikus jenes zu entwerfen begann, stimmten nach seinen eigenen Angaben alle bis dahin bekannten astronomischen Daten mit dem geozentrischen überein,[88] so dass eine Nötigung zu einer neuen Theorie nicht bestand. Wenn sich dennoch das neue Weltbild durchsetzte, so deshalb, weil es von einfacheren Prämissen ausging und auf die Zusatzhypothesen verzichtete, die im ptolemäischen zur Erklärung der Fixsternschleifen notwendig waren.

Obwohl Simplizität und Komplexität sich auszuschließen scheinen, treten sie in der Theorie zusammen; denn es gilt, je einfacher die Prämissen sind, desto umfassender und weiter das auf ihnen basierende System und damit auch dessen innere Komplexität. Einfachheit der Prämissen einerseits, Extension des Umfangs einschließlich Komplexität des Aufbaus andererseits sind Komplementärbegriffe. Auch umgekehrt lässt sich dies verdeutlichen. Je komplexer ein System ist, desto einfachere Ansatzpunkte muss es bieten, um überschaubar und handhabbar zu sein. Da das Einfachheitskriterium mit Eleganz- und Schönheitsvorstellungen verbunden ist, scheint es von allen das äußerlichste zu sein, insofern es dem Bereich der Ästhetik angehört. Was berechtigt, in der Physik bei der Wahl konkurrierender Modelle nach ästhetischen Prinzipien zu entscheiden? Hier ist auf den ursprünglichen Zusammenhang von Physik als Theorie der phýsis und Ästhetik zu verweisen, demzufolge der Kosmos, das wohlgeordnete, harmonische und übersichtliche All, zugleich dem Schönheitsideal entspricht und umgekehrt Schönheit, Wohlordnung und Übersichtlichkeit das physikalische Weltbild bestimmen.

h) Evolutionäre Systeme ohne Fortschritt

Die Gegenposition zu diesen Versuchen, die darauf abzielen, die Rationalitätslücke im Kuhnschen Programm auszufüllen, nimmt Feyerabend[89] ein, ohne dass er allerdings von Kuhns Theorie der Paradigmensubstitution ausgeht. Feyerabend sieht die Wissenschaftsgeschichte in Analogie zur Kunst- und Philosophiegeschichte. Sowenig wie in der Kunst der Wechsel der Kunstauffassungen und Stilrichtungen als objektiver Fortschritt gewertet werden kann, sowenig kann auch in der Wissenschaft der Wechsel der theoretischen Paradigmen als realer, objektiver Fortschritt eingestuft werden. Feyerabend erläutert seine Auffassung an einem Beispiel aus der Kunst. In seinem Buch *Leben der ausgezeichnetsten Maler, Bildhauer und Baumeister von Cimabue bis zum Jahre 1567*[90] rühmt der Kunsthistoriker Giorgio Vasari die Errungenschaften des italienischen Renaissancemalers Giotto, Ausdruck, natürliche Haltung, Bewegung, Lebendigkeit, Perspektive, weiche Farben, als Fortschritt in der Malerei gegenüber früheren Epochen. Als Fortschritt aber können sie nur vom Standpunkt einer naturalistisch-realistischen Auffassung gelten. Von einem nicht-naturalistischen, idealistisch-formalistischen Standpunkt aus, der am Wesen der Dinge und Personen, an Objektivität, Dauer, Beständigkeit, Würde und Macht orientiert ist, würden sie eher als Rückschritt erscheinen; denn aus dieser Sicht gelten natürliche Haltungen wie Liegen, Sitzen, Gehen, Fliehen, sich Umdrehen als kontingente Eigenschaften. Perspektive ist nichts anderes als die zufällige Einstellung des Beobachters, und weichgetönte, fließende Farben sind lediglich Ausdruck momentaner Gefühlsregungen und atmosphärischer Zustände.

Die Tatsache, dass in der europäischen Kunstgeschichte chronologisch der naturalistischen Stilrichtung eine idealisierende, schematisierende Kunstrichtung vorausgeht, und zwar die frühchristliche Kunst, ist weder ein Indiz für die Primitivität dieser noch ein Indiz für die Fortschrittlichkeit jener. Mit der frühchristlichen Kunst waren ganz andere Intentionen verbunden. Die gemalten Figuren auf den Kirchenwänden sollten nicht allein als Schmuck dienen, sondern auch Erzählung und biblischer Bericht für Analphabeten sein. Sie fungierten als konventionelle Zeichen, ähnlich den Schriftzeichen. Individuelle Gesichtsausdrücke, verschiedene Perspektiven waren nicht gefragt und hätten nur gestört. Gleiches galt für die Farben: Blau stand für den Himmel, das kostbare Gold für das Übersinnliche, Göttliche. Und wenn in der ägyptischen Kunst die in der Frühzeit durchaus vorhandenen naturalistischen Elemente verdrängt wurden durch einen über Jahrtausende hinweg sich erhaltenden starren Formalismus, so kann auch dies weder für ein Zeichen objektiven Fortschritts noch für eines objektiven Rückschritts genommen werden, sondern nur für einen Wechsel subjektiver Kunstauffassungen. Entsprechendes gilt für die Wissenschaftsgeschichte. Ihr qualitativer Fortschrittsbegriff ist relativ.

»Eigenschaften, die von den einen gelobt werden, werden von anderen abgelehnt. Wenn alle Traditionen verschwinden bis auf eine, dann werden die Urteile dieser einen Tradition natürlich die einzigen Urteile sein, die es gibt – aber sie sind noch immer relative Urteile, genauso wie ‚größer‘ eine Relation bleibt in einer Welt, die nur einen einzigen Körper enthält.«[91]

Den Grundgedanken Feyerabends aufnehmend und fortsetzend, ließe sich fragen, ob nicht ebenso, wie die Theorienfolge innerhalb des wissenschaftlichen Paradigmas offen ist für eine Auslegung als Fortschritt oder als Rückschritt, auch die Abfolge von magisch-mythischem, metaphysischem und wissenschaftlichem Paradigma sowohl die eine wie die andere Interpretation zulässt und nicht nur wie üblich die von Fortschritt, zumal sich alle Probleme mittels des einen wie des anderen Ordnungsschemas lösen lassen.[92] So wie es möglich ist, das wissenschaftliche Paradigma als Fortschritt gegenüber dem mythischen Weltbild zu deklarieren, so ist es auch möglich, es als Dekadenz und intellektuelles Verfallsprodukt einzustufen, ähnlich wie man in der aussagenlogischen axiomatischen Formulierung nicht nur einen Fortschritt gegenüber der mathematischen Formulierung sehen kann, sondern auch ein Spät-, sogar ein Verfallssymptom.

Schluss: Methodologische Reflexion

Rückblickend auf die vorangegangenen systemtheoretischen Erörterungen ist zu konstatieren, dass nicht mehr die Natur als solche, von der wir wissen, sondern unser Wissen von der Natur, die Art und Weise unseres Zugangs zur Natur, im Zentrum des Interesses stand. Bezeichnet man die Darstellung der Natur als solcher als Reflexionsstufe ersten Grades, so bedeutet die methodologische Reflexion über die Darstellung der Natur eine Reflexionsstufe zweiten Grades. Jede Untersuchung über den Wandel unseres Naturverständnisses muss letztlich in eine solche methodologische Reflexion münden oder von ihr ausgehen.

Mit der Verabschiedung der Idee der Einheit der Natur als allumfassendes, vollkommenes, suisuffizientes System, das Veränderung im Ganzen ausschließt, allenfalls als Wiederkehr des Gleichen oder Ausgleich im Mittel (Entstehen *und* Vergehen, Zunahme *und* Abnahme usw.) zulässt, und ebenso mit der Verabschiedung der Einheitswissenschaft als absoluter, perfekter, statischer sowie mit der Dynamisierung der Natur und des Wissens von ihr, verkompliziert sich die Situation ungemein. Konnte eine Prozessualität der Theorie im Rahmen der ersteren Konzeption nur als Entwicklung zur vollständigen Einheitswissenschaft hin auftreten, so begegnet mit der Dynamisierung der Natur und des Wissens von ihr die Prozessualität nicht nur als mögliche interne Entwicklung der Theorie, sondern auch als notwendiger genuiner Wandel der Theorie entsprechend den möglichen Prozessformen. Zerfällt damit nicht das Ganze in eine nur noch narrativ aufzuzählende Pluralität heterogener dynamischer Theorien, die völlig unverbunden nebeneinander existieren? Dass ihre Vereinigung nicht mehr nach Art klassischer Systeme mit Über- und Unterordnung gedacht werden kann, derart dass jetzt an die Stelle des statischen Systembegriffs der Prozessbegriff mit seinen Spezifikationen in kontinuierliche und diskontinuierliche Prozesse, der ersteren wieder in unendliche und endliche, der letzteren in Paradigmenfolgen mit und ohne Fortschritt tritt, versteht sich. Denn da der Prozessbegriff auf das

Wissen selbst anwendbar ist, das Wissen selbst ihm also unterliegt, stellt er hier keinen abstrakten, invarianten Allgemeinbegriff, sondern ein Konkretum dar. Und wie innerhalb der konkreten Prozessualität des Wissens kontinuierliche und diskontinuierliche Prozesse zugleich sollen gedacht werden können, bleibt unerklärlich. Allenfalls wäre denkbar, dass die genannten Prozessarten sich nach Art von Konstituentien zum Gesamtprozess zusammenfügten. So könnten quantitative Wissensakkumulation und qualitativer Komplexitätszuwachs Aufbauelemente bei der Entstehung von Paradigmen sein, die mit deren Entwicklung zusammenfielen, und ebenso könnten rhythmische Abläufe Paradigmenwechsel konstituieren, da die Paradigmen nie völlig abrupt aufeinanderfolgen, sondern in kontinuierlichen Übergängen und Überschneidungen, aus denen sich erst retrospektiv neue Paradigmen ausgrenzen lassen. Die Eruierung dieser Zusammenhänge bleibt die zukünftige Aufgabe der Systemtheorie bezüglich dynamischer Systeme.

Die vorangehende Darstellung hat die Wandlungen unseres Naturverständnisses in verschiedenen markanten Stadien aufgezeigt: das urzeitliche magisch-mythische, das antike naturwissenschaftliche, das mittelalterliche symbolische, das neuzeitliche mechanistische, das moderne technologische. Die Abfolge legt die Vorstellung einer Paradigmensukzession nahe. Nichtsdestoweniger müssen Zeitalter einkalkuliert werden wie das eingangs erwähnte typologische, die keine Historisierung der Naturauffassung kennen, sondern die Abfolge als Propädeutik und Nachklang eines einmaligen epochalen Ereignisses deuten. Das Bewusstsein der Möglichkeit prinzipieller Infragestellung des Geschichtsprozesses bedeutet nochmals eine Komplikation der Dynamik des Prozesses und eine Relativierung desselben, die nicht auszuschließen ist.

ANHANG

Anmerkungen

Bei der Umschrift des Griechischen ins Deutsche wird die ISO-Transliteration nach Duden zugrunde gelegt. Lange Vokale im Griechischen sind mit einem Querstrich über dem Vokal gekennzeichnet. Ein Akut steht für die griechische Betonung, wobei die Umschrift zwischen starker (Akut) und leichter (Lenis) Betonung nicht unterscheidet. Einsilbige Worte erhalten in der Umschrift kein Betonungszeichen.

Einleitung

1 Vgl. A. Buchholz: *Die große Transformation*, Stuttgart 1968, S. 15; H. Stork: *Einführung in die Philosophie der Technik*, Darmstadt 1977, S. 1.

2 Vgl. S. Cavell: *Must we mean what we say?* In: *Philosophy and Linguistics*, ed. by C. Lyas, London, Basingstoke 1971, S. 131-165, bes. S. 148, 164 f; ferner Ch. Taylor: *Neutrality in Political Science*, in: *The Philosophy of Social Explanation*, ed. by A. Ryan, Oxford 1973, S. 139–170, bes. S. 144–146, 154 f; C. Merchant: *Der Tod der Natur*. Ökologie, Frauen und neuzeitliche Naturwissenschaft (Titel der amerikanischen Originalausgabe: *The Death of Nature*. Woman, Ecology and the Scientific Revolution, 1980), München 1987, S. 20 ff.

3 Vgl. den Buchtitel von H. Sachsse: *Der Mensch als Partner der Natur*. Überlegungen zu einer nachcartesianischen Naturphilosophie und ökologischen Ethik, in: *Überleben und Ethik*. Die Notwendigkeit, bescheiden zu werden, hrsg. von G.-K. Kaltenbrunner, München 1976, S. 27–54.

4 Grundlegende Arbeiten hierzu sind E. Auerbach: *Figura*, in: *Archivum Romanicum*, Bd. 22 (1938), S. 436–489; L. Goppelt: *Typos*. Die typologische Deutung des Alten Testaments im Neuen, Gütersloh 1939, unveränderter reprographischer Nachdruck Darmstadt 1981; J. Daniélou: *Sacramentum futuri*. Études sur les origines de la typologie biblique, Paris 1950; H. de Lubac: *Exégèse médiévale*. Les quatre sens de l'Écritures, 2 Bde., [Paris] 1959; W. Haug: *Die Zwerge auf den Schultern der Riesen*. Epochales und typologisches Geschichtsdenken und das Problem der Interferenzen, in: *Epochenschwelle und Epochenbewußtsein*, hrsg. von R. Herzog und R. Koselleck, München 1987 *(Poetik und Hermeneutik*, Bd. 12), S. 167–194, bes. S. 178 ff.

5 Diese Formulierung begegnet zuerst in der Vorrede zu den *Metaphysischen Anfangsgründen der Naturwissenschaft* (I. Kant: *Gesammelte Schriften*, hrsg. von der Königlich Preußischen Akademie der Wissenschaften, Bd. 1 ff, Berlin 1902 ff [abgekürzt: Akad.-Ausg.], Bd. 4, S. 467; vgl. *Prolegomena*,

§§ 16–17 [Akad.-Ausg., Bd. 4, S. 295 f]) und wird in der 2. Auflage der *Kritik der reinen Vernunft* B 163–165 (Akad.-Ausg., Bd. 3, S. 126–127) beibehalten. In der 1. Auflage der *Kritik der reinen Vernunft* A 418 Anm. (= B 446 Anm.; Akad.-Ausg., Bd. 3, S. 289 Anm.) findet sich noch die Wendung »Natur, adjective (formaliter) genommen« und »Natur Substantive (materialiter)«, wobei die erstere »den Zusammenhang der Bestimmungen eines Dinges nach einem innern Princip der Causalität« ausdrückt, die zweite »den Inbegriff der Erscheinungen, so fern diese vermöge eines innern Princips der Causalität durchgängig zusammenhängen.« Als Beispiele für die erste Verwendung führt Kant die Natur der flüssigen Materie, des Feuers usw. an, wobei das Wort adjektivisch verwendet wird, während die Rede von den Dingen der Natur auf das bestehende Ganze weist. In den *Metaphysischen Anfangsgründen* benutzt Kant den Ausdruck »Natur in formaler Bedeutung« zur Bezeichnung des Inbegriffs der formalen, gesetzmäßigen Bestimmungen eines Dinges, wobei er noch zwischen »Natur« und »Wesen« unterscheidet, welches letztere nur einen Teil der konstitutiven Bestimmungen enthält, und zwar jenen, der sich auf die rein mathematischen, rein apriorischen Bestimmungen bezieht, während die erstere darüber hinaus die sogenannten dynamischen, empirischen Bestimmungen enthält. Und unter der »Natur in materieller Bedeutung« versteht Kant die Erscheinungswelt, die Gesamtheit der sinnlich wahrnehmbaren Dinge. Genau diese Definition begegnet auch in der 2. Auflage der *Kritik der reinen Vernunft* wieder, wenn die »natura formaliter spectata« als ursprünglicher Grund der notwendigen Gesetzmäßigkeit definiert wird und die »natura materialiter spectata« als Inbegriff aller Erscheinungen (B 163–165; Akad.-Ausg. Bd. 3, S. 126–127). Eine Schwierigkeit dieser Bestimmung lässt sich freilich nicht leugnen. Wenn die formale Natur die Gesamtheit der notwendigen gesetzmäßigen Bestimmungen eines Gegenstands bezeichnet, dann gilt diese Definition nicht nur für die natürlichen, sondern auch für die artifiziellen Gegenstände wie Tisch und Stuhl, die ebenfalls einen bestimmten Merkmalskomplex aufweisen. Und ebenso schließt die Definition der materiellen Natur als Inbegriff der sinnlich wahrnehmbaren Gegenstände, der Erscheinungswelt, die Anwendung dieses Begriffs auf Kunst- und Technikprodukte nicht aus, da auch sie sinnlich wahrnehmbar sind.

6   Auch andere im Sprachgebrauch übliche Verwendungsweisen lassen sich auf die Grundunterscheidung von formaler und materieller Natur zurückführen, so beispielsweise die Rede von einer zweiten Natur. Mit ihr ist das Wesen einer Sache oder Person gemeint; denn sprechen wir davon, dass eine Person zwei Naturen habe oder sich eine zweite Natur zulege, so meinen wir damit den Inbegriff von Eigenschaften, die die Person in Orientierung am Vorbild einer anderen von dieser übernimmt.

7   Es handelt sich um die Aristoteles-Stelle *Physik* II, 1, 193 b 16 f. Vgl. M.-P. Lerner: *Recherches sur la notion de finalité chez Aristote*, Paris 1969, S. 69, 81.

8   1014 b 16–1015 a 13.

9   Im griechischen Original: ἡ τῶν φυομένων γένεσις.

10   Im griechischen Original: ἐξ οὗ φύεται πρώτου τὸ φυόμενον ἐνυπάρχοντος.

11   Im griechischen Original: ὅθεν ἡ κίνησις ἡ πρώτη.

12   Im griechischen Original: ἐξ οὗ πρώτου ἤ ἔστιν ἤ γίγνεται τι τῶν μὴ φύσει ὄντων ἀρυθμίστου ὄντος χαὶ ἀμεταβλήτου ἐκ τῆς δυνάμεως τῆς ἑαυτοῦ.

13   Wie in dieser Aufstellung Wesen zweimal vorkommt, im ursprünglichen und im übertragenen Sinne, so kommt auch Materie (Stoff) zweimal vor, einmal in den natürlichen Dingen (2) und einmal in den nicht-natürlichen (4). Hierauf deutet textlich der Neuansatz der Naturdefinition nach einer Unterbrechung.

14   1015 a 13–19.

15   Vgl. Aristoteles: *Metaphysik V*, 4, 1015 a 6. Bei Aristoteles bezieht sich der Begriff »Natur« im Unterschied zur späteren Entwicklung, z. B. bei Kant, primär auf das einzelne natürliche Ding, nicht auf den Gesamtkomplex der natürlichen Dinge, auf den Naturzusammenhang im Ganzen. Seine Theorie ist vor allem eine Theorie der natürlichen Dinge, nicht eine Theorie der Natur. Die letztere Bedeutung, offensichtlich die späteste von allen, bahnt sich allerdings bei Aristoteles an in: *De caelo* I, 2, 268 b 11; III, 1, 300 a 16; *Metaphysik* I, 3, 984 b 9; I, 6, 987 b 2; *Physik* I, 6, 189 a 27. Ähnlich auch schon bei Platon in: *Protagoras* 315 c 5; *Lysis* 214 b 4 f und *Philebos* 59 a 2.

16   Vgl. Aristoteles: *Physik* II, 1, 192 b 13 f; 192 b 21 f; 193 a 29 f; 193 b 3 f; III, 1, 200 b 12 f; VIII, 3, 253 b 5 f; VIII, 4, 254 b 16 f; *Metaphysik* V, 4,1015 a 14 f; VI, 1, 1025 b 20 f.

17   Vgl. Aristoteles: *Metaphysik V*, 4, 1015 a 17 ff.

18   Vgl. Aristoteles: *Physik* II, 1, 192 b 13 ff; III, 1, 201 a 9 ff.

19   A. a. O., 192 b 8–15.

20   Vgl. auch Aristoteles: *Meteorologica* IV, 12, 390 b 11–14.

21   Eine Zusammenstellung der frühesten Belege bei Homer, Pindar, Aischylos, Aristophanes findet sich bei W. B. Veazie: *The word* ΦΥΣΙΣ *[PHYSIS]*, in: *Archiv für Geschichte der Philosophie*, Bd. 33 (1921), S. 3–22. Vgl. O. Thimme: ΦΥΣΙΣ ΤΡΟΠΟΣ ΗΘΟΣ *[PHYSIS TROPOS ETHOS] in der älteren griechischen Literatur*, Diss. Göttingen 1935, S. 2 ff.

22   Als *eídos* (εἶδος) = »Beschaffenheit«, die aus dem organischen Wuchs erkennbar ist, bzw. »gewachsene Gestalt« interpretieren auch die Scholiasten *phýsis* (φύσις).

23   Vgl. Platon: *Phaidon* 96 a 8 ; Aristoteles: *Metaphysik I*, 3, 983 a 33 ff.

24   Vgl. Platon: *Gorgias* 484 b 4 f.

25   Vgl. Platon: Protagoras 337 d 2.

26   Zum Naturbegriff der griechischen Antike vgl. E. Hardy: *Der Begriff der Physis in der griechischen Philosophie*, Erster Theil, Berlin 1884; W. A. Heidel: Περὶ φύσεως *[Perí phýseōs]*. A Study of the Conception of Nature among the Pre-Socratics, in: *Proceedings of the American Academy of Arts and Sciences*, Bd. 45, 4 (1910), S. 79–133; J. Burnet: *Die Anfänge der griechischen*

Philosophie (Titel der englischen Originalausgabe: *Early Greek Philosophy*), 2. Ausg. aus dem Englischen übersetzt von E. Schenkl, Leipzig, Berlin 1913, Einleitung, VII: φύσις *[phýsis]*, S. 9–11; W. Nestle: *Hippocratica*, bes. Kap. 2:»Der Begriff der φύσις *[phýsis]*«, in: *Hermes*, Bd. 73 (1938), S. 1–38, bes. S. 8–17; H. Diller: Der griechische Naturbegriff, in: *Neue Jahrbücher für Antike und deutsche Bildung*, Bd. 2 (1939), S. 241–257, bes. S. 242; H. Leisegang: Artikel *Physis*, in: *Paulys Real-Encyclopädie der classischen Altertumswissenschaft*, neue Bearbeitung, hrsg. von G. Wissowa (später fortgeführt von W. Kroll und K. Mittelhaus, hrsg. von K. Ziegler), Bd. 1 ff, Stuttgart 1894 ff, Halbbd. 39, Spalte 1129–1164, bes. Spalte 1138; R. G. Collingwood: *The Idea of Nature*, London, Oxford, New York 1945, S. 3 f; F. Heinimann: *Nomos und Physis*. Herkunft und Bedeutung einer Antithese im griechischen Denken des 5. Jahrhunderts, Basel 1945 (Nachdruck 1965); E. Knoblauch: *Das Naturverständnis der Antike*, in: *Naturverständnis und Naturbeherrschung*. Philosophiegeschichtliche Entwicklung und gegenwärtiger Kontext, hrsg. von F. Rapp, München 1981, S. 10–35; A. Graeser: *Die Vorsokratiker*, in: *Klassiker der Naturphilosophie*. Von den Vorsokratikern bis zur Kopenhagener Schule, hrsg. von G. Böhme, München 1989, S. 13–28.

Erster Teil

Magisch-mythisches Naturverständnis

1   G. W. F. Hegel: *Sämtliche Werke*. Jubiläumsausgabe in 20 Bden., auf Grund des von L. Boumann, F. Förster, E. Gans, K. Hegel, L. von Henning, H. G. Hotho, Ph. Marheineke, K. L. Michelet, K. Rosenkranz und J. Schulze besorgten Originaldruckes im Faksimileverfahren neu hrsg. von H. Glockner, Stuttgart 1927–1930, 4. Aufl. 1964–1968 [abgekürzt: Werke], Bd. 15, S. 299.

2   Vgl. L. Lévy-Bruhl: *Das Denken der Naturvölker*, in deutscher Übersetzung hrsg. und eingeleitet von W. Jerusalem, Wien, Leipzig 1921.

3   R. Sprandel: *Die Geschichtlichkeit des Naturbegriffes: Kirche und Natur im Mittelalter*, in: *Natur und Geschichte*, hrsg. von H. Markl, München, Wien 1983, S. 237–261, bes. S. 241 f.

4   Vgl. *Monumenta Germaníae historica*. Scriptores rerum Merovingicarum, edidit Societas aperiendis fontibus rerum Germanicorum medii aevi, Bd. 1–7, Hannover, Leipzig 1885–1920, Bd. 3, S. 507.

5   Vgl. a. a. O., Bd. 7, S. 124 f.

6   Vgl. a. a. O., Bd. 5, S. 167, und Bd. 1,2, S. 299 f.

7   Vgl. D. G. Brinton: *Religions of Primitive Peoples*, New York, London 1897, (4. repr.), S. 190 f.

8   R. H. Codrington: *The Melanesian Languages*, Oxford 1885.

9   Vgl. V. von Weizsäcker: Der Gestaltkreis. Theorie der Einheit von Wahrnehmen und Bewegen, 1940,4. Aufl. Stuttgart 1968.

10 K. Hübner: *Die Wahrheit des Mythos*, München 1985, S. 346.
11 S. Freud: *Die Traumdeutung*, in: *Gesammelte Schriften*, Bd. 2, Leipzig, Wien, Zürich 1925, S. 263 ff.
12 C. G. Jung: *Symbole der Wandlung*. Analyse des Vorspiels zu einer Schizophrenie, in: *Gesammelte Werke*, hrsg. von L. Jung-Merker und E. Ruf, Bd. 1 ff, Olten, Freiburg i. B. 1966 ff, Bd. 5, S. 200 f, 222 f, 375, 469, 517 u. ö.; ders.: *Die Archetypen und das kollektive Unbewußte*, a. a. O., Bd. 9,1, S. 11–51, bes. S. 53–66.
13 W. R. Smith: *Lectures on the Religion of the Semites*, First Series: The fundamental Institutions, Edinburgh 1889.
14 J. G. Frazer: *The Golden Bough*. A Study in Magic and Religion: Part I–III, 3. Aufl. London 1911 (repr. 1913 f).
15 J. E. Harrison: *Prolegomena to the Study of Greek Religion*, Cambridge 1903; dies.: *Ancient Art and Ritual*, London, New York 1913.
16 F. M. Cornford: *From Religion to Philosophy*. A Study in the Origins of Western Speculation, 1912 (repr. New York 1957).
17 G. Murray: *Five Stages of Greek Religion*. Studies based in a Course of Lectures delivered in April 1912 at Columbia University, London 1935, 3. Aufl. 1946.
18 B. Malinowski: *Myth in Primitive Psychology*, New York 1926 (repr. Westport, Conn., 1971).
19 E. Cassirer: *Philosophie der symbolischen Formen*, Zweiter Teil: *Das mythische Denken*, Tübingen 1925, 8. Aufl. Darmstadt 1987, S. 20.
20 K. Hübner: *Die Wahrheit des Mythos*, a. a. O., S. 91.
21 E. Cassirer: *Philosophie der symbolischen Formen*, a. a. O., S. 19.
22 A. a. O., S. 19 f.
23 Singulär ist die These Hübners (*Die Wahrheit des Mythos*, a. a. O., S. 344–348), dass die Magie, wenigstens sofern es sich um die abendländische handle, ein Produkt der Spätantike sei, indem sich antiker Mythos mit griechischem Logos und Metaphysik verbände. Basierend auf den Schriften des Hermes Trismegistos aus den ersten nachchristlichen Jahrhunderten, habe die Magie während der Renaissance ihre Wiederbelebung und Blüte erfahren, etwa bei Marsilio Ficino, Pico della Mirandola, Agrippa von Nettesheim, Paracelsus, Nostradamus und Giordano Bruno, und bis ins 17. Jahrhundert hinein nachgewirkt. Nun mag dies zwar für die platonische Naturmagie zutreffen, die Hübner primär im Blick hat, bei ihr handelt es sich aber um eine derivative, nicht originäre Form von Magie. Die ursprüngliche abendländische Naturmagie hat ebenso wie die außereuropäische, von der Hübner selbst andere Ursprünge konzediert (a. a. O., S. 347), andere Entstehungsbedingungen, die tiefer in die Geschichte zurückreichen.
24 E. Cassirer: *Philosophie der symbolischen Formen*, a. a. O., S. 240.
25 Vgl. die Zwangnamen *(epanágkoi)* der Götter in der griechisch-ägyptischen Magie; besonders charakteristische Belege bei Th. Hopfner: *Griechisch-ägyptischer Offenbarungszauber*. Mit einer eingehenden Darstellung des griechisch-synkretistischen Daemonenglaubens und der Voraussetzungen

und Mittel des Zaubers überhaupt und der magischen Divination im Besonderen, 2 Bde., Leipzig 1921–1924 (*Studien zur Palaeographie und Papyruskunde*, hrsg. von C. Wessely, Heft 21), Bd. 1, S. l76 ff (§§ 690 ff); E. Cassirer: *Philosophie der symbolischen Formen*, a. a. O., S. 265.

26 W. R. Smith: *Lectures of the Religion of Semites*, a. a. O.

27 Vgl. auch E. Cassirer: *Philosophie der symbolischen Formen*, a. a. O., S. 51 f.

28 Allerdings gibt es auch die umgekehrte These, wonach der Ritus im Mythos wurzelt bzw. eine Nähe beider in Form einer Wechselbeziehung besteht. Verwiesen sei auf B. Malinowski: *Myth in Primitive Psychology*, a. a. O., S. 37, der von einem Mythos der Melanesier berichtet, der das gesamte Sozialleben bestimmter Clane, die Rangordnung, die Speisevorschriften, die Lebensgewohnheiten usw., beherrscht, sowie auf J. E. Harrison: *Ancient Art and Ritual*, a. a. O., S. l5 ff, die zum Beweis der Wechselbeziehung den Osiriskult anführt, dessen Geschichte von Leid, Tod und Auferstehung allein durch den Ritus des Pflügens, Säens und Aufgehens der Saat lebt und dessen ritueller Vollzug allein im Mythos seine Sinngebung erhält. Die aufgeführten Beispiele zeugen jedoch nicht gegen die These einer Herleitung des Mythos aus dem Ritus, könnte es sich doch hier um derivative Formen des Ritus handeln. Zweifellos sind die Stufen nicht immer scharf zu unterscheiden, wie auch in der heutigen Religionsausübung subtile Religion und Mythologie und primitive Magie und Ritus Hand in Hand gehen. Das hindert aber nicht, die unreflektierte, allein durch Vollzug und Tätigkeit bestimmte Lebenswirklichkeit als primitivere, weil konkretere Stufe der menschlichen Erkenntnis anzusehen und die theoretische Reflexion und ästhetische Anschauung als fortgeschrittenere, weil abstraktere.

29 E. Cassirer: *Philosophie der symbolischen Formen*, a. a. O., S. 98.

30 A. a. O., S. 76.

31 J. W. Goethe: Faust II, V. 447–455, in: ders.: *Werke*, Hamburger Ausgabe in 14 Bden., Hamburg 1948 ff [abgekürzt: Hamburger-Ausg.], Bd. 3, S. 22.

32 Von der Quantentheorie einmal abgesehen. Wegen ihrer Unanschaulichkeit muss diese selbst anschauliche Modelle zu Hilfe nehmen, freilich solche anderer Art.

33 I. Kant: *Kritik der reinen Vernunft* A 82 B 108 (Akad.-Ausg., Bd. 3, S. 94).

34 A. a. O., A 648 B 676 (Akad.-Ausg., Bd. 3, S. 430).

35 A. a. O., A 204 B 249 (Akad.-Ausg., Bd. 3, S. 176).

36 Akad.-Ausg., Bd. 8, S. 181 Anm.

37 Ob man wie E. Cassirer: *Philosophie der symbolischen Formen*, a. a. O., S. 74–77 von einer substantiellen, stoffartigen Kraft spricht und damit die Substanz- und Dingkategorie heranzieht oder wie wir von einer realen Kraft, ist eine terminologische Frage, die nicht das Wesentliche betrifft; denn in beiden Fällen ist die reale, wirkliche Erfüllung einer Form gemeint.

38 Vgl. E. Cassirer: *Philosophie der symbolischen Formen*, a. a. O., S. 76 Anm; K. Th. Preuß: Die geistige *Kultur der Naturvölker*, Leipzig, Berlin 1914, 2. Aufl. 1923, S. 54.

39 E. Cassirer: *Philosophie der symbolischen Formen*, a. a. O., S. 240 nennt sie »Augenblicksgötter«.
40 H. Diels: *Die Fragmente der Vorsokratiker*, griechisch und deutsch, hrsg. von W. Kranz, Bd. 1, 18. Aufl. Zürich, Hildesheim 1989, S. 79 (11 A 22).
41 A. Schweitzer: *Kultur und Ethik*, in: *Gesammelte Werke in 5 Bden.*, Zürich 1973, Bd. 2, S. 377.
42 Vgl. a. a. O., S. 378.
43 A 832 ff B 860 ff (Akad.-Ausg., Bd. 3, S. 538 ff).
44 V. Grønbech: *Götter und Menschen*. Griechische Geistesgeschichte II (Deutsche Übersetzung von V. Brandström), Reinbek b. Hamburg 1967, S. 107.
45 J. G. Frazer: *The Golden Bough*, a. a. O., Part II, S. 287, vgl. S. 126 ff, 258 ff u. ö.
46 L. Lévy-Bruhl: *Die geistige Welt der Primitiven* (Titel der Originalausgabe: *La mentalité primitive*, Paris 1922), aus dem Französischen übertragen von M. Hamburger, München 1927, S. 79–103 (bes. Kap. 3).
47 E. Cassirer: *Philosophie der symbolischen Formen*, a. a. O., S. 68 f.
48 A. a. O., S. 227.
49 W. Mannhardt: *Wald- und Feldkulte*, Erster Teil: *Der Baumkultus der Germanen und ihrer Nachbarstämme*. Mythologische Untersuchungen, Berlin 1875, S. 480–488 (Kap. 5, § 11); ders.: *Mythologische Forschungen*, aus dem Nachlasse hrsg. von H. Patzig, Straßburg 1884, S. 351 ff (Kap. 6: »Kind und Korn«).
50 E. Cassirer: *Philosophie der symbolischen Formen*, a. a. O., S. 82.
51 B 39 f (Akad.-Ausg., Bd. 3, S. 53).
52 K. Hübner: Die *Wahrheit des Mythos*, a. a. O., S. 111.
53 Vgl. a. a. O., S. 113.
54 E. Cassirer: *Philosophie der symbolischen Formen*, a. a. O., S. 82.
55 K. Th. Preuß: *Die geistige Kultur der Naturvölker*, a. a. O., S. 13. 56 E. Cassirer: *Philosophie der symbolischen Formen*, a.a.O., S. 81 f.
57 A. a. O., S. 81.
58 K. Hübner: Die *Wahrheit des Mythos*, a. a. O., S. 279.
59 Vgl. a. a. O., S. 276 ff.
60 Vgl. a. a. O., S. 343 f.
61 J. W. Goethe: *West-Östlicher Divan*, in: Hamburger-Ausg., Bd. 2, S. 66.
62 Die Zuordnung ist nicht in allen Mythen gleichartig, sondern kann wechseln. Bei den Uitoto wird die Erde als Vater gedeutet: So gehen die Feldfrüchte während der Zeit, in der es keine Früchte gibt, zum Vater unter die Erde hinab. Vgl. K. Th. Preuß: *Religion und Mythologie der Uitoto*. Textaufnahmen und Beobachtungen bei einem Indianerstamm in Kolumbien, Südamerika, 2 Bde., Göttingen, Leipzig 1921–1923, Bd. 1, S. 29, und ders.: *Religion der Naturvölker* (1902/03), in: *Archiv für Religionswissenschaft*, Bd. 7 (1904), S. 232–363, bes. S. 234.
63 Zur Vorstellung der Mutter Erde im semitischen Kreis vgl. Th. Nöldeke: *Mutter Erde und Verwandtes bei den Semiten*, in: *Archiv für Religionswissenschaft*, Bd. 8 (1905), S. 161–166; A. Dieterich: *Mutter Erde. Ein Versuch*

über Volksreligion, 3. erw. Aufl. besorgt von Eu. Fehrle, Leipzig, Berlin 1925, S. 82 ff.

64 Der Terminus »jungfräuliche« Natur oder Erde zur Bezeichnung der unberührten Natur stammt aus der jüdisch-christlichen Tradition. Vgl. hierzu Flavius Josephus: *Antiquitatum Judaicorum libri I–V*, lib. 1, 2 (in: *Flavii Iosephi Opera*, edidit et apparatu critico instruxit B. Niese, Bd. 1, Berlin 1887, S. 10): τοιαύτη γὰρ ἐστιν ἡ παρθένος γή καὶ ἀληθινή (*toiaútē gar éstin hē parthénos gē kai alēthinē*; denn die Erde ist wie eine wahre Jungfrau beschaffen); ferner ΗΣΥΧΙΟΣ. *Hesychii Alexandrini lexicon*, post Ioannem Albertum recensuit M. Schmidt, 5 Bde., Jena 1858–1868, Bd. 1, S. 40: ἀδάμα. παρθενικὴ γῆ (*adáma. parthenikē gē*; Adama = jungfräuliche Erde); Tertullian: *Liber adversus Judaeos*, cap. 13 (*Patrologiae cursus completus*. Series Latina, accurante J.-E Migne, 217 Bde., Paris 1844–55 u. ö. [abgekürzt: MPL], Bd. 2, S. 635 A):»Terra dedit benedictiones suas (Psal. LXVI, 7). Utique illa terra virgo nondum pluviis rigata, nee imbribus foeeundata, ex qua homo tunc plurimum plasmatus est...«(»Die Erde hat ihren Segen gegeben..., nämlich jene Jungfrau Erde, die noch nicht durch Regen bewässert, noch nicht durch Wasser befruchtet ist, aus welcher damals am meisten der Mensch gebildet wurde ...«); Jakob Böhme: *De triplici vita hominis, oder Hohe und tiefe Gründung von dem Dreyfachen Leben des Menschen / Nach dem Geheimniß der Dreyen Principien Göttlicher Offenbarung*, 1730, Kap. 11, Abschn. 13–14 (in: *Theosophia revelata. Oder: Alle Göttliche Schriften Jacob Böhmens*, 1730 *[Sämtliche Schriften.* Faksimile-Neudruck der Ausgabe von 1730 in 11 Bdn., neu hrsg. von W.-E. Peuckert, Stuttgart 1960, Bd. 3, S. 201]):»Und aus derselben Jungfrau schuf Gott der Erden Matricem, daß es ein sichtlich begreiflich Bild im Wesen wäre, ... Nicht ward die Jungfrau in das Bild gebracht, sondern die Matrix der Erden ward in das Jungfräuliche Bild gebracht.«

65 Dies gilt innerhalb des Feminismus insbesondere für die gynozentrische Richtung, vgl. D. Pehnke: *Ethik und Geschlecht*, Marburg 1992, bes. S. 171 ff.

66 U. a. des Buches von C. Merchant: *Der Tod der Natur*, a. a. O.

67 Zitiert bei C. Merchant, a. a. O., S. 40 unter Verweis auf *To Carry Forth the Vine*, hrsg. von A. und M. Ortiz, 1978. Vgl. auch die zum Kultbuch gewordene Rede des Häuptlings Seattle bei H. Gruhl: *Häuptling Seattle hat gesprochen.* Der authentische Text seiner Rede mit einer Klarstellung: Nachdichtung und Wahrheit, Düsseldorf 1984, 4. Aufl. 1986.

68 Auch aus dem Buddhismus ist diese Bewertung des Ackerbaus bekannt. Im *Leben des Buddha*, einer frühen Mahayana-Schrift des Asvaghosha, wird eindringlich beschrieben, welchen Eindruck die Landarbeit, besonders das Pflügen, auf den jungen, zum Vergnügen ausreitenden Buddha macht:»Lured by love of the wood and longing for the beauties of the ground, he went to a spot near at hand on the forest-outskirts; and there he saw a piece of land being ploughed, with the path of the plough broken like waves on the water. Having beheld the ground in this condition, with its young grass scattered and torn by the plough, and covered with

the eggs and young of little insects which were killed, he was filled with deep sorrow as for the slaughter of his own kindred. And beholding the men as they were ploughing, their complexions spoiled by the dust, the sun's rays, and the wind, and their cattle bewildered with the bürden of drawing, the most noble one feit extreme compassion.« (»Angezogen von der Liebe zum Wald und verlangend nach den Schönheiten des Bodens, ging er zu einem Platz nahe dem Waldrand; und da sah er ein Stück gepflügten Feldes, das die Spur des Pfluges trug, gebrochen wie die Wellen des Wassers. Als er den Boden in diesem Zustand betrachtete, das junge Gras zerstreut und vom Pflug zerrissen und bedeckt mit den Eiern und Jungen der kleinen Insekten, die getötet waren, wurde er von tiefer Trauer erfüllt, wie wenn seine eigenen Verwandten getötet worden wären. Und als er die Männer sah, wie sie pflügten, ihr Aussehen verdorben vom Staub, von den Sonnenstrahlen und vom Wind und ihre Rinder verwirrt von der Last des Ziehens, da empfand der Hochedle äußerstes Mitleid.«) (*The Buddha-Karita of Asvaghosha*, Buch 5, in: *Buddhist Mahayana Texts*, Part I: *The Buddha-Carita of Asvaghosha*, translated by E. B. Cowell, Oxford 1894, repr. Delhi, Varanasi, Patna 1985, S. 49 f (*The Sacred Books of East*, translated by various oriental scholars, ed. by F. M. Müller, Bd. 49). Aufgrund dieses Erlebnisses entschließt sich Buddha, zum Bettler zu werden, was das Problem nicht löst, sondern nur auf diejenigen verschiebt, die den Bettler durch milde Gaben am Leben erhalten. – Der Buddhismus und speziell das sogenannte Ahimsa-Gebot (= Gebot des Nichtverletzens von Lebewesen durch Taten, Worte und Gedanken), ursprünglich eines der fünf Gebote der ersten Stufe des Raja-Yoga, später zum Grundpostulat aller buddhistisch beeinflußten Kulturen geworden, verbietet das Zufügen von Leid und Pein aufgrund der Karma-Lehre, nach der im Kreislauf der Wiedergeburten jedes Lebewesen für jedes andere Vater, Mutter, Schwester, Bruder usw. war, ist und sein wird. Der Lama eines tibetanischen Bergklosters hat dies gegenüber Besuchern so ausgedrückt: »Alle Wesen sind unsere Mütter. Im Kreislauf der Geburten sind wir einander alle schon einmal Vater und Mutter gewesen. Alle diese leidenden Kreaturen haben für Dich gesorgt, haben Dich gepflegt und gehütet, und Du hast für sie gesorgt und sie geliebt. Selbst wenn ein Mensch Dir jetzt als Gegner erscheint – er ist in Wahrheit Deine Mutter.« (R. und M. von Brück: *Ein Universum voller Gnade*. Die Geisteswelt des tibetischen Buddhismus, Freiburg 1987, S. 59).

69 Vgl. F. C. Reiter: *Das Selbstverständnis des Taoismus zur frühen Tang-Zeit in der Darstellung Wang Hsüan-ho's*, in: *Saeculum*, Bd. 33 (1982), S. 240–257, bes. S. 255. Hier werden zudem Krankheiten ontologisch erklärt.

70 Umgekehrt bezeichnet noch Platon im *Timaios* 77 c ff die Säfte- und Blutbahnen der Lebewesen als Bewässerungssystem und vergleicht Pflanzen und Tiere mit einem Garten, der von Kanälen überzogen ist.

71 L. A. Seneca: *Naturwissenschaftliche Untersuchungen in acht Büchern [Naturales Quaestiones]*, eingeleitet, übersetzt und erläutert von O. und E. Schönberger, Würzburg 1990, S. 108 (Buch 3, Kap. 15).

72 A. a. O.
73 A. a. O., S. 166 f (Buch 6, Kap. 16). Zum Naturbegriff der Stoa vgl. E. Zeller: *Die Philosophie der Griechen in ihrer geschichtlichen Entwicklung*, 3 Teile, Teil 3,1, 4. Aufl. Leipzig 1909, S. 118–209 (Absch. 1, Kap. 4–7).
74 Vgl. O. Schmieder: *Die alte Welt*. Bd. 2: *Anatolien und die Mittelmeerländer*, Kiel 1969, S. 9 f.
75 Vgl. J. Spieth: *Die Religion der Eweer in Süd-Togo*, Leipzig 1911, S. 8; E. Cassirer: *Philosophie der symbolischen Formen*, a. a. O., S. 255.
76 Vgl. hierzu C. Merchant: *Der Tod der Natur*, a. a. O., S. 41–53.
77 P. Ovidii Nasonis *Metamorphoseon libri XV* / Publius Ovidius Naso: *Metamorphosen*. Epos in 15 Büchern, hrsg. und übersetzt von H. Breitenbach, Zürich 1958, S. 13 (V. 137–140). Zu den vier Zeitaltern vgl. V. 89–150.
78 L. A. Seneca: *Naturwissenschaftliche Untersuchungen in acht Büchern*, a. a. O., S. 149 (Buch 5, Kap. 15).
79 C. Plinii secundi *Naturalis historiae libri XXXVII* / C. Plinius secundus d. Ä.: *Naturkunde*, lateinisch-deutsch, hrsg. und übersetzt von R. König in Zusammenarbeit mit G. Winkler, Buch 1 ff, München, Zürich 1973 ff, Buch 33: *Metallurgie*, Kap. 1, S. 13 f.
80 E Niavis: *ludicium lovis oder Das Gericht der Götter über den Bergbau*. Ein literarisches Dokument aus der Frühzeit des deutschen Bergbaus, übersetzt und bearbeitet von P. Krenkel, Berlin 1953, S. 23–36. Die Darstellung erinnert stark an eine Allegorie des Alanus de Insulis aus der Schule von Chartres: *Liber de planctu naturae* (um 1202) (MPL, Bd. 210, S. 429–482), in der sich die Natur – Magd Gottes – über den Menschen beklagt, der im Unterschied zu den anderen Lebewesen ihre Gesetze verletze. Die Natur als Ebenbild des Kosmos tritt auf mit einem Stirnreif, den die Zeichen des Tierkreises und die Planeten als funkelnde Juwelen schmücken, mit einem Kleid und Überwurf, verziert mit den Tieren der Luft, des Wassers und der Erde sowie mit blumengeschmückten Schuhen. Sie beschwert sich über die Zudringlichkeit des Menschen, der versucht, hinter die Geheimnisse des Himmels und der Erde zu kommen. Hinter dieser Allegorie steht die theoretische und moralische Einsicht, dass die Natur nicht aus eigener Kraft die Achtung vor ihren Gesetzen erzwingen kann, diese vielmehr seit dem Sündenfall in der Verantwortung des Menschen liegt. Es geht darum, dass die Vernunft die menschliche Lust und Neugierde im Zaume hält.
81 G. Agricola: *De re metallica libri XII*. 1556 / *Zwölf Bücher vom Berg- und Hüttenwesen*, in denen die Ämter, Instrumente, Maschinen und alle Dinge, die zum Berg- und Hüttenwesen gehören, nicht nur aufs Deutlichste beschrieben, sondern auch durch Abbildungen, die am gehörigen Ort eingefügt sind, unter Angabe der lateinischen und deutschen Bezeichnungen aufs Klarste vor Augen gestellt werden, übersetzt und bearbeitet von C. Schiffner unter Mitwirkung von E. Darmstaedter, P. Knauth, W. Pieper, F. Schumacher, V. Tafel, E. Treptow, E. Wandhoff, hrsg. von der Agricola-Gesellschaft beim Deutschen Museum zur Förderung der Geschichte der Naturwissenschaften und der Technik e. V, 1928, 5. Aufl. (Faksimiledruck der 3. Aufl.) Düsseldorf 1978, S. 4.

82 A. a. O., S. 6.
83 Vgl. a .a. O., S. 10.
84 A. a. O., S. 11 f.
85 Vgl. a. a. O., S. 13 ff.
86 Vgl. a. a. O., S. 12.

Zweiter Teil

Antikes Naturverständnis

1 W. Jäger: *Paideia*. Die Formung des griechischen Menschen, Bd. 1, Berlin, Leipzig 1934, S. 208.
2 W. Nestle: *Vom Mythos zum Logos*. Die Selbstentfaltung des griechischen Denkens von Homer bis auf die Sophistik und Sokrates, 2. Aufl. Stuttgart 1975.
3 Platon: *Phaidon* 76 b, 95 a, 101 d.
4 W. Jäger: *Paideia*, a. a. O., S. 207 f.
5 Vgl. Aristoteles: *Metaphysik* I, 3, 983 b 20 f.
6 Vgl. Platon: *Theaitet* 152 e.
7 Einer der ersten Philosophen, der sich mit dem Unterschied von Logos und Mythos befasst hat, ist Platon gewesen. Im *Timaios* 22 c f geht er auf die unterschiedliche Verwendung der sprachlichen Termini von Logos und Mythos ein. Am Beispiel der Weltzerstörung durch eine Feuersbrunst demonstriert er, wie derselbe Sachverhalt sowohl mythopoietisch wie naturwissenschaftlich ausgedrückt werden kann. Im ersten Falle wird die Feuersbrunst in das Bild gefaßt, daß Phaeton, der Sohn des Helios, den Sonnenwagen seines Vaters bestieg, jedoch unfähig war, ihn zu lenken, aus der Bahn geriet und die Erde verbrannte. Im zweiten Falle wird dafür die naturwissenschaftliche Erklärung des Abweichens der Planeten von ihrer gewöhnlichen Umlaufbahn herangezogen. Die zweite Darstellungsweise unterscheidet sich von der ersten nicht nur durch den Verzicht auf numinose göttliche Wesen, sondern auch durch die exakte Beschreibung und präzise mathematische Bestimmung der Umlaufbahnen und Abweichungen, was im Falle der Unfähigkeit von Helios' Sohn nicht möglich ist.
8 Vgl. E. Cassirer: *Philosophie der symbolischen Formen*, a. a. O., S. 65 f; vgl. auch die ähnliche, aber krude Darstellung bei W. Capelle: *Die Vorsokratiker*. Die Fragmente und Quellenberichte, übersetzt und eingeleitet von W. Capelle, 4. Aufl. Stuttgart 1953, S. 5.
9 Platon: Phaidon 96 a: διὰ τί γίγνεται ἕκαστον καὶ διὰ τί ἀπόλλυται καὶ διὰ τι ἔστι (diá ti gígnetai hékaston kai diá ti apóllytai diá ti ésti).
10 Aristoteles: *Metaphysik* I, 2, 983 b 7 ff, in der Übersetzung von H. Bonitz, in: *Aristoteles' Metaphysik*, in der Übersetzung von H. Bonitz, neu bearbeitet, mit Einleitung und Kommentar hrsg. von H. Seidl, griechisch-deutsch, 2 Halbbde., Hamburg 1978–1980, Bd. 1, S. 17/19.

11 E. Cassirer: *Philosophie der symbolischen Formen*, a. a. O., S. 19 f, 78 ff.

12 H. Kuhn: *Begegnung mit dem Sein.* Meditationen zur Metaphysik des Gewissens, Tübingen 1954, S. 18.

13 Nicht zu Unrecht hat Heidegger in seiner Kritik an der ontologischen Tradition in *Sein und Zeit* darauf hingewiesen, dass der ursprüngliche Umgang mit der Welt ein praktischer ist, der die Dinge in ihrer Zuhandenheit und in ihrem Bewandtniszusammenhang nimmt und mit Begriffen wie »wozu«, »weswegen« und »worum willen« operiert, während die auf die Vorhandenheit der Dinge abzielende Erkenntnis ein derivativer Vorgang ist. Mit der griechischen Philosophie sind nach Heidegger die Weichen für den Primat der Vorhandenheit und die Zurückdrängung der Zuhandenheit gestellt worden, welche die europäische Geistesgeschichte beherrschen und welche es rückgängig zu machen gilt.

14 Zur Interpretation des Timaios vgl. K. Gloy: *Studien zur Platonischen Naturphilosophie im Timaios*, Würzburg 1986; dies.: *Platon, die Wissenschaftsgeschichte und unser Naturverständnis.* Platons Naturbegriff im Timaios, in: *Deutsche Zeitschrift für Philosophie*, Jg. 38, Heft 7 (1990), S. 651–659.

15 Z. B. Platon: *Timaios* 27 d ff.

16 Vgl. E. Cassirer: *Die Antike und die Entstehung der exakten Wissenschaft*, in: *Die Antike*, Bd. 8 (1932), S. 276–300, bes. S. 281.

17 W. Heisenberg: *Gedanken der antiken Naturphilosophie in der modernen Physik*, in: *Die Antike*, Bd. 13 (1937), abgedruckt auch in: *Wandlungen in den Grundlagen der Naturwissenschaft.* Zehn Vorträge, 11. Aufl. Stuttgart 1980, S. 77–84.

18 Platon: *Timaios* 28 a, 30 b, 92 c u. ö.

19 A. a. O., 28 b, 31 a, 92 c u.ö.

20 A. a. O., 34 a f, 92 c.

21 Vgl. a. a. O., 27 d ff.

22 I. Kant: *Kritik der reinen Vernunft* B1 (Akad.-Ausg., Bd. 3, S. 27).

23 Aus diesem Grunde entbehrt auch die Meinung, dass Platon die Natur (= Naturerkenntnis) an der Kunst, Aristoteles hingegen die Kunst an der Natur orientiert habe, jeder Grundlage; denn auch für Platon bleibt das Natürliche vorrangig vor dem Künstlich-Künstlerischen.

24 »Quis scire nisi artifex potest cui soli opus suum notum est?« *De opificio dei*, lib. 14, 9, in: F. Lactantius: *Opera omnia*, recensuerunt S. Brandt et G. Laubmann, Pars II, Fasciculus I, Prag, Wien, Leipzig 1893, S. 50.

25 Vgl. *Idiota de mente*, cap. 7, fol. 86, in: Nikolaus von Kues: *Philosophisch-theologische Schriften*, hrsg. und eingeführt von L. Gabriel, übersetzt und kommentiert von D. und W. Dupré, Studien- und Jubiläumsausgabe, lateinisch-deutsch, 3 Bde., Wien 1964–1967, Bd. 3, S. 532 ff/533 ff.

26 I. Kant: *Opus postumum* (Akad.-Ausg., Bd. 22, S. 362, 2 ff).

27 A. a. O., Bd. 22, S. 392, 19; vgl. ferner S. 322, 28 ff; 366, 22; 391, 9 f; 394, 28 f; 395 A 2 f; 404–25 f; 405, 26 f; 406, 24 f; 407, 18 ff; 408, 27 f; 473, 9; 475, 16 ff; 484, 5; 486, 4; 494, 5 f; 497, 9 f; 498, 21 f.

28 I. Kant: *Kritik der reinen Vernunft* A 127 (Akad.-Ausg.,Bd. 4, S. 93).

29 A. a. O., A 126 (Akad.-Ausg., Bd. 4, S. 93).

30 Platon: *Timaios* 32 c: ἡ τοῦ κόσμου σύστασις (*hē tou kósmou sýstasis*).
31 A. a. O., 31 b: τὸ τοῦ παντὸς ἀρχόμενος συνιστάναι σῶμα (*to tou pantós archómenos synistánai sôma*) oder 41d: συστήσας δὲ τὸ πᾶν (*systēsas de to pān*); ferner 31 b 4, 32 b 7, 32 c 7 (2x), 33 a 3.
32 A. a. O., 31 c 1.
33 A. a. O., 31 c 2 f, 32 b 7, 32 c 4.
34 A. a. O., 32 a 6.
35 A. a. O., 32 b 3.
36 A. a. O., 32 c 3.
37 I. Kant: *Kritik der reinen Vernunft* A 832 f B 860 f (Akad.-Ausg., Bd. 3, S. 538 f). Allerdings fungieren die Begriffe »aggregatio«, »congregatio« und »coagmentatio« in den lateinischen Übersetzungen oft auch als Synonyma für »System«. Vgl. dazu H. M. Nobis: *Frühneuzeitliche Verständnisweisen der Natur und ihr Wandel bis zum 18. Jahrhundert*, in: *Archiv für Begriffsgeschichte*, Bd. 11 (1967), S. 37–58, bes. S. 45 f, der in diesem Zusammenhang auf die Sacrobosco-Kommentare von Faber Stapulensis (Jacques Lefèvre d'Étaples) (*Introductio in astronomiam Ioannis Sacrobosci*), Francesco Giuntini (*Sfera*, 1601, Annotationes p. 1) und Christoph Clavius (*Commentarium in Sphaeram Sacrobosci*, 1601) verweist. Wir verweisen auf folgende Ausgaben: Faber Stapulensis: *Commentarii in astronomicum Iohannis de Sacrobosco*, in: *Textus De Sphera Johannis de Sacrobosco*, Paris 1494; F. Giuntini: *Commentaria in Sphaeram Ioannis de Sacra Bosco*, Lyon 1577 f und Ch. Clavius: *In Sphaeram Joannis de Sacro Bosco commentarius*, Lyon 1594. Bei Clavius findet sich auch der Ausdruck »coagmentatio omnium corporum« (a. a. O., S. 28).
38 Vgl. dazu später bei Kant besonders im *Opus postumum* die explizite Unterscheidung von compositio und compositum, z. B. »Die Zusammensetzung (compositio) als das Formale dieser Erkenntnis muß vor dem Begriff des Zusammengesetzten (compositum) als dem Materialen der Erkenntnis durch Warnehmungen vorhergehen d. i. a priori für die Naturforschung die Regel geben; denn man kann sich eigentlich nicht der Vorstellung eines Zusammengesetzten als eines solchen sondern nur des Zusammensetzens des Mannigfaltigen in ihm bewust werden.« (Akad.-Ausg., Bd. 22, S. 172, 16 ff; vgl. auch Bd. 21, S. 162, 14 ff; 166, 17 ff; 173, 2 ff; 274, 27 ff; 633, 22 ff; 637, 11 ff; 639, 8 ff).
39 Vgl. Platon: *Phaidon* 85 d ff, 92 a ff.
40 Platon: *Politikos* 262 c ff.
41 A. a. O., 263 d.
42 Platons Definitions- und Systematisierungsversuche, wie sie in den Dialogen tradiert sind und nach der Überlieferung auch in der Akademie stattgefunden haben, wurden schon in der Antike nicht nur gewürdigt, sondern auch karikiert. H. Herter: *Platons Akademie*, Bonn 1946, S. 24, berichtet von einer karikierenden Schilderung eines Komikers, die auf die Vorgänge in der Akademie Bezug nimmt. »Hier berichtet jemand, was die Jüngelchen in der Akademie getrieben hätten; ,... über die Natur machten sie Definitionen und sonderten das Reich der Tiere und die Natur der Bäume und

die Arten der Gemüse. Und da prüften sie denn auch, zu welcher Art der Kürbis gehört.' Einer bezeichnet ihn als rundes Gemüse, ein anderer als Kraut und ein dritter als Baum; da macht ein sizilischer Arzt, der zuhört, seinem Ärger über dies Geschwätz in drastischer Weise Luft, aber die Schüler lassen sich nicht stören, und Platon selber wird nicht ungeduldig und gibt ihnen auf, von neuem zu definieren: ,sie aber teilten und teilten'.«

43 Platon: *Phaidon* 100 a und 101 c ff.

44 A. a. O., 100 a.

45 A. a. O.

46 Platon: *Timaios* 30 c und d.

47 A. a. O., 30 c f.

48 I. Kant: *Kritik der reinen Vernunft* A 712 ff B 740 ff (Akad.-Ausg., Bd. 3, S. 468 ff).

49 Über Platon geht Kant allerdings insofern hinaus, als er die Vernunft selbst als Gliederbau und System bezeichnet (vgl. *Kritik der reinen Vernunft*, Vorrede B XXXVII [Akad.-Ausg., Bd. 3, S. 22]) und nicht nur wie Platon bezogen auf das ideelle System.

50 Platon: *Phaidon* 95 e – 102 a.

51 Vgl. Platon: *Timaios* 31 b-34 a.

52 Z. B. a. a. O., 32 c ff.

53 Vgl. a. a. O., 32 d f.

54 Die Antike scheint sich das Problem, das mit der Vorstellung eines allumfassenden Ganzen gegeben ist, noch nicht hinreichend vergegenwärtigt zu haben; denn einerseits impliziert ein solches System mit der Vollkommenheit auch Geschlossenheit und damit Begrenzung und Endlichkeit, andererseits impliziert der Allheitsbegriff die Vorstellung von Unendlichkeit. In Angriff genommen hat dieses Problem erst Hegel in seiner Konzeption der Unendlichkeit aus Unendlichkeit und Endlichkeit auf der Basis seiner Grundidee einer Einheit aus Einheit und Vielheit. Ob er es auch schon gelöst hat, ist eine andere Frage.

55 Platon: *Timaios* 37 d.

56 Für Platon sind sogar aufgrund einer nicht ganz abwegigen Überlegung die Planeten, weil sie vernünftigen mathematischen Gesetzen folgen, welche durch Vernunft einsichtig sind, selbst vernünftige Wesen.

57 Platon: *Timaios* 54 a.

58 Auch Aristoteles erwähnt in *De anima* I, 4, 409 a das besonders aus der Geometrie bekannte Reduktionsproblem. Den umgekehrten Prozess einer Deduktion der eindimensionalen Linie aus dem nulldimensionalen Punkt, der zweidimensionalen Fläche aus der eindimensionalen Linie (zu ergänzen: des dreidimensionalen Raumes aus der zweidimensionalen Fläche) erklärt er in der Weise, dass sich der Punkt zur Linie ausdehnt, die Linie zur Fläche (und ebenso die Fläche zum Körper).

59 Platon: *Timaios* 53 d, in der Übersetzung von H. Müller, in: Platon: *Sämtliche Werke*, hrsg. von W. F. Otto, E. Grassi und G. Plamböck, Reinbek b. Hamburg 1961, Bd. 5, S. 175.

60 Platon: *Timaios* 47 e f.

61 Vgl. Platon: *Phaidon* 100 cf.

62 Vgl. Platon: *Timaios* 29 b ff.

63 *A. a. O.*

64 Neben dem Gebrauch von εἰκὼς λόγος *(eikós lógos)* tritt der von εἰκὼς μῦθος *(eikós mýthos)* auf, was die Frage aufwirft, ob der Gebrauch synonym oder verschieden sei. K. M. Meyer-Abich: *Eikos Logos*. Platons Theorie der Naturwissenschaft, in: *Einheit und Vielheit*, Festschrift für C. F. von Weizsäcker zum 60. Geburtstag, hrsg. von E. Scheibe und G. Süßmann, Göttingen 1973, S. 20–44, bes. S. 23 f sieht im Gebrauch eine Differenz derart, dass sich der *eikós lógos* auf die Materie bezieht, allerdings von dieser eine exakte naturwissenschaftliche Erklärung liefert, während der *mýthos* auf die Götter und den Ursprung des Alls geht, zu deren Erklärung die menschliche Erkenntnis nicht zureicht. Da jedoch die mathematisch-naturwissenschaftliche Erklärung letztlich auf ungeklärten und unausgewiesenen Prämissen basiert, muss auch sie im Endeffekt wie alle wissenschaftliche Erklärung für mythisch gelten, so dass »die Wahrheit des Logos ... Mythos« ist (S. 31). Für die These einer Synonymität könnte allerdings sprechen, dass in 29 c f *eikós lógos* und *eikós mýthos* in einem Atemzug und im selben Zusammenhang verwendet werden. Erwartet man nach dem vorausgehenden Kontext *eikós lógos*, so wählt Platon statt dessen den Ausdruck *eikós mýthos*, was auf einen beliebigen Gebrauch und auf eine Austauschbarkeit zu weisen scheint.

65 Die lateinische Übersetzung von »wahrscheinlich«, *verisimilis*, bedeutet das, was der Wahrheit, dem *verum*, nur ähnlich ist.

66 Die beiden herauskristallisierten Momente am Bild, der Verweisungs- und der Verstellungscharakter, werden später von L.Wittgenstein: *Tractatus logico-philosophicus*, Nr. 2.17 und 2.173, in ders.: *Schriften*, Bd. 1, Frankfurt a. M. 1969, S. 15 f als »Form der Abbildung« und »Form der Darstellung« unterschieden.

67 Historisch gesehen hat sich die Ununterschiedenheit von Raum und Materie bis in die Neuzeit erhalten. Noch für Descartes ist der Raum *res extensa*, ein ausgedehntes Ding, d. h. ein materiell erfüllter Raum. Erst bei Kant begegnet die Unterscheidung von reinem und materiell erfülltem Raum, von denen der erste der reinen Anschauung, der zweite der empirischen Anschauung angehört.

68 Platon: *Timaios* 52 d, in der Übersetzung von H. Müller, in: Platon: *Sämtliche Werke*, a. a. O., ebenso das Folgende.

69 A. a. O., 51 a.

70 A. a. O., 50 d.

71 A. a. O.

72 A. a. O., 50 c.

73 A. a. O., 53a.

74 A. a. O., 51 a f.

75 A. a. O.,52 b.

76 Das μόγις πιστόν *(mógis pistón* = »kaum glaubhaft«) aus *Timaios* 52 b greift die aus der Erkenntnisskala des Liniengleichnisses bekannte μόγις

(*pístis* = »Wahrnehmungs- bzw. Erfahrungserkenntnis«) auf, die auf Konkreta geht. Da mit dem reinen, unbestimmten Raum aber noch keine Konkreta vorliegen, entfällt auch eine entsprechende *pístis*. Die Erkenntnis des (materiellen) Raumes ist schwächer, »kaum glaubhaft«.

77 Vgl. Platon: *Timaios* 53 d.

78 Vgl. Aristoteles: *Metaphysik* I, 9, 991 b 1 ff.

79 Dass die Bezugnahmen und Berufungen auf Aristoteles zumeist recht frei sind, dokumentieren detailliertere Untersuchungen. Zur Divergenz zwischen dem traditionellen scholastisch-aristotelischen Ansatz und der von den italienischen Naturphilosophen Telesio, Campanella und Bruno vorgetragenen Aristoteles-Auffassung und -Kritik vgl. Ch. B. Schmitt: *Towards a Reassessment of Renaissance Aristotelianism*, in: *History of Science*, Nr. 11 (1973), S. 159–179, bes. S. 164; ders.: *Aristotle and the Renaissance*, Cambridge (Mass.), London 1983.

80 J. Mittelstraß: *Das Wirken der Natur*. Materialien zur Geschichte des Naturbegriffs, in: *Naturverständnis und Naturbeherrschung*, hrsg. von F. Rapp, a. a .O., S. 36–69, bes. S. 69.

81 Zum letzteren vgl. Aristoteles: *Physik* VIII, 1, 251 b 17 ff.

82 In der Forschung herrscht diesbezüglich eine Kontroverse. Ein Vertreter der älteren Auffassung, der in Aristoteles nur den Platon-Kritiker sieht, insbesondere bezüglich der Ideenlehre, ist P. Natorp: *Platos Ideenlehre. Eine Einführung in den Idealismus*, 3. Aufl. Darmstadt 1961 (unveränderter Nachdruck der 2., durchgesehenen und um einen metakritischen Anhang vermehrten Aufl. von 1922), Vertreter der neueren Ansicht, die in Aristoteles eher den Vollender Platons erblicken, sind W. D. Ross: *Aristotle's Metaphysics*, a revised text with introduction and commentary, 2 Bde., Oxford 1924, 8. Aufl. 1981; ders.: *Plato's Theory of Ideas*, Oxford 1951, 4. Aufl. 1963, S. 86, 226, und K. Gloy: *Aristoteles – ein Kritiker Platons?* In: Φιλοσοφία *[Philosophia]*, Bd. 15/16 (Athen 1985/1986), S. 266–285.

83 Zum φύσις-*(phýsis-)*Begriff von *Physik* II, Kap. 1 vgl. M. Heidegger: *Vom Wesen und Begriff der* φύσις *[phýsis]*. Aristoteles Physik B 1, in: *Il Pensiero*, Bd. 3 (1958), S. 131–156, 265–289.

84 Aristoteles: *Physik* II, 1, 192 b 8–15, in der Übersetzung von K. Prantl, in: *Aristoteles' Acht Bücher Physik*, griechisch und deutsch und mit sacherklärenden Anmerkungen hrsg. von K. Prantl, Aalen 1978 (Neudruck der Ausgabe Leipzig 1854), S. 55. Das griechische Zitat lautet: Τῶν ὄντων τὰ μέν ἐστι φύσει τὰ δὲ δι᾽ ἄλλας, φύσει μὲν τά τε ζῷα καὶ τὰ μέρη αὐτῶν καὶ τὰ φυτὰ καὶ τὰ ἁπλᾶ τῶν σωμάτων, οἷον γῆ καὶ πῦρ καὶ ἀὴρ καὶ ὕδωρ· ταῦτα γὰρ εἶναι καὶ τὰ τοιαῦτα φύσει φαμέν. πάντα δὲ τὰ ῥηθέντα φαίνεται διαφέροντα πρὸς τὰ μὴ φύσει συνεστῶτα. τὰ μὲν γὰρ φύσει ὄντα πάντα φαίνεται ἔχοντα ἐν ἑαυτοῖς ἀρχὴν κινήσεως καὶ στάσεως, τὰ μὲν κατὰ τόπον, τὰ δὲ κατ᾽ αὔξησιν καὶ φθίσιν, τὰ δὲ κατ᾽ ἀλλοίωσιν.
(*Tōn óntōn ta men ésti phýsei ta de di᾽ állas aitías, phýsei men ta te zôa kai ta mérē autōn kai ta phytá kai ta haplá tōn sōmátōn, hóion gē kai pyr kai aēr kai hýdōr.*

taúta gar eínai kai ta toiaúta phýsei phamén. pánta de ta rhēthénta phaínetai dia-
phéronta pros ta mē phýsei synestôta. ta men gar phýsei ónta pánta phaínetai
échonta en heautoís archēn kinēseōs kai stáseōs, ta men katá tópon, ta de kat'
aúxēsin kai phthísin, ta de kat' alloíōsin.)

85 Die zweite Klasse von Gegenständen wird zunächst negativ eingeführt,
   noch nicht positiv bestimmt, und zwar als das, was nicht von Natur, sondern aus anderen Gründen (Ursachen) hervorgegangen ist. Diese anderen
   Gründe sind τέχνη (*téchnē*) sowie, damit zusammenhängend, νοῦς,
   διάνοια (*nous, diánoia*) und προαίρεσις (*proaíresis*), so dass mit den anderen Gegenständen handwerkliche und künstlerische Produkte, kurzum,
   technische Produkte gemeint sind wie auch Verstandesprodukte, überhaupt solche, die auf Planung und Überlegung basieren.
86 Diese kann höchst unterschiedlich bestimmt werden.
87 Aristoteles: *Metaphysik* V, 4, 1014 b 16–1015 a 19.
88 Aristoteles: *Physik* II, 1, 192 b 13 f; 192 b 21 f; 193 a 29 f; 193 b 3 f u. ö.
89 A. a. O., II, 1, 192 b 22: ἠρεμεῖν *(ēremeín)* > ἠρεμεία *(ēremía).*
90 A. a. O., II, 1, 192 b 20.
91 Vgl. Aristoteles: *De caelo* I, cap. 2 f.
92 Zum Entwurf des Gesamtsystems vgl. außer *Metaphysik* XII, 1 und 6 auch
   Physik II, 7, 198 a 29 ff. Zur Interpretation vgl. K. Gloy: *Die Substanz ist als*
   Subjekt zu bestimmen. Eine Interpretation des XII. Buches von Aristoteles' Metaphysik, in: *Zeitschrift für philosophische Forschung*, Bd. 37 (1983), S. 515–543.
93 Vgl. Aristoteles: *De caelo* II, cap. 2.
94 Aristoteles: *Physik* VIII, 1, 250 b 14 f.
95 A. a. O., II, 1, 192 b 18 ff.
96 Z. B. a. a. O., I, 9, 192 a 16–25. In *Metaphysik* XII, 7, 1072 b 3 heißt es
   sogar vom unbewegt Bewegenden in Bezug auf den sinnlichen Kosmos,
   dass es wie ein Geliebtes ἐρώμενον, *erómenon*) bewege, mithin als etwas,
   was attraktiv und begehrenswert ist.
97 J. M. Le Blond: *Logique et Méthode chez Aristote.* Étude sur la Recherche des
   Principes dans la Physique Aristotélicienne, Paris 1939, S. 346 ff.
98 W. Theiler: *Zur Geschichte der teleologischen Naturbetrachtung bis auf Aristote-*
   les, Zürich, Leipzig 1925, 2. Aufl. Berlin 1965, S. 85.
99 Ein Vertreter der ersten Position ist H. Wagner in seinem Physikkommentar: *Aristoteles: Physikvorlesung*, übersetzt von H. Wagner, Berlin 1967,
   3. Aufl. Darmstadt 1979, S. 357, ein Vertreter der zweiten Position
   W. Wieland: *Die aristotelische Physik.* Untersuchungen über die Grundlegung der Naturwissenschaft und die sprachlichen Bedingungen der Prinzipienforschung bei Aristoteles, Göttingen 1962, bes. S. 262.
100 Aristoteles: *Physik* II, 3, 195 a 23 ff.
101 Thomas von Aquin nimmt in seinem Physikkommentar II, 5, 11 *(Com-*
    mentaria in octo libros physicorum Aristotelis, in: Thomas von Aquin: *Opera*
    Omnia, Bd. 2, Rom 1884, S. 71) diese Stelle als Beleg dafür, dass das Telos
    nicht nur eine der vier Ursachen der Dinge, sondern gleichzeitig die Ursa-
    che der anderen Ursachen ist, W. Wieland: *Die aristotelische Physik*,
    a. a. O., S. 263 f, bestreitet dies vehement.

102 Vgl. Aristoteles: *Physik* II, 7, 198 a 24 ff.

103 Vgl. a. a. O., II, 7, 198 a 25 f; 199 a 30–32; *Metaphysik* XIII, 4, 1044 a 36 – b 1.

104 Der zweite Teil der Doppelrelation, nämlich die These, dass sich der Zweck stets auf eine Form bezieht, lässt sich auch dadurch rechtfertigen, dass andere Gründe wie Materie von ihrer Konzeption und Definition her so angelegt sind, dass sie immer nur als Mittel zu einem Zweck, niemals aber als Zweck selbst auftreten.

105 Eine dem Telos-Denken entsprechende Beobachtung bezüglich des Kausaldenkens hat K. von Fritz gemacht, vgl. *Teleologie bei Aristoteles*, in: *Die Naturphilosophie des Aristoteles*, hrsg. von G. A. Seeck, Darmstadt 1975, S. 243–250, bes. S. 244; ders.: *Grundprobleme der Geschichte der antiken Wissenschaft*, Berlin, New York 1971, Kap. 11:»Aristoteles' anthropologische Ethik. Der Sinn der aristotelischen Teleologie. Die Methode des τύπῳ περιλαβεῖν *[týpō perilabeín]*. Der λόγος περὶ τοῦ δικαίου καί τοῦ ἀδίκου *[lógos perí tou dikaíou kai tou adíkou]*«, S. 278–313, bes. S. 292. Von Fritz weist darauf hin, dass das griechische Kausaldenken Strukturerkenntnis ist, während das moderne auf die Prognose künftiger Ereignisse sowie, im Zusammenhang damit, auf die Hervorrufung und Bewirkung dieser Ereignisse geht.

106 Vgl. Aristoteles: *Physik* II, 3, 195 a 24 f; II, 7, 198 b 8 f.

107 Die Distinktion, auf die der Titel von K. Gaisers Aufsatz *Das zweifache Telos bei Aristoteles*, in: *Naturphilosophie bei Aristoteles und Theophrast*. Verhandlungen des 4. Symposium Aristotelicum, veranstaltet in Göteburg, August 1966, hrsg. von I. Düring, Heidelberg 1969, S. 97–113 weist, hat mit der hier entwickelten nichts zu tun, sondern betrifft einen anderen Unterschied.

108 W. Wieland: *Die aristotelische Physik*, a. a. O., S. 275.

109 Hier begegnet im Prinzip dieselbe Schwierigkeit, die Platon zu einer Kritik an der pythagoreischen Harmonieauffassung motivierte und zur Unterscheidung von Harmonie-Haben (Form) und Harmonie-Sein (Realisation der Form) veranlasste.

110 Aristoteles: *Metaphysik* VII, 7, 1032 b 6–1033 a 2, in der Übersetzung H. Bonitz: *Aristoteles' Metaphysik*, a. a. O., Bd. 2, S. 27–31.

111 Vgl. Aristoteles: *Physik* II, 3, 195 a 19–21.

112 Vgl. a. a. O., II, 8, 199 a 12–15 und 199 b 28–29.

113 Vgl. a. a. O., II, 8, 199 b 28.

114 Kunst bzw. Technik und Natur zu vermitteln sucht Aristoteles: *Physik* II 8, 199 b 30–33 durch das Beispiel eines sich selbst behandelnden Arztes. Es stellt den signifikanten Fall dar, dass hier in einer Person zusammenfällt, was gewöhnlich in Kunst bzw. Technik getrennt auftritt, nämlich der zu erreichende Zweck – in diesem Falle die Gesundheit – und die bewirkende Ursache, der Arzt. Während normalerweise die Gesundheit in einem fremden Patienten vom Arzt bewirkt wird, tritt hier der Arzt selbst als Patient auf, der in sich und durch sich die Gesundheit herstellt. Zu Bewirkendes und Bewirkendes fallen hier aufgrund der Selbstreferenz zu-

sammen wie in der Natur, deren Charakteristikum die Selbstherstellung der intendierten Form ist. Freilich bleibt auch dieses Beispiel im Kontext des Zweckbewusstseins, wodurch es sich hinwiederum von natürlichen Vorgängen unterscheidet.

115 Aristoteles: *Metaphysik* XII, 7, 1072 b 2 f.

116 A. a. O., XII, 10, 1075 a 13.

117 Vgl. a. a. O., XII, 10,1075 a 16–17.

118 Vgl. a. a. O., XII, 10,1075 a 13–15.

119 A. a. O., XII, 10, 1075 a 18 f.

120 A. a. O., XII, 7, 1072 b 3.

121 Vgl. K. Gloy: *Die Substanz ist als Subjekt zu bestimmen*, a. a. O., bes. S. 533 f.

122 Aristoteles: Physik II, 2, 194 b 13; vgl. II, 1, 193 b 8; II, 7, 198 a 26 f. Hierzu K. Oehler: *Das aristotelische Argument: Ein Mensch zeugt einen Menschen*. Zum Problem der Prinzipienfindung des Aristoteles, in: *Einsichten*, Festschrift für G. Krüger zum 60. Geburtstag, Frankfurt a. M. 1962, S. 230–288.

123 Mit Vehemenz hat W. Wieland: *Die aristotelische Physik*, a. a. O., S. 254–277 die letztere These vertreten. Sie erklärt sich für ihn aus seinem generellen Programm, die ontologischen Grundbegriffe des Aristoteles aus einer Sprachanalyse zu gewinnen. Vertreter der ersteren These ist H. Wagner in seinem Kommentar zur aristotelischen Physik, a. a. O., S. 357.

124 Vgl. K. Reich: *Über den historischen Ursprung des Naturgesetzbegriffs*, in: Festschrift für E. Kapp zum 70. Geburtstag, Hamburg 1958, S. 121–134, bes. 122.

125 Vgl. Aristoteles: *Physik* II, 2, 194 a 21 f: ἡ τέχνη μιμεῖται τὴν φύσιν *(hē téchnē mimeítai tēn phýsin)*; vgl. auch II, 8, 199 a 15–17.

126 Vgl. a. a. O., II, 8, 199 a 15–17.

127 Vgl. a. a. O., II, 8, 199 a 19 f: τὰ υστερα πρὸς τὰ πρότερα *(ta hýstera pros ta prótera).*

128 Vgl. a. a. O., II, 8, 199 b 9 f.

129 A. a. O., II, 4, 196 b 1–4.

130 Vgl. Aristoteles: *De caelo* I, 4, 271 a 33 μάτην *[mátēn]*); II, 8, 289 b 26; 290 a 31; 11, 291 b 13 f.

131 Zu diesen und ähnlichen Beispielen vgl. E. Zeller: Die *Philosophie der Griechen in ihrer geschichtlichen Entwicklung*, Teil 2, 2, 3. Aufl. Leipzig 1879, S. 424 Anm. 3, und H. Leisegang, Artikel: *Physis*, in: *Paulys Real-Encyclopädie der classischen Altertumswissenschaft*, a. a. O., Halbbd. 39, Spalte 1150.

132 Anders W. Wieland: *Die aristotelische Physik*, a. a. O., S. 270, der die Stellen nur als dekorativ betrachtet.

133 Zu dieser Interpretation vgl. auch E. Zeller: *Die Philosophie der Griechen in ihrer geschichtlichen Entwicklung*, Teil 2, 2, a. a. O., S. 330 ff, und Au. Mansion: *Introduction à la Physique Aristotélicienne*, 2. Aufl. Louvain, Paris 1946, S. 282 ff (Kap. 8: »Les obstacles à l'activité de la nature«).

134 Vgl. Aristoteles: *Physik* II, 5, 197 a 5 f: αἰτία κατὰ συμβεβηκός *(aitía katá symbebēkós)*; vgl. auch 196 b 23, 28, 35; II, 6, 198 a 6 f u. ö.

135 A. a. O., II, 5, 197 a 8.

136 A. a. O., II, 5, 197 a 18.
137 Vgl. a. a. O., II, 5, 197 a 19.
138 Vgl. a. a. O., II, 5, 197 a 6 f.
139 A. a. O., II, 6, 197 b 2, 4.
140 Vgl. hierzu a. a. O., II, 6, 197 a 36 ff.
141 Ein um der besseren Verdauung willen unternommener Spaziergang, der doch nicht zum Ziele führt, wird vergeblich genannt, vgl. a. a. O., II, 6, 197 b 22 ff.
142 Vgl. a. a. O., II, 9, 200 a 32 ff.
143 Aristoteles: *Metaphysik* XII, 7, 1072 b 11–13; auch V, Kap. 5; *Analytica posteriora* 11, 94 b 37–95 a 3; *De partibus animalium* I, 1,639 b 21 ff; 642 a 2 ff; *De generatione et corruptione* II, 11, 337 a 34–338 a 5.
144 Vgl. *Physik* II, 9, 200 b 1–4. – Ein Pendant hat dieser Begriff der Notwendigkeit bei Platon im *Phaidon* 99 a f und im *Timaios* 46 c ff, 47 e ff, 68 e f.

Dritter Teil

Mittelalterliches Naturverständnis

1 Vgl. C. D. G. Müller: *Die Entwicklung des orientalischen Universitäts- und Schulwesens*. Nisibis war Vorbild für typische Universitätsstrukturen, in: *Mitteilungen des Hochschulverbandes*, 1986, Heft 4, S. 203–205.
2 Im lateinischen Original: »*Omnis natura in quantum natura est, bona est*«, Augustin: *De libero arbitrio*, lib. 3, cap. 13, 36 (MPL, Bd. 32, S. 1289) (Übersetzung von Verfasserin); vgl. *De natura boni contra Manichaeos*, lib. 1, cap. 1 (MPL, Bd. 42, S. 551) u. ö.
3 Vgl. G. W. Leibniz: *Principes de la Nature et de la Grace fondés en Raison*, § 10, in: ders.: *Principes de la Nature et de la Grace fondés en Raison. Monadologie / Vernunftprinzipien der Natur und der Gnade. Monadologie*, auf Grund der kritischen Ausgabe von A. Robinet und der Übersetzung von A. Buchenau mit Einführung und Anmerkungen hrsg. von H. Herring, Hamburg 1956 (Nachdruck 1960), S. 16/17.
4 Speziell hat die Theorie vom moralischen Abfall des Menschen von Gott ihr Pendant im platonischen *Phädros* 246 ff bzw. 248 ff, in dem der Fall der gefiederten Seele aus den himmlischen Regionen in niedere, die Inkarnation in diverse Menschentypen und Tiere, geschildert wird.
5 Platon: *Timaios* 92 c: θεὸς αἰσθητός *(theós aisthētós)*.
6 A. a. O., 34 a f: ὁ ποτὲ ἐσόμενος θεός *(ho poté esómenos theós)*.
7 A. a. O., 37 c: τῶν ἀιδίων θεῶν γεγονὸς ἄγαλμα *(tōn aidíōn theōn gegonós ágalma)*.
8 Der Text des Sonnenliedes nach Codex Assisiensis 338 lautet:
 Altissimu onnipotente bonsignore.
 tue so le laude la gloria el honore & onne benedictione.
 Ad te solo altissimo se konfano.
 e nullu homo ene dignu te mentovare.

Laudato sie misignore cun tucte le tue creature.
spetialmente messor lo frate sole.
lo quale iorno & allumini noi per loi.
Et ellu e bellu e radiante cun grande splendore.
de te altissimo porta significatione.

Laudato si misignore per sora luna ele stelle,
in celu lai formate clarite & pretiose & belle.
Laudato si misignore per frate vento[.]
& per aëre & nubilo & sereno & onne tempo.
per lo quale ale tue creature dai sustentamento.

Laudato si misignore per sor aqua.
la quale e multo utile & humile & pretiosa & casta.
Laudato si misignore per frate focu.
per loquale ennallumini la nocte.
ed ello e bello & iocundo & robustoso & forte.

Laudato si misignore per sora nostra matre terra.
la quale ne sustenta & governa.
e produce diversi fructi con coloriti flori & herba.

Laudato si misignore per quelli ke perdonano per lo tuo amore.
& sostengo infirmitate & tribulatione.
beati quelli kel sosterrano in pace.
ka da te altissimo sirano incoronati.

Laudato si misignore per sora nostra morte corporale.
da la quale nullu homo vivente po skappare.
guai acquelli ke morrano ne le peccata mortali.
beati quelli ke trovarane le tue santissime voluntati.
ka la morte secunda nol farra male.

Laudate & benedicete misignore & rengraziate [.]

in: E.-W. Platzeck: *Das Sonnenlied des heiligen Franziskus von Assisi.* Zusammenfassende philologisch-interpretative Untersuchung mit ältestem Liedtext und erneuter deutscher Übersetzung, 2. Aufl. Werl i. W. 1984, S. 13–18.

9   Vgl. H. Stork: *Einführung in die Philosophie der Technik,* a. a. O., S. 93.
10 F. Gogarten: *Verhängnis und Hoffnung der Neuzeit.* Die Säkularisierung als theologisches Problem, Stuttgart 1953.
11 C. F. von Weizsäcker: *Die Tragweite der Wissenschaft,* Bd. 1: *Schöpfung und Weltentstehung.* Die Geschichte zweier Begriffe, Stuttgart 1964, S. 47, 196.
12 L. White jr.: Die historischen Ursachen unserer ökologischen Krise, in: *Gefährdete Zukunft.* Prognosen angloamerikanischer Wissenschaftler, hrsg.

von M. Lohmann, München 1970 (Hanser, Umweltforschung Bd. 5), S. 20–29, bes. S. 29.

13 F. Dessauer: *Philosophie der Technik*. Das Problem der Realisierung, Bonn 1927; vgl. ders.: *Streit um die Technik*, Frankfurt a. M. 1956, 2. Aufl. 1958.

14 Das Alte Testament spricht auch vom »Garten Eden«, was nach dem Urtext philologisch korrekt »Garten in Eden« heißt. Da »Eden« eine Landschaftsbezeichnung mit der Bedeutung »Steppe«, »öde Natur« (vgl. akkadisch *edimu* = »Wüste«) ist, bedeutet auch dieser Topos das bestellte Land im unbestellten.

15 Zur ideengeschichtlichen Interpretation der Naturvorstellung im Mittelalter vgl. H. M. Nobis: *Die Umwandlung der mittelalterlichen Naturvorstellung*. Ihre Ursachen und ihre wissenschaftsgeschichtlichen Folgen, in: *Archiv für Begriffsgeschichte*, Bd. 13 (1969), S. 34–57.

16 Das umfangreiche Quellenmaterial wurde zusammengetragen und erschlossen durch Arbeiten von G. Gröber: *Grundriss der romanischen Philologie*, 2 Bde., Straßburg 1888–1902, M. Manitius: *Geschichte der lateinischen Literatur des Mittelalters*, 3 Bde., München 1911–1931, unveränderter Nachdruck 1965–1975, und E. R. Curtius: *Europäische Literatur und Lateinisches Mittelalter*, Bern 1948, der in Kap. 16, § 7 (S. 321–327) eine vielbeachtete Studie verfasst hat. Diese Arbeiten vermitteln einen umfassenden Überblick über Vorkommen und Bedeutung dieser Metapher im Mittelalter sowie über ihre Herkunft. Vgl. auch H. M. Nobis: Artikel *Buch der Natur*, in: *Historisches Wörterbuch der Philosophie*, hrsg. von J. Ritter, Bd. 1, Basel, Stuttgart 1971, S. 957–959.

17 MPL, Bd. 34, S. 219 ff.

18 Zusammenstellung bei E. R. Curtius: *Europäische Literatur und lateinisches Mittelalter*, a. a. O., S. 321 ff.

19 Vgl. Johannes Scotus Eriugena: *Super Ierarchiam Caelestem S. Dionysii*, cap. 1 (MPL, Bd. 122, S. 138 f B).

20 Vgl. Alanus de Insulis (MPL, Bd. 210, S. 579 a):

»Omnis mundi creatura,
Quasi liber, et pictura,
Nobis est, et speculum.«

(»Jede Kreatur der Welt ist wie ein Buch und Bild für uns und wie ein Spiegel.«)

21 »Rerum quippe conditor omnipotens Deus, sicut terrena quaeque ad usum hominum condidit; sic etiam per ipsas naturarum vires, et necessarios motus, quos brutis animalibus indidit, hominem salubriter informare curavit«, cap. 2 c (MPL, Bd. 145, S. 767) (Übersetzung von Verfasserin).

22 Eine Nachwirkung dieser Auffassung findet sich noch bei A. Paré: *Œuvres complètes*, Bd. 1: *Le premier livre de l'anatomie*, Paris 1840. Vgl. F. Jacob: *Das Spiel der Möglichkeiten*. Von der offenen Geschichte des Lebens (Titel der Originalausgabe: *Le jeu des possibles*. Essai sur la diversité du vivant, Fayard 1981), aus dem Französischen von F. Griese, München, Zürich 1983, S. 43.

23 Isidore de Séville: *Traité de la nature*, hrsg. von J. Fontaine, Bordeaux 1960, S. 207, 3 (Kap. 9, 1); vgl. S. 243, 40 (Kap. 18, 5); S. 263, 13 (Kap. 25, 2).

24 Vgl. Hrabanus Maurus: *De universo*, lib. 9, Prologus (MPL, Bd. 111, S. 257 ff).

25 Vgl. Thomas von Aquin: *Expositio super librum Boethii de trinitate*. Ad fidem codicis autographi nec non ceterorum codicum manu scriptorum, rec. B. Dekker, Leiden 1955.

26 Vgl. V. Rüfner: *Das Formproblem der Neuzeit und die Wende der Gegenwart*, in: *Beiträge zur christlichen Philosophie*, Heft 4, Mainz 1948, S. 3–34, bes. S. 9.

27 Vgl. Augustin: *De diversis quaestionibus octoginta tribus liber unus*, qu. 46: »De ideis« (MPL, Bd. 40, S. 29 f).

28 Eine zweite Wandlung machte die platonische Ideenlehre im Säkularisierungsprozess der Neuzeit durch. Indem Gott suspendiert wurde und damit als Garant für die Übereinstimmung der subjektiven Ideen im erkennenden Menschen mit den Objekten in der Realität entfiel – Gott hat ja nach diesen Ideen die Objekte erschaffen –, ging der objektive Bezug der subjektiven Ideen verloren. Zurück blieben rein privatsubjektive Vorstellungen und Begriffe im menschlichen Geist, denen keinerlei Realität mehr entspricht. Lockes »ideas« oder unsere heutige Redeweise, dass jemand seinen Kopf voller Ideen habe, d. h. voller phantastischer, irrealer Gedanken, sind Beispiele hierfür.

29 Der für das Mittelalter charakteristische Universalienstreit – die Frage, ob die Ideen *ante rem* oder *in re* oder *post rem* seien –, der entweder zu einem extremen Realismus in der Nachfolge Platons oder zu einem gemäßigten Realismus in der Nachfolge Aristoteles' oder zu einem Nominalismus bzw. Konzeptualismus führte, wonach die Ideen allein im Geiste und nirgends anders existieren gemäß dem denkökonomischen Prinzip *entia non multiplicanda praeter necessitatem* (Seinsgründe sollten nicht mehr als nötig vervielfältigt werden), betrifft die Erkenntnisrelation zwischen Denk- und Seinsstrukturen, nicht deren Einheit in Gott, letztere nur insofern, als die Relation in der Einheit Gottes fundiert ist.

30 Platon: *Timaios* 38 c.

31 *Timaeus*. A Calcidio translatus commentarioque instructus, ed. J. H. Waszink, London, Leiden 1962, S. 30, 17.

32 Die *Sphaera* des Johannes Sacrobosco (Anfang 13. Jahrhundert) wurde im 15., 16. und 17. Jahrhundert vielfach aufgelegt. Vgl. dazu L. Thorndike: *The »Sphere« of Sacrobosco and its Commentators*, Chicago 1949. Zum *mundus archetypus* vgl. a. a. O., S. 80, (cap. 1). Weitere Stellen a. a. O., S. 153, 248, 253, 286, 364, 418.

33 *Di Lucio Vitrvvio Pollione ... de architectura incomenza ... translato in vvlgare sermone commentato et affigurato da C. Caesariano*, Como 1521. Neue Ausgabe: Vitruvi *De architectura libri decem* / Vitruv: *Zehn Bücher über Architektur*, übersetzt und mit Anmerkungen versehen von C. Fensterbusch, Darmstadt 1964.

34 Vgl. »Omnis iste naturae usitatissimus cursus habet quasdam naturales leges suas« (»Jeder ganz gewöhnliche Gang der Natur hat seine eigenen

natürlichen Gesetze«), *De genesi ad litteram*, lib. 9, cap. 18, 32 (MPL, Bd. 34, S. 406) (Übersetzung von Verfasserin).

35 Vgl. »Praeter usitatum naturae cursum mirabiliter facta sunt« (»Außerhalb des gewöhnlichen Laufs der Natur ist dies auf wundersame Weise geschehen«), a. a. O., lib. 9, cap. 18, 35 (MPL, Bd. 34, S. 408) (Übersetzung von Verfasserin).

36 Vgl. »Sicut ergo non fuit impossibile Deo, quas voluit, instituere; sie ei non est impossibile, in quidquid voluerit, quas instituit, mutare naturas«. (»Wie es also Gott nicht unmöglich war, Naturen so zu bilden, wie es ihm beliebte, so ist es ihm auch nicht unmöglich, die von ihm gebildeten Naturen beliebig zu verändern«), *De civitate Dei*, lib. 21, cap. 8, 5 (MPL, Bd. 41, S. 722) (Übersetzung von Verfasserin).

37 Vgl. »Nec ista cum fiunt, contra naturam fiunt, nisi nobis quibus aliter naturae cursus innotuit; nos autem Deo, cui hoc est natura quod fecerit« (»Auch wenn solche Dinge geschehen, geschehen sie nicht gegen die Natur, nur für uns, denen der Gang der Natur anders bekannt ist, nicht für Gott, dem das Natur ist, was er gemacht hat«), *De genesi ad litteram*, lib. 6, cap. 13, 24 (MPL, Bd. 34, S. 349) (Übersetzung von Verfasserin).

38 Vgl. »Dei potentia creativa non sit evacuata in ipsius creatione« (»die Schöpfermacht Gottes ist in seiner Schöpfung nicht erschöpft«), *Trialogus de possest*, in: Nikolaus von Kues: *Philosophisch-Theologische Schriften*, a. a. O., Bd. 2, S. 276/277; vgl. *De docta ignorantia*, lib. 2, cap. 2, 3–6 (a. a. O., Bd. 1, S. 322 ff/323 ff); cap. 4, l ff (a. a. O., S. 338 ff/339 ff).

39 »Est autem Deus arithmetica, geometria atque musica simul et astronomia usus in mundi creatione, quibus artibus etiam et nos utimur, dum proportiones rerum et elementorum atque motuum investigamus«, *De docta ignorantia*, lib. 2, cap. 13, a. a. O., Bd. 1, S. 410/411.

40 A. a. O., Bd. 3, S. 502/503.

41 A. a. O., Bd. 3, S. 8/9 (cap. 6).

42 »La filosofia è scritta in questo grandissimo libro ehe continuamente ci sta aperto innanzi a gli occhi (io dico l'universo), ma non si può intendere se prima non s'impara a intender la lingua, e conoscer i caratteri, ne' quali è scritto. Egli è scritto in lingua matematica, e i caratteri son triangoli, cerchi, ed altre figure geometriche, senza i quali mezi è impossibile a intenderne umanamente parola ...« *Le opere di Galileo Galilei*, ristampa della Edizione Nazionale, hrsg. von A. Favaro, 20 Bde., Florenz 1929–1939 [abgekürzt: Ed. Naz.], Bd. 6, S. 232 (Frage 6) (Übersetzung von Verfasserin).

43 »E sono i caratteri di tal libro triangoli, quadrati, cerchi, sfere, coni, piramidi et altre figure matematiche, attissime per tal lettura.« A. a. O., Bd. 18, S. 295 (Nr. 4106) (Übersetzung von Verfasserin).

44 Titi Lucreti Cari *De rerum natura* / Titus Lucretius Carus: *Welt aus Atomen*, lateinisch-deutsch, Textgestaltung, Einleitung und Übersetzung von K. Büchner, Zürich 1956, S. 422 (lib. 5, V. 96).

45 Cap. 3, in: *Patrologiae cursus completus*. Series Graeca, accurante J.-P. Migne, 161 Bde., Paris 1857–66 [abgekürzt: MPG], Bd. 44, S. 134 C (machina universitatis = τοῦ παντὸς σύστασις *[tou pantós sýstasis]*).

46 Platon: *Timaios* 32 c 1.

47 *Timaeus*. A Calcidio translatus commentarioque instructus, a. a. O., S. 25, 7. Vgl. auch die Übersetzung von *Timaios* 41 d 8 συστήσας δὲ τὸ πᾶν *(systēsas de to pān)* mit »coagmentataque mox uniuersae rei machina«, a. a. O., S. 36, 18.

48 Vgl. Platon: *Timaios* 32 c 5 f: ἡ τοῦ κόσμου σύστασις *(hē tou kósmou sýstasis)*.

49 Lib. 4, cap. 7 (MPL, Bd. 176, S. 672 D).

50 In: Alain de Lille: *Textes inédits*, avec une introduction sur sa vie et ses œuvres, ed. M.-Th. d'Alverny, Paris 1965, S. 295–306, bes. S. 302, 305.

51 »Intentio nostra in hoc tractatu est describere figuram machinae mundanae et centrum [et situm] et figuras corporum eam constituentium et motus corporum superiorum et figuras circulorum suorum.« *Die philosophischen Werke des Robert Grosseteste, Bischofs von Lincoln*, hrsg. von L. Baur, Münster i. W. 1912 *(Beiträge zur Geschichte der Philosophie des Mittelalters.* Texte und Untersuchungen, hrsg. von C. Baeumker, Bd. 9), S. 11 (Übersetzung von Verfasserin).

52 J. Kepler: *Mysterium Cosmographicum* [1596]. *De Stella Nova*, 1. A. [1606], in: ders.: *Gesammelte Werke*, hrsg. im Auftrag der Bayerischen Akademie der Wissenschaften unter der Leitung von W. von Dyck und M. Caspar, Bd. 1 ff, München 1938 ff, Bd. 1.

53 G. B. Vico: *De nostri temporis studiorum ratione*. Vom Wesen und Weg der geistigen Bildung, lateinisch-deutsche Ausg., Übertragung von W. F. Otto, Darmstadt 1963, S. 21.

54 Vgl. Orinsky: Artikel Μηχανή (Mēchanē), in: *Paulys Real-Encyclopädie der classischen Altertumswissenschaft*, a. a. O., Halbbd. 29, Spalte 10–14; H. Leisegang: Artikel *Physik*, in: *Paulys Real-Encyclopädie der classischen Altertumswissenschaft*, a. a. O., Halbbd. 39, bes. Spalte 1042–1044 (II, 1 Mechanik); F. Krafft: *Die Anfänge einer theoretischen Mechanik und die Wandlung ihrer Stellung zur Wissenschaft von der Natur*, in: *Beiträge zur Methodik der Wissenschaftsgeschichte*, hrsg. von W. Baron, Wiesbaden 1967, S. 12–33, bes. S. 15–17, und J. Mittelstraß: *Das Wirken der Natur*, a. a. O., S. 53.

55 *Pappi Alexandrini Collectionis quae supersunt e libris manu scriptis*, ed. Latina interpretatione et commentariis instruxit F. Hultsch, 3 Bde., Nachdruck der Ausgabe Berlin 1875–1977, Amsterdam 1965, Bd. 3, S. 1022 ff (= Bd. 8, S. 1 ff alte Ausgabe). Zur klassischen Definitin von machina als ens compositum vgl. P. Mako: *Compendiaria metaphysicae institutio quam in usum auditorum philosophiae*, 2. Aufl. Wien 1766, S. 134 (§ 243): »Machinam hoc loco adpello ens compositum« (»Maschine nenne ich an dieser Stelle ein zusammengesetztes Seiendes«) (Übersetzung von Verfasserin); ders.: *Compendiaria logicae institutio quam in usum candidatorum philosophiae*, Wien 1760, S. 94 ff (§ 125 f).

56 So vergleicht Nikolaus von Oresme die Welt mit einer Räderuhr *(Tractatus de commensurabilitate vel incommensurabilitate mutuum celi*, in: *Nicole Oresme and the Kinematics of Circular Motion*, ed. with an introduction, English translation, and commentary by E. Grant, Madison, Milwaukee,

London 1971, Part. III, S. 294), wobei er sich offensichtlich an Platon anlehnt, der im *Timaios* die Planeten als »Werkzeuge« – allerdings als ὄργανα (órgana) – der Zeitmessung bezeichnet.

57 Vgl. *Argumentum Marsilii Ficini in dialogum primum de Legibus, vel de Legum latione, ad Laurentium Medicem*, in: *Omnia divini Platonis opera tralatione Marsilii Ficini*, Basel 1546, S. 743 f: »Profecto si natura quae nihil aliud est quàm infimum divinae providentiae instrumentum ...« (»Sicher, wenn die Natur nichts anderes ist als das unterste Werkzeug der göttlichen Vorsehung ...«) (Übersetzung von Verfasserin).

Vierter Teil

Neuzeitliches Naturverständnis

1   A. Maier: *Die Mechanisierung des Weltbilds im 17. Jahrhundert*, Köln, Leipzig 1938 *(Forschungen zur Geschichte der Philosophie und der Pädagogik*, hrsg. von A. Schneider-Köln, Heft 18).

2   E. J. Dijksterhuis: *De Mechanisering van het Wereldbeeld*, Amsterdam 1950, deutsch: *Die Mechanisierung des Weltbildes*, Berlin, Göttingen, Heidelberg 1956. Vgl. auch R. Hooykaas: *Das Verhältnis von Physik und Mechanik in historischer Hinsicht*, Wiesbaden 1963 *(Beiträge zur Geschichte der Wissenschaft und Technik*, Heft 7 / Veröffentlichung der Deutschen Gesellschaft für Geschichte der Medizin, Naturwissenschaft und Technik, hrsg. von G. Rath und B. Sticker); F. Krafft: *Die Anfänge einer theoretischen Mechanik und die Wandlung ihrer Stellung zur Wissenschaft von der Natur*, a. a. O.

3   M. Heidegger: *Die Frage nach der Technik*, in: *Die Künste im technischen Zeitalter*, Dritte Folge des Jahrbuchs Gestalt und Gedanke, hrsg. von der Bayerischen Akademie der Schönen Künste, München 1954, S. 70–108, bes. S. 88 u. ö.

4 Vgl. H. Monantholius: *Aristotelis Mechanka*, Graeca, emendata, latina facta, & Commentariis illustrata, Paris 1599, Epistola dedicatoria a III: »Mundus enm hic machina est, & quidem machinarum maxima, efficacissima, firmissima, formosissima.« (»Denn diese Welt ist eine Maschine, und zwar die größte, zweckmäßigste, stärkste und am besten gestaltete der Maschinen.«) (Übersetzung von Verfasserin).

5   E. Mach: *Die Mechanik*. Historisch-kritisch dargestellt, 9. Aufl. Leipzig 1933, S. 443.

6   Vgl. P. O. Kristeller und J. H. Randall jr.: *The Study of the Philosophy of the Renaissance*, in: *Journal of the History of Ideas*, Bd. 2 (1941), S. 449–496, bes. S. 490 ff.

7   Vgl. V. Rüfner: *Homo secundus deus*. Eine geistesgeschichtliche Studie zum menschlichen Schöpfertum, in: *Philosophisches Jahrbuch*, Bd. 63 (1955), S. 248–291.

8   Vgl. Anm. 47, Teil III des vorliegenden Buches.

9 Vgl. Faber Stapulensis (J. Lefèvre d'Étaples): *Commentarii in astronomicum Johannis de Sacrobosco*, in: *Textus de Sphera Johannis de Sacrobosco*, a. a. O., lib. 1, cap. 2, 9: »Universam mundi machinam vocamus omnium corporum tum superiorum turn inferiorum congeriem« (»Wir nennen die Verbindung aller Körper, der oberen wie unteren, die universale Weltmaschine«); F. Giuntini: *Commentaria in Sphaeram Ioannis de Sacro Bosco*, a. a. O.; Ch. Clavius: *In sphaeram Ioannis de Sacro Bosco commentarius*, a. a. O., S. 28: »In qua divisioneMundi machina capitur pro congerie, & coagmentatione omnium corporum superiorum, & inferiorum.« (»In dieser Analyse wird die Weltmaschine als Verbindung und Zusammenfügung aller Körper, oberer wie unterer, verstanden.«) (Übersetzung von Verfasserin).

10 *Johannes Kepler in seinen Briefen*, hrsg. von M. Caspar und W. von Dyck, Bd. 1, München, Berlin 1930, S. 219 (»Scopus meus hic est, ut Caelestem machinam dicam non esse instar divinj animalis, sed instar horologij [• qui horologium credit esse animatum, is gloriam artificis tribuit operj •] ut in qua penè omnis motuum varietas ab una simplicissima vi magnetica corporalj, utj in horologio motus omnes a simplicissimo pondere. Et doceo hanc rationem physicam sub numeros et geometriam vocare …«, in: J. Kepler: *Gesammelte Werke*, a. a. O., Bd. 15, S. 146).

11 H. Monantholius: *Aristotelis Mechanica*, a. a. O., Epistola dedicatoria a IV f. Vgl. R. Hooykaas: *Das Verhältnis von Physik und Mechanik in historischer Hinsicht*, a. a. O., S. 11 ff.

12 Zur Uhrenmetaphorik in der Philosophie und Wissenschaft des 17. Jahrhunderts vgl. L. Laudan: *The Clock Metaphor and Probabilism: The Impact of Descartes on English Methodological Thought*, 1650–65, in: *Annals of Science*, Bd. 22, Nr. 2 (Juni 1966), S. 73–104.

13 »Nam et si quis faceret horologium materiale nonne efficeret omnes motus rotasque commensurabiles iuxta posse? Quanto magis hoc opinandum est de architectore illo qui omnia fecisse dicitur numero, pondere, et mensura?« *Tractatus de commensurabilitate vel incommensurabilitate motuum celi*, in: *Nicole Oresme and the Kinematics of Circular Motion*, a. a. O., Part. III, S. 294 (Übersetzung von Verfasserin). Vgl. auch: »Et sont ces vertus contre ces resistences telement moderees, attrempees et acordees que les mouvemens sont faiz sanz violence; et excepté la violence, c'est aueunement semblable quant un homme a fait un horloge et il le lesse aler et estre meü par soy. Ainsi lessa Dieu les cielz estre meüz continuelment selon les proporcions que les vertus motivez ont aus resistences et selon l'ordenance establie.« (»Und diese Kräfte sind dergestalt durch ihre Widerstände abgeschwächt, von ihnen durchdrungen und mit ihnen gekoppelt, daß die Bewegungen gewaltlos erfolgen. Und abgesehen von dem Gewaltsamen ist es wie bei dem Menschen, der eine Uhr gemacht hat und sie gehen und sich von selbst bewegen läßt. Auf diese Weise ließ Gott die Himmel nach den Verhältnissen, in denen die bewegenden Kräfte gegenüber ihren Widerständen stehen, und nach der festgesetzten Ordnung sich kontinuierlich bewegen.«) In: A. D. Menut und A. J. Denomy:

Maistre Nicole Oresme: Le Livre du Ciel et du Monde. Text and Commentary, in: *Mediaeval Studies* (Pontifical Institute of Mediaeval Studies, Toronto, Canada), Bd. 4 (1942), Heft 1, S. 185–280, Heft 2, S. 159–297, bes. S. 170 (Übersetzung von Verfasserin).

14 R. Descartes: *Meditationen über die Grundlagen der Philosophie,* auf Grund der Ausgabe von Artur Buchenau neu hrsg. von L. Gäbe, durchgesehen von H. G. Zekl, mit neuem Register und Auswahlbibliographie versehen von G. Heffernan, lateinisch-deutsch, 3. Aufl. Hamburg 1992, S. 151.

15 Vgl. Geulincx' Interpretation des Wiegengleichnisses durch das Uhrengleichnis in: *Annotata ad Ethicam,* p. 33, n. 19 und p. 36 n. 48, in: A. Geulincx: *Opera philosophica,* recognovit J. P. N. Land, 3 Bde., Den Haag 1891–1893 (Faksimile-Neudruck: A. Geulincx: *Sämtliche Werke* in 5 Bden., hrsg. von H. J. Vleeschauwer, Stuttgart-Bad Cannstatt 1965 ff), Bd. 3, S. 211 f, 220.

16 Zur prästabilierten Harmonie bei Leibniz vgl. *Extrait d'une Lettre de M. P. L. sur son Hypothese de philosophie* ..., in: *Die philosophischen Schriften von Gottfried Wilhelm Leibniz,* hrsg. von C. I. Gerhardt, 7 Bde., Hildesheim, New York 1978 (Nachdruck der Ausgabe 1875–1890), Bd. 4, S. 500–503.

17 Zu Ende des 16. Jahrhunderts zierten Turmuhren bereits die Kirchtürme aller Pfarreien, im 17. Jahrhundert fand die Pendeluhr Eingang in die Haushalte, galt allerdings weitgehend noch als Spielzeug des Adels, während sich das ländliche Leben weiterhin am natürlichen Tages- und Nacht- wie Jahresrhythmus orientierte.

18 In: H. Monantholius: *Aristotelis Mechanica,* a. a. O., S. 1, 6, 8 (Übersetzung von Verfasserin).

19 A. a. O., S. 9.

20 G. del Monte: *Mechanicorum liber,* Pesaro 1577 (Praefatio).

21 *Le opere di Galileo Galilei,* Ed. Naz., Bd. 10, S. 350; vgl. S. 351.

22 *Milan. Bibliotheca Ambrosiana,* Codex G 69 inf.

23 J. Mittelstraß: *Das Wirken der Natur,* a. a. O., S. 59.

24 Vgl. C. Merchant: *Der Tod der Natur,* a. a. O., S. 276.

25 In: *Œuvres de Descartes,* publiées par Ch. Adam et P. Tannery, nouvelle présentation, en co-édition avec le centre national de la recherche scientifique, 11 Bde., Paris 1964–74, Bd. 11, S. 119–215.

26 Vgl. dazu M. D. Grmek: *A Survey of the Mechanical Interpretations of Life from the Greek Atomists to the Followers of Descartes, in: Biology, History and Natural Philosophy,* based on the Second International Colloquium held at the University of Denver, ed. by A. D. Breck und W. Yourgrau, New York, London 1972, S. 181–195, bes. S. 183–185; M. Menéndez Pelayo: *Historia de los heterodoxos españoles* (Edicion nacional de las obras completas de Menéndez Pelayo), Bd. 59, Santander 1953: *La Ciencia española,* S. 277–355.

27 D. Hume: *A Treatise of Human Nature in two volumes,* Bd. 1, introduction by A. D. Lindsay, London, New York 1961, Book 1, Part 4, Sect. 6: »Of Personal Identity«.

28 J. F. Herbart: *Psychologie als Wissenschaft*. Neu gegründet auf Erfahrung, Metaphysik und Mathematik. Erster synthetischer Theil (1824), in: *Joh. Friedr. Herbart's Sämmtliche Werke*, in chronologischer Reihenfolge hrsg. von K. Kehrbach, nach dessen Tod von O. Flügel, 12 Bde., Leipzig, Langensalza 1882–1907, Bd. 5, S. 177 ff, bes. S. 338–434 (Abschn. 3: »Grundlinien der Mechanik des Geistes«); Zweiter, analytischer Theil (1825), in: Bd. 6.

29 Th. Hobbes: *Leviathan* oder Stoff, Form und Gewalt eines kirchlichen und bürgerlichen Staates, übersetzt von W. Euchner, hrsg. und eingeleitet von I. Fetscher, Neuwied, Berlin 1966, 5. Aufl. Frankfurt a. M. 1992, S. 5. Zu den mechanistischen Vorstellungen in Hobbes' politischer Theorie vgl. S. S. Wolin: *Politics and Vision*. Continuity and Innovation in Western Political Thought, Boston 1960, S. 239–285 (Kap. 8); C. Schmitt: *Der Leviathan in der Staatslehre des Thomas Hobbes*. Sinn und Fehlschlag eines politischen Mythos, Köln 1982, Kap. 3–6.

30 Aristoteles: Physik 201 a 10 f: ἡ τοῦ δυνάμει ὄντος ἐντελέχεια ἡ τοιοῦτον, κίνησις ἐστιν *(hē tou dynámei óntos entelécheia, hē toioúton, kínēsis éstin)*.

31 G. Galilei: *Dialog über die beiden hauptsächlichsten Weltsysteme, das ptolemäische und das kopernikanische*, aus dem Italienischen übersetzt und erläutert von E. Strauß, hrsg. von R. Sexl und K. von Meyenn, Stuttgart 1982, S. 249 f (2. Tag 258).

32 Vgl. Nicolaus Cusanus: *Idiota de mente*, Kap. 7, in: Nikolaus von Kues: *Philosophisch-Theologische Schriften*, a. a. O., Bd. 3, S. 532 f.

33 Vgl. *Le opere di Galileo Galilei*, Ed. Naz., Bd. 6, S. 232 (Frage 6).

34 E. Husserl: *Die Krisis der europäischen Wissenschaften und die transzendentale Phänomenologie*. Eine Einleitung in die phänomenologische Philosophie, hrsg. von W. Biemel, Den Haag, 2. Aufl. photomechanischer Nachdruck 1976 (Husserliana, Bd. 6), S. 49.

35 D. Böhler: *Naturverstehen und Sinnverstehen*. Traditionskritische Thesen zur Entwicklung und zur konstruktivistisch-szientistischen Umdeutung des Topos vom Buch der Natur, in: *Naturverständnis und Naturbeherrschung*, hrsg. von F. Rapp, a. a. O., S. 70–95, bes. S. 85.

36 Vgl. hierzu C. Merchant: *Der Tod der Natur*, a. a. O., S. 202.

37 A. a. O., S. 263.

38 *Discours de la Methode Pour bien conduire sa raison, & chercher la verité dans les sciences*, Partie 6, in: *Œuvres de Descartes*, publiées par Ch. Adam et P. Tannery, a. a. O., Bd. 6, S. 62 (dort Plural).

39 J. von Liebig: *Ueber Francis Bacon von Verulam und die Methode der Naturforschung*, München 1863.

40 A. Koyré: *Études Galiléennes*, I. *A l'aube de la science classique*, Paris 1939, S. 6, Anm. 4.

41 Eine Reihe von Aphorismen sind über seine Philosophie hinaus bekannt geworden, so der Vergleich des Empiristen mit einer Ameise, die nur sammelt und verwendet, des Rationalisten mit einer Spinne, die nur aus ihrer eigenen Substanz spinnt, und des wahren Wissenschaftlers mit einer

Biene, die aus den Blüten des Gartens und des Feldes Nektar sammelt und aus eigener Kraft umformt und damit den goldenen Mittelweg beschreitet, vgl. F. Bacon: *Redargutio Philosophiarum*, in: *The Works of Francis Bacon, Baron of Verulam, Viscount St. Alban, and Lord High Chancellor of England*, collected and ed. by J. Spedding, R. L. Ellis and D. D. Heath, New Edition, 14 Bde., London 1861–1883 [abgekürzt: *Works*], Bd. 3, S. 583.

42 Vgl. F. Bacon: *Neues Organ*, hrsg. und mit einer Einleitung von W. Krohn, lateinisch-deutsch, Hamburg 1990, Teilbd. 1, S. 270/271 (Aphorismus 129).

43 A. a. O., Teilbd. 2, S. 613 (Aphorismus 52 Ende).

44 B XII ff (Akad.-Ausg., Bd. 3, S. 10).

45 Vgl. B. Farrington: *The Philosophy of Francis Bacon*. An Essay on its development from 1603 to 1609 with new translations of fundamental texts, Liverpool 1964, 2. Aufl. 1970, S. 93, 96, 99.

46 Vgl. F. Bacon: *Temporis partus masculus*, in: Works, Bd. 3, S. 528: »... sed revera naturam cum fetibus suis tibi addicturus et mancipaturus ...« (»... aber wahrlich wird er die Natur mit ihren Geschöpfen unter deine Herrschaft und in deine Hand stellen ...«) (Übersetzung von Verfasserin).

47 Vgl. *Lord Franz Bacon ... über die Würde und den Fortgang der Wissenschafften*. Verdeutschet und hrsg. von J. H. Pfingsten, Pest 1783 (reprographischer Nachdruck Darmstadt 1966), S. 302 f (Buch 3, Kap. 3).

48 »Hominis autem imperium in res, in solis artibus et scientiis ponitur«, F. Bacon: *Neues Organ*, a. a. O., Teilbd. 1, S. 270/271 (Aphorismus 129).

49 »Naturae enim non imperatur, nisi parendo«, a. a. O.

50 Vgl. F. Bacon: *Neues Organ*, a. a. O., Teilbd. 1, S. 34/35 *(Instauratio magna, Praefatio)*, wo Bacon sagt, dass wir die Wissenschaft nicht vermessen in den Zellen des menschlichen Geistes, sondern bescheiden in der größeren Welt suchen sollen.

51 Vgl. F. Bacon: *Neues Organon*, a. a. O., Teilbd. 1, S. 100–146/101–147 (Aphorismus 39–69).

52 *Lord Franz Bacon ... über die Würde und den Fortgang der Wissenschafften*, a. a. O., S. 172 f (Buch 2, Kap. 2).

53 F. Bacon: *Neu-Atlantis*, in: *Der utopische Staat*. Morus: Utopia, Campanella: Sonnenstaat, Bacon: Neu-Atlantis, übersetzt und hrsg. von K. J. Heinisch, Reinbek b. Hamburg 1960, wiederholte Aufl. 1991, S. 207.

54 A. a. O., S. 208.

55 A. a. O., S. 207.

56 A. a. O., S. 208.

57 J. B. Porta: *Magiae Naturalis libri viginti*, Frankfurt 1591, lib. 2, S. 45–96.

58 Platon: *Timaios* 68 d, in der Übersetzung von H. Müller, in: Platon: *Sämtliche Werke*, a. a. O., Bd. 5, S. 190.

59 Vgl. *De Mineralibus Lib. IV*, lib. 2, tract. 3, cap. 1, in: *Beati Alberti Magni Ratisbonensis Episcopi Opera Omnia*, ed. P. Iammy, Lyon 1651 (abgekürzt: Opera], Bd. 2e, S. 238: »Volo autem primò narrare quae vidi, & expertus sum ego ipse, & postea ostendere causam & modum per quem à natura effi-

citur imago ...« (»Ich will zuerst erzählen, was ich selbst gesehen und erfahren habe, und sodann die Ursache und die Weise aufzeigen, durch die von der Natur die Erscheinung bewirkt wird ...«) (Übersetzung von Verfasserin).

60 Vgl. a. a. O., lib. 2, tract. 2, cap. 1, in: Albertus Magnus: *Opera*, Bd. 2 e, S. 227: »Scientiae enim naturalis non est simpliciter narrata accipere, sed in rebus naturalibus inquirere causas.« (»Die Aufgabe der Naturwissenschaft ist nicht einfach, zu erzählen, sondern die Ursachen in den natürlichen Dingen zu erforschen.«) (Übersetzung von Verfasserin).

61 Vgl. *Physicorum Lib. VIII*, lib. 8, tract. 2, cap. 2, in: Albertus Magnus: *Opera*, Bd. 2 a, S. 339: ».... omnis autem acceptio quae firmatur à sensu, melior est quam illa quae sensui contradicit: & conclusio quae sensui contradicit, est incredibilis: principium autem quod experimentali cognitioni in sensu non concordat, non est principium, sed potius contrarium principio.« (»Jede Annahme, die durch den Sinn bestätigt wird, ist besser als die, die dem Sinn widerspricht; und der Schluss, welcher dem Sinn widerspricht, ist unglaubwürdig; das Prinzip aber, welches mit der Erfahrungserkenntnis durch den Sinn nicht übereinstimmt, ist kein Prinzip, sondern vielmehr etwas dem Prinzip Entgegengesetztes.«) (Übersetzung der Verfasserin).

62 Vgl. *De Natura Locorum*, tract. 1, cap. 1, in: Albertus Magnus: Opera, Bd. 5, S. 263: »Ex omnibus his igitur satis liquet, quòd oportet scire naturam loci, nec sufficit tractatus qui in physicis habitus est de ipso, eò quòd ille non nisi universaliter certificat de ipso: sed oportet nos scire diversitates locorum in particulari, & causas diversitatis ipsorum, & accidentia diversorum locorum: tunc enim perfectè sciemus ea quae generantur & corrumpuntur in locis. Et sicut non sufficit determinare naturam animalis in communi, & secundum genus, nisi sciantur etiam animalium diversitates in generatione, cibo, & moribus: ita non sufficit universaliter tradere de loco nisi tradatur diversitas locorum, & innotescant aeeidentia diversorum locorum, & causa accidentium.« (»Daraus folgt zur Genüge, dass, wenn man die Natur des Raumes erkennen will, die Erörterung darüber in der Physik nicht genügt, denn sie bestätigt nur Allgemeines darüber; wir aber müssen im besonderen die Unterschiede der Räume kennen und die Ursachen ihrer Verschiedenheit und die Akzidenzien der verschiedenen Räume; denn erst dann werden wir vollkommen wissen, was im Raum entsteht und vergeht. Und wie es nicht genügt, die Natur des Lebewesens im allgemeinen und nach dem Genus zu bestimmen, wenn wir nicht auch die Unterschiede ihrer Herkunft, Nahrung und ihres Verhaltens kennen, so genügt es nicht, vom Raum allgemein zu handeln, wenn nicht die Verschiedenheit der Räume behandelt wird und die Akzidenzien der verschiedenen Räume und die Ursache der Akzidenzien bekannt sind.«) (Übersetzung von Verfasserin).

63 Vgl. *Ethicorum Lib. X*, lib. 6, tract. 2, cap. 25, in: Albertus Magnus: *Opera*, Bd. 4, S. 250: »Multitudo enim temporis requiritur ad hoc ut experimentum probetur ... Oportet enim experimentum non in uno modo, sed seeundum omnes circumstantias probare, ut certe & recte principium sit operis.« (»Die Überprüfung des Experiments erfordert eine Menge Zeit ...

Denn das Experiment muss nicht nur auf eine Weise überprüft werden, sondern nach allen Umständen, damit es ein sicheres und ordentliches Prinzip der Arbeit abgibt.«) (Übersetzung von Verfasserin).

64 »Restat experientia mera, quae, si occurrat, casus; si quaesita sit, experimentum nominatur«, F. Bacon: *Neues Organon*, a. a. O., Teilbd. 1, S. 176/177 (Aphorismus 82).

65 Vgl. a. a. O., Teilbd. 1, S. 146 ff/147 ff, 174 ff/175 ff, 218/219 (Aphorismen 70, 82, 100).

66 Vgl. a. a. O., Teilbd. 2, S. 300/301 ff (Aphorismen 11,12,13).

67 Vgl. a. a. O., Teilbd. 2, S. 376–612/377–613 (Aphorismen 22–52), bes. S. 606 ff/607 ff (Aphorismus 52).

68 Lib. 5, cap. 2, in: F. Bacon: *Works*, Bd. 1, S. 622 ff.

69 Aristoteles: *Topik* I, 12, 105 b, in der Übersetzung von Eu. Rolfes, in: Aristoteles: *Topik* (Organon V), übersetzt und mit Anmerkungen versehen von Eu. Rolfes, Hamburg 1968 (unveränderter Nachdruck der 2. Aufl. von 1922), S. 16.

70 Vgl. F. Bacon: *Neues Organon*, a. a. O., Teilbd. 2, S. 360 ff/361 ff, bes. S. 368 ff/369 ff (Aphorismus 20).

71 J. St. Mill: *System der deductiven und inductiven Logik*. Eine Darlegung der Principien wissenschaftlicher Forschung, insbesondere der Naturforschung, in's Deutsche übertragen von J. Schiel in zwei Theilen, 4. Aufl. Braunschweig 1877, Buch 3, Kap. 8: »Die vier Methoden der experimentellen Forschung«, §§ 1–7 (1., 2., 4., 5. Regel) S. 487, 489, 497, 502.

72 J. Zabarella: *De Natura Logicae libri 2*, in: *Opera logica*, Frankfurt 1608, S. 1–102; ders.: *De Methodis*, a. a. O., S. 134–334.

73 J. Zabarella: *De Methodis*, lib. 3, cap. 4, a. a. O., S. 230 e: »Duae igitur scientificae methodi oriuntur, non plures, nec pauciores, altera per excellentiam demonstrativa methodus dicitur ...; vostri, potissimam demonstrationem, vel demonstrationem propter quid appellare consueverunt: altera, quae ab effectu ad causam progreditur, resolutiva nominatur: huiusmodi enim progressus resolutio est, sicuti à causa ad effectum dicitur compositio.« (»Wir finden also zwei wissenschaftliche Methoden, nicht mehr, nicht weniger, die eine heißt in typischer Ausprägung demonstrative Methode ...; die ihrigen pflegen sie die fähigste Demonstration oder die ‚Demonstration infolge' zu nennen; die zweite, die von der Wirkung auf die Ursache fortgeht, wird analytische genannt, denn Analysis ist ein solcher Fortgang, während der Fortgang von der Ursache zur Wirkung Zusammensetzung heißt.«) (Übersetzung von Verfasserin). Vgl. auch a. a. O., S. 263–267.

74 Vgl. dazu bereits den Kommentar zur aristotelischen Physik von dem Averroisten Agostino Nifo (1473–1546): *Physicorum Auscultationum Aristotelis libri octo*, interprete atque expositore ... Augustino Nipho ..., Venedig 1549.

75 Bei Galilei treten die beiden Methoden unter dem Namen »metodo resolutivo« (Methode der Analyse) und »metodo compositivo« (Methode der Synthese) auf.

76 Zur galileischen Wende vgl. L. Olschki: *Geschichte der neusprachlichen wissenschaftlichen Literatur*, Bd. 3: *Galilei und seine Zeit*, Halle 1927; R. Hall: *The Scholar and the Craftsman in the Scientific Revolution*, in: *Critical Problems in the History of Science*, Proceedings of the Institute of the History of Science at the University of Visconsin 1957, ed. M. Clagett, Madison 1959, 2. Aufl. 1962, S. 3–23; J. Mittelstraß: *Neuzeit und Aufklärung*. Studien zur Entstehung der neuzeitlichen Wissenschaft und Philosophie, Berlin, New York 1970, S. 167 ff; ders.: *Metaphysik der Natur in der Methodologie der Naturwissenschaften*. Zur Rolle phänomenaler (aristotelischer) und instrumentaler (galileischer) Erfahrungsbegriffe in der Physik, in: *Natur und Geschichte*. X. Deutscher Kongreß für Philosophie, Kiel 8.–12. Oktober 1972, hrsg. von K. Hübner und A. Menne, Hamburg 1973, S. 63–87, bes. S. 67–74.

77 »... ed io ne ho fatto l'esperienza, avanti il quäle il natural discorso mi aveva molto fermamente persuaso che l'effetto doveva succedere come appunto succede ...«, *Le opere di Galileo Galilei*, Ed. Naz., Bd. 6, S. 545.

78 I. Kant: *Kritik der reinen Vernunft* B XII ff (Akad.-Ausg., Bd. 3, S. 10).

79 Zum Folgenden vgl. auch G. Picht: *Bildung und Naturwissenschaft*, in: *Naturwissenschaft und Bildung*, hrsg. von C. Münster und G. Picht, Würzburg [1953], S. 90 f.

80 Vgl. K. Popper: *Logik der Forschung*, 2. erw. Aufl. Tübingen 1966, S. 198 ff.

81 I. Kant: *Kritik der reinen Vernunft* A 127 (Akad.-Ausg., Bd. 4, S. 93).

82 A. a. O., A 126 f (Akad.-Ausg., Bd. 4, S. 93).

83 A. a. O., A 125 (Akad.-Ausg., Bd. 4, S. 92).

84 A. a. O., B X (Akad.-Ausg., Bd. 3, S. 9).

85 A. a. O., B XII (Akad.-Ausg., Bd. 3, S. 10).

86 A. a. O., B XIII (Akad.-Ausg., Bd. 3, S. 10).

87 Vgl. die Vorrede zu den *Metaphysischen Anfangsgründen der Naturwissenschaft* (Akad.-Ausg., Bd. 4, S. 470 f).

88 A. a. O., Bd. 4, S. 471.

89 Aus diesem Grunde muss die von H. Hoppe in seinem Aufsatz *Möglichkeit der Erfahrung und Einheit des Selbstbewußtseins bei Kant*, in: Akten des 4. Internationalen Kant-Kongresses, Mainz 6.–10. April 1974, Teil II, 1: Sektionen, hrsg. von G. Funke, Berlin, New York 1974, S. 277–287, bes. S. 284 vertretene These zurückgewiesen werden, dass es Kant primär nicht um die Grundlegung wissenschaftlicher Erfahrung, sondern um die von Erfahrung überhaupt gehe. Hoppe widerspricht der gängigen Meinung, wonach Kant es »unter dem Titel einer transzendentalen Untersuchung der Bedingungen der Möglichkeit der Erfahrung ... zunächst und in erster Linie mit dem Problem der Möglichkeit einer wissenschaftlichen Erfahrung zu tun hat, die im Ausgang von dem alltäglichen lebensweltlichen Zu-tun-haben mit den Dingen auf die Erarbeitung von intersubjektiv zugänglichen und nicht mehr durch sekundäre Qualitäten bestimmten Gegenständen abzielt« (S. 284). Dies darf nach Hoppe nicht darüber hinwegtäuschen, »daß der eigentliche Sinn von Kants Transzendentalphilosophie nicht hier, sondern in der Frage zu suchen ist, wie unsere Vor-

stellungen, die zunächst bloß, innere Bestimmungen unseres Gemüts' und ‚Modifikationen' unserer Sinnlichkeit sind (A 197 = B 242), ‚aus sich selbst heraus-'gehen und ‚objektive Bedeutung noch über die subjektive, welche ... (ihnen) als Bestimmung des Gemützustandes eigen ist', bekommen können« (S. 284).

90 I. Kant: *Kritik der reinen Vernunft* A 737 B 765 (Akad.-Ausg., Bd. 3, S. 483).

91 M. Heidegger: *Die Trage nach dem Ding.* Zu Kants Lehre von den transzendentalen Grundsätzen, Tübingen 1962, S. 187.

92 Vgl. a. a. O., S. 188.

93 In einen evidenten Widerspruch zu seiner eigenen Theorie begibt sich Kant spätestens bei der Behandlung der speziellen empirischen Objekterkenntnis. Während mit der allgemeinen apriorischen Objekterkenntnis überhaupt erst eine Objektkonstitution erfolgt, setzt die besondere empirische Objekterkenntnis das Vorhandensein von Objekten und damit die Präsenz von Dingen an sich in bestimmter Beschaffenheit voraus; denn ob ein Buch vor mir liegt oder nicht, ob es grün oder rot ist, geht nicht mehr auf das Konto des Subjekts wie die Tatsache, dass dieses wie jedes Objekt quantitativen und qualitativen, relationalen und modalen Bestimmungen untersteht, sondern setzt das Vorhandensein des bestimmten Gegenstands voraus.

94 I. Kant: *Kritik der reinen Vernunft* A 104 f (Akad.-Ausg., Bd. 4, S. 80).

95 A. a. O., A 113 (Akad.-Ausg., Bd. 4, S. 85).

96 I. Kant: *Prolegomena*, § 14 (Akad.-Ausg., Bd. 4, S. 294).

97 I. Kant: *Kritik der reinen Vernunft* A 216 B 263 (Akad.-Ausg., Bd. 3, S. 184).

98 I. Kant: Reflexion 5932 (Akad.-Ausg., Bd. 18, S. 391).

99 I. Kant: *Metaphysische Anfangsgründe der Naturwissenschaft*, Vorrede, Anm. (Akad.-Ausg., Bd. 4, S. 467).

100 I. Kant: *Kritik der reinen Vernunft* A 418 f B 446 f (Akad.-Ausg., Bd. 3, S. 288 f).

101 A. a. O.

102 I. Kant: *Kritik der Urteilskraft* XXVI (Akad.-Ausg., Bd. 5, S. 179 f).

103 A. a. O., XXVII (Akad.-Ausg., Bd. 5, S. 180).

104 I. Kant: *Kritik der reinen Vernunft* A 644 B 672 (Akad.-Ausg., Bd. 3, S. 428).

105 A. a. O., B XXX (Akad.-Ausg., Bd. 3, S. 19).

106 Zum Gliederbau des Systems vgl. die Vorrede zur 1. Aufl. der *Kritik der reinen Vernunft* A XIX f (Akad.-Ausg., Bd. 4, S. 13) und die Vorrede zur 2. Aufl. B XLIV (Akad.-Ausg., Bd. 3, S. 26).

107 Vgl. I. Kant: *Kritik der reinen Vernunft* A 713 B 741 (Akad.-Ausg., Bd. 3, S. 469).

108 Akad.-Ausg., Bd. 4, S. 470.

109 Vgl. I. Kant: *Kritik der reinen Vernunft* A 81 B l06 f (Akad.-Ausg., Bd. 3, S. 93 f), *Prolegomena*, § 39 (Akad.-Ausg., Bd. 4, S. 323).

110 I. Kant: *Kritik der reinen Vernunft* B 145 f (Akad.-Ausg., Bd. 3, S. 116).

111 K. Reich: *Die Vollständigkeit der Kantischen Urteilstafel*, 1932, 2. Aufl. Berlin 1948.

112 Vgl. Aristoteles: *Metaphysik* I, 5, 986 a 23–26.

113 P. Natorp: *Platos Ideenlehre*, a. a. O., S. 249.

114 Vgl. I. Kant: *Gedanken von der wahren Schätzung der lebendigen Kräfte*, § 10 (Akad.-Ausg., Bd. 1, S. 24).

115 Vgl. C. F. von Weizsäckers Bemühungen um eine Logik zeitlicher Aussagen in: *Aufbau der Physik*, München, Wien 1985, bes. S. 47 ff; ders.: *Die Logik zeitlicher Aussagen und die Grundlagen der Physik, in: Information Philosophie*, Jg. 14, Heft 3 (1986) S. 7–22.

116 Zum Folgenden vgl. P. Mittelstaedt: *Philosophische Probleme der modernen Physik*, 3. Aufl. Mannheim 1968, bes. S. 99–103; K. Gloy: *Studien zur theoretischen Philosophie Kants*, Würzburg 1990, bes. S. 111–114.

Fünfter Teil

Modernes Naturverständnis

1 Vgl. I. Kant: *Kritik der reinen Vernunft* B XXXVII ff (Akad.-Ausg., Bd. 3, S. 22), B XLIV (Akad.-Ausg., Bd. 3, S. 26), A 833 B 861 (Akad.-Ausg. Bd. 3, S. 539).

2 Vgl. Anm. 47, Teil III des vorliegenden Buches.

3 Vgl. Anm. 48, Teil III des vorliegenden Buches.

4 Platon: *Timaios* 30 d 3.

5 H. R. Maturana: *Erkennen: Die Organisation und Verkörperung von Wirklichkeit*. Ausgewählte Arbeiten zur biologischen Epistemologie, deutsche Fassung von W. K. Köck, 1982, 2., durchgesehene Aufl. Braunschweig, Wiesbaden 1985, S. 158 f.

6 Die ionische Naturphilosophie, z. B. Empedokles, kennt das periodische Entstehen und Vergehen der Welt mittels *nêikos* (νεῖκος) und *philía* (φιλία), Streit und Eintracht. Welten gehen in der Feuersbrunst unter und entstehen neu, allerdings zyklisch.

7 H. Jonas: *Bemerkungen zum Systembegriff und seiner Anwendung auf Lebendiges*, in: *Studium generale*, Jg. 10 (1957), S. 88–94, bes. S. 92.

8 Das gewandelte Interesse findet gegenwärtig in der Postmoderne seine radikalste Artikulation, ist doch deren Grundkonzept die These absoluter Pluralität, Heterogenität, Komplementarität, Widersprüchlichkeit, Antinomik usw. An die Stelle des traditionellen Prinzips der Einheit hat sie das Prinzip der Vielheit gesetzt, an die Stelle der Identität Differenz, an die Stelle der Konstanz Variabilität, an die Stelle der Universalität Individualität. Ihre Devise lautet: Vielheit versus Einheit, Relativität versus Absolutheit (vgl. W. Welsch: *Unsere postmoderne Moderne*, Weinheim 1987, S. 4 ff). Zur Kritik dieser Position in ihrer Einseitigkeit vgl. K. Gloy: *Hat systematische Philosophie überhaupt noch eine Chance? In: Systeme im Denken der Gegenwart*, hrsg. von H.-D. Klein, Bonn 1993, S. 26–42.

9 »Technik« wird heute sowohl in einem engen wie in einem weiten Sinne verwendet. Im ersteren bezeichnet das Wort eine planmäßige Arbeits-

weise, eine perfektionierte Handhabung – so spricht man von der Technik des Musikers oder Fußballspielers und meint damit die Methode seines Spiels. Im letzteren Sinne versteht man unter Technik alles Handeln, das durch Kenntnis der Naturgesetze die natürlichen Stoffe und Kräfte auf intelligente Weise einsetzt und umformt, sogar umwandelt und für den Menschen nutzbar macht.

10 N. Wiener: *Kybernetik*. Regelung und Nachrichtenübertragung im Lebewesen und in der Maschine (Titel der amerikanischen Originalausgabe: *Cybernetics or control and communication in the animal and the machine*, Massachusetts Institute of Technology, New York, Paris 1948), übersetzt von E. H. Serr unter Mitarbeit von E. Henze, 2. revidierte und ergänzte Aufl. Düsseldorf, Wien 1963; ders.: *Mensch und Menschmaschine*. Kybernetik und Gesellschaft (Titel der amerikanischen Originalausgabe: *The Human Use of Human Beings*. Cybernetics and Society), übersetzt von G. Walter, Frankfurt a. M., Berlin 1952, 2. Aufl. Frankfurt a. M., Bonn 1964.

11 Die folgenden Beispiele sind z. T. H. Stork: *Einführung in die Philosophie der Technik*, a. a. O., bes. S. 5–12 entnommen. Zu kybernetischen Systemen vgl. auch G. Günther: *Das Bewußtsein der Maschinen*. Eine Metaphysik der Kybernetik, 2. Aufl. Krefeld, Baden-Baden 1963; H. Sachsse: *Einführung in die Kybernetik*, unter besonderer Berücksichtigung von technischen und biologischen Wirkungsgefügen. Lehrbuch für Studenten aller Fachrichtungen, Braunschweig 1971; G. Vollmer: *Algorithmen, Gehirne, Computer – Was sie können und was nicht*, in: *Naturwissenschaften*, Jg. 78 (1991), S. 481–488, 533–542.

12 Dieses Verfahren, per *trial and error* zur Lösung zu gelangen, widerlegt den eristischen Satz aus Platons *Menon* 80 d f, wonach Lernen und Suchen unmöglich ist; denn – so lautet das sophistische Argument – weiß man bereits, so braucht man nicht zu suchen und zu lernen, weiß man aber noch nicht, so kann man das zu Suchende und zu Lernende auch nicht finden; denn man weiß ja gar nicht, wonach man suchen soll, und gesetzt den Fall, man fände unter dem Begegnenden gerade das Gesuchte, so könnte man es doch mangels eines Wissens vom Gesuchten nicht mit diesem identifizieren.

13 K. Steinbuch: *Automat und Mensch*. Über menschliche und maschinelle Intelligenz, Berlin, Göttingen, Heidelberg 1961, S. 153–176.

14 Zur Vorgeschichte der Rechenmaschine vgl. H. Michel: *Scientific Instruments in Art and History*, ins Englische übersetzt von R. E. W. Maddison und F. R. Maddison, London 1967, S. 20–22, 46–47.

15 Th. Hobbes: *Leviathan*, a. a. O., S. 32. Vermutlich hat Hobbes, als er sich 1640 in Paris aufhielt, Pascals Rechenmaschine kennen gelernt.

16 Vgl. W. Runkel: *Brutale Brüter*, in: *Zeitmagazin*, Nr. 12, 16. März 1990, S. 92–99.

17 H. Everett: »*Relative State*« Formulation of Quantum Mechanics, in: *Revue of Modern Physics*, Bd. 29 (1957), S. 454–462; ders.: *The Theory of the Universal Wave Function*, in: *The Many Worlds Interpretation of Quantum Mechanics*. A

Fundamental Exposition by H. Everett, III, with Papers by J. A. Wheeler, B. S. de Witt, L. N. Cooper, D. van Vechten and N. Graham, ed. by B. S. de Witt and N. Graham, Princeton (New Jersey) 1973, S. 3–140.

18 C. F. von Weizsäcker: *Aufbau der Physik*, a. a. O., S. 564 f vergleicht die everettsche Mehrweltentheorie mit der Novelle von Jorge Luis Borges *Der Garten der sich verzweigenden Pfade*. Sie berichtet, wie ein junger Chinese, der als Spion für Deutschland im Ersten Weltkrieg in England arbeitet, einen bestimmten Ortsnamen so schnell wie möglich an seine deutsche Spionagezentrale übermitteln soll, da Sieg oder Niederlage in Flandern davon abhängen. Er sieht keine andere Möglichkeit rascher Nachrichtenübermittlung als die, durch eine spektakuläre Tat, nämlich den Mord an dem Besitzer eines benachbarten Landgutes, der zufällig denselben Namen trägt wie der zu übermittelnde, dessen Namen in die Presse zu bringen und so auf den Namen aufmerksam zu machen. Bei dem Gutsbesitzer handelt es sich um einen bedeutenden Sinologen, der eine Schrift des Großvaters des jungen Chinesen vom Garten der sich verzweigenden Pfade ediert hat. Der Garten ist Bild des menschlichen Lebens. Jede menschliche Entscheidung wird in jeder möglichen Weise zugleich getroffen, und der sie treffende Mensch geht nachher auf allen Pfaden, die ihm offen waren, zugleich, kennt aber nur den seiner Entscheidung. Wie immer sich der junge Chinese entscheiden wird, er wird beides zugleich tun, Mord wie Unterlassung des Mordes, nachher aber nur wissen, das eine getan zu haben.

19 Goethe: *Faust*, V. 2050, in: Hamburger Ausg., Bd. 3, S. 66.

20 F. Dessauer: *Streit um die Technik*, a. a. O., S. 259.

21 A. a. O., S. 20.

22 Vgl. R. Rompe: *Grundlagenforschung und Technik*, in: *Sitzungsberichte der Deutschen Akademie der Wissenschaften zu Berlin* – Klasse für Mathematik, Physik und Technik, Jg. 1967, S. 35–44, bes. S. 35.

23 J. Weizenbaum: *Absurde Pläne*, in: *Zeit-Magazin*, Nr. 12, 16. Mai 1990, S. 38–41, bes. S. 38.

24 M. Heidegger: *Die Frage nach der Technik*, a. a. O.

25 A. a. O., S. 88.

26 A. a. O., S. 84.

27 A. a. O., S. 86.

28 A. a. O., S. 84.

29 A. a. O., S. 85.

30 A. a. O., S. 99.

31 Vgl. a. a. O., S. 104.

32 A. a. O., S. 97.

33 M. Heidegger: *»Nur noch ein Gott kann uns retten«*. Spiegel-Gespräch mit Martin Heidegger am 23. September 1966, in: *Der Spiegel*, Nr. 23, 1976, S. 193–219, bes. S. 209.

34 M. Heidegger: *Die Frage nach der Technik*, a. a. O., S. 97.

35 Vgl. J. Weizenbaum: *Absurde Pläne*, in: *Zeit-Magazin*, a. a. O., S. 41.

36 Vgl. a. a. O.

37 Vgl. K. Gloy: *Organologische Technik oder technische Natürlichkeit?* Das Programm einer Einheit von Technik und Natur, in: *Deutsche Zeitschrift für Philosophie*, Jg. 40, Heft 5 (1992), S. 490–502.

38 Vgl. L. von Bertalanffy: *Zu einer allgemeinen Systemlehre*, in: *Blätter für deutsche Philosophie*, Bd. 18, 3/4 (1945) (nicht festzustellen, ob erschienen); ders.: *Zu einer allgemeinen Systemlehre*, in: *Biologia generalis*, Bd. 19 (1949), S. 114–129. Der Begriff »Systemtheorie« taucht bereits in früheren Arbeiten auf, allerdings noch nicht als selbstständiger Theorietitel, so in: ders.: *Theoretische Biologie*, Bd. 1: *Allgemeine Theorie, Physikochemie, Aufbau und Entwicklung des Organismus*, Berlin 1932, Bd. 2: *Stoffwechsel, Wachstum*, Berlin-Zehlendorf 1942, bes. S. 120. Explizit wird der Titel gebraucht z. B. in: ders.: ... *aber vom Menschen wissen wir nichts* (Titel der Originalausgabe: *Robots, Men and Minds*), übersetzt von H.-J. Flechtner, Düsseldorf, Wien 1970, S. 112 f.

39 Literatur zur Systemtheorie: L. von Bertalanffy: *Das biologische Weltbild*, Bd. 1: *Die Stellung des Lebens in Natur und Wissenschaft*, Bern 1949, Kap. 4–6; ders.: *Zu einer allgemeinen Systemlehre*, in: *Biologia generalis*, a. a. O.; ders.: *The Theory of Open Systems in Physics and Biology*, in: *Science*, Bd. 111 (1950), S. 23–29; ders.: *An Outline of General System Theory*, in: *The British Journal for the Philosophy of Science*, Bd. 1 (1950/51), S. 134–165; L. von Bertalanffy, C. G. Hempel, R. E. Blass, H. Jonas: *General System Theory: A New Approach to Unity of Science*, in: *Human Biology*, Bd. 23, Nr. 4 (1951), darin: L. von Bertalanffy: 1. *Problems of General System Theory*, S. 302–312, C. G. Hempel: 2. *General System Theory and the Unity of Science*, S. 313–322, R. E. Blass: 3. *Unity of Nature*, S. 323–327, H. Jonas: 4. *Comment on General System Theory*, S. 328–335, L. von Bertalanffy: 5. *Conclusion*, S. 336–345, L. von Bertalanffy: 6. *Towards a Physical Theory of Organic Teleology*. Feedbacks and Dynamics, S. 361; L. von Bertalanffy: *General System Theory*. Foundations, Development, Applications, 2. rev. Aufl. New York 1968.

40 H. R. Maturana: *Erkennen: Die Organisation und Verkörperung von Wirklichkeit*, a. a. O.

41 Vgl. N. Luhmann: *Soziale Systeme*. Grundriß einer allgemeinen Theorie, Frankfurt a. M. 1984, 2. Aufl. 1988; ders.: *Paradigmawechsel in der Systemtheorie*, in: *Epochenschwelle und Epochenbewußtsein*, hrsg. R. Herzog und R. Koselleck, a. a. O., S. 305–322.

42 In der Psychiatrie lässt sich die Rezeptionsgeschichte systemtheoretischer Ansätze bis in die Fünfzigerjahre zurückverfolgen. Einen Überblick liefert der Handbuch-Artikel von K. B. de Greene: *Systems Theory and Analysis, in: International Encyclopedia of Psychiatry, Psychology, Psychoanalysis & Neurology*, ed. by B. B. Wolman, Bd. 11, New York 1977, S. 75–78 und W. Gray: *Systems Theory in Psychiatry*, in: *International Encyclopedia of Psychiatry* ..., a. a. O., S. 78–81. Zunächst waren es vor allem S. Arietti und K. Menninger, die den Ansatz Bertalanffys unter Einbeziehung der psychoanalytischen Theorie Freuds und der Schichtenlehre Jacksons für die psychopathologische Theoriebildung nutzbar machten;

vgl. W. Schmitt: *Zur Entwicklung der Systemtheorie seit Bertalanffy*, in: *Systemtheorie und Psychiatrie*, Symposion, Zentrum für Psychologische Medizin Saarbrücken, 14./15. Juni 1985, Festschrift für W. Schmitt zum 65. Geburtstag, hrsg. von W. Schmitt, Saarbrücken 1986, S. 1–15. Später kam J. G. Millers »general living Systems theory« hinzu; vgl. J. G. Miller: *Living Systems: Basic Concepts, in: General Systems Theory and Psychiatry*, ed. by W. Gray, F. J. Duhl, N. D. Rizzo, Boston 1969, S. 51–134; ders.: *General Living Systems Theory*, in: *Comprehensive Textbook of Psychiatry*, ed. by H. J. Kaplan, A. M. Freedman, B. J. Sadozk, Bd. 1, 3. Aufl. Baltimore, London 1980, S. 98–114. – Im deutschsprachigen Raum gewannen systemtheoretische Ansätze zunächst in der Psychotherapie und Psychosomatik Einfluss unter Berufung auf amerikanische und italienische Autoren; vgl. G. Guntern: *Die kopernikanische Revolution in der Psychotherapie: der Wandel vom psychoanalytischen zum systemischen Paradigma*, in: *Familiendynamik*, Bd. 5 (1980), S. 2–41. Zum Komplex »Psychologie/Psychiatrie« vgl. den Aufsatz von J. Frommer: *Möglichkeiten und Grenzen des systemtheoretischen Ansatzes in der Psychopathologie*, in: *Der Nervenarzt*, Nr. 60 (1989), S. 65–70, bes. S. 66 f.

43 M. Capeila: *De nuptiis philologiae et Mercurii, et de septem artibus liberalibus*, libri novem, hrsg. von U. F. Kopp, Frankfurt a. M. 1836, S. 743 f (§ 954).

44 B. Keckermann: *Systema logicae*, tribus libris adornatum, pleniore praeceptorum methodo, et commentariis scriptis ... , Hannover 1600.

45 C. Timpler: *Metaphysicae systema methodicum*, libris quinque comprehensum ..., Lich 1604.

46 ·J. H. Lambert: *Logische und philosophische Abhandlungen*, hrsg. von J. Bernoulli, 2 Bde., Berlin 1782–1787, Bd. 1: *Theorie des Systems*, S. 510–517, Bd. 2: *Fragment einer Systematologie*, S. 385–413.

47 Einen historischen – allerdings oberflächlichen und groben – Abriss des Systembegriffs gibt A. von der Stein: *Der Systembegriff in seiner geschichtlichen Entwicklung*, in: *System und Klassifikation in Wissenschaft und Dokumentation*. Vorträge und Diskussionen im April 1967 in Düsseldorf, hrsg. von A. Diemer, Meisenheim a. G. 1968, S. 1–14. Da er das wichtigste Anwendungsgebiet, die Physik und Astronomie, ausschließt, bleiben seine Untersuchungen fragmentarisch und ungenau, teilweise sogar ausgesprochen irritierend, so z. B. die Behauptung, dass der Systembegriff von seiner Verwendung in römischer Zeit bis zu seinem Wiederauftauchen im 14. Jahrhundert »eine recht lange Durststrecke« durchgemacht habe (S. 7). Zu einer solchen Ansicht kann nur gelangen, wer die physikalische Verwendungsweise des Begriffs ausklammert.

48 Vgl. dazu die amüsante Anekdote von Leibniz aus dem Briefwechsel mit Clarke (G. W. Leibniz: *Die philosophischen Schriften*, a. a. O., Bd. 7, S. 372), wonach anlässlich eines Gesprächs der Hofgesellschaft im Schlossgarten zu Herrenhausen über die Identität zweier Gegenstände die Suche nach zwei gleichen Blättern eingeleitet wurde, die jedoch ergebnislos blieb. Dies diente Leibniz zum Erweis der numerischen und qualitativen Verschiedenheit der Dinge.

49 Ein Ausdruck Bernards, vgl. N. Luhmann: *Paradigmawechsel in der System-theorie*, in: *Epochenschwelle und Epochenbewußtsein*, hrsg. R. Herzog und R. Koselleck, a. a. O, S. 311.

50 Vgl. L. E. J. Brouwer, H. Weyl, O. Becker. Die Arbeiten Brouwers finden sich in Ausschnitten zusammengestellt bei O. Becker: *Grundlagen der Mathematik in geschichtlicher Entwicklung*, Freiburg, München 1954, S. 329–334. Zur Analyse der Brouwerschen Theorie vgl. H. Weyl: *Über die neue Grundlagenkrise der Mathematik*, in: *Mathematische Zeitschrift*, Bd. 10 (1921); ders.: *Das Kontinuum*, Leipzig 1918.

51 B. O. Küppers: *Zur Selbstorganisation informationstragender Systeme*, in: *Die Welt als offenes System*. Eine Kontroverse um das Werk von Ilya Prigogine, hrsg. von G. Altner, Frankfurt a. M. 1986, S. 70–84, bes. S. 78–83.

52 C. F. von Weizsäcker: *Die Einheit der Natur*. Studien, 2. Aufl. München 1971, S. 134 f.

53 I. Kant: *Kritik der reinen Vernunft* A158 B 197 (Akad.-Ausg. Bd. 3, S. 145).

54 Vgl. C. F. von Weizsäcker: *Die Einheit der Natur*, a. a. O., S. 129 ff (Teil II), bes. S. 207.

55 Vgl. a. a. O., S. 209. Die dort genannten insgesamt vier Thesen lassen sich auf zwei Grundthesen reduzieren.

56 Vgl. a. a. O., S. 184.

57 A. a. O., S. 193, vgl. S. 215.

58 Vgl. a. a. O., S. 193, vgl. auch S. 135, 208.

59 Vgl. a. a. O., S. 214.

60 Vgl. a. a. O., S. 219; C. F. von Weizsäcker: *Zum Weltbild der Physik*, Stuttgart 1958, 10. Aufl. 1963, S. 111–117.

61 Vgl. C. F. von Weizsäcker: *Die Einheit der Natur*, a. a. O., S. 219, vgl. auch S. 208.

62 Vgl. a. a. O., S. 214.

63 Vgl. a. a. O., S. 134.

64 Zum Vorangehenden vgl. a. a. O., S. 185–188.

65 A. a. O., S. 217.

66 Vgl. a. a. O., S. 220 f.

67 W. Stegmüller: *Hauptströmungen der Gegenwartsphilosophie*. Eine kritische Einführung, Bd. 3, 7. erw. Aufl. Stuttgart 1986, S. 291.

68 Ein zwar äußerliches, aber aufschlussreiches Indiz für den rein quantitativen Erkenntniszuwachs ist die Tatsache, dass die Anzahl wissenschaftlicher Publikationen seit Mitte des 18. Jahrhunderts explosionsartig angestiegen ist. Man hat errechnet, dass im Durchschnitt alle 14 Jahre eine Verdoppelung stattfindet, d. h. dass in zwei Jahrhunderten die Zahl der Publikationen etwa 2^{15}-mal zugenommen hat (vgl. A. Polikarov: *Strukturmodelle der Wissenschaftsentwicklung*, in: *Naturverständnis und Naturbeherrschung*, hrsg. von F. Rapp, a. a. O., S. 111–128, bes. S. 118 f). Auf der anderen Seite ist dies ein Zeichen für die Kurzlebigkeit und Überholbarkeit wissenschaftlicher Erkenntnisse. Behielten Einsichten in früheren Jahrhunderten über Generationen hinweg Gültigkeit, so werden sie heute in immer kürzeren Zeitabständen hinfällig und durch neue Erkenntnisse er-

setzt. Ein zweites äußeres Indiz für den Erkenntniszuwachs ist die erhebliche Vergrößerung der Zahl der Wissenschaften und Wissenschaftler in dem genannten Zeitraum. Immer mehr Kenntnisse verlangen immer mehr Träger derselben. Laut Polikarov (a. a. O., S. 119) hat sich die Zahl der Wissenschaften 2^8 ($\approx$)-mal vergrößert; in jedem Wissenschaftszweig arbeiten durchschnittlich etwa 10^3 Wissenschaftler.

69 W. Stegmüller: *Hauptströmungen der Gegenwartsphilosophie*, a. a. O., S. 280 f.

70 Th. S. Kuhn: *Die Struktur wissenschaftlicher Revolutionen* (Titel der amerikanischen Originalausgabe: *The Structure of Scientific Revolutions*, Chicago 1962, 2. erw. Aufl. 1970), deutsche Übersetzung der 1. Aufl. von K. Simon, Frankfurt a. M. 1973.

71 W. Stegmüller: *Hauptströmungen der Gegenwartsphilosophie*, a. a. O., S. 291 ff.

72 G. Holton: *Thematic Origins of Scientific Thought*. Kepler to Einstein, Cambridge (Mass.) 1973; ders.: *On the Role of Themata in Scientific Thought*, in: *Science*, Bd. 188 (1975), S. 328–334.

73 W. Stegmüller: *Hauptströmungen der Gegenwartsphilosophie*, a. a. O., S. 291.

74 H. Lübbe: *Zeit-Verhältnisse*. Zur Kulturphilosophie des Fortschritts, Graz, Wien, Köln 1983, S. 37; ders.: *Fortschrittsreaktionen*. Über konservative und destruktive Modernität, Graz, Wien, Köln 1987, S. 111 f.

75 Vgl. A. Polikarov: *Strukturmodelle der Wissenschaftsentwicklung*, in: *Naturverständnis und Naturbeherrschung*, hrsg. von F. Rapp, a. a. O., S. 123, wo der Titel »Zur globalen Entwicklung der Wissenschaft« als Überschrift des 4. Kapitels gebraucht wird.

76 Vgl. a. a. O., S. 122.

77 C. F. von Weizsäcker: *Aufbau der Physik*, a. a. O., S. 490 ff.

78 Vgl. W. Stegmüller: *Hauptströmungen der Gegenwartsphilosophie*, a. a. O, S. 299.

79 E Feyerabend: *Irrwege der Vernunft* (Titel der Originalausgabe: *Farewell to reason*, 1986), aus dem Amerikanischen von J. Blasius, Frankfurt a. M. 1989, S. 217.

80 So wenig wie es nach Popper eine definitive Verifikation von Theorien gibt, so wenig gibt es nach Kuhn eine definitive Falsifikation.

81 W. Stegmüller: *Hauptströmungen der Gegenwartsphilosophie*, a. a. O., S. 315 ff.

82 Vgl. a. a. O., S. 306.

83 Vgl. a. a. O., S. 309 f.

84 Vgl. a. a. O., S. 301.

85 Vgl. a. a. O., S. 324 f.

86 E. W. Adams: Diss., Stanford 1954 (unpubl.) (vgl. W Stegmüller: *Hauptströmungen der Gegenwartsphilosophie*, a. a. O., S. 324).

87 N. Luhmann: *Soziale Systeme*, a. a. O., S. 19–28; ders.: *Paradigmawechsel in der Systemtheorie*, in: *Epochenschwelle und Epochenbewußtsein*, hrsg. R. Herzog und R. Koselleck, a. a. O., bes. S. 308–318.

88 Vgl. *Three Copernican Treatises*, translated with introduction and notes by E. Rosen, 2. Aufl. New York 1959, S. 57.

89 E Feyerabend: *Irrwege der Vernunft*, a. a. O, S. 212 ff.

90 G. Vasari: *Leben der ausgezeichnetsten Maler, Bildhauer und Baumeister von Cimabue bis zum Jahre* 1567 (Titel der Originalausgabe: *Le vite de piu eccellenti architetti, pittori et scultori italiani, da Cimabue insino a' tempi nostri,* Florenz 1550), übersetzt von L. Schorn und E. Förster, neu hrsg. und eingeleitet von J. Kliemann, Worms 1983 (Nachdruck der ersten deutschen Gesamtausgabe, Stuttgart, Tübingen 1832–1849), S. 132–173, bes. S. 133 ff, l38 f, 156 f, 160.

91 P. Feyerabend: *Irrwege der Vernunft*, a. a. O., S. 218.

92 Dass das mythische Weltbild genauso Orientierung gestattet wie das exakte mathematisch-naturwissenschaftliche, lässt sich am griechischen Mythos demonstrieren. Ob man sagt, wir treffen uns, wenn die Sonne im Zenit steht oder wenn die Uhr Punkt zwölf schlägt und keine Sekunde später, begründet keinen Unterschied in der Orientierung. Dass sich derselbe Sachverhalt sowohl in Bildern wie auf rationale Weise ausdrücken lässt, hat schon Platon im *Timaios* erkannt.

Literaturverzeichnis

Adams, E. W.: Diss., Stanford 1954 (unpubl.)

Agricola, G.: De re metallica libri XII. 1556 / Zwölf Bücher vom Berg- und Hüttenwesen, in denen die Ämter, Instrumente, Maschinen und alle Dinge, die zum Berg- und Hüttenwesen gehören, nicht nur aufs Deutlichste beschrieben, sondern auch durch Abbildungen, die am gehörigen Ort eingefügt sind, unter Angabe der lateinischen und deutschen Bezeichnungen aufs Klarste vor Augen gestellt werden, übersetzt und bearbeitet von C. Schiffner unter Mitwirkung von E. Darmstaedter, P. Knauth, W. Pieper, F. Schumacher, V. Tafel, E. Treptow, E. Wandhoff, hrsg. von der Agricola-Gesellschaft beim Deutschen Museum zur Förderung der Geschichte der Naturwissenschaften und der Technik e. V., 1928, 5. Aufl. (Faksimiledruck der 3. Aufl.) Düsseldorf 1978

Alain de Lille: Textes inédits, avec une introduction sur sa vie et ses œuvres, ed. M.-Th. d'Alverny, Paris 1965

Alanus de Insulis: Liber de planctu naturae (um 1202) (MPL, Bd. 210)

Albertus Magnus: Opera Omnia, ed. P. Iammy, Lyon 1651

Aristoteles' Acht Bücher Physik, griechisch und deutsch und mit sacherklärenden Anmerkungen hrsg. von K. Prantl, Aalen 1978 (Nachdruck der Ausgabe Leipzig 1854)

Aristoteles' Metaphysik, in der Übersetzung von H. Bonitz, neu bearbeitet, mit Einleitung und Kommentar hrsg. von H. Seidl, griechisch-deutsch, 2 Halbbde., Hamburg 1978–1980

Aristoteles: Physicorum Auscultationum Aristotelis libri octo, interprete atque expositore ... Augustino Nipho ..., Venedig 1549

Aristoteles' Physics, a revised text with introduction and commentary by W. D. Ross, Oxford 1936 (repr. 1979)

Aristoteles: Physikvorlesung, übersetzt von H. Wagner, Berlin 1967, 3. Aufl. Darmstadt 1979

Aristoteles: Topik (Organon V), übersetzt und mit Anmerkungen versehen von Eu. Rolfes, Hamburg 1968 (unveränderter Nachdruck der 2. Aufl. von 1922)

Aristoteles Graece ex recensione I. Bekkeri, edidit Academia regia Borussica, 2 Bde., Berlin 1831

Auerbach, E.: Figura, in: Archivum Romanicum, Bd. 22 (1938), S. 436–489

Augustin: De civitate Dei (MPL, Bd. 41)

Augustin: De diversis quaestionibus octoginta tribus liber unus (MPL, Bd. 40)

Augustin: De genesi ad litteram (MPL, Bd. 34)

Augustin: De libero arbitrio (MPL, Bd. 32)

Augustin: De natura boni contra Manichaeos (MPL, Bd. 42)

Bacon, F.: Neu-Atlantis, in: Der utopische Staat. Morus: Utopia, Campanella: Sonnenstaat, Bacon: Neu-Atlantis, übersetzt und hrsg. von K. J. Heinisch, Reinbek b. Hamburg 1960, wiederholte Aufl. 1991

Bacon, F.: Neues Organ, hrsg. und mit einer Einleitung von W. Krohn, lateinisch-deutsch, Hamburg 1990

Bacon, F.: The Works of Francis Bacon, Baron of Verulam, Viscount St. Alban, and Lord High Chancellor of England, collected and ed. by J. Spedding, R. L. Ellis and D. D. Heath, New Edition, 14 Bde., London 1861–1883

Bacon, E : Über die Würde und den Fortgang der Wissenschafften. Verdeutschet und hrsg. von J. H. Pfingsten, Pest 1783 (reprographischer Nachdruck Darmstadt 1966)

Becker, O.: Grundlagen der Mathematik in geschichtlicher Entwicklung, Freiburg, München 1954

Bertalanffy, L. von, Hempel, C. G., Blass, R. E., Jonas, H.: General System Theory: A New Approach to Unity of Science, in: Human Biology, Bd. 23, Nr. 4 (1951), darin: L. von Bertalanffy: 1. Problems of General System Theory, S. 302–312, C. G. Hempel: 2. General System Theory and the Unity of Science, S. 313–322, R. E. Blass: 3. Unity of Nature, S. 323–327, H. Jonas: 4. Comment on General System Theory, S. 328–335, L. von Bertalanffy: 5. Conclusion, S. 336–345, L. von Bertalanffy: 6. Towards a Physical Theory of Organic Teleology. Feedbacks and Dynamics, S. 361

Bertalanffy, L. von: … aber vom Menschen wissen wir nichts (Titel der Originalausgabe: Robots, Men and Minds), übersetzt von H.-J. Flechtner, Düsseldorf, Wien 1970

Bertalanffy, L. von: An Outline of General System Theory, in: The British Journal for the Philosophy of Science, Bd. 1 (1950/51), S. 134–165

Bertalanffy, L. von: Das biologische Weltbild, Bd. 1: Die Stellung des Lebens in Natur und Wissenschaft, Bern 1949

Bertalanffy, L. von: General System Theory. Foundations, Development, Applications, 2. rev. Aufl. New York 1968

Bertalanffy, L. von: Theoretische Biologie, Bd. 1: Allgemeine Theorie, Physikochemie, Aufbau und Entwicklung des Organismus, Berlin 1932, Bd. 2: Stoffwechsel, Wachstum, Berlin-Zehlendorf 1942

Bertalanffy, L. von: The Theory of Open Systems in Physics and Biology, in: Science, Bd. 111 (1950), S. 23–29

Bertalanffy, L. von: Zu einer allgemeinen Systemlehre, in: Biologia generalis, Bd. 19 (1949), S. 114–129

Bertalanffy, L. von: Zu einer allgemeinen Systemlehre, in: Blätter für deutsche Philosophie, Bd. 18, 3/4 (1945) (nicht festzustellen, ob erschienen)

Böhler, D.: Naturverstehen und Sinnverstehen. Traditionskritische Thesen zur Entwicklung und zur konstruktivistisch-szientistischen Umdeutung des Topos vom Buch der Natur, in: Naturverständnis und Naturbeherrschung. Philosophiegeschichtliche Entwicklung und gegenwärtiger Kontext, hrsg. von F. Rapp, München 1981, S. 70–95

Böhme, Jakob: Sämtliche Schriften. Faksimile-Neudruck der Ausgabe von 1730 in 11 Bdn., neu hrsg. von W.-E. Peuckert, Stuttgart 1960

Brinton, D. G.: Religions of Primitive Peoples, New York, London 1897 (4. repr.)

Brück, R. und M. von: Ein Universum voller Gnade. Die Geisteswelt des tibetischen Buddhismus, Freiburg 1987

Buchholz,A.: Die große Transformation, Stuttgart 1968

Burnet, J.: Die Anfänge der griechischen Philosophie (Titel der englischen Originalausgabe: Early Greek Philosophy), 2. Ausg. aus dem Englischen übersetzt von E. Schenkl, Leipzig, Berlin 1913

Capeila, M.: De nuptiis philologiae et Mercurii, et de septem artibus liberalibus, libri novem, hrsg. von U. F. Kopp, Frankfurt a. M. 1836

Capelle, W.: Die Vorsokratiker. Die Fragmente und Quellenberichte, übersetzt und eingeleitet von W. Capelle, 4. Aufl. Stuttgart 1953 Cassirer, E.: Die Antike und die Entstehung der exakten Wissenschaft, in: Die Antike, Bd. 8 (1932), S. 276–300

Cassirer, E.: Philosophie der symbolischen Formen, Zweiter Teil: Das mythische Denken, Tübingen 1925, 8. Aufl. Darmstadt 1987

Cavell, S.: Must we mean what we say? In: Philosophy and Linguistics, ed. by C. Lyas, London, Basingstoke 1971, S. 131–165

Clavius, Ch.: In Sphaeram Ioannis de Sacro Bosco commentarius, Lyon 1594

Codrington, R. H.: The Melanesian Languages, Oxford 1885

Collingwood, R. G.: The Idea of Nature, London, Oxford, New York 1945

Cornford, F. M.: From Religion to Philosophy. A Study in the Origins of Western Speculation, 1912 (repr. New York 1957)

Curtius, E. R.: Europäische Literatur und Lateinisches Mittelalter, Bern 1948

Daniélou, J.: Sacramentum futuri. Études sur les origines de la typologie biblique, Paris 1950

Descartes, R.: Meditationen über die Grundlagen der Philosophie, auf Grund der Ausgabe von Artur Buchenau neu hrsg. von L. Gäbe, durchgesehen von H. G. Zekl, mit neuem Register und Auswahlbibliographie versehen von G. Heffernan, lateinisch-deutsch, 3. Aufl. Hamburg 1992

Descartes, R.: Œuvres de Descartes, publiées par Ch. Adam et P. Tannery, nouvelle présentation, en co-édition avec le centre national de la recherche scientifique, 11 Bde., Paris 1964–74

Dessauer, F.: Philosophie der Technik. Das Problem der Realisierung, Bonn 1927

Dessauer, F.: Streit um die Technik, Frankfurt a. M. 1956, 2. Aufl. 1958

Diels, H.: Die Fragmente der Vorsokratiker, griechisch und deutsch, hrsg. von W. Kranz, Bd. 1, 18. Aufl. Zürich, Hildesheim 1989

Dieterich, A.: Mutter Erde. Ein Versuch über Volksreligion, 3. erw. Aufl. besorgt von Eu. Fehrle, Leipzig, Berlin 1925

Dijksterhuis, E. J.: De Mechanisering van het Wereldbeeld, Amsterdam 1950, deutsch: Die Mechanisierung des Weltbildes, Berlin, Göttingen, Heidelberg 1956

Diller, H.: Der griechische Naturbegriff, in: Neue Jahrbücher für Antike und deutsche Bildung, Bd. 2 (1939), S. 241–257

Eriugena, Johannes Scotus: Super Ierarchiam Caelestem S. Dionysii (MPL, Bd. 122)

Everett, H.: »Relative State« Formulation of Quantum Mechanics, in: Revue of Modern Physics, Bd. 29 (1957), S. 454–462

Everett, H.: The Theory of the Universal Wave Function, in: The Many Worlds Interpretation of Quantum Mechanics. A Fundamental Exposition by H. Everett, III, with Papers by J. A. Wheeler, B. S. de Witt, L. N. Cooper, D. van Vechten and N. Graham, ed. by B. S. de Witt and N. Graham, Princeton (New Jersey) 1973, S. 3–140

Faber Stapulensis: Commentarii in astronomicum Johannis de Sacrobosco, in: Textus De Sphera Johannis de Sacrobosco, Paris 1494

Farrington, B.: The Philosophy of Francis Bacon. An Essay on its development from 1603 to 1609 with new translations of fundamental texts, Liverpool 1964, 2. Aufl. 1970

Feyerabend, P.: Irrwege der Vernunft (Titel der Originalausgabe: Farewell to reason, 1986), aus dem Amerikanischen von J. Blasius, Frankfurt a. M. 1989

Flavii Josephi Opera, edidit et apparatu critico instruxit B. Niese, Bd. 1, Berlin 1887

Frazer, J. G.: The Golden Bough. A Study in Magic and Religion: Part I–III, 3. Aufl. London 1911 (repr. 1913 f)

Freud, S.: Die Traumdeutung, in: Gesammelte Schriften, Bd. 2, Leipzig, Wien, Zürich 1925

Fritz, K. von: Grundprobleme der Geschichte der antiken Wissenschaft, Berlin, New York 1971

Fritz, K. von: Teleologie bei Aristoteles, in: Die Naturphilosophie des Aristoteles, hrsg. von G. A. Seeck, Darmstadt 1975, S. 243–250

Frommer, J.: Möglichkeiten und Grenzen des systemtheoretischen Ansatzes in der Psychopathologie, in: Der Nervenarzt, Nr. 60 (1989), S. 65–70

Gaiser, K.: Das zweifache Telos bei Aristoteles, in: Naturphilosophie bei Aristoteles und Theophrast. Verhandlungen des 4. Symposium Aristotelicum, veranstaltet in Göteburg, August 1966, hrsg. von I. Düring, Heidelberg 1969, S. 97–113

Galilei, G.: Dialog über die beiden hauptsächlichsten Weltsysteme, das ptolemäische und das kopernikanische, aus dem Italienischen übersetzt und erläutert von E. Strauß, hrsg. von R. Sexl und K. von Meyenn, Stuttgart 1982

Galilei, G.: Le Opere di Galileo Galilei, ristampa della Edizione Nazionale, hrsg. von A. Favaro, 20 Bde., Florenz 1929–1939

Geulincx, A.: Opera philosophica, recognovit J. P. N. Land, 3 Bde., Den Haag 1891–1893 (Faksimile-Neudruck: A. Geulincx: Sämtliche Schriften in 5 Bden., hrsg. von H. J. de Vleeschauwer, Stuttgart-Bad Cannstatt 1965 ff)

Giuntini, F.: Commentaria in Sphaeram Ioannis de Sacro Bosco, Lyon 1577 f

Gloy, K.: Aristoteles – ein Kritiker Platons? In: Φιλοσοφία (Philosophia), Bd. 15/16 (Athen 1985/1986), S. 266–285

Gloy, K.: Die Substanz ist als Subjekt zu bestimmen. Eine Interpretation des XII. Buches von Aristoteles' Metaphysik, in: Zeitschrift für philosophische Forschung, Bd. 37 (1983), S. 515–543

Gloy, K.: Hat systematische Philosophie überhaupt noch eine Chance? In: Systeme im Denken der Gegenwart, hrsg. von H.-D. Klein, Bonn 1993, S. 26–42

Gloy,K.: Organologische Technik oder technische Natürlichkeit? Das Programm einer Einheit von Technik und Natur, in: Deutsche Zeitschrift für Philosophie, Jg. 40, Heft 5 (1992), S. 490–502

Gloy, K.: Platon, die Wissenschaftsgeschichte und unser Naturverständnis. Platons Naturbegriff im Timaios, in: Deutsche Zeitschrift für Philosophie, Jg. 38, Heft 7 (1990), S. 651–659

Gloy, K.: Studien zur Platonischen Naturphilosophie im Timaios, Würzburg 1986

Gloy, K.: Studien zur theoretischen Philosophie Kants, Würzburg 1990

Goethe, J. W.: Werke, Hamburger Ausgabe in 14 Bden., Hamburg 1948 ff

Gogarten, F.: Verhängnis und Hoffnung der Neuzeit. Die Säkularisierung als theologisches Problem, Stuttgart 1953

Goppelt, L.: Typos. Die typologische Deutung des Alten Testaments im Neuen, Gütersloh 1939, unveränderter reprographischer Nachdruck Darmstadt 1981

Graeser, A.: Die Vorsokratiker, in: Klassiker der Naturphilosophie. Von den Vorsokratikern bis zur Kopenhagener Schule, hrsg. von G. Böhme, München 1989, S. 13–28

Gray, W.: Systems Theory in Psychiatry, in: International Encyclopedia of Psychiatry, Psychology, Psychoanalysis & Neurology, ed. by B. B. Wolman, Bd. 11, New York 1977, S. 78–81

de Greene, K. B.: Systems Theory and Analysis, in: International Encyclopedia of Psychiatry, Psychology, Psychoanalysis & Neurology, ed. by B. B. Wolman, Bd. 11 (New York 1977), S. 75–78

Gregor von Nyssa: De hominis opificio (MPG, Bd. 44)

Grmek, M. D.: A Survey of the Mechanical Interpretations of Life from the Greek Atomists to the Followers of Descartes, in: Biology, History and Natural Philosophy, based on the Second International Colloquium held at the University of Denver, ed. by A. D. Breck und W. Yourgrau, New York, London 1972, S. 181–195

Gröber, G.: Grundriß der romanischen Philologie, 2 Bde., Straßburg 1888–1902

Grønbech, V.: Götter und Menschen. Griechische Geistesgeschichte II (Deutsche Übersetzung von V. Brandström), Reinbek b. Hamburg 1967

Grosseteste, R.: Die philosophischen Werke des Robert Grosseteste, Bischofs von Lincoln, hrsg. von L. Baur, Münster i. W. 1912 (Beiträge zur Geschichte der Philosophie des Mittelalters. Texte und Untersuchungen, hrsg. von C. Baeumker, Bd. 9)

Gruhl, H.: Häuptling Seattle hat gesprochen. Der authentische Text seiner Rede mit einer Klarstellung: Nachdichtung und Wahrheit, Düsseldorf 1984, 4. Aufl. 1986

Günther, G.: Das Bewußtsein der Maschinen. Eine Metaphysik der Kybernetik, 2. Aufl. Krefeld, Baden-Baden 1963

Guntern, G.: Die kopernikanische Revolution in der Psychotherapie: der Wandel vom psychoanalytischen zum systemischen Paradigma, in: Familiendynamik, Bd. 5 (1980), S. 2–41

Hall, R.: The Scholar and the Craftsman in the Scientific Revolution, in: Critical Problems in the History of Science, Proceedings of the Institute of the History of Science at the University of Visconsin 1957, ed. M. Clagett, Madison 1959, 2. Aufl. 1962, S. 3–23

Hardy, E.: Der Begriff der Physis in der griechischen Philosophie, Erster Theil, Berlin 1884

Harrison, J. E.: Ancient Art and Ritual, London, New York 1913

Harrison, J. E.: Prolegomena to the Study of Greek Religion, Cambridge 1903

Haug, W.: Die Zwerge auf den Schultern der Riesen. Epochales und typologisches Geschichtsdenken und das Problem der Interferenzen, in: Epochenschwelle und Epochenbewußtsein, hrsg. von R. Herzog und R. Koselleck, München 1987 (Poetik und Hermeneutik, Bd. 12), S. 167–194

Hegel, G. W. F.: Sämtliche Werke, Jubiläumsausgabe in 20 Bden., auf Grund des von L. Boumann, F. Förster, E. Gans, K. Hegel, L. von Henning, H. G. Hotho, Ph. Marheineke, K. L. Michelet, K. Rosenkranz und J. Schulze besorgten Originaldruckes im Faksimileverfahren neu hrsg. von H. Glockner, Stuttgart 1927–1930, 4. Aufl. 1964–1968

Heidegger, M.: Die Frage nach dem Ding. Zu Kants Lehre von den transzendentalen Grundsätzen, Tübingen 1962

Heidegger, M: Die Frage nach der Technik, in: Die Künste im technischen Zeitalter, Dritte Folge des Jahrbuchs Gestalt und Gedanke, hrsg. von der Bayerischen Akademie der Schönen Künste, München 1954, S. 70–108

Heidegger, M.: »Nur noch ein Gott kann uns retten«. Spiegel-Gespräch mit Martin Heidegger am 23. September 1966, in: Der Spiegel, Nr. 23, 1976, S. 193–219

Heidegger, M.: Sein und Zeit, 9. Aufl. Tübingen 1960

Heidegger, M.: Vom Wesen und Begriff der φύσις [phýsis]. Aristoteles Physik B 1, in: Il Pensiero, Bd. 3 (1958), S. 131–156, 265–289

Heidel, W. A.: Περὶ φύσεως [Perí phýseōs]. A Study of the Conception of Nature among the Pre-Socratics, in: Proceedings of the American Academy of Arts and Sciences, Bd. 45, 4 (1910), S. 79–133

Heinimann, F.: Nomos und Physis. Herkunft und Bedeutung einer Antithese im griechischen Denken des 5. Jahrhunderts, Basel 1945 (Nachdruck 1965)

Heisenberg, W.: Gedanken der antiken Naturphilosophie in der modernen Physik, in: Die Antike, Bd. 13 (1937), abgedruckt auch in: Wandlungen in den Grundlagen der Naturwissenschaft. Zehn Vorträge, 11. Aufl. Stuttgart 1980, S. 77–84

Herbart, J. F.: Sämmtliche Werke, in chronologischer Reihenfolge hrsg. von K. Kehrbach, nach dessen Tod von O. Flügel, 12 Bde., Leipzig, Langensalza 1882–1907

Herter, H.: Platons Akademie, Bonn 1946

ΗΣΥΧΙΩΣ [HESYCHIOS]. Hesychii Alexandrini lexicon, post Ioannem Albertum recensuit M. Schmidt, 5 Bde., Jena 1858–1868

Hobbes, Th.: Leviathan oder Stoff, Form und Gewalt eines kirchlichen und bürgerlichen Staates, übersetzt von W. Euchner, hrsg. und eingeleitet von I. Fetscher, Neuwied, Berlin 1966, 5. Aufl. Frankfurt a. M. 1992

Holton, G.: On the Role of Themata in Scientific Thought, in: Science, Bd. 188 (1975), S. 328–334

Holton, G.: Thematic Origins of Scientific Thought. Kepler to Einstein, Cambridge (Mass.) 1973

Hooykaas, R.: Das Verhältnis von Physik und Mechanik in historischer Hinsicht, Wiesbaden 1963 (Beiträge zur Geschichte der Wissenschaft und Technik, Heft 7 / Veröffentlichung der Deutschen Gesellschaft für Geschichte der Medizin, Naturwissenschaft und Technik, hrsg. von G. Rath und B. Sticker)

Hopfner, Th.: Griechisch-ägyptischer Offenbarungszauber. Mit einer eingehenden Darstellung des griechisch-synkretistischen Daemonenglaubens und der Voraussetzungen und Mittel des Zaubers überhaupt und der magischen Divination im besonderen, 2 Bde., Leipzig 1921–1924 (Studien zur Palaeographie und Papyruskunde, hrsg. von C. Wessely, Heft 21)

Hoppe, H.: Möglichkeit der Erfahrung und Einheit des Selbstbewußtseins bei Kant, in: Akten des 4. Internationalen Kant-Kongresses, Mainz 6.–10. April 1974, Teil II, 1: Sektionen, hrsg. von G. Funke, Berlin, New York 1974, S. 277–287

Hrabanus Maurus: De universo (MPL, Bd. 111)

Hübner, K.: Die Wahrheit des Mythos, München 1985

Hugo von St. Viktor: De arca noe morali (MPL, Bd. 176)

Hume, D.: A Treatise of Human Nature in two volumes, Bd. 1, introduction by A. D. Lindsay, London, New York 1961

Husserl, E.: Die Krisis der europäischen Wissenschaften und die transzendentale Phänomenologie. Eine Einleitung in die phänomenologische Philosophie, hrsg. von W. Biemel, Den Haag, 2. Aufl. photomechanischer Nachdruck 1976 (Husserliana, Bd. 6)

Isidore de Séville: Traité de la nature, hrsg. von J. Fontaine, Bordeaux 1960

Jacob, F.: Das Spiel der Möglichkeiten. Von der offenen Geschichte des Lebens (Titel der Originalausgabe: Le jeu des possibles. Essai sur la diversité du vivant, Fayard 1981), aus dem Französischen von F. Griese, München, Zürich 1983

Jäger, W.: Paideia. Die Formung des griechischen Menschen, Bd. 1, Berlin, Leipzig 1934

Jonas, H.: Bemerkungen zum Systembegriff und seiner Anwendung auf Lebendiges, in: Studium generale, Jg. 10 (1957), S. 88–94

Jung, C. G.: Gesammelte Werke, hrsg. von L. Jung-Merker und E. Rüf, Bd. 1 ff, Olten, Freiburg i. B. 1966 ff

Kant, I.: Gesammelte Schriften, hrsg. von der Königlich Preußischen Akademie der Wissenschaften, Bd. 1 ff, Berlin 1902 ff

Keckermann, B.: Systema logicae, tribus libris adornatum, pleniore praeceptorum methodo, et commentariis scriptis …, Hannover 1600

Kepler, J.: Gesammelte Werke, hrsg. im Auftrag der Bayerischen Akademie der Wissenschaften unter der Leitung von W. von Dyck und M. Caspar, Bd. 1 ff, München 1938 ff

Kepler, J.: Johannes Kepler in seinen Briefen, hrsg. von M. Caspar und W. von Dyck, Bd. 1, München, Berlin 1930

Knoblauch, E.: Das Naturverständnis der Antike, in: Naturverständnis und Naturbeherrschung. Philosophiegeschichtliche Entwicklung und gegenwärtiger Kontext, hrsg. von F. Rapp, München 1981, S. 10-35

Kopernikus, N.: Three Copernican Treatises, translated with introduction and notes by E. Rosen, 2. Aufl. New York 1959

Koyré, A.: Études Galiléennes, I. A l'aube de la science classique, Paris 1939

Krafft, F.: Die Anfänge einer theoretischen Mechanik und die Wandlung ihrer Stellung zur Wissenschaft von der Natur, in: Beiträge zur Methodik der Wissenschaftsgeschichte, hrsg. von W. Baron, Wiesbaden 1967, S. 12-33

Kristeller, P. O., und Randall, J. H. jr.: The Study of the Philosophy of the Renaissance, in: Journal of the History of Ideas, Bd. 2 (1941), S. 449-496

Küppers, B.-O.: Zur Selbstorganisation informationstragender Systeme, in: Die Welt als offenes System. Eine Kontroverse um das Werk von Ilya Prigogine, hrsg. von G. Altner, Frankfurt a. M. 1986, S. 70-84

Kuhn, H.: Begegnung mit dem Sein. Meditationen zur Metaphysik des Gewissens, Tübingen 1954

Kuhn, Th. S.: Die Struktur wissenschaftlicher Revolutionen (Titel der amerikanischen Originalausgabe: The Structure of Scientific Revolutions, Chicago 1962, 2. erw. Aufl. 1970), deutsche Übersetzung der 1. Aufl. von K. Simon, Frankfurt a. M. 1973

Lactantius, F.: Opera omnia, recensuerunt S. Brandt et G. Laubmann, Pars II, Fasciculus I, Prag, Wien, Leipzig 1893

Lambert, J. H.: Logische und philosophische Abhandlungen, hrsg. von J. Bernoulli, 2 Bde., Berlin 1782-1787

Laudan, L.: The Clock Metaphor and Probabilism: The Impact of Descartes on English Methodological Thought, 1650-65, in: Annals of Science, Bd. 22, Nr. 2 (Juni 1966), S. 73-104

Le Blond, J. M.: Logique et Méthode chez Aristote. Étude sur la Recherche des Principes dans la Physique Aristotélicienne, Paris 1939

Leibniz, G. W.: Die philosophischen Schriften, hrsg. von C. I. Gerhardt, 7 Bde., Hildesheim, New York 1978 (Nachdruck der Ausgabe 1875-1890)

Leibniz, G. W.: Principes de la Nature et de la Grace fondés en Raison. Monadologie / Vernunftprinzipien der Natur und der Gnade. Monadologie, auf Grund der kritischen Ausgabe von A. Robinet und der Übersetzung von A. Buchenau mit Einführung und Anmerkungen hrsg. von H. Herring, Hamburg 1956 (Nachdruck 1960)

Leisegang, H.: Artikel Physis, in: Paulys Real-Encyclopädie der classischen Altertumswissenschaft, neue Bearbeitung von G. Wissowa (später fortgeführt von W. Kroll und K. Mittelhaus, hrsg. von K. Ziegler), Bd. 1 ff, Stuttgart 1894 ff, Halbbd. 39, Stuttgart 1941, Spalte 1129-1164

Lerner, M. -P.: Recherches sur la notion de finalité chez Aristote, Paris 1969

Lévy-Bruhl, L.: Das Denken der Naturvölker, in deutscher Übersetzung hrsg. und eingeleitet von W. Jerusalem, Wien, Leipzig 1921

Lévy-Bruhl,L.: Die geistige Welt der Primitiven (Titel der Originalausgabe: La mentalité primitive, Paris 1922), aus dem Französischen übertragen von M. Hamburger, München 1927

Liebig, J. von: Ueber Francis Bacon von Verulam und die Methode der Naturforschung, München 1863

Lubac, H. de: Exégèse médiévale. Les quatre sens de l'Écritures, 2 Bde., [Paris] 1959

Lucretius Carus, T.: Titi Lucreti Cari: De rerum natura / Titus Lucretius Carus: Welt aus Atomen, lateinisch-deutsch, Textgestaltung, Einleitung und Übersetzung von K. Büchner, Zürich 1956

Lübbe, H.: Fortschrittsreaktionen. Über konservative und destruktive Modernität, Graz, Wien, Köln 1987

Lübbe, H.: Zeit-Verhältnisse. Zur Kulturphilosophie des Fortschritts, Graz, Wien, Köln 1983

Luhmann, N.: Paradigmawechsel in der Systemtheorie. Ein Paradigma für Fortschritt? In: Epochenschwelle und Epochenbewußtsein, hrsg. R. Herzog und R. Koselleck (Poetik und Hermeneutik, Bd. 12), München 1987 S. 305–322

Luhmann, N.: Soziale Systeme. Grundriß einer allgemeinen Theorie, Frankfurt a. M. 1984, 2. Aufl. 1988

Mach, E.: Die Mechanik. Historisch-kritisch dargestellt, 9. Aufl. Leipzig 1933

Maier, A.: Die Mechanisierung des Weltbilds im 17. Jahrhundert, Köln, Leipzig 1938 (Forschungen zur Geschichte der Philosophie und der Pädagogik, hrsg. von A. Schneider-Köln, Heft 18)

Mako, P.: Compendiaria logicae institutio quam in usum candidatorum philosophiae, Wien 1760

Mako, P.: Compendiaria metaphysicae institutio quam in usum auditorum philosophiae, 2. Aufl. Wien 1766

Malinowski, B.: Myth in Primitive Psychology, New York 1926 (repr. Westport [Conn.] 1971)

Manitius, M.: Geschichte der lateinischen Literatur des Mittelalters, 3 Bde., München 1911–1931, unveränderter Nachdruck 1965–1975

Mannhardt, W.: Mythologische Forschungen, aus dem Nachlasse hrsg. von H. Patzig, Straßburg 1884

Mannhardt, W.: Wald- und Feldkulte, Erster Teil: Der Baumkultus der Germanen und ihrer Nachbarstämme. Mythologische Untersuchungen, Berlin 1875

Mansion, Au.: Introduction à la Physique Aristotélicienne, 2. Aufl. Louvain, Paris 1946

Maturana, H. R.: Erkennen: Die Organisation und Verkörperung von Wirklichkeit. Ausgewählte Arbeiten zur biologischen Epistemologie, deutsche Fassung von W. K. Köck, 1982, 2., durchgesehene Aufl. Braunschweig, Wiesbaden 1985

Menéndez Pelayo, M.: Historia de los heterodoxos españoles (Edicion nacional de las obras completas de Menéndez Pelayo), Bd. 59, Santander 1953

Menut, A. D., und Denomy, A. J.: Maistre Nicole Oresme: Le Livre du Ciel et du Monde. Text and Commentary, in: Mediaeval Studies (Pontifical Institute of Mediaeval Studies, Toronto, Canada), Bd. 4 (1942), Heft 1, S. 185–280, Heft 2, S. 159–297

Merchant, C.: Der Tod der Natur. Ökologie, Frauen und neuzeitliche Naturwissenschaft (Titel der amerikanischen Originalausgabe: The Death of Nature. Woman, Ecology and the Scientific Revolution, 1980), München 1987

Meyer-Abich, K. M.: Eikos Logos. Platons Theorie der Naturwissenschaft, in: Einheit und Vielheit, Festschrift für C. F. von Weizsäcker zum 60. Geburtstag, hrsg. von E. Scheibe und G. Süßmann, Göttingen 1973, S. 20–44

Michel, H.: Scientific Instruments in Art and History, übersetzt von R. E. W. Maddison und F. R. Maddison, London 1967

Milan. Bibliotheca Ambrosiana

Mill, J. St.: System der deductiven und inductiven Logik. Eine Darlegung der Principien wissenschaftlicher Forschung, insbesondere der Naturforschung, in's Deutsche übertragen von J. Schiel in zwei Theilen, 4. Aufl. Braunschweig 1877

Miller, J. G.: General Living Systems Theory, in: Comprehensive Textbook of Psychiatry, ed. by H. J. Kaplan, A. M. Freedman, B. J. Sadozk, Bd. 1, 3. Aufl. Baltimore, London 1980, S. 98–114

Miller, J. G.: Living Systems: Basic Concepts, in: General Systems Theory and Psychiatry, ed. by W. Gray, F. J. Duhl, N. D. Rizzo, Boston 1969, S. 51–134

Mittelstaedt, P.: Philosophische Probleme der modernen Physik, 3. Aufl. Mannheim 1968

Mittelstraß, J.: Das Wirken der Natur. Materialien zur Geschichte des Naturbegriffs, in: Naturverständnis und Naturbeherrschung. Philosophiegeschichtliche Entwicklung und gegenwärtiger Kontext, hrsg. von F. Rapp, München 1981, S. 36–69

Mittelstraß, J.: Metaphysik der Natur in der Methodologie der Naturwissenschaften. Zur Rolle phänomenaler (aristotelischer) und instrumentaler (galileischer) Erfahrungsbegriffe in der Physik, in: Natur und Geschichte. X. Deutscher Kongreß für Philosophie, Kiel 8.–12. Oktober 1972, hrsg. von K. Hübner und A. Menne, Hamburg 1973, S. 63–87

Mittelstraß, J.: Neuzeit und Aufklärung. Studien zur Entstehung der neuzeitlichen Wissenschaft und Philosophie, Berlin, New York 1970

Monantholius, H.: Aristotelis Mechanica, Graeca, emendata, latina facta, & Commentariis illustrata, Paris 1599

Monte, G. del: Mechanicorum liber, Pesaro 1577

Monumenta Germaniae historica. Scriptores rerum Merovingicarum, edidit Societas aperiendis fontibus rerum Germanicorum medii aevi, Bd. 1–7, Hannover, Leipzig 1885–1920

Müller, C. D. G.: Die Entwicklung des orientalischen Universitäts- und Schulwesens. Nisibis war Vorbild für typische Universitätsstrukturen, in: Mitteilungen des Hochschulverbandes, 1986, Heft 4, S. 203–205

Murray, G.: Five Stages of Greek Religion. Studies based in a Course of Lectures delivered in April 1912 at Columbia University, London 1935, 3. Aufl. 1946

Natorp, P.: Platos Ideenlehre. Eine Einführung in den Idealismus, 3. Aufl. Darmstadt 1961 (unveränderter Nachdruck der 2., durchgesehenen und um einen metakritischen Anhang vermehrten Aufl. von 1922)

Nestle, W.: Hippocratica, in: Hermes, Bd. 73 (1938), S. 1–38

Nestle, W.: Vom Mythos zum Logos. Die Selbstentfaltung des griechischen Denkens von Homer bis auf die Sophistik und Sokrates, 2. Aufl. Stuttgart 1975

Niavis, P.: Iudicium Iovis oder Das Gericht der Götter über den Bergbau. Ein literarisches Dokument aus der Frühzeit des deutschen Bergbaus, übersetzt und bearbeitet von P. Krenkel, Berlin 1953

Nikolaus von Kues: Philosophisch-Theologische Schriften, hrsg. und eingeführt von L. Gabriel, übersetzt und kommentiert von D. und W. Dupré, Studien- und Jubiläumsausgabe, lateinisch-deutsch, 3 Bde., Wien 1964–1967

Nobis, H. M.: Artikel Buch der Natur, in: Historisches Wörterbuch der Philosophie, hrsg. von J. Ritter, Bd. 1, Basel, Stuttgart 1971, S. 957–959

Nobis, H. M.: Die Umwandlung der mittelalterlichen Naturvorstellung. Ihre Ursachen und ihre wissenschaftsgeschichtlichen Folgen, in: Archiv für Begriffsgeschichte, Bd. 13 (1969), S. 34–57

Nobis, H. M.: Frühneuzeitliche Verständnisweisen der Natur und ihr Wandel bis zum 18. Jahrhundert, in: Archiv für Begriffsgeschichte, Bd. 11 (1967), S. 37–58

Nöldeke, Th.: Mutter Erde und Verwandtes bei den Semiten, in: Archiv für Religionswissenschaft, Bd. 8 (1905), S. 161–166

Oehler, K.: Das aristotelische Argument: Ein Mensch zeugt einen Menschen. Zum Problem der Prinzipienfindung des Aristoteles, in: Einsichten, Festschrift für G. Krüger zum 60. Geburtstag, Frankfurt a. M. 1962, S. 230–288

Olschki, L.: Geschichte der neusprachlichen wissenschaftlichen Literatur, Bd. 3: Galilei und seine Zeit, Halle 1927

Oresme, Nikolaus: Nicole Oresme and the Kinematics of Circular Motion, ed. with an introduction, English translation, and commentary by E. Grant, Madison, Milwaukee, London 1971

Orinsky: Artikel Μηχανή [Mēchanē], in: Paulys Real-Encyclopädie der classischen Altertumswissenschaft, neue Bearbeitung von G. Wissowa (später fortgeführt von W. Kroll und K. Mittelhaus, hrsg. von K. Ziegler), Bd. 1 ff, Stuttgart 1894 ff, Halbbd. 29, Stuttgart 1931, Spalte 10–14

Ovid, Publius Naso: P. Ovidii Nasonis Metamorphoseon libri XV / Publius Ovidius Naso: Metamorphosen. Epos in 15 Büchern, hrsg. und übersetzt von H. Breitenbach, Zürich 1958

Pappi Alexandrini Collectionis quae supersunt e libris manu scriptis, ed. Latina interpretatione et commentariis instruxit F. Hultsch, 3 Bde., Nachdruck der Ausgabe Berlin 1875–1877, Amsterdam 1965

Paré, A.: Œuvres complètes, Bd. 1: Le premier livre de l'anatomie, Paris 1840
Patrologiae cursus completus, Series Graeca, hrsg. von J.-P. Migne, 161 Bde., Paris 1857–66 u. ö.
Patrologiae cursus completus, Series Latina, hrsg. von J.-P. Migne, 217 Bde., Paris 1844–55 u. ö.
Paulys Real-Encyclopädie der classischen Altertumswissenschaft, neue Bearbeitung von G. Wissowa (später fortgeführt von W. Kroll und K. Mittelhaus, hrsg. von K. Ziegler), Bd. 1 ff, Stuttgart 1894 ff
Pehnke, D.: Ethik und Geschlecht, Marburg 1992
Petrus Damiani: De bono, religiosi Status et variarum animantium tropologia (MPL, Bd. 145)
Picht, G.: Bildung und Naturwissenschaft, in: Naturwissenschaft und Bildung, hrsg. von C. Münster und G. Picht, Würzburg [1953]
Platon: Omnia divini Platonis opera tralatione Marsilii Ficini, Basel 1546
Platon: Sämtliche Werke, hrsg. von W. F. Otto, E. Grassi und G. Plamböck, Reinbek b. Hamburg 1961
Platon: Timaeus. A Calcidio translatus commentarioque instructus, ed. J. H. Waszink, London, Leiden 1962
Platonis Opera, recognovit brevique adnotatione critica instruxit I. Burnet, 5 Bde., Oxford 1900–1907 (repr. 1958–1962 u. ö.)
Platzeck, E.-W.: Das Sonnenlied des heiligen Franziskus von Assisi. Zusammenfassende philologisch-interpretative Untersuchung mit ältestem Liedtext und erneuter deutscher Übersetzung, 2. Aufl. Werl i. W. 1984
Plinius, C. secundus: C. Plinii secundi Naturalis historiae libri XXXVII / C. Plinius secundus d. Ä.: Naturkunde, lateinisch-deutsch, hrsg. und übersetzt von R. König in Zusammenarbeit mit G. Winkler, Buch 1 ff, München, Zürich 1973 ff
Polikarov, A.: Strukturmodelle der Wissenschaftsentwicklung, in: Naturverständnis und Naturbeherrschung. Philosophiegeschichtliche Entwicklung und gegenwärtiger Kontext, hrsg. von F. Rapp, München 1981, S. 111–128
Popper, K.: Logik der Forschung, 2. erw. Aufl. Tübingen 1966
Porta, J. B.: Magiae Naturalis libri viginti, Frankfurt 1591
Preuß, K. Th.: Die geistige Kultur der Naturvölker, Leipzig, Berlin 1914, 2. Aufl. 1923
Preuß, K. Th.: Religion der Naturvölker (1902/03), in: Archiv für Religionswissenschaft, Bd. 7 (1904), S. 232–363
Preuß, K. Th.: Religion und Mythologie der Uitoto. Textaufnahmen und Beobachtungen bei einem Indianerstamm in Kolumbien, Südamerika, 2 Bde., Göttingen, Leipzig 1921–1923
Reich, K.: Die Vollständigkeit der Kantischen Urteilstafel, 1932, 2. Aufl. Berlin 1948
Reich, K.: Über den historischen Ursprung des Naturgesetzbegriffs, in: Festschrift für E. Kapp zum 70. Geburtstag, Hamburg 1958, S. 121–134
Reiter, F. C.: Das Selbstverständnis des Taoismus zur frühen T'ang-Zeit in der Darstellung Wang Hsüan-ho's, in: Saeculum, Bd. 33 (1982), S. 240–257

Rompe, R.: Grundlagenforschung und Technik, in: Sitzungsberichte der Deutsche Akademie der Wissenschaften zu Berlin – Klasse für Mathematik, Physik und Technik, Jg. 1967, S. 35–44

Ross, W. D.: Aristotle's Metaphysics, a revised text with introduction and commentary, 2 Bde., Oxford 1924, 8. Aufl. 1981

Ross, W. D.: Plato's Theory of Ideas, Oxford 1951, 4. Aufl. 1963

Rüfner, V.: Das Formproblem der Neuzeit und die Wende der Gegenwart, in: Beiträge zur christlichen Philosophie, Heft 4, Mainz 1948, S. 3–34

Rüfner, V.: Homo secundus deus. Eine geistesgeschichtliche Studie zum menschlichen Schöpfertum, in: Philosophisches Jahrbuch, Bd. 63 (1955), S. 248–291

Runkel, W.: Brutale Brüter, in: Zeit-Magazin, Nr. 12, 16. März 1990, S. 92–99.

Sachsse, H.: Der Mensch als Partner der Natur. Überlegungen zu einer nachcartesianischen Naturphilosophie und ökologischen Ethik, in: Überleben und Ethik. Die Notwendigkeit, bescheiden zu werden, hrsg. von G.-K. Kaltenbrunner, München 1976, S. 27–54

Sachsse, H.: Einführung in die Kybernetik, unter besonderer Berücksichtigung von technischen und biologischen Wirkungsgefügen. Lehrbuch für Studenten aller Fachrichtungen, Braunschweig 1971

Schmieder, O.: Die alte Welt, Bd. 2: Anatolien und die Mittelmeerländer, Kiel 1969

Schmitt, C.: Der Leviathan in der Staatslehre des Thomas Hobbes. Sinn und Fehlschlag eines politischen Mythos, Köln 1982

Schmitt, Ch. B.: Aristotle and the Renaissance, Cambridge (Mass.), London 1983

Schmitt, Ch. B.: Towards a Reassessment of Renaissance Aristotelianism, in: History of Science, Nr. 11 (1973), S. 159–179

Schmitt, W.: Zur Entwicklung der Systemtheorie seit Bertalanffy, in: Systemtheorie und Psychiatrie, Symposion, Zentrum für Psychologische Medizin Saarbrücken, 14./15. Juni 1985, Festschrift für W. Schmitt zum 65. Geburtstag, hrsg. von W. Schmitt, Saarbrücken 1986, S. 1–15

Schweitzer, A.: Gesammelte Werke in 5 Bden., Zürich 1973

Seneca, L. A.: Naturwissenschaftliche Untersuchungen in acht Büchern [Naturales Quaestiones], eingeleitet, übersetzt und erläutert von O. und E. Schönberger, Würzburg 1990

Smith, W. R.: Lectures on the Religion of the Semites, First Series: The fundamental Institutions, Edinburgh 1889

Spieth, J.: Die Religion der Eweer in Süd-Togo, Leipzig 1911

Sprandel, R.: Die Geschichtlichkeit des Naturbegriffes: Kirche und Natur im Mittelalter, in: Natur und Geschichte, hrsg. von H. Markl, München, Wien 1983, S. 237–261

Stegmüller, W.: Hauptströmungen der Gegenwartsphilosophie. Eine kritische Einführung, Bd. 3, 7. erw. Aufl. Stuttgart 1986

Stein, A. von der: Der Systembegriff in seiner geschichtlichen Entwicklung, in: System und Klassifikation in Wissenschaft und Dokumentation. Vorträge und Diskussionen im April 1967 in Düsseldorf, hrsg. von A. Diemer, Meisenheim a. G. 1968, S. 1–14

Steinbuch, K.: Automat und Mensch. Über menschliche und maschinelle Intelligenz, Berlin, Göttingen, Heidelberg 1961

Stork, H.: Einführung in die Philosophie der Technik, Darmstadt 1977

Taylor, Ch.: Neutrality in Political Science, in: The Philosophy of Social Explanation, ed. by A. Ryan, Oxford 1973, S. 139–170

Tertullian: Liber adversus Judaeos (MPL, Bd. 2)

The Buddha-Karita of Asvaghosha, in: Buddhist Mahayana Texts, Part I: The Buddha-Carita of Asvaghosha, translated by E. B. Cowell, Oxford 1894, repr. Delhi, Varanasi, Patna 1985 (The Sacred Books of East, translated by various oriental scholars, ed. by F. M. Müller, Bd. 49)

Theiler, W.: Zur Geschichte der teleologischen Naturbetrachtung bis auf Aristoteles, Zürich, Leipzig 1925, 2. Aufl. Berlin 1965

Thimme, O.: ΦΥΣΙΣ ΤΡΟΠΟΣ ΗΘΟΣ [PHYSIS, TROPOS, ETHOS] in der älteren griechischen Literatur, Diss. Göttingen 1935

Thomas von Aquin: Commentaria in octo libros physicorum Aristotelis, in: Opera Omnia, Bd. 2, Rom 1884

Thomas von Aquin: Expositio super librum Boethii de trinitate. Ad fidem codicis autographi nec non ceterorum codicum manu scriptorum, rec. B. Decker, Leiden 1955

Thorndike, L.: The »Sphere« of Sacrobosco and its Commentators, Chicago 1949

Timpler, C.: Metaphysicae systema methodicum, libris quinque comprehensum, Lieh 1604

Vasari, G.: Leben der ausgezeichnetsten Maler, Bildhauer und Baumeister von Cimabue bis zum Jahre 1567 (Titel der Originalausgabe: Le vite de piv eccellenti architetti, pittori et scvltori italiani, da Cimabve insíno a' tempi nostri, Florenz 1550), übersetzt von L. Schorn und E. Förster, neu hrsg. und eingeleitet von J. Kliemann, Worms 1983 (Nachdruck der ersten deutschen Gesamtausgabe, Stuttgart, Tübingen 1832–1849)

Veazie, W. B.: The word ΦΥΣΙΣ [PHYSIS], in: Archiv für Geschichte der Philosophie, Bd. 33 (1920), S. 3–22

Vico, G. B.: De nostri temporis studiorum ratione. Vom Wesen und Weg der geistigen Bildung, lateinisch-deutsche Ausgabe, Übertragung von W. F. Otto, Darmstadt 1963

Vitruv: Di Lucio Vitruvio Pollione ... de architectura incomenza ... translato in vulgare sermone commentato et affigurato da C. Caesariano, Como 1521

Vitruv: Vitruvi De architectura libri decem / Vitruv: Zehn Bücher über Architektur, übersetzt und mit Anmerkungen versehen von C. Fensterbusch, Darmstadt 1964

Vollmer, G.: Algorithmen, Gehirne, Computer – Was sie können und was nicht, in: Naturwissenschaften, Jg. 78 (1991), S. 481–488, 533–542

Weizenbaum, J.: Absurde Pläne, in: Zeit-Magazin, Nr. 12, 16. Mai 1990, S. 38–41

Weizsäcker,C. F. von: Aufbau der Physik, München, Wien 1985

Weizsäcker,C. F. von: Die Einheit der Natur. Studien, 2. Aufl. München 1971

Weizsäcker, C. F. von: Die Logik zeitlicher Aussagen und die Grundlagen der Physik, in: Information Philosophie, Jg. 14, Heft 3 (1986) S. 7–22

Weizsäcker, C. F. von: Die Tragweite der Wissenschaft, Bd. 1: Schöpfung und Weltentstehung. Die Geschichte zweier Begriffe, Stuttgart 1964

Weizsäcker, C. F. von: Zum Weltbild der Physik, Stuttgart 1958, 10. Aufl. 1963

Weizsäcker, V. von: Der Gestaltkreis. Theorie der Einheit von Wahrnehmen und Bewegen, 1940, 4. Aufl. Stuttgart 1968

Welsch, W.: Unsere postmoderne Moderne, Weinheim 1987

Weyl, H.: Das Kontinuum, Leipzig 1918

Weyl, H.: Über die neue Grundlagenkrise der Mathematik, in: Mathematische Zeitschrift, Bd. 10 (1921)

White, L. jr.: Die historischen Ursachen unserer ökologischen Krise, in: Gefährdete Zukunft. Prognosen angloamerikanischer Wissenschaftler, hrsg. von M. Lohmann, München 1970 (Hanser, Umweltforschung Bd. 5), S. 20–29

Wieland, W.: Die aristotelische Physik. Untersuchungen über die Grundlegung der Naturwissenschaft und die sprachlichen Bedingungen der Prinzipienforschung bei Aristoteles, Göttingen 1962

Wiener, N.: Kybernetik. Regelung und Nachrichtenübertragung im Lebewesen und in der Maschine (Titel der amerikanischen Originalausgabe: Cybernetics or control and communication in the animal and the machine, Massachusetts Institute of Technology, New York, Paris 1948), übersetzt von E. H. Serr unter Mitarbeit von E. Henze, 2. revidierte und ergänzte Aufl. Düsseldorf, Wien 1963

Wiener, N.: Mensch und Menschmaschine. Kybernetik und Gesellschaft (Titel der amerikanischen Originalausgabe: The Human Use of Human Beings. Cybernetics and Society), übersetzt von G. Walter, Frankfurt a. M., Berlin 1952, 2. Aufl. Frankfurt a. M., Bonn 1964

Wittgenstein, L.: Tractatus logico-philosophicus, in: Schriften, Bd. 1, Frankfurt a. M. 1969

Wolin, S. S.: Politics and Vision. Continuity and Innovation in Western Political Thought, Boston 1960

Zabarella, J.: Opera logica, Frankfurt 1608

Zeller, E.: Die Philosophie der Griechen in ihrer geschichtlichen Entwicklung, 3 Teile, Teil 2,2, 3. Aufl. Leipzig 1879, Teil 3,1, 4. Aufl. Leipzig 1909

Sachregister

346

Personenregister

Abu-R-Baihân 187
Acheron 69
Adams, E.W. 282
Adélard von Bath 80
Adler, Alfred 34
Adonis 33
Agricola, Georg 69
Agrippa von Nettesheim, Heinrich Corne-
lius 71
Alanus de Insulis 137, 139
Albert von Sachsen 137
Albertus Magnus 136, 149, 187
Alkuin 137
Ampère, André Marie 80
Anaxagoras 118, 130
Aphrodite 45
Ariadne 161, 188
Aristoteles 18, 24 f., 26 ff., 41 f., 52, 73 ff.,
82, 92, 103, 106-118, 120-132, 134–139,
146, 154, 162, 176, 171, 177,192 ff., 214,
218, 247, 258
Asklepios 38
Astraios 75
Athene 38, 48
Augustin 136 f., 142, 152 f.
Averroes 138, 164

Bacchus 68
Bacon, Francis 179-180, 182-185, 188–191,
196
Bacon, Roger 80, 149 f.
Basso, Sebastian 177
Beda 137
Berigard, Claude 177
Bernhard Silvestris 147
Bertalanffy, Ludwig von 246
Bhagwan 14
Boethius 137
Böhler, Dietrich 176
Bohr, Niels 100
Boreas 44
Brahe, Tycho 164
Bruno, Giordano 109, 136 f.
Büchner, Georg 33
Buridan, Johannes 137

Campanella, Tommaso 109
Campbell, Murray 236
Capella, Martianus 248
Carnap, Rudolph 260
Cassirer, Ernst 36, 51 ff., 55, 75
Cavendish, Charles 165
Cavendish, Margaret (Marquise von
Newcastle) 165
Cavendish, William (Marquis von
Newcastle) 165
Ceres 68
Chalcidius 79, 137, 152, 159, 166, 222
Charon 69

Christus 22, 32, 156
Codrington, R. H. 33
Compton, Arthur Holly 218
Conway, Anne 109
Cornford, F. M. 35
Cudworth, Ralph 80
Cusanus, Nikolaus 137, 147, 154 ff., 156,
159, 176 f.

Demokrit 99, 125, 177
Dennett, Dan 245
Descartes, René 41, 165, 168, 172, 176 f.
Dessauer, Friedrich 145, 237 f.
Digby, Kenelm 165
Dijksterhuis, E. J. 163
Dilthey, Wilhelm 272
Dionysos 33
Driesch, Hans 109

Eigen, Manfred 254
Einstein, Albert 153, 262 f., 270, 279, 280
Empedokles 99, 125, 130
Eos 75
Epikur 177, 266
Eris 45
Eriugena, Johannes Scotus 148
Euklid 97, 155, 216
Everett, H. 238

Faust 41
Feyerabend, Paul 278, 283 f.
Fichte, Johann Gottlieb 214, 248
Ficino, Marsilio 80, 109, 162
Fischer, Kuno 204
Fludd, Robert 109
Franz von Assisi 143
Frazer, J.G. 36, 50
Freud, Sigmund 34 f.

Gadamer, Hans-Georg 272
Gaia 38, 44, 59
Galilei, Galileo 80, 136, 149, 157, 164, 171,
174 ff., 191 ff., 201, 240 f., 275
Gassendi, Pierre 80, 165
Geulincx, Arnold 168
Giotto di Bondone 284
Goethe, Johann Wolfgang von 41, 58, 272
Gogarten, Friedrich 145
Gregor von Nyssa 159
Grosseteste, Robert 149, 157, 159
Grønbech, V. 49

Harrison, J. E. 35
Hartmann, Nicolai 215
Hegel, Georg Wilhelm Friedrich 30, 55,
214, 251
Heidegger, Martin 163, 203 f., 244 ff.,
272
Heisenberg, Werner 80, 218, 261